H. Gad / H. Fricke
Grundlagen der Verstärker

Moeller

Leitfaden der Elektrotechnik

Herausgegeben von

Dr.-Ing. Hans Fricke
Professor an der Technischen Universität Braunschweig

Dr.-Ing. Heinrich Frohne
Professor an der Universität Hannover

Dr.-Ing. Paul Vaske
Professor an der Fachhochschule Hamburg

Band XII

B. G. Teubner Stuttgart

Grundlagen der Verstärker

Von Dr.-Ing. Horst Gad
Professor an der Fachhochschule Lippe, Lemgo

und Dr.-Ing. Hans Fricke
Professor an der Technischen Universität Braunschweig

Mit 202 Bildern, 1 Tafel und 90 Beispielen

B. G. Teubner Stuttgart 1983

CIP-Kurztitelaufnahme der Deutschen Bibliothek

Leitfaden der Elektrotechnik / Moeller. Hrsg.
von Hans Fricke ... – Stuttgart : Teubner
NE: Moeller, Franz [Begr.] ; Fricke, Hans [Hrsg.]
Bd. 12. – Gad, Horst: Grundlagen der Verstärker

Gad, Horst:
Grundlagen der Verstärker / von Horst Gad u. Hans Fricke. –
Stuttgart : Teubner, 1983.
  (Leitfaden der Elektrotechnik ; Bd. 12)

NE: Fricke, Hans

ISBN 978-3-519-06417-6   ISBN 978-3-663-01163-7 (eBook)
DOI 10.1007/978-3-663-01163-7

© B. G. Teubner, Stuttgart 1983

Satz und Druck: Zechnersche Buchdruckerei GmbH, Speyer
Binden: E. Riethmüller & Co., Stuttgart
Umschlaggestaltung: W. Koch, Sindelfingen

Vorwort

Analoge Verstärker finden in der elektrischen Nachrichtentechnik ein breites Anwendungsfeld. Die Problemstellungen sind recht unterschiedlich, wenn an niederfrequente, hochfrequente, breit- und schmalbandige Verstärker, Klein- und Großsignalverstärker, Leistungs- und Empfangsverstärker gedacht wird.

In diesem Leitfaden-Band wird innerhalb der nachrichtentechnischen Bände eine einheitliche einführende Darstellung der analogen Verstärker angestrebt. Auf die Probleme der Impulsverstärker wird nicht eingegangen.

Halbleiterbauelemente, wie Bipolar- und Feldeffekttransistor als Einzelelemente und auch als monolithisch integrierte Schaltung, sind die Grundelemente der analogen Verstärkertechnik. Der Operationsverstärker wird als Bauelement angesehen und vom Klemmenverhalten her behandelt und eingesetzt. Bei hohen Frequenzen und großen Leistungen wird nach wie vor noch die Röhre benutzt. Spezielle Verstärker, wie beispielsweise parametrische Verstärker, konnten des Umfangs wegen in dieses Grundlagenwerk nicht mit aufgenommen werden.

Als Einstiegskenntnis wird der sichere Umgang mit elektronischen Bauelementen vorausgesetzt. Die komplexe Rechnung wie auch die Zweitorrechnung müssen in ihren Grundzügen bekannt sein. Ebenfalls sollten Basiskenntnisse der elektrischen Nachrichtentechnik und Hochfrequenztechnik vorhanden sein.

Ziel dieses Bandes ist es, dem Studierenden der Technischen Hochschule/Universität und Fachhochschule gleichermaßen das mathematisch-elektronische Verständnis zu vermitteln, das beim Einsatz von analogen Verstärkern in der Nachrichtentechnik, aber auch der Elektronik allgemein notwendig ist. Angestrebt wird die Darstellung und Berechnung übersichtlicher Teilprobleme, die durch vereinfachende Annahmen und Voraussetzungen gekennzeichnet sind. Die Berechnung von Verstärkerteilschaltungen unter idealisierenden Annahmen ermöglicht gerade dem Anfänger einen leichten Einstieg in die vielschichtige Materie der analogen Verstärker. Verzichtet wurde deshalb auf spezielle Rechenmethoden, wie beispielsweise auf die Verwendung von Streu-Parametern, deren Anwendung in der Höchstfrequenztechnik vorteilhaft ist.

Im einleitenden Teil wird das Verstärkerprinzip anhand gesteuerter Quellen dargestellt. Darauf folgt eine Aufbereitung der wichtigsten Kenntnisse über Bauelemente der Verstärkertechnik. Idealisiert werden die Verstärkergrundschaltungen mit Bipolar- und Feldeffekttransistor behandelt. Der Rückkopplung bei Verstärkern ist ein besonderer Abschnitt gewidmet. Die galvanische Zusammenschaltung von Verstärkerbauelementen, auch Verbundschaltungen genannt, sind als nächstes dargestellt. Dann folgen Gleichspannungs-, Operations- und Leistungsverstärker.

Oszillatoren, Mischer und Empfangsverstärker werden in weiteren Abschnitten behandelt. Abschließend werden Verstärker mit Klystron, Magnetron und Wanderfeldröhre betrachtet.

Im Sommer 1982   Horst Gad, Hans Fricke

Hinweise auf DIN-Normen in diesem Werk entsprechen dem Stand der Normung bei Abschluß des Manuskriptes. Maßgebend sind die jeweils neuesten Ausgaben der Normblätter des DIN Deutsches Institut für Normung e. V. im Format A4, die durch die Beuth-Verlag GmbH, Berlin und Köln, zu beziehen sind. – Sinngemäß gilt das gleiche für alle in diesem Buche angezogenen amtlichen Richtlinien, Bestimmungen, Verordnungen usw.

Inhalt

3 Verstärkergrundschaltungen (Horst Gad)

4 Rückkopplungen (Horst Gad)

5 Transistor-Verbundschaltungen (Horst Gad)

6 Gleichspannungsverstärker (Horst Gad)

7 Operationsverstärker (Horst Gad)

8 Großsignalverstärker (Horst Gad)

9 Oszillatoren (Horst Gad)

10 Mischer (Horst Gad)

11 Empfangsverstärker (Horst Gad)

12 Verstärker mit Laufzeitröhren (Hans Fricke)

1 Allgemeines

Verstärker sind Teile von nachrichten- oder meßtechnischen Anlagen. Sie haben beispielsweise in einer elektroakustischen Übertragungsanlage die Aufgabe, die vom Mikrophon oder vom Tonabnehmer herrührende relativ kleine Spannung so zu verstärken, d. h. proportional zu vergrößern, daß ein Lautsprecher die für seinen Betrieb notwendige Leistung erhält. Dabei soll die Signalgröße, etwa die Spannung, auch bei ausreichender Verstärkung möglichst unverzerrt den Lautsprecher ansteuern. Verstärker, deren Ausgangssignal proportional zum Eingangssignal ist, werden analoge oder lineare Verstärker genannt.

So vielfältig die Einsatzgebiete von Verstärkern sind, so unterschiedlich sind auch die Bauweisen und Anforderungen, die an Verstärker gestellt werden. Im Vordergrund der Betrachtung wird vor allem aber das Übertragungsverhalten, die Verstärkung, stehen. Darüber hinaus sind auch die Eigenschaften des Verstärkereingangs und des -ausgangs von Interesse.

1.1 Grundsätzliches zum Verstärker

In einem Verstärker wird eine physikalische Größe verstärkt. Es kann eine Leistungs-, Spannungs- oder Stromverstärkung vorliegen. Der in diesem Band behandelte analoge Verstärker verstärkt, indem er das Eingangssignal oder die Eingangsgröße mit einem Faktor, der Verstärkung V, multipliziert. Je nach Übertragungsgröße wird die Verstärkung Leistungsverstärkung V_p, Spannungsverstärkung V_u oder Stromverstärkung V_i genannt. Mit dem Index 1 für den Verstärkereingang und dem Index 2 für den Verstärkerausgang folgt für die Ausgangsleistung $P_2 = V_p P_1$, für die Ausgangsspannung $U_2 = V_u U_1$ und für den Ausgangsstrom $I_2 = V_i I_1$.

Neben der Verstärkung von Leistungen, Spannungen und Strömen kann als Ziel eine Signalwandlung vorliegen. Beispielsweise kann der Strom I_1 in die Spannung $U_2 = k I_1$ überführt, also gewandelt werden. Dies ist ein Strom-Spannungs-Wandler mit der Wandlerkonstanten k. Ebenso gibt es Spannungs-Strom-Wandler. Zu dieser Gruppe von Verstärkern gehören auch die analogen Rechenschaltungen, wie Multiplizierer, Dividierer, Quadrierer, Radizierer und Logarithmierer (s. Abschn. 7.8). Diese Verstärker haben ein gezielt nichtlineares Verhalten.

Jeder Verstärker hat einen Eingangs- und einen Ausgangswiderstand; sie können in einer Impedanztransformation den jeweiligen Erfordernissen angepaßt werden.

Das Prinzip eines Leistungsverstärkers ist in Bild **1.**1 dargestellt. Die Signal-Eingangsleistung P_1 soll möglichst analog in die Signal-Ausgangsleistung P_2 überführt werden. Die hierzu notwendige Leistung P_{zu} wird einer Gleichspannungsversorgungsquelle entnommen, an die jeder Verstärker angeschlossen sein muß. Die beim Betrieb des Verstärkers auftretende Verlustleistung P_V wird an die Umgebung als Wärme abgegeben.

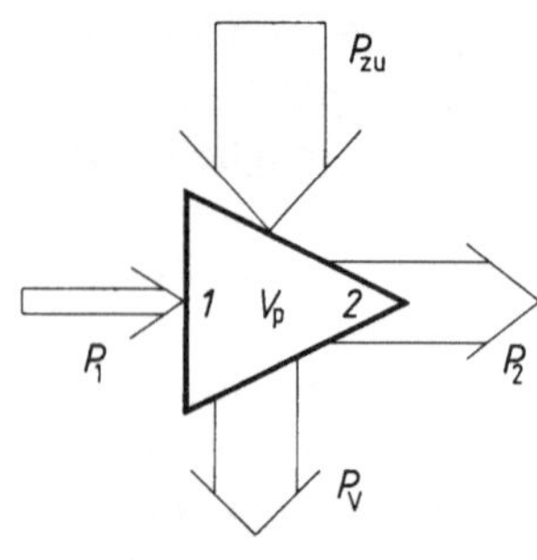

1.1 Verstärker
1 Eingang, *2* Ausgang,
V_p Verstärkung, P_{zu} zugeführte Versorgungsleistung, P_1 zugeführte Signalleistung, P_2 abgeführte Signalleistung, P_V Verlustleistung

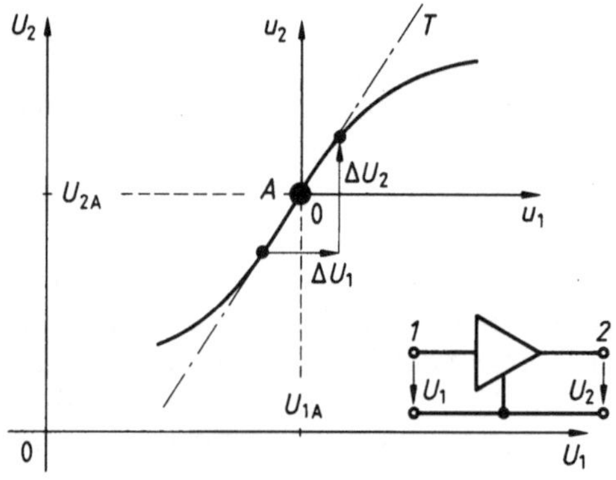

1.2 Spannungsverstärker mit nichtlinearer Übertragungskennlinie
U_1 Eingangsspannung, U_2 Ausgangsspannung, A Arbeitspunkt, T Tangente im Arbeitspunkt, u_1, u_2 in den Arbeitspunkt A transformierte Koordinaten

Nun soll die Wirkungsweise eines Verstärkers mit der Eingangsspannung U_1 und der Ausgangsspannung U_2 erläutert werden. Die Übertragungseigenschaften sind durch die Abhängigkeit $U_2 = f(U_1)$ erfaßt. Wie in Bild **1.**2 dargestellt, kann die Funktion $U_2 = f(U_1)$, die Übertragungskennlinie genannt wird, nichtlinear sein. Dann ist das Verhältnis von Ausgangsspannung U_2 zur Eingangsspannung U_1 keine Konstante; deshalb sind verschiedene Betriebsarten zu unterscheiden. Bei Gleichsignalbetrieb ist die Eingangsspannung U_1 eine Gleichspannung, damit ist die Ausgangsspannung U_2 ebenfalls eine Gleichspannung. Beispielsweise bei der Eingangsspannung U_{1A} stellt sich die Ausgangsspannung U_{2A} ein; es liegt der Arbeitspunkt A (Bild 1.2) vor. Wird die Eingangsspannung U_1 verändert, so wandert der Arbeitspunkt A auf der Übertragungskennlinie entlang und die zugehörige Ausgangsspannung U_2 läßt sich auf der U_2-Achse ablesen. Erfolgt die Aussteuerung um den Arbeitspunkt A differentiell klein, so läßt sich die Übertragungskennlinie im Arbeitspunkt A als Gerade beschreiben. Dieses differentielle Übertragungsverhalten wird Kleinsignalbetrieb genannt. Hierfür wird die arbeitspunktabhängige

Kleinsignal-Spannungs-Verstärkung

$$V_u = \Delta U_2 / \Delta U_1 \big|_A \tag{1.1}$$

definiert. Sie ergibt sich aus der Steigung der Tangente T im Arbeitspunkt A (Bild 1.2). Vom Großsignalbetrieb wird gesprochen, wenn die Übertragungskennlinie in einem großen Bereich durchfahren wird. Bei diesem Betrieb kann das Übertragungsverhalten des Verstärkers nicht mehr durch eine Konstante erfaßt werden. Es ist vielmehr bei der Berechnung der Ausgangsspannung U_2 die nichtlineare Übertragungskennlinie des Verstärkers als Funktion zu erfassen, beispielsweise als Taylorreihe. Um einen möglichst großen Aussteuerbereich des analogen Verstärkers zu erhalten, ist es wichtig, daß der Arbeitspunkt A in einen nicht zu stark gekrümmten Bereich der Übertragungskennlinie gelegt wird. Es kann in diesem Bereich mit konstanter Spannungsverstärkung V_u gerechnet werden. Durch die Einführung des Kleinsignalbetriebs wird die Berechnung von Verstärkerschaltungen erheblich erleichtert, denn es kann das Arbeitspunktverhalten getrennt von der Aussteuerung betrachtet werden. In Bild 1.2 ist dies dargestellt. Wegen des linearen Zusammenhangs zwischen der Ausgangsspannung ΔU_2 und der Eingangsspannung ΔU_1 kann bezüglich der Aussteuerung das in den Arbeitspunkt A transformierte Koordinatensystem u_1, u_2 verwendet werden. Dies gilt dann für die Spannungsänderungen $\Delta U_1 = u_1$ und $\Delta U_2 = u_2$. Wird eine Verstärkerschaltung nur kleinsignalmäßig betrachtet, so können die Spannungen u_1 und u_2, beispielsweise die Effektivwerte sinusförmiger Spannungsänderungen beinhalten. Dann sind statt der kleinen Buchstaben u_1 und u_2 die großen Buchstaben U_1 und U_2 zu verwenden. Sie dürfen aber nicht mit den Gleichspannungen gemäß Bild 1.2 verwechselt werden!

1.2 Aufbau und Eigenschaften

Aufgebaut sind Verstärker vorwiegend mit Bipolar- oder Feldeffekttransistoren (s.a. Band III, Teil 1 und Teil 2)[1]. Beim Bipolartransistor ist die Emitterschaltung (Bild 1.3a) und beim Feldeffekttransistor die Sourceschaltung (Bild 1.4a) häufig anzutreffen. Wird nun, wie in Abschn. 1.1 dargelegt, von der Kleinsignalaussteuerung ausgegangen, so können die zur Arbeitspunkteinstellung erforderlichen Gleichspannungsquellen für die Kleinsignaländerungen als Kurzschlüsse aufgefaßt werden. Zur Berechnung der Eigenschaften der Verstärker, beispielsweise der Betriebsspannungsverstärkung $V_u = U_2 / U_1$ sind die Transistoren kleinsignalmäßig zu beschreiben und als Zweitor-Ersatzschaltungen darzustellen (Bild 1.3b und Bild 1.4b). Der Bipolartransistor wird häufig durch die Hybridparameter H_{11} bis H_{22} und der Feldeffekttransistor durch die Leitwertparameter Y_{11} bis Y_{22} beschrieben. Das Übertragungsverhalten des Bipolartransistors ist dabei durch

---

[1] s. Verzeichnis der Leitfadenbände am Schluß des Buches.

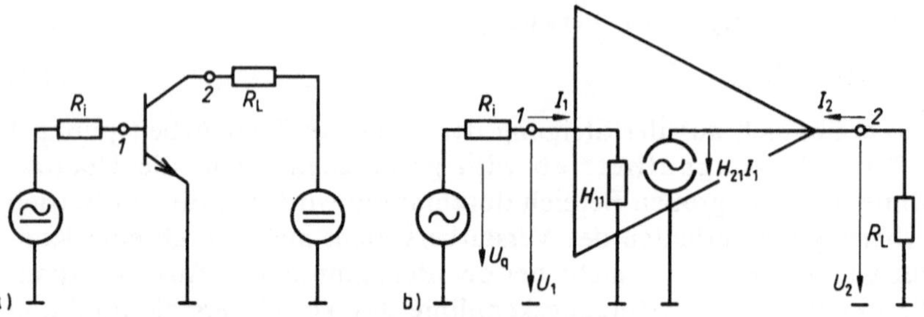

1.3 Verstärkerschaltung mit einem Bipolartransistor in Emitterschaltung
a) Prinzipschaltung, b) Kleinsignal-Ersatzschaltung
1 Eingang, *2* Ausgang, R_i Innenwiderstand, U_q Quellenspannung, R_L Lastwiderstand

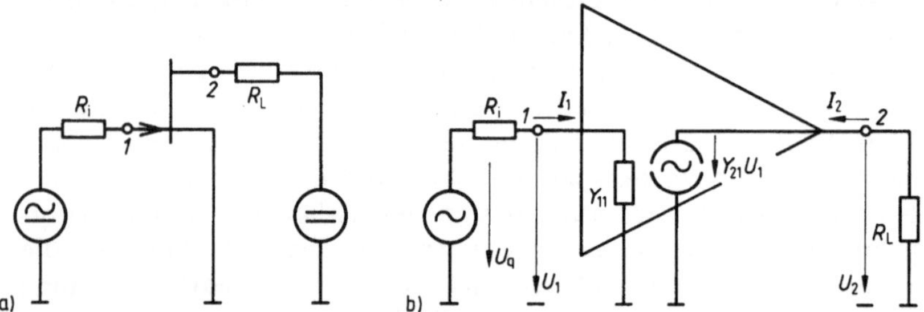

1.4 Verstärkerschaltung mit einem Sperrschicht-Feldeffekttransistor in Sourceschaltung
a) Prinzipschaltung, b) Kleinsignal-Ersatzschaltung
1 Eingang, *2* Ausgang, R_i Innenwiderstand, U_q Quellenspannung, R_L Lastwiderstand

die stromgesteuerte Stromquelle (Bild **1.3** b) und das des Feldeffekttransistors durch die spannungsgesteuerte Stromquelle (Bild **1.4** b) symbolisiert.

Das wesentliche Verhalten dieser Verstärkerschaltungen wird durch die Kleinsignal-Zweitor-Parameter H_{11} und H_{21} sowie Y_{11} und Y_{21} (s. Band I, Teil 1) erfaßt. Alle anderen Parameter sind dann gleich Null gesetzt.

Für den Bipolartransistor in Emitterschaltung ist der Kurzschlußeingangswiderstand wie folgt definiert:

$$H_{11} = U_1/I_1|_{U_2=0} \tag{1.2}$$

Die Kurzschlußstromverstärkung folgt aus

$$H_{21} = I_2/I_1|_{U_2=0} \tag{1.3}$$

Sie wird auch mit dem Formelzeichen β bezeichnet.

Für den Feldeffekttransistor in Sourceschaltung ist der Kurzschlußeingangsleitwert wie folgt definiert:

$$Y_{11} = I_1/U_1|_{U_2=0} \tag{1.4}$$

Die Kurzschlußsteilheit folgt aus

$$Y_{21} = I_2/U_1 \big|_{U_2=0} \tag{1.5}$$

Sie wird auch mit dem Formelzeichen S bezeichnet.

Die Betriebsübertragungseigenschaften dieser Verstärkerschaltungen sollen nun untersucht werden: die Spannungsverstärkung

$$V_u = U_2/U_1 \tag{1.6}$$

die Stromverstärkung

$$V_i = I_2/I_1 \tag{1.7}$$

und die Leistungsverstärkung

$$V_p = P_2/P_1 \tag{1.8}$$

Diese Betriebsgrößen ergeben sich für die Emitterschaltung mit Hilfe der Ersatzschaltung (Bild **1.3**b). Es gilt für die Spannungsverstärkung

$$V_u = U_2/U_1 = -R_L H_{21}/H_{11} \tag{1.9}$$

Das Minuszeichen in Gl. (1.9) gibt an, daß zwischen der Eingangsspannung U_1 und der Ausgangsspannung U_2 die Phasenverschiebung $-180°$ besteht. Die Spannungsverstärkung ist betragsmäßig um so größer, je größer der Lastwiderstand R_L und die Kurzschlußstromverstärkung H_{21} sind und je kleiner der Kurzschlußeingangsleitwert H_{11} ist.

Die Stromverstärkung ergibt sich zu

$$V_i = I_2/I_1 = H_{21} \tag{1.10}$$

Sie ist über die Kurzschlußstromverstärkung H_{21} abhängig vom Transistor, nicht aber vom Lastwiderstand R_L.

Die Leistungsverstärkung dieser Schaltung (Bild **1.3**) folgt mit den Leistungen $P_1 = U_1 I_1$ und $P_2 = -U_2 I_2$ zu

$$V_p = \frac{P_2}{P_1} = \frac{-U_2 I_2}{U_1 I_1} = -V_u V_i = R_L \frac{H_{21}^2}{H_{11}} \tag{1.11}$$

Die Leistungsverstärkung V_p ist damit positiv, d.h. es wird die Leistung P_2 an den Lastwiderstand R_L abgegeben.

Die Betriebsübertragungsgrößen der Sourceschaltung errechnen sich mit Hilfe der Ersatzschaltung (Bild **1.4**b). Es folgt die Spannungsverstärkung

$$V_u = U_2/U_1 = -Y_{21} R_L \tag{1.12}$$

Auch bei der Sourceschaltung wird wie bei der Emitterschaltung die Ausgangsspannung U_2 gegenüber der Eingangsspannung U_1 um $-180°$ phasenverschoben. Die Spannungsverstärkung ist betragsmäßig um so größer, je größer die Kurzschlußsteilheit Y_{21} und der Lastwiderstand R_L sind. Gl. (1.9) und Gl. (1.12) für die Spannungsverstärkungen V_u beider Schaltungen sind identisch, wenn berücksichtigt wird, daß für die Kurzschlußsteilheit

$$Y_{21} = H_{21}/H_{11} \tag{1.13}$$

gilt.

Die Stromverstärkung der Sourceschaltung folgt zu

$$V_i = Y_{21}/Y_{11} \tag{1.14}$$

Da aber beim Feldeffekttransistor für den Kurzschlußeingangsleitwert $Y_{11} \to 0$ gesetzt werden kann, strebt die Stromverstärkung $V_i \to \infty$.

Die Leistungsverstärkung dieser Schaltung ist entsprechend Gl. (1.11)

$$V_p = \frac{P_2}{P_1} = \frac{-U_2 I_2}{U_1 I_1} = R_L \frac{Y_{21}^2}{Y_{11}} \to \infty \tag{1.15}$$

Beispiel 1.1. Ein Bipolartransistor arbeitet gemäß Bild **1.3** in Emitterschaltung. Im vorliegenden Arbeitspunkt hat er den Kurzschlußeingangswiderstand $H_{11} = 1\ \text{k}\Omega$ und die Kurzschlußstromverstärkung $H_{21} = 200$. Wie groß sind beim Lastwiderstand $R_L = 1{,}5\ \text{k}\Omega$ die Betriebsübertragungsgrößen: die Spannungsverstärkung V_u, die Stromverstärkung V_i und die Leistungsverstärkung V_p?

Mit Gl. (1.9) bis Gl. (1.11) folgt die Spannungsverstärkung

$$V_u = \frac{U_2}{U_1} = -R_L \frac{H_{21}}{H_{11}} = -1{,}5\ \text{k}\Omega\, \frac{200}{1\ \text{k}\Omega} = -300$$

die Stromverstärkung

$$V_i = I_2/I_1 = H_{21} = 200$$

und die Leistungsverstärkung

$$V_p = P_2/P_1 = -V_u V_i = -(-300)\,200 = 60\,000$$

Beispiel 1.2. Ein Sperrschicht-Feldeffekttransistor arbeitet gemäß Bild **1.4** in Sourceschaltung. Im vorliegenden Arbeitspunkt hat er die Kleinsignal-Kurzschlußsteilheit $Y_{21} = 10\ \text{mS}$. Wie groß ist beim Lastwiderstand $R_L = 10\ \text{k}\Omega$ die Spannungsverstärkung V_u?

Die Spannungsverstärkung V_u des Sourceverstärkers ergibt sich mit Gl. (1.12) zu

$$V_u = U_2/U_1 = -Y_{21} R_L = -10\ \text{mS} \cdot 10\ \text{k}\Omega = -100$$

Obwohl bei der Schaltung nach Bild **1.4** ein größerer Lastwiderstand R_L als bei der Schaltung nach Bild **1.3** gewählt wurde, ist die Spannungsverstärkung V_u der Emitterschaltung größer als die der Sourceschaltung. Dies liegt an der relativ kleinen Kurzschlußsteilheit Y_{21} des Sperrschicht-Feldeffekttransistors. Feldeffekt-Leistungstransistoren, im speziellen die Isolierschicht-Feldeffekttransistoren mit Vertikalstruktur (VMOS-FETs), haben Steilheiten, die in der Größenordnung der Bipolartransistoren liegen.

1.3 Verstärkungsangaben in Dezibel

Um bei der Angabe von Verstärkungen einen großen Bereich überstreichen zu können, sind logarithmische Darstellungen üblich (s. Band I, Teil 1). Mit der Verstärker-Eingangsleistung P_1 und der Verstärker-Ausgangsleistung P_2 kann man die Leistungsverstärkung

$$v_\mathrm{p} = 10\ \lg(P_2/P_1)\ \mathrm{dB} = 10\ \lg V_\mathrm{p}\ \mathrm{dB} \tag{1.16}$$

in Dezibel angeben. Bei dem Leistungsverhältnis $P_2/P_1 = 1000$ ergibt sich mit Gl. (1.16) die Leistungsverstärkung $v_\mathrm{p} = 30$ dB.

Neben der Leistungsverstärkung können auch Spannungs- und Stromverstärkung im logarithmischen Maß Dezibel angegeben werden. Mit den Effektivwerten der Spannungen U_1 und U_2 sowie den Wirkwiderständen R_1 und R_2 gilt für die Eingangsleistung

$$P_1 = U_1^2/R_1 \tag{1.17}$$

und für die Ausgangsleistung

$$P_2 = U_2^2/R_2 \tag{1.18}$$

Damit folgt für die in Dezibel angegebene Leistungsverstärkung

$$v_\mathrm{p} = 10\ \mathrm{dB}\ \lg\left(\frac{U_2^2/R_2}{U_1^2/R_1}\right) = 20\ \mathrm{dB}\ \lg\left|\frac{U_2}{U_1}\right| + 10\ \mathrm{dB}\ \lg\left(\frac{R_1}{R_2}\right) \tag{1.19}$$

Bei gleichen Widerständen $R_1 = R_2$ ist die Leistungsverstärkung

$$v_\mathrm{p} = 20\ \mathrm{dB}\ \lg|(U_2/U_1)|\big|_{R_1 = R_2} = v_\mathrm{u} = 20\ \mathrm{dB}\ \lg|V_\mathrm{u}| \tag{1.20}$$

In diesem Sinne wird das eigentlich für die Leistungsverstärkung definierte Maß Dezibel auf die Spannungsverstärkung V_u in einer Verstärkerkette angewendet. In gleicher Weise wie die Spannungsverstärkung V_u kann auch die Stromverstärkung V_i in Dezibel angegeben werden.

Das logarithmische Maß Dezibel kann dort benutzt werden, wo zwei gleiche Größen miteinander verglichen werden sollen, z. B. wenn die Änderung einer Spannung an einer Schaltungsstelle gemeint ist, da sich die ins Verhältnis gesetzten Spannungen auf denselben Widerstand beziehen.

Das logarithmische Maß wird auch benutzt, wenn eine Abschwächung oder Dämpfung vorliegt. Bei einer Verstärkung ist der Zahlenwert in dB positiv. Bei negativem Zahlenwert in dB liegt eine Abschwächung vor.

Werden mehrere Verstärker oder Abschwächer hintereinander geschaltet, dann errechnet sich die Gesamtverstärkung oder -abschwächung aus dem Produkt der einzelnen Verstärkungen oder Abschwächungen. Im logarithmischen Maß dagegen folgt die Gesamtverstärkung aus der Summe der Einzelverstärkungen in dB.

Beispiel 1.3. Ein Spannungsverstärker hat den Dynamikbereich 80 dB. Hiermit ist gemeint: Das Verhältnis der größten zur kleinsten Ausgangsspannung beträgt 80 dB. Wie groß ist der absolute Dynamikbereich?

Bei diesem Verstärker werden zwei Ausgangsspannungen U_{max} und U_{min} logarithmisch verglichen. 80 dB bedeutet bei diesem Verstärker $20 \lg(U_{max}/U_{min}) = 80$, d. h., das Verhältnis ist $U_{max}/U_{min} = 10^4$. Die maximale Ausgangsspannung verhält sich zur minimalen Ausgangsspannung wie $10^4 : 1$.

1.4 Leistungsanpassung

Der Beschaltung am Eingang wie am Ausgang des Verstärkers ist besondere Aufmerksamkeit zu schenken. Die am Eingang des Verstärkers angeschlossene Signalquelle kann der Ausgang eines vorgeschalteten Verstärkers sein, während der Lastwiderstand der Eingang des nachfolgenden Verstärkers sein kann. Vom Innenwiderstand der Signalquelle und vom Lastwiderstand hängt es ab, welche Leistung der Verstärker abgeben kann und welche Spannungs- und Stromverhältnisse dabei herrschen. Schaltungsmaßnahmen am Eingang wie am Ausgang des Verstärkers, die die abgebbare Leistung optimieren, werden Leistungsanpassung genannt.

1.4.1 Anpassungsprobleme

Bei Verstärkern der Nachrichtentechnik sind die zur Verfügung stehenden Energien lediglich ein Mittel, den Signaltransport zu ermöglichen. Es kommt daher bei Verstärkern oft nicht auf ein Minimum an Leistungsverlusten an, sondern darauf, daß möglichst die maximale Leistung am Verbraucher erzielt wird. Leistungsanpassung im eigentlichen Sinne ist erreicht, wenn die maximale Leistung an den Verbraucher abgegeben werden kann. Sie ist nur bei einem bestimmten Innenwiderstand der Signalquelle und bei einem bestimmten Lastwiderstand zu erlangen.

Neben der Leistungsanpassung kann aber auch bei Verstärkern nur die Spannungs- oder Stromübertragung im Vordergrund stehen. Zur Beurteilung des Anpassungszustandes eines Verstärkers ist es deshalb vorteilhaft, den Reflexionsfaktor (s. Band I, Teil 1 und Band XI) einzuführen. An die Last wird von der Quelle gerade dann die maximale Leistung abgegeben, wenn keine Reflexion auftritt, d. h., wenn am Verbraucher keine Leistung zurückgewiesen wird.

Beim Einsatz von Verstärkern sind verschiedene Fälle zu unterscheiden:

Eintoranpassung: Eine Signalquelle wird an ein Verbrauchereintor angeschlossen.

Zweitoranpassung: Eine Signalquelle wird über ein Verstärkerzweitor an ein Verbrauchereintor angeschlossen.

Weiterhin ist zu unterscheiden, ob mit reellen oder komplexen Widerständen gearbeitet werden muß.

Solche Anpassungsprobleme sind in Band I und Band XI teilweise behandelt. Auf die dort erarbeiteten Anpassungsbedingungen für maximale Wirkleistungsabgabe eines Generators (einer Signalquelle) an einen Verbraucher (einen Lastwiderstand), die Widerstandsanpassung mit Übertrager sowie die Breit- und Schmalbandanpassung sei hingewiesen. Von der Vielzahl der Anpassungsschaltungen wird hier die für die Verstärkertechnik sehr wichtige Anpassung eines Verstärkerzweitors sowohl an die Signalquelle als auch an den Lastwiderstand behandelt.

1.4.2 Zweitoranpassung

Wird zwischen Lastwiderstand und Signalquelle ein Verstärkerzweitor geschaltet (Bild **1.**5), so sind sowohl Eingang *1* als auch Ausgang *2* des Verstärkerzweitors anzupassen, wenn die optimale, maximal mögliche Leistung an den Lastwiderstand R_L abgegeben werden soll. Untersucht wird nur die Schaltung mit reellen Elementen. Das Verstärkerzweitor ist durch die Hybridparameter beschrieben, aber auch jede andere Zweitordarstellung könnte zur Beschreibung des Zweitors herangezogen werden.

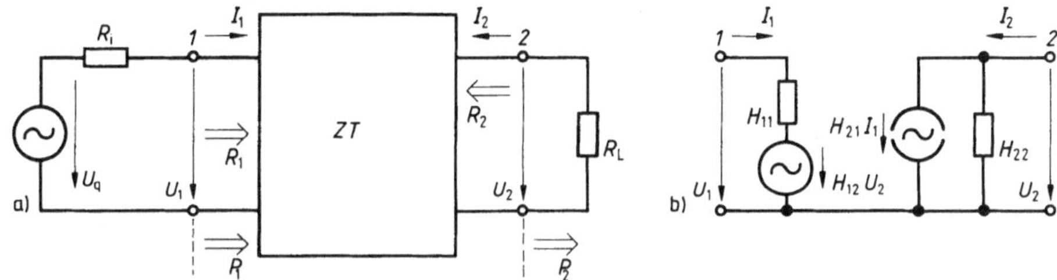

1.5 Anschluß des Lastwiderstands R_L über das Verstärkerzweitor *ZT* an die Signalquelle
quelle
a) Prinzipschaltung, b) Ersatzschaltung des Zweitors in Hybriddarstellung
1 Eingang, *2* Ausgang, R_1 Eingangswiderstand des Zweitors, R_2 Ausgangswiderstand des Zweitors, P_1 an den Zweitoreingang abgegebene Leistung, P_2 vom Zweitorausgang an den Lastwiderstand R_L abgegebene Leistung, U_q Quellenspannung der Signalquelle, R_i Innenwiderstand der Signalquelle

Das das Verstärkerzweitor beschreibende Gleichungssystem in Hybridform lautet nach Band I, Teil 1

$$U_1 = H_{11}I_1 + H_{12}U_2 \tag{1.21}$$

$$I_2 = H_{21}I_1 + H_{22}U_2 \tag{1.22}$$

Hierin bedeuten:
Eingangswiderstand bei kurzgeschlossenem Ausgang, der Kurzschlußeingangswiderstand H_{11}. Er stimmt mit Gl. (1.2) überein.

Spannungsverstärkung bei leerlaufendem Eingang in Rückwärtsrichtung, die Leerlaufrückwärtsspannungsverstärkung

$$H_{12} = U_1/U_2|_{I_1=0} \tag{1.23}$$

Stromverstärkung bei kurzgeschlossenem Ausgang, die Kurzschlußstromverstärkung H_{21}. Sie stimmt mit Gl. (1.3) überein.

Ausgangsleitwert bei leerlaufendem Eingang, der Leerlaufausgangsleitwert

$$H_{22} = I_2/U_2|_{I_1=0} \tag{1.24}$$

1.4.2.1 Anpassung der Last an den Zweitorausgang. Da im Gegensatz zu Abschn. 1.2 die beiden Hybridparameter H_{12} und H_{22}, die Leerlaufrückwärtsspannungsverstärkung und der Leerlaufausgangsleitwert hinzugekommen sind, ist die vom Verstärkerausgang an den Lastwiderstand R_L abgegebene Leistung $P_2 = -U_2 I_2$ von der Schaltungsdimensionierung abhängig. Das Suchen nach der maximal möglichen Leistungsabgabe des Verstärkers wird Optimieren genannt. Das Leistungsoptimum ist erreicht, wenn am Verstärker-Eingang und -Ausgang Leistungsanpassung vorliegt.

Zur Anpassung des Lastwiderstandes R_L (Bild **1.5**) an den Zweitorausgang wird von der Leistungsverstärkung V_p nach Gl. (1.8) ausgegangen, da bei vorgegebener Eingangsleistung P_1 die an den Lastwiderstand R_L abgegebene Leistung P_2 maximal wird, wenn auch die Leistungsverstärkung V_p maximal wird. Dazu muß die Leistungsverstärkung V_p als Funktion der Verstärkerkenngrößen beschrieben werden. Anschließend ist noch der Eingang des Zweitors an die Signalquelle anzupassen, damit von ihr an den Zweitoreingang die größtmögliche Leistung P_1 abgegeben werden kann. Erst dann ist der Verstärker hinsichtlich der Leistungsverstärkung optimiert.

Die Leistungsverstärkung V_p kann nach Gl. (1.11) über die Spannungsverstärkung V_u und die Stromverstärkung nach V_i berechnet werden.

Die Spannungsverstärkung V_u errechnet sich über die Maschengleichung (Bild **1.5**)

$$U_1 - H_{11} I_1 - H_{12} U_2 = 0 \tag{1.25}$$

in Verbindung mit der Knotengleichung

$$H_{21} I_1 + [H_{22} + (1/R_L)] U_2 = 0 \tag{1.26}$$

der Ausgangsklemme *2*. Mit dem Eingangsstrom

$$I_1 = \frac{1}{H_{11}} (U_1 - H_{12} U_2)$$

aus Gl. (1.25) folgt in Verbindung mit Gl. (1.26) die Spannungsverstärkung

$$V_\mathrm{u} = \frac{U_2}{U_1} = \frac{-H_{21}}{H\left(1 + \dfrac{H_{11}}{H R_\mathrm{L}}\right)} \tag{1.27}$$

wobei

$$H = H_{11} H_{22} - H_{12} H_{21} \tag{1.28}$$

die Determinante der Hybridmatrix ist.

Die Stromverstärkung V_i kann über Gl. (1.26), also die Knotengleichung der Klemme *2*, ermittelt werden, wenn die Ausgangsspannung $U_2 = -I_2 R_\mathrm{L}$ ersetzt wird. Die Ausrechnung ergibt die Stromverstärkung

$$V_\mathrm{i} = \frac{I_2}{I_1} = \frac{H_{21}}{1 + H_{22} R_\mathrm{L}} \tag{1.29}$$

Die Leistungsverstärkung V_p folgt dann mit Gl. (1.27) und Gl. (1.29) als Funktion der Verstärkerkenngrößen

$$V_\mathrm{p} = -V_\mathrm{u} V_\mathrm{i} = \frac{H_{21}^2}{H\left(1 + \dfrac{H_{11}}{H R_\mathrm{L}}\right)(1 + H_{22} R_\mathrm{L})} \tag{1.30}$$

Sie wird je nach Größe des Lastwiderstands R_L größer oder kleiner. Bei $R_\mathrm{L} = 0$ ist die Ausgangsspannung $U_2 = 0$. Hierdurch ist auch die Leistungsverstärkung $V_\mathrm{p} = 0$, wie dies ebenfalls Gl. (1.30) entnommen werden kann. Bei $R_\mathrm{L} \to \infty$ ist ebenfalls $V_\mathrm{p} = 0$, da dann der Ausgangsstrom $I_2 = 0$ ist. Der Maximalwert der Leistungsverstärkung wird über den Differentialquotienten $dV_\mathrm{p}/dR_\mathrm{L} = 0$ gefunden. Die Rechnung liefert den Lastwiderstand

$$R_\mathrm{La} = \sqrt{\frac{H_{11}}{H H_{22}}} \tag{1.31}$$

Zur allgemeinen Betrachtung des ausgangsseitigen Anpassungszustands wird der Anpassungsfaktor

$$\alpha_2 = \frac{R_\mathrm{L}}{R_\mathrm{La}} = R_\mathrm{L}\Big/\sqrt{\frac{H_{11}}{H H_{22}}} \tag{1.32}$$

eingeführt. Weiterhin wird die Leistungsverstärkung

$$V_\mathrm{pao} = V_\mathrm{p}\Big|_{\substack{\alpha_2 = 1 \\ H_{12} = 0}} = \frac{H_{21}^2}{4 H_{11} H_{22}} \tag{1.33}$$

benutzt, die sich aus Gl. (1.30) ergibt, wenn neben der ausgangsseitigen Anpassung ($\alpha_2 = 1$) das Verstärkerzweitor rückwirkungsfrei ($H_{12} = 0$) ist.

Da bei Rückwirkungsfreiheit die Hybriddeterminante Gl. (1.28)

$$H\,|_{H_{12}=0} = H_{11} H_{22}$$

ist, wird zur allgemeinen Erfassung des Rückwirkungszustands der Rückwirkungsfaktor

$$\rho = H/(H_{11} H_{22}) \tag{1.34}$$

eingeführt. Das rückwirkungsfreie Verstärkerzweitor hat damit den Rückwirkungsfaktor $\rho = 1$.

Damit läßt sich die Leistungsverstärkung von Gl. (1.30) als Funktion $V_p = f(V_{pao}, \alpha_2, \rho)$ schreiben.

Mit der Umrechnung

$$V_p = \frac{H_{21}^2}{4 H_{11} H_{22}} \; \frac{4}{\dfrac{H}{H_{11} H_{22}} \left(1 + \dfrac{H_{11}}{H R_L}\right)(1 + H_{22} R_L)}$$

sowie

$$\frac{H_{11}}{H R_L} = \sqrt{\frac{H_{11} H_{22}}{H}} \cdot \frac{\sqrt{H_{11}/(H H_{22})}}{R_L} = \frac{1}{\sqrt{\rho}\,\alpha_2}$$

und

$$H_{22} R_L = \sqrt{\frac{H_{11} H_{22}}{H}} \cdot \frac{R_L}{\sqrt{H_{11}/(H H_{22})}} = \frac{\alpha_2}{\sqrt{\rho}}$$

folgt die Leistungsverstärkung

$$V_p = \frac{P_2}{P_1} = \frac{4 V_{pao}}{\rho \left(1 + \dfrac{1}{\sqrt{\rho}\,\alpha_2}\right)\left(1 + \dfrac{\alpha_2}{\sqrt{\rho}}\right)}$$

$$= \frac{4 V_{pao}}{(\sqrt{\rho} + 1/\alpha_2)(\sqrt{\rho} + \alpha_2)} \tag{1.35}$$

Die Leistungsverstärkung bei ausgangsseitiger Anpassung ($\alpha_2 = 1$), aber mit Rückwirkung ($H_{12} \neq 0$) ist dann

$$V_p\,|_{\alpha_2 = 1} = V_{pa} = \frac{4 V_{pao}}{(1 + \sqrt{\rho})^2} \tag{1.36}$$

1.4.2.2 Anpassung der Signalquelle an den Zweitoreingang. Die eingangsseitige Leistungsanpassung der Signalquelle an das Zweitor ist im Prinzip eine Eintoranpassung. Es ist die Signalquelle (Bild 1.5) an den Zweitoreingang bei definierter Ausgangsbeschaltung anzupassen.

Mit dem Eingangswiderstand des Zweitors

$$R_1 = U_1 / I_1 \tag{1.37}$$

ist die an den Zweitoreingang abgegebene Leistung

$$P_1 = U_1^2 / R_1 \tag{1.38}$$

Zur Ermittlung des Anpassungszustands wird eine Leistungsverstärkung unter Einbeziehung der Signalquelle definiert. Da von der Signalquelle bei Leistungsanpassung maximal die Leistung

$$P_{a\,max} = U_q^2 / (4\,R_i) \tag{1.39}$$

(s. Band I, Teil 1) abgegeben werden kann, wird die an den Lastwiderstand R_L abgegebene Leistung P_2 auf diese Leistung bezogen. Sie wird **Übertragungsgewinn**

$$V_T = P_2 / P_{a\,max} \tag{1.40}$$

genannt. Er gibt an, welcher Anteil von der maximal der Signalquelle entnehmbaren Leistung $P_{a\,max}$ an den Lastwiderstand R_L abgegeben wird.

Zur Auffindung der Bedingung, bei der die Signalquelle an den Zweitoreingang angepaßt ist, muß der Übertragungsgewinn V_T in Abhängigkeit vom Eingangswiderstand R_1 des Zweitors dargestellt werden. Dies ist zu erreichen, wenn in Gl. (1.37) die Quellenspannung

$$U_q = U_1 (1 + R_i / R_1) \tag{1.41}$$

berücksichtigt wird. Mit der Leistung P_1 nach Gl. (1.38) und der Leistungsverstärkung $V_p = P_2 / P_1$ erhält man den Übertragungsgewinn

$$V_T = P_2 \frac{4\,R_i / R_1}{\dfrac{U_1^2}{R_1} \left(1 + \dfrac{R_i}{R_1}\right)^2} = \frac{P_2}{P_1} \frac{4\,R_i / R_1}{\left(1 + \dfrac{R_i}{R_1}\right)^2} = V_p \frac{4\,R_i / R_1}{\left(1 + \dfrac{R_i}{R_1}\right)^2} \tag{1.42}$$

Der Innenwiderstand R_i, bei dem der Anpassungsfall vorliegt, wird über den Differentialquotienten $dV_T / dR_1 = 0$ ermittelt. Wie bei der Eintoranpassung (s. Band I, Teil 1) folgt die Anpassungsbedingung

$$R_i = R_1 \tag{1.43}$$

Der Übertragungsgewinn V_T ist dann gleich der Leistungsverstärkung V_p.

Zur Bestimmung des Innenwiderstands R_i im Anpassungsfall ist der Eingangswiderstand R_1 des Zweitors zu berechnen. Er folgt aus der Maschengleichung (1.25) in Verbindung mit der Knotengleichung (1.26) der Klemme *2* zu

$$R_1 = \frac{U_1}{I_1} = H_{11} - \frac{H_{12} H_{21}}{H_{22} + (1/R_L)} \triangleq R_i \tag{1.44}$$

Der aus dem Verhältnis U_1/I_1 errechnete Eingangswiderstand R_1 entspricht dabei wegen der Berücksichtigung der Zählpfeile dem Betrage nach dem Innenwiderstand R_i, da die Anpassungsbedingung Gl. (1.43) aus der Leistungsbetrachtung hervorgeht.

Der Ausgangswiderstand

$$R_2 = \left.\frac{U_2}{I_2}\right|_{U_q=0} = \frac{1}{H_{22} - \dfrac{H_{12}H_{21}}{H_{11}+R_i}} \triangleq R_{La} \tag{1.45}$$

des Zweitors (Bild **1.**5) folgt aus der Maschengleichung des Eingangs für die Quellenspannung $U_q=0$ und der Knotengleichung der Klemme 2. Er entspricht dem Lastwiderstand R_{La} von Gl. (1.31) bei Anpassung.

Wie für den Verstärkerausgang kann auch für den Verstärkereingang ein Anpassungsfaktor α_1 definiert werden. Da das Verhältnis R_i/R_1 bei der Leistungsanpassung von Interesse ist, wird als Anpassungsfaktor

$$\alpha_1 = R_i/R_1 \tag{1.46}$$

gewählt. Bei Leistungsanpassung am Zweitoreingang ist $\alpha_1 = 1$.
Aus dem Übertragungsgewinn nach Gl. (1.42) folgt dann

$$V_T = V_p \frac{4\alpha_1}{(1+\alpha_1)^2} \tag{1.47}$$

Eine allgemeine Beziehung für den Übertragungsgewinn erhält man, wenn in Gl. (1.47) die Leistungsverstärkung V_p Gl. (1.35) eingesetzt wird. Es folgt der Übertragungsgewinn

$$V_T = \frac{P_2}{P_{a\,max}} = \frac{16\alpha_1 V_{pao}}{(1+\alpha_1)^2} \cdot \frac{1}{\left(\sqrt{\rho} + \dfrac{1}{\alpha_2}\right)(\sqrt{\rho}+\alpha_2)} \tag{1.48}$$

Diese Beziehung ist von der gewählten Beschreibungsform des Verstärkerzweitors unabhängig. Durch Leistungsanpassung am Ein- und Ausgang des Verstärkers können die Anpassungsfaktoren $\alpha_1 = 1$ und $\alpha_2 = 1$ erreicht werden. Es wird dann vom optimalen Übertragungsgewinn

$$V_{Topt} = \left.V_T\right|_{\substack{\alpha_1=1\\\alpha_2=1}} = \frac{4V_{pao}}{(1+\sqrt{\rho})^2} \tag{1.49}$$

gesprochen. Die maximale von der Signalquelle abgebbare Leistung $P_{a\,max}$ wird bei rückwirkungsfreiem Verstärker mit dem Rückwirkungsfaktor $\rho = 1$ bei beidseitiger Anpassung an das Verstärkerzweitor abgegeben. Abhängig vom Rückwirkungsfaktor $\rho \gtrless 1$ kann der optimale Übertragungsgewinn $|V_{Topt}| \lessgtr |V_{pao}|$ erreicht werden.

Beispiel 1.4. Von einem Verstärkerzweitor sind die Hybridparameter $H_{11} = 3{,}7$ kΩ, $H_{12} = 2 \cdot 10^{-4}$, $H_{21} = 300$ und $H_{22} = 25$ µS bekannt. Zu bestimmen ist der optimale Übertragungsgewinn V_{Topt}.

Der optimale Übertragungsgewinn ist die maximal erreichbare Leistungsverstärkung von Gl. (1.49), die bei vorhandener Rückwirkung sowie Anpassung am Eingang und am Ausgang erreicht werden kann.

Die zur Berechnung erforderliche beidseitig angepaßte, rückwirkungsfreie Leistungsverstärkung wird

$$V_{\text{pao}} = \frac{H_{21}^2}{4\,H_{11}\,H_{22}} = \frac{300^2}{4 \cdot 3{,}7 \text{ k}\Omega \cdot 25 \text{ µS}} = 243{,}24 \cdot 10^3$$

Der Rückwirkungsfaktor

$$\rho = \frac{H}{H_{11}H_{22}} = 1 - \frac{H_{12} \cdot H_{21}}{H_{11} \cdot H_{22}} = 1 - \frac{2 \cdot 10^{-4} \cdot 300}{3{,}7 \text{ k}\Omega \cdot 25 \text{ µS}} = 0{,}351$$

berechnet sich mit Gl. (1.34).

Mit dem Rückwirkungsfaktor ρ und der rückwirkungsfreien Leistungsverstärkung V_{pao} folgt der optimale Leistungsgewinn

$$V_{\text{Topt}} = \frac{4\,V_{\text{pao}}}{(1 + \sqrt{\rho})^2} = 383{,}54 \cdot 10^3$$

2 Kennwerte und Beschreibung wichtiger Halbleiterbauelemente

Die wichtigsten Bauelemente, mit denen Verstärkungen erzielt werden können, sind die Transistoren. Sie unterscheiden sich nicht nur nach ihrer Leistung, dem einsetzbaren Frequenzbereich, sondern vor allem entsprechend ihrem Aufbau nach Bipolar- und Feldeffekttransistoren. Neben den Transistoren, die als Einzelelement eingesetzt werden, gewinnen in der Verstärkertechnik zunehmend monolithisch integrierte Schaltungen an Bedeutung. Hervorzuheben ist wegen seiner universellen Einsatzmöglichkeiten der monolithisch integrierte Operationsverstärker, der durch einfache Beschaltung den jeweiligen Erfordernissen angepaßt werden kann.

2.1 Symbole und Eigenschaften

Typische Merkmale von Bipolar- und Feldeffekttransistoren sowie des Operationsverstärkers sollen anhand von Ersatzschaltungen für differentielle Änderungen, d.h. für niedrige Frequenzen, in Verbindung mit ihrer Symbolik dargestellt werden. Es wird die differentielle Aussteuerung um einen eingestellten Gleichstromwert (s. Abschn. 1) betrachtet. Wie die Gleichstrombeschaltungen durchgeführt werden können, wird in Abschn. 2.4 behandelt.

2.1.1 Bipolartransistor

Beim Bipolartransistor (s. Band III, Teil 1) werden zwei Typen unterschieden (Bild 2.1): Der NPN-Typ besteht aus der P-dotierten Basis und dem N-dotierten Kollektor und Emitter. Beim PNP-Typ sind die Dotierungen entsprechend umgekehrt.

Im Symbol deutet der Pfeil am Emitter die Durchlaßrichtung der Diodenstrecke Basis–Emitter an. Die Spannungspfeile werden durch die Elektrodenbezeichnungen indiziert, in deren Richtung der Pfeil zeigt. Die Strompfeile sind von der Elektrode zum Transistor gerichtet.

Da der Basisstrom I_B wesentlich kleiner als der Kollektorstrom I_C ist, gilt angenähert für den Emitterstrom $I_E \approx -I_C$.

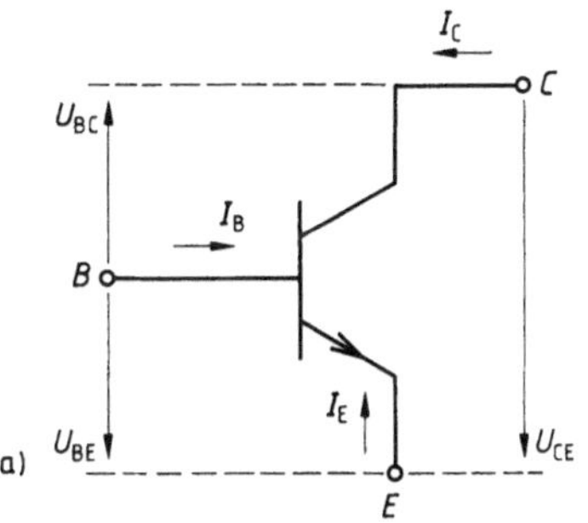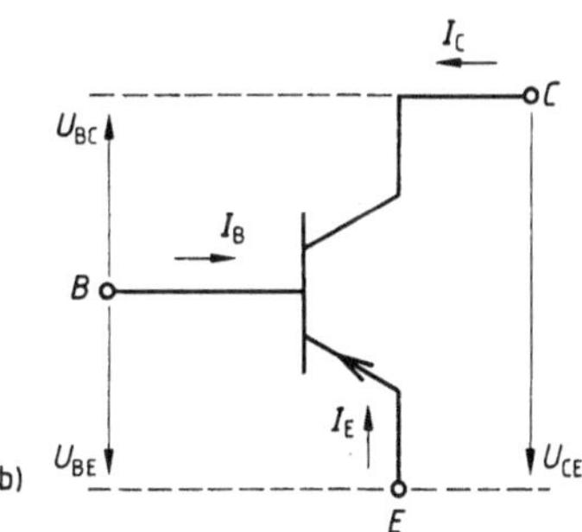

2.1 Bipolartransistor-Symbole
a) NPN-Typ, b) PNP-Typ
B Basis, *C* Kollektor, *E* Emitter

Um den Bipolartransistor in Betrieb zu setzen, wird die Basis-Emitter-Strecke bei Silizium-NPN-Transistoren durch die Gleichspannung $U_{BE} \approx 0{,}7\,\text{V}$ in Durchlaßrichtung gepolt, während die Basis-Kollektor-Diode in Sperrrichtung betrieben wird.

2.1.1.1 Kleinsignal-Ersatzschaltung der Emitterschaltung. Der Bipolartransistor zeigt sein typisches Verhalten in der Emitterschaltung (Bild 2.2). Bei dieser Schaltung ist der Emitter *E* für Eingang *1* und Ausgang *2* gemeinsam. Der Ausgang dieser Schaltung, die Kollektor-Emitter-Strecke, läßt sich bei einer differentiellen Änderung des Basisstroms ΔI_B durch eine stromgesteuerte Stromquelle symbolisieren (s. Abschn. 1). Der Eingang der Emitterschaltung, die Diode zwischen Basis und Emitter, zeigt einen niederohmigen (einige kΩ) differentiellen Widerstand H_{11}. Als Kenngröße der Stromquelle wird die Übertragungsgröße β angegeben. Sie ist die Kurzschlußstromverstärkung H_{21}. Je nach Aufbau und Typ ist mit einem Bereich $40 < \beta < 4000$ der Kurzschlußstromverstärkung β zu rechnen, wobei die kleinen Werte den Leistungstransistoren zuzuordnen sind.

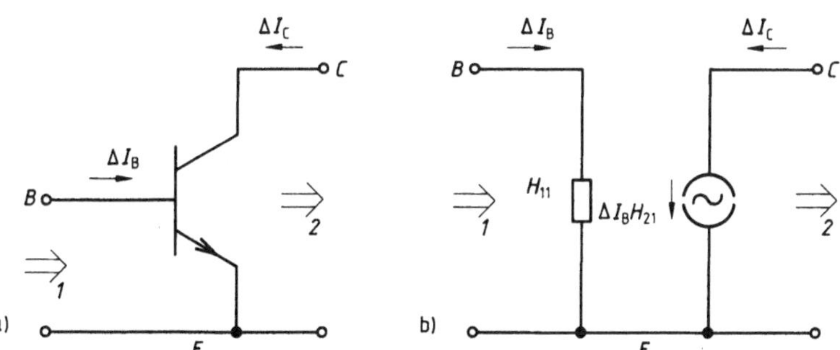

2.2 Kleinsignal-Ersatzschaltung (b) eines Bipolartransistors in Emitterschaltung (a)
1 Eingang, *2* Ausgang, H_{11} Kurzschlußeingangswiderstand, H_{21} Kurzschlußstromverstärkung

Beispiel 2.1. Ein Silizium-Bipolartransistor vom PNP-Typ soll in Betrieb gesetzt werden. Größenordnung und Polarität der Basis-Emitter-Gleichspannung sind anzugeben.
Die Basis-Emitter-Diode ist in Durchlaßrichtung zu betreiben, d.h. die Basis-Emitter-Gleichspannung ist in der Größenordnung $U_{BE} \approx -0{,}7$ V zu wählen.

Beispiel 2.2. Wie groß ist die Basisstrom-Änderung ΔI_B bei der Kollektorstrom-Änderung $\Delta I_C = 2$ mA, wenn der Bipolartransistor die Kurzschlußstromverstärkung $\beta = 200$ aufweist?
Mit der Ersatzschaltung des Bipolartransistors und $H_{21} = \beta$ in Bild **2.**2 folgt für die Basisstrom-Änderung

$$\Delta I_B = \Delta I_C / \beta = 2 \text{ mA}/200 = 10 \text{ }\mu\text{A}$$

2.1.1.2 Kleinsignal-Grundschaltungen des Bipolartransistors. Neben der Emitterschaltung gibt es beim Bipolartransistor noch zwei weitere Grundschaltungen (s. Band III), die Basis- und die Kollektorschaltung (Bild **2.**3). Auch diese Schaltungen sind nach der Elektrode benannt, die dem Ein- und Ausgang gemeinsam ist.

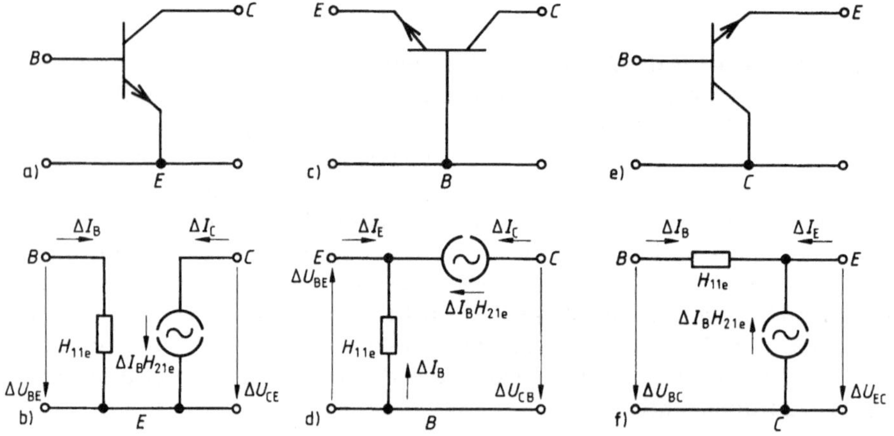

2.3 Grundschaltungen des Bipolartransistors
a) Emitterschaltung mit Kleinsignal-Ersatzschaltung (b), c) Basisschaltung mit Kleinsignal-Ersatzschaltung (d), e) Kollektorschaltung mit Kleinsignal-Ersatzschaltung (f)

Zum Vergleich wesentlicher Kleinsignaleigenschaften dieser drei Grundschaltungen werden ausgehend von der Emitterschaltung nach Bild **2.**2 der Kurzschlußeingangswiderstand H_{11}, die Kurzschlußstromverstärkung H_{21} und zusätzlich der Leerlaufausgangsleitwert H_{22} berechnet (s. Abschn. 1.4.2). Die Leerlaufrückwärtsspannungsverstärkung H_{12} bleibt zunächst unberücksichtigt. Diese Kenngrößen werden für die drei Grundschaltungen ermittelt und durch die Indizes e für die Emitterschaltung, b für die Basisschaltung und c für die Kollektorschaltung gekennzeichnet.

Für die Emitterschaltung nach Bild **2.3b** ist der Kurzschlußeingangswiderstand

$$H_{11e} = \Delta U_{BE}/\Delta I_B \big|_{\Delta U_{CE}=0} \qquad (2.1)$$

Für die Kurzschlußstromverstärkung folgt

$$H_{21e} = \Delta I_C/\Delta I_B \big|_{\Delta U_{CE}=0} = \beta \qquad (2.2)$$

Für den Leerlaufausgangsleitwert ergibt sich

$$H_{22e} = \Delta I_C/\Delta U_{CE} \big|_{\Delta I_B=0} = 0 \qquad (2.3)$$

Die Kenngrößen der Basisschaltung folgen aus Bild **2.3d**. Für den Kurzschlußeingangswiderstand gilt

$$H_{11b} = \frac{-\Delta U_{BE}}{\Delta I_E}\bigg|_{\Delta U_{CB}=0} = \frac{U_{BE}}{I_B(1+H_{21e})} = \frac{H_{11e}}{1+H_{21e}} \qquad (2.4)$$

Damit ist der Kurzschlußeingangswiderstand der Basisschaltung erheblich kleiner als der der Emitterschaltung.

Die Kurzschlußstromverstärkung ist

$$H_{21b} = \frac{\Delta I_C}{\Delta I_E}\bigg|_{\Delta U_{CB}=0} = \frac{\Delta I_B H_{21e}}{-\Delta I_B(1+H_{21e})} = \frac{-H_{21e}}{1+H_{21e}} \approx -1 \qquad (2.5)$$

Die Kurzschlußstromverstärkung der Basisschaltung, besser der Kurzschlußstromverteilungsfaktor, liegt betragsmäßig nur wenig unter 1. Für ihn ist auch die Bezeichnung

$$\alpha = \frac{\Delta I_C}{-\Delta I_E}\bigg|_{\Delta U_{CB}=0} = \frac{\beta}{1+\beta} \qquad (2.6)$$

als charakteristische Größe der Basisschaltung gebräuchlich.
Der Leerlaufausgangsleitwert ist

$$H_{22b} = \Delta I_C/\Delta U_{CB} \big|_{\Delta I_E=0} = 0 \qquad (2.7)$$

Wegen des geringen Eingangswiderstands und der kleinen Kurzschlußstromverstärkung hat die Basisschaltung für niederfrequente Anwendungen geringe Bedeutung.

Die Kenngrößen der Kollektorschaltung folgen aus Bild **2.3f**. Der Kurzschlußeingangswiderstand

$$H_{11c} = \Delta U_{BC}/\Delta I_B \big|_{\Delta U_{EC}=0} = H_{11e} \qquad (2.8)$$

der Kollektorschaltung entspricht dem Kurzschlußeingangswiderstand der Emitterschaltung. Die Kurzschlußstromverstärkung

$$H_{21c} = \frac{\Delta I_E}{\Delta I_B}\bigg|_{\Delta U_{EC}=0} = \frac{-\Delta I_B(1+H_{21e})}{\Delta I_B} = -(1+H_{21e}) \qquad (2.9)$$

der Kollektorschaltung entspricht bis auf den Summanden 1 und das Vorzeichen der Kurzschlußstromverstärkung der Emitterschaltung. Der Leerlaufausgangsleitwert ist

$$H_{22c} = \Delta I_E / \Delta U_{EC}\big|_{\Delta I_B = 0} = 0 \qquad (2.10)$$

Zur Erfassung des gesamten Verhaltens der Kollektorschaltung reichen die drei Kenngrößen H_{11c}, H_{21c} und H_{22c} nicht aus, da über den Kurzschlußeingangswiderstand H_{11e} eine Rückwirkung vom Ausgang auf den Eingang besteht. Beschrieben wird die Rückwirkung durch die Leerlaufspannungsverstärkung in Rückwärtsrichtung

$$H_{12c} = \Delta U_{BC} / \Delta U_{EC}\big|_{\Delta I_B = 0} \qquad (2.11)$$

Dieser Parameter beträgt nach Bild **2.3** f $H_{12c} = 1$, da bei konstantem Basisstrom die Spannung ΔU_{BC} gleich der Spannung ΔU_{EC} ist.

Beispiel 2.3. Von einem Bipolartransistor in Emitterschaltung sind der Kurzschlußeingangswiderstand $H_{11e} = 3,3$ kΩ und die Kurzschlußstromverstärkung $H_{21e} = 300$ bekannt. Wie groß sind der Kurzschlußeingangswiderstand und die Kurzschlußstromverstärkung der Basisschaltung?

Der Kurzschlußeingangswiderstand der Basisschaltung ist nach Gl. (2.4)

$$H_{11b} = H_{11e} / (1 + H_{21e}) = 3,3 \text{ k}\Omega / (1 + 300) = 10,96 \ \Omega$$

Die Kurzschlußstromverstärkung der Basisschaltung

$$H_{21b} = -H_{21e} / (1 + H_{21e}) = -300 / (1 + 300) = -0,9967$$

läßt sich mit Gl. (2.5) ermitteln. Das Minuszeichen in Gl. (2.5) ist durch die Wahl der Zählpfeile in Bild **2.3** d begründet.

2.1.2 Feldeffekttransistor

Nach der Konstruktion des Gates werden Feldeffekttransistoren (s. Band III, Teil 2) als Sperrschicht-Feldeffekttransistoren (Bild **2.4**) und als

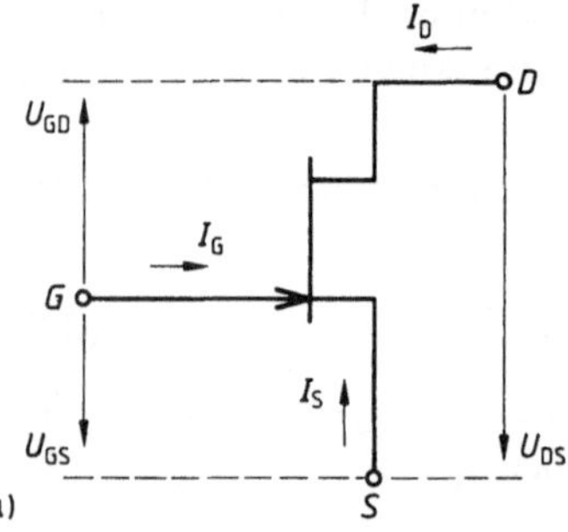
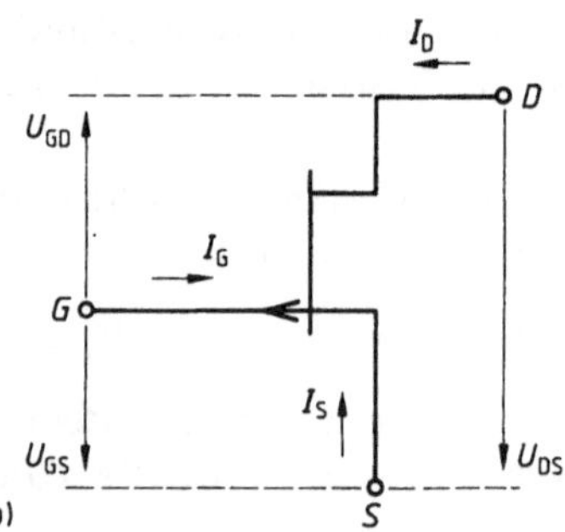

2.4 Sperrschicht-Feldeffekttransistor-Symbole
   a) N-Kanal-Typ, b) P-Kanal-Typ   *G* Gate, *D* Drain, *S* Source

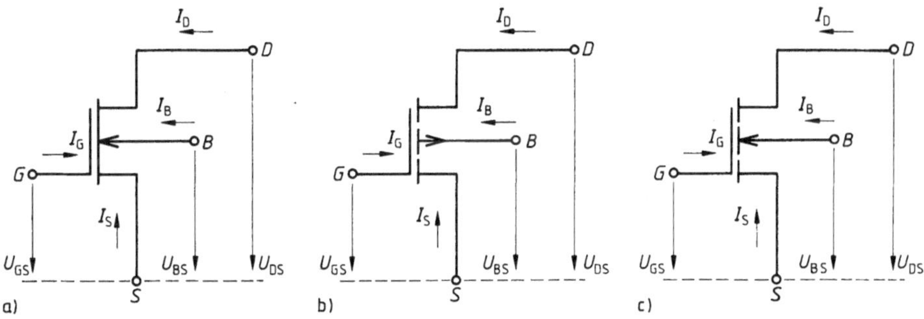

2.5 Symbole der MOS-Feldeffekttransistoren
a) selbstleitender N-Kanal-Typ, b) selbstsperrender P-Kanal-Typ, c) selbstsperrender N-Kanal-Typ
G Gate, *D* Drain, *S* Source, *B* Bulk

Feldeffekttransistoren mit isoliertem Gate, den MOS-Feldeffekttransistoren (Bild **2.5**), unterschieden.

Der Kanal, die Drain-Source-Strecke, kann N- oder P-leitend sein. Beim Sperrschicht-Feldeffekttransistor wird der N-Kanal-Typ durch einen Pfeil am Gate gekennzeichnet, der vom Gate-Anschluß zum Kanal hinweist. Beim P-Kanal-Sperrschicht-Feldeffekttransistor zeigt dieser Pfeil vom Kanal zum Gateanschluß. Im Verstärkerbetrieb sind die Gate-Source-Diode und auch die Gate-Drain-Diode in Sperrichtung zu polen.

Bei der Gate-Source-Spannung $U_{GS} = 0$ ist der Kanal des Sperrschicht-Feldeffekttransistors leitend, weshalb solche Feldeffekttransistoren auch selbstleitende Typen genannt werden.

Die Spannungs- und Strompfeile werden analog zum Bipolartransistor festgelegt (s. Abschn. 2.1.1). Die Elektroden von Feldeffekt- und Bipolartransistor können einander zugeordnet werden: Gate entspricht der Basis, Drain dem Kollektor und Source dem Emitter. Der Gatestrom I_G kann bei vielen Anwendungen in der Verstärkertechnik vernachlässigt werden, da der Widerstand der Gate-Source-Strecke im Bereich von $10^8\,\Omega$ bis $10^{14}\,\Omega$ liegt.

Beim MOS-Feldeffekttransistor wird das vom Kanal isolierte Gate im Symbol getrennt von der Drain-Source-Verbindung, dem Kanal, gezeichnet (Bild **2.5**). Neben dem selbstleitenden MOS-Feldeffekttransistor gibt es auch selbstsperrende Typen, dargestellt durch eine unterbrochene Linie zwischen Drain und Source. Als selbstsperrend wird ein MOS-Feldeffekttransistor bezeichnet, wenn er bei der Gate-Source-Spannung $U_{GS} = 0$ sperrt, d.h., die Drain-Source-Strecke, der Kanal, sehr hochohmig ist.

Der MOS-Feldeffekttransistor hat noch eine weitere Elektrode, den Bulk-Anschluß; er ist an den Grundkörper des Halbleiters angeschlossen und wirkt auf den Kanal ähnlich wie das Gate beim Sperrschicht-Feldeffekttransistor.

Bei vielen Anwendungen des MOS-Feldeffekttransistors in der Verstärkertechnik liegt zwischen Bulk und Source ein Kurzschluß.

Der Kanal-Typ des MOS-Feldeffekttransistors wird analog zum Sperrschicht-Feldeffekttransistor am Bulk durch einen Pfeil gekennzeichnet. Zeigt der Pfeil vom Bulk-Anschluß zum Kanal, so liegt ein N-Kanal-Typ vor. Beim P-Kanal-Typ ist der Pfeil vom Kanal zum Bulk-Anschluß gerichtet.

2.1.2.1 Kleinsignal-Ersatzschaltung der Sourceschaltung. Die Sourceschaltung nach Bild **2**.6 entspricht der Emitterschaltung (s. Abschn. 2.1.1.1). Die Gate-Source-Strecke ist der Eingang *1* und die Drain-Source-Strecke der Ausgang *2*. Da die Eingangsstrecke der Sourceschaltung sehr hochohmig ist, wird nur die Änderung der Gate-Source-Spannung ΔU_{GS} als Eingangsgröße herangezogen. Beim Bipolartransistor, dessen Eingang niederohmig ist, werden die Basisstrom-Änderung wie auch die Änderung der Basis-Emitter-Spannung als Eingangsgrößen definiert.

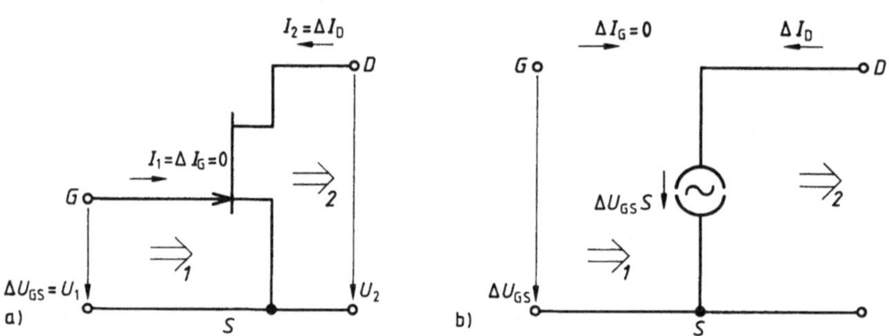

2.6 Kleinsignal-Ersatzschaltung (b) des N-Kanal-Sperrschicht-Feldeffekttransistors in Sourceschaltung (a)
   1 Eingang, *2* Ausgang, *S* Kurzschlußsteilheit Y_{21}

Die Drain-Source-Strecke läßt sich wieder als gesteuerte Stromquelle symbolisieren. Es liegt hier eine spannungsgesteuerte Stromquelle vor (s. Abschn. 1.2). Die Kenngröße dieser gesteuerten Stromquelle ist die Steilheit *S*. Sie ist als Kurzschlußsteilheit Y_{21} entsprechend Abschn. 1.2 definiert. Je nach Feldeffekttransistor-Typ ist mit einem Steilheitsbereich $1\,\text{mS} < S < 200\,\text{mS}$ zu rechnen. Große Kurzschlußsteilheiten sind bei VMOS-Feldeffekttransistoren zu finden.

Beispiel 2.4. Ein Feldeffekttransistor hat in einem bestimmten Arbeitspunkt die Kurzschlußsteilheit $S = 100\,\text{mS}$. Wie groß ist bei der Drainstromänderung $\Delta I_D = 5\,\text{mA}$ die Änderung der Gate-Source-Spannung?
Mit der Ersatzschaltung des Feldeffekttransistors von Bild **2**.6 errechnet sich die Änderung der Gate-Source-Spannung

$$\Delta U_{GS} = \Delta I_D / S = 5\,\text{mA}/(100\,\text{mS}) = 50\,\text{mV}$$

2.1.2.2 Kleinsignal-Grundschaltungen des Feldeffekttransistors. Wie beim Bipolartransistor gibt es neben der Sourceschaltung zwei weitere Grundschaltungen, die Gate- und die Drainschaltung nach Bild 2.7.

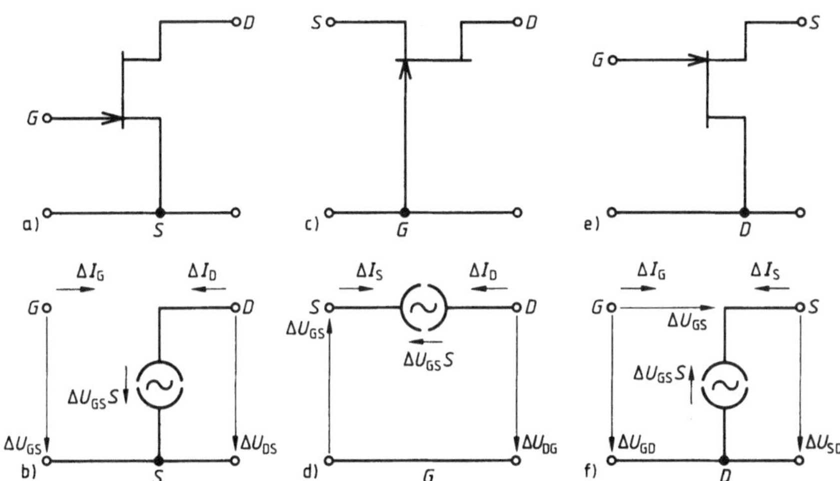

2.7 Grundschaltungen des Feldeffekttransistors
  a) Sourceschaltung mit Kleinsignal-Ersatzschaltung (b), c) Gateschaltung mit Kleinsignal-Ersatzschaltung (d), e) Drainschaltung mit Kleinsignal-Ersatzschaltung (f)

Zum Vergleich wesentlicher niederfrequenter Kleinsignaleigenschaften dieser drei Grundschaltungen wird wieder von der Sourceschaltung ausgegangen. Die beim Bipolartransistor benutzten Hybridparameter sind zur Beschreibung des Feldeffekttransistors nicht geeignet, da bei ihm eine spannungsgesteuerte Stromquelle und nicht eine stromgesteuerte Stromquelle vorliegt. Dagegen läßt sich die Leitwertdarstellung von Zweitoren beim Feldeffekttransistor anwenden. Das Zweitor in Bild 2.6 wird in Leitwertdarstellung durch das Gleichungssystem

$$I_1 = Y_{11} U_1 + Y_{12} U_2 \tag{2.12}$$

$$I_2 = Y_{21} U_1 + Y_{22} U_2 \tag{2.13}$$

beschrieben. Hierin bedeuten:
Eingangsleitwert bei kurzgeschlossenem Ausgang, der Kurzschlußeingangsleitwert

$$Y_{11} = I_1 / U_1 |_{U_2 = 0} \tag{2.14}$$

Steilheit bei kurzgeschlossenem Eingang in Rückwärtsrichtung, die Kurzschluß-Rückwärts-Steilheit

$$Y_{12} = I_1 / U_2 |_{U_1 = 0} \tag{2.15}$$

Steilheit bei kurzgeschlossenem Ausgang, die Kurzschlußsteilheit oder kurz Steilheit

$$Y_{21} = I_2 / U_1 \big|_{U_2 = 0} \tag{2.16}$$

Ausgangsleitwert bei kurzgeschlossenem Eingang, der Kurzschlußausgangsleitwert

$$Y_{22} = I_2 / U_2 \big|_{U_1 = 0} \tag{2.17}$$

Berechnet werden für die drei Grundschaltungen der Kurzschlußeingangsleitwert Y_{11}, die Kurzschlußsteilheit Y_{21} und der Kurzschlußausgangsleitwert Y_{22}. Die Kurzschluß-Rückwärts-Steilheit Y_{12} wird hierbei nicht betrachtet. Diese Kenngrößen werden durch Indizes gekennzeichnet: die Sourceschaltung durch s, die Gateschaltung durch g und die Drainschaltung durch d.

Für die Sourceschaltung (Bild **2.**7b) gilt für den Kurzschlußeingangsleitwert

$$Y_{11s} = \Delta I_G / \Delta U_{GS} \big|_{\Delta U_{DS} = 0} = 0 \tag{2.18}$$

die Kurzschlußsteilheit

$$Y_{21s} = \Delta I_D / \Delta U_{GS} \big|_{\Delta U_{DS} = 0} = S \tag{2.19}$$

und der Kurzschlußausgangsleitwert

$$Y_{22s} = \Delta I_D / \Delta U_{DS} \big|_{\Delta U_{GS} = 0} = 0 \tag{2.20}$$

Die Kenngrößen der Gateschaltung folgen aus Bild **2.**7d. Der Kurzschlußeingangsleitwert

$$Y_{11g} = \frac{\Delta I_S}{-\Delta U_{GS}} \bigg|_{\Delta U_{DG} = 0} = \frac{-\Delta U_{GS}}{-\Delta U_{GS}} S = S \tag{2.21}$$

ist gleich der Steilheit. Der Eingangswiderstand der Gateschaltung ist wie bei der Basisschaltung niederohmig.

Die Kurzschlußsteilheit der Gateschaltung

$$Y_{21g} = \frac{\Delta I_D}{-\Delta U_{GS}} \bigg|_{\Delta U_{DG} = 0} = \frac{\Delta U_{GS}}{-\Delta U_{GS}} S = -S \tag{2.22}$$

entspricht betragsmäßig der der Sourceschaltung. Das Minuszeichen ist bedingt durch die gewählten Zählrichtungen. Der Kurzschlußausgangsleitwert ist

$$Y_{22g} = \Delta I_D / \Delta U_{DG} \big|_{\Delta U_{GS} = 0} = 0 \tag{2.23}$$

Auch die Gateschaltung ist wie die Basisschaltung wegen des großen Eingangsleitwerts für niedrige Frequenzen wenig geeignet.

Die Kenngrößen der Drainschaltung lassen sich mit Bild **2.7** f ermitteln. Für den Kurzschlußeingangsleitwert gilt

$$Y_{11d} = \Delta I_G / \Delta U_{GD} \big|_{\Delta U_{SD}=0} = 0 \tag{2.24}$$

Die Kurzschlußsteilheit

$$Y_{21d} = \frac{\Delta I_S}{\Delta U_{GD}} \bigg|_{\Delta U_{SD}=0} = \frac{-\Delta U_{GS}}{\Delta U_{GS}} S = -S \tag{2.25}$$

entspricht bis auf das Vorzeichen der Sourceschaltung. Der Kurzschlußausgangsleitwert

$$Y_{22d} = \frac{\Delta I_S}{\Delta U_{SD}} \bigg|_{\Delta U_{GD}=0} = \frac{-\Delta U_{GS}}{\Delta U_{SD}} S = \frac{\Delta U_{SD}}{\Delta U_{SD}} S = S \tag{2.26}$$

der Drainschaltung ist recht groß, d.h., der Ausgang ist niederohmig, so daß diese Schaltung wie auch die Kollektorschaltung verwendet werden kann, wenn es darauf ankommt, einen hochohmigen Eingang und einen niederohmigen Ausgang zu haben (s. Abschn. 3).

Beispiel 2.5. Der Feldeffekttransistor ist für nicht zu hohe Frequenzen durch die Kurzschlußsteilheit $S = 10$ mS beschrieben. Wie groß ist der differentielle Kurzschlußausgangsleitwert der Drainschaltung?
Nach Gl. (2.26) beträgt der Kurzschlußausgangsleitwert

$$Y_{22d} = \Delta I_S / \Delta U_{SD} \big|_{\Delta U_{GD}=0} = S = 10 \text{ mS}$$

2.1.3 Operationsverstärker

Der Operationsverstärker (Bild **2.**8) stellt als universeller Baustein ein **mono-lithisch integriertes Verstärkersystem** dar, das mit guter Näherung als

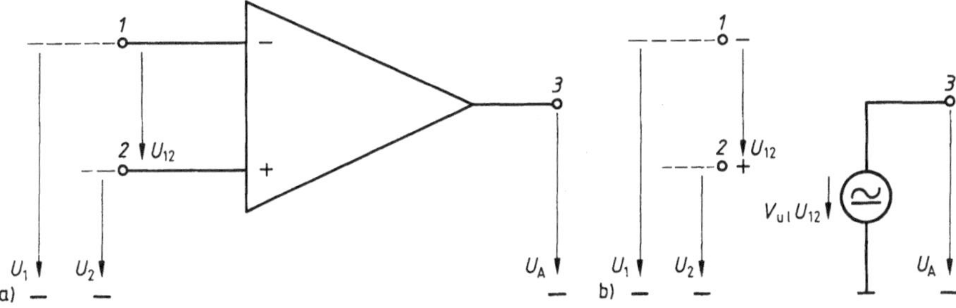

2.8 Symbol (a) und Ersatzschaltung (b) des Operationsverstärkers
1, 2 Eingangsklemmen, *3* Ausgangsklemme, − invertierender, + nichtinvertierender Eingang, V_{ul} Leerlaufspannungsverstärkung

spannungsgesteuerte Spannungsquelle mit Differenzeingang (s. Abschn. 2.2.4) angesehen werden kann. Er ist wie der Bipolar- und Feldeffekttransistor als eigenes Bauelement zu betrachten.

Da alle Spannungen auf Masse bezogen sind, ist in der Ersatzschaltung die gesteuerte Spannungsquelle zwischen der Ausgangsklemme *3* und Masse gezeichnet. Als Ersatzquelle wird eine Spannungsquelle gewählt, da der Ausgangswiderstand des Operationsverstärkers, also der Innenwiderstand zwischen der Klemme *3* und Masse, sehr gering (kleiner als 100 Ω) ist. Als steuernde Größe tritt die Differenz

$$U_{12} = U_1 - U_2 \qquad\qquad (2.27)$$

der beiden Eingangsspannungen U_1 und U_2 auf. Die Eingänge *1* und *2* sind gegeneinander und gegen Masse sehr hochohmig, weshalb die Widerstände zwischen diesen Klemmen in der Ersatzschaltung als unendlich groß angenommen sind.

Die gesteuerte Spannungsquelle ist durch die Leerlaufspannungsverstärkung

$$V_{ul} = \Delta U_A / \Delta U_{12} \qquad\qquad (2.28)$$

gekennzeichnet. Beim idealen Operationsverstärker kann mit der Leerlaufspannungsverstärkung $V_{ul} \rightarrow -\infty$ gerechnet werden. Dies bedeutet, daß die Differenzeingangsspannung U_{12} gegen Null strebt. Wie der Operationsverstärker zu beschalten ist, wird in Abschn. 4 und 7 behandelt.

Beispiel 2.6. Ein Operationsverstärker hat die Leerlaufspannungsverstärkung $V_{ul} = -10^6$. Wie groß ist die Differenzeingangsspannung U_{12}, wenn sich die Ausgangsspannung $U_A = 10$ V einstellen soll?

Mit Gl. (2.28) für die Leerlaufspannungsverstärkung beträgt die Differenzeingangsspannung

$$U_{12} = U_A / V_{ul} = 10 \text{ V} / (-10^6) = -10\ \mu\text{V}$$

2.1.4 Einsatzbereiche

Ob Bipolartransistor, Feldeffekttransistor oder Operationsverstärker für Verstärkerschaltungen eingesetzt werden, hängt stark von der jeweiligen Anwendung ab. Für Gleichstrom und bei niedrigen Frequenzen erlaubt der Operationsverstärker oft einen problemlosen Schaltungsaufbau. Bei Leistungen von einigen Watt und mehr herrscht der Bipolartransistor vor. Verzerrungsarme und hochohmige Verstärkerschaltungen ermöglicht der Feldeffekttransistor. Im Hochfrequenzgebiet ist der Feldeffekttransistor weit verbreitet.

2.2 Kennlinien und mathematische Beschreibung

Für die Behandlung der Großsignalaussteuerung werden mathematische Beschreibungen des Klemmenverhaltens der Bauelemente benötigt. Darüber hinaus erlauben die Kennlinien weitere Aussagen über Aussteuergrenzen und prinzipiell auch über das Kleinsignalverhalten. In einfacher Form werden hier PN-Diode, Bipolartransistor, Feldeffekttransistor und Operationsverstärker behandelt.

2.2.1 PN-Diode

Nach Shockley läßt sich die mathematische Beschreibung

$$I = I_S(e^{U/U_T} - 1) \tag{2.29}$$

der Strom-Spannungs-Kennlinie der PN-Diode (Bild 2.9) angeben. Die Kenngrößen der PN-Diode sind der Sättigungs- oder Reststrom I_S und die Temperaturspannung U_T. Bei Silizium-Dioden liegt der Reststrom I_S bei Raumtemperatur im Bereich 1 nA bis 10 nA. Die Temperaturspannung

$$U_T = kT/e \tag{2.30}$$

ist abhängig von der Boltzmannkonstanten $k = 1{,}38 \cdot 10^{-23}$ Ws/K, der absoluten Temperatur T und dem Betrag der Elementarladung $e = 1{,}6 \cdot 10^{-19}$ As. Bei Raumtemperatur kann mit der Temperaturspannung $U_T \approx 26$ mV gerechnet werden. Im Sperrgebiet der Diode beträgt dann nach Gl. (2.29) der Diodenstrom

$$I|_{U \ll 0} \approx -I_S$$

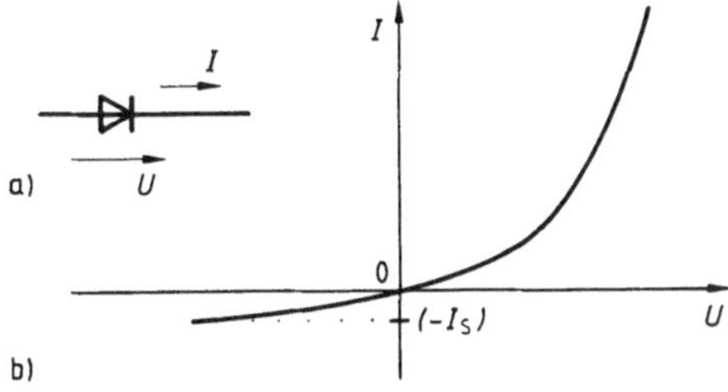

2.9
Strom-Spannungs-Kennlinie (Diodenkennlinie) $I = f(U)$ (b) der PN-Diode (a)
I_S Sättigungs- oder Reststrom

Beispiel 2.7. Eine Diode hat den Reststrom $I_S = 1$ nA und die Temperaturspannung $U_T = 40$ mV. Zu zeichnen ist die Diodenkennlinie $I = f(U)$ im Strombereich 1 µA bis 10 mA.

Damit der recht große Strombereich zwischen 1 µA und 10 mA erfaßt werden kann, wird der Strom I im logarithmischen Maßstab (Bild 2.10) aufgetragen, während die Spannung U im linearen Maßstab dargestellt wird. Anhand von Gl. (2.29) wird die Spannung

$$U = U_T \ln[(I/I_S) + 1] \approx U_T \ln(I/I_S)$$

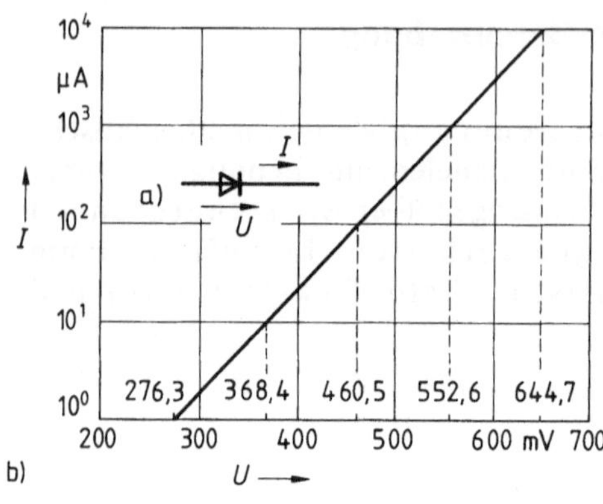

2.10
Diode (a) und Kennlinie $I = f(U)$ (b) mit dem Reststrom $I_S = 1$ nA und der Temperaturspannung $U_T = 40$ mV

für die Ströme $I = 1$ µA, 10 µA, 100 µA, 1 mA und 10 mA berechnet. Wie Bild **2.10** zeigt, ist die Diodenkennlinie, bedingt durch den logarithmischen Maßstab der Stromachse, nahezu eine Gerade.

2.2.1.1 Trennung von Gleich- und Wechselaussteuerung. Wird eine Diode nach Bild **2.11** an einer Mischspannung (s. Band I, Teil 1)

$$u = U_A + \hat{u}\,\cos(\omega t) \tag{2.31}$$

in Durchlaßrichtung betrieben, so läßt sich der Strom $i = f(t)$ berechnen. Da die Mischspannung u aus der Gleichspannung U_A und der Wechselspannung $\hat{u}\cos(\omega t)$ zusammengesetzt ist, liegt die Frage nahe, ob auch der Strom i sich ebenso wie die Mischspannung zerlegen läßt. Denn dann können Gleich- und Wechselgrößen getrennt betrachtet werden. Es wird hier von Gleich- und Wechselaussteuerung gesprochen.
Für den Strom durch die Diode gilt mit Gl. (2.29)

$$i = I_S(e^{u/U_T} - 1) = I_S\{e^{[U_A + \hat{u}\cos(\omega t)]/U_T} - 1\}$$
$$= I_S[e^{U_A/U_T}\,e^{(\hat{u}/U_T)\cos(\omega t)} - 1] \tag{2.32}$$

Eine Trennung von Gleich- und Wechselaussteuerung ist in Gl. (2.32) nicht ohne weiteres zulässig. Wird dagegen die Näherung

$$e^{(\hat{u}/U_T)\cos(\omega t)} \approx 1 + (\hat{u}/U_T)\cos(\omega t)\big|_{\hat{u} \ll U_T} \tag{2.33}$$

eingeführt, so ist der Strom i in einen Gleich- und in einen Wechselanteil aufspaltbar. Diese Näherung ist nur zulässig, wenn die Bedingung $\hat{u}$ wesentlich kleiner als die Temperaturspannung $U_T \approx 26$ mV ($\hat{u} \ll U_T$) eingehalten wird. Es liegt Kleinsignalaussteuerung (s. Abschn. 1) vor.
Wird Gl. (2.33) in Gl. (2.32) eingesetzt, so folgt für den Strom

$$i \approx I_S\{e^{U_A/U_T}[1 + (\hat{u}/U_T)\cos(\omega t)] - 1\}$$
$$\approx I_S[e^{U_A/U_T} - 1 + e^{U_A/U_T}(\hat{u}/U_T)\cos(\omega t)]$$
$$\approx \underbrace{I_S(e^{U_A/U_T} - 1)}_{\text{Gleichanteil}} + \underbrace{I_S\,e^{U_A/U_T}(\hat{u}/U_T)\cos(\omega t)}_{\text{Wechselanteil}}$$
$$\approx I_A + \hat{i}\cos(\omega t) \tag{2.34}$$

Der Scheitelwert des Stromes $\hat{\imath}$ läßt sich auch über den differentiellen Leitwert der Diodenkennlinie

$$G_{\mathrm{d}} = \frac{\mathrm{d}I}{\mathrm{d}U} = \frac{I_{\mathrm{S}}}{U_{\mathrm{T}}}\,\mathrm{e}^{U_{\mathrm{A}}/U_{\mathrm{T}}} \tag{2.35}$$

berechnen; er ist

$$\hat{\imath} = \frac{I_{\mathrm{S}}}{U_{\mathrm{T}}}\,\mathrm{e}^{U_{\mathrm{A}}/U_{\mathrm{T}}}\,\hat{u} = G_{\mathrm{d}}\,\hat{u} \tag{2.36}$$

Eine weitere, ebenso für den Bipolartransistor wichtige Näherung läßt sich für den differentiellen Leitwert angeben. Da die Gleichspannung U_{A} bei Betrieb der Diode in Durchlaßrichtung wesentlich größer als die Temperaturspannung U_{T} ist, gilt für den Gleichstrom

$$I_{\mathrm{A}} \approx I_{\mathrm{S}}\,\mathrm{e}^{U_{\mathrm{A}}/U_{\mathrm{T}}} \tag{2.37}$$

Mit dieser Näherung kann man leicht den differentiellen Leitwert der Diode gemäß Gl. (2.35) als Funktion des Gleichstroms umschreiben in

$$G_{\mathrm{d}} \approx I_{\mathrm{A}}/U_{\mathrm{T}} \tag{2.38}$$

Beispiel 2.8. Eine Diode wird gemäß Bild 2.11 an eine Spannungsquelle angeschlossen und mit der Amplitude $\hat{u} = 5$ mV ausgesteuert. Wie groß ist die Amplitude des Wechselanteils des Stromes, wenn sich der Gleichstrom $I_{\mathrm{A}} = 1$ mA einstellt? Die Temperaturspannung beträgt $U_{\mathrm{T}} = 25$ mV.

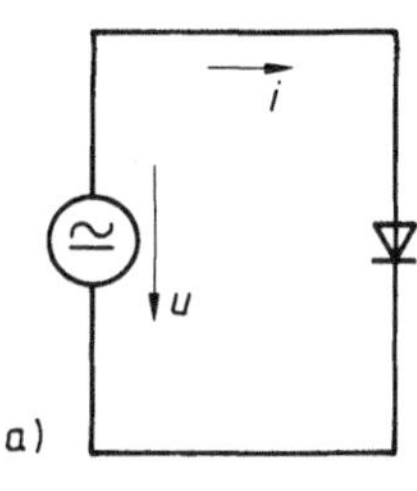

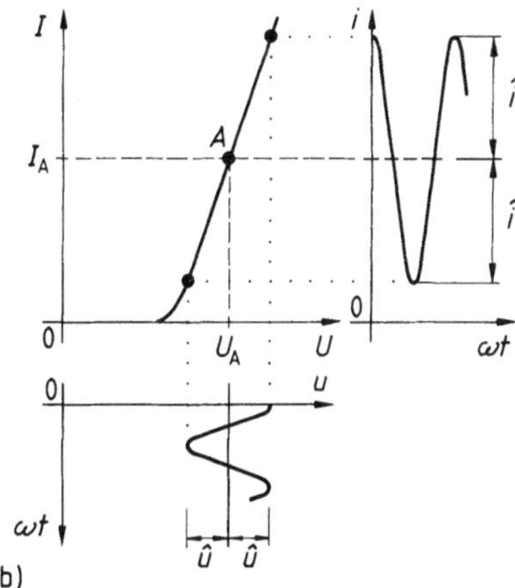

2.11
Diode an der Mischspannung u
a) Schaltung
b) Aussteuerung entlang der Diodenkennlinie
A Arbeitspunkt

Da wegen $\hat{u} \ll U_{\mathrm{T}}$ Kleinsignalbetrieb vorliegt, kann die Amplitude des Wechselanteils des Stromes mit dem differentiellen Leitwert nach Gl. (2.38)

$$G_{\mathrm{d}} \approx I_{\mathrm{A}}/U_{\mathrm{T}} = 1\ \mathrm{mA}/(25\ \mathrm{mV}) = 40\ \mathrm{mS}$$

berechnet werden. Die Amplitude des Stromes ist dann

$$\hat{\imath} = G_{\mathrm{d}}\,\hat{u} = 40\ \mathrm{mS} \cdot 5\ \mathrm{mV} = 200\ \mu\mathrm{A}$$

2.2.1.2 Temperaturverhalten. Mit steigender Temperatur nimmt die Leitfähigkeit der PN-Diode zu (Bild 2.12). Beschrieben werden kann der Temperatureinfluß in erster Näherung getrennt nach Durchlaß- und Sperrbetrieb der PN-Diode.

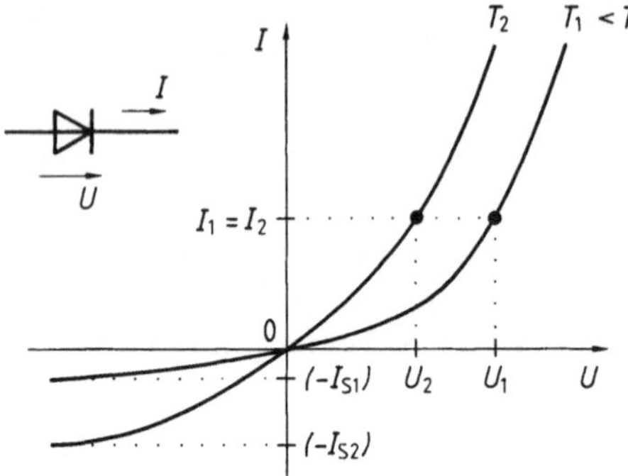

2.12
Diodenkennlinie $I = f(U)$ mit der Temperatur T als Parameter
$U > 0$ Durchlaßbetrieb, $U < 0$ Sperrbetrieb

Bei Betrieb der Diode in Durchlaßrichtung verschiebt sich die Kennlinie bei nicht zu kleinen Strömen durch die Temperatur parallel. Daher kann ein **Temperaturdurchgriff**

$$d_T = \left. \frac{dU}{dT} \right|_{I=\text{const}} \approx \left. \frac{U_2 - U_1}{T_2 - T_1} \right|_{I=\text{const}} \tag{2.39}$$

definiert werden. Bei Silizium-Dioden wird mit einem Temperaturdurchgriff zwischen $-1{,}6$ mV/K und $-3{,}6$ mV/K gerechnet.

Beispiel 2.9. Bei der Temperatur 320 K arbeitet eine Diode in Durchlaßrichtung bei konstantem Strom. Die Spannung über der Diode beträgt in diesem Zustand 680 mV. Welche Diodenspannung stellt sich ein, wenn die Temperatur auf 280 K geändert wird?

Da die Diode mit konstantem Strom betrieben wird, kann der Temperatureinfluß entsprechend Bild 2.12 und Gl. (2.39) durch eine Parallelverschiebung der Kennlinie $I = f(U)$ erfaßt werden. Als Temperaturdurchgriff wird für die Rechnung der mittlere Wert $d_T = -2$ mV/K angenommen. Mit den Temperaturen $T_2 = 320$ K und $T_1 = 280$ K und der Spannung $U_2 = 680$ mV beträgt die Spannung bei der Temperatur T_1

$$U_1 = U_2 - d_T(T_2 - T_1) = 680 \text{ mV} + 2 \frac{\text{mV}}{\text{K}} (320 \text{ K} - 280 \text{ K}) = 760 \text{ mV}$$

Bei Betrieb der Diode in Sperrichtung (Bild 2.12) verändert sich der Reststrom I_S exponentiell mit der Temperatur. Mit Einführung eines **Temperaturbeiwertes** λ gilt für die Temperaturabhängigkeit des Reststroms

$$I_{S2} = I_{S1} \, e^{\lambda(T_2 - T_1)} \tag{2.40}$$

Der Temperaturbeiwert beträgt bei Silizium-Dioden $\lambda = 0{,}07/$K bis $0{,}14/$K.

Beispiel 2.10. Eine Silizium-Diode hat bei der Temperatur 300 K den Reststrom $I_S = 1$ nA. Wie groß ist der Reststrom bei der Temperatur 350 K?

Die Temperaturabhängigkeit des Reststroms wird durch Gl. (2.40) beschrieben. Als Temperaturbeiwert wird ein mittlerer Wert $\lambda = 0{,}1/\mathrm{K}$ gewählt. Mit den gegebenen Temperaturen $T_1 = 300\ \mathrm{K}$ und $T_2 = 350\ \mathrm{K}$ sowie dem Sperrstrom $I_{\mathrm{S1}} = 1\ \mathrm{nA}$ beträgt der Sperrstrom bei der Temperatur T_2

$$I_{\mathrm{S2}} = I_{\mathrm{S1}}\,e^{\lambda\,(T_2 - T_1)} = 1\ \mathrm{nA}\ e^{(0{,}1/\mathrm{K})\,(350\ \mathrm{K} - 300\ \mathrm{K})} = 148\ \mathrm{nA}$$

2.2.1.3 Kapazitätsdiode. Die PN-Diode weist im Sperrbetrieb eine spannungsabhängige Kapazität auf (s. Band I und Band III). Durch besondere Herstellungsverfahren werden Dioden mit einem großen einstellbaren Kapazitätsbereich hergestellt. Diese Dioden, die in der Hochfrequenztechnik bei der S e n d e r w a h l, sowie zur automatischen S c h a r f a b s t i m m u n g in UKW- und Fernsehempfängern eingesetzt werden, heißen K a p a z i t ä t s - oder V a r a k t o r - D i o d e n.

Für die Spannungsabhängigkeit der Sperrschichtkapazität kann angenähert nach [Band III, Teil 1] die Funktion

$$C_{\mathrm{S}} \approx \left. \frac{C_{\mathrm{o}}}{\sqrt{-U/\mathrm{V}}} \right|_{-25\,\mathrm{V}\,<\,U\,<\,-4\,\mathrm{V}} \tag{2.41}$$

benutzt werden. Der Parameter C_{o} läßt sich aus der gemessenen Sperrschichtkapazität C_{S} bei der Gleichspannung U mit Gl. (2.41) berechnen.

Bei einer Kleinsignalbetrachtung ist neben der Sperrschichtkapazität C_{S} noch der D i o d e n b a h n w i d e r s t a n d $R_{\mathrm{b}} \approx 3\ \Omega$ und der differentielle S p e r r l e i t - w e r t $G_{\mathrm{S}} \approx 1\ \mu\mathrm{S}$ zu berücksichtigen (Bild **2.**13).

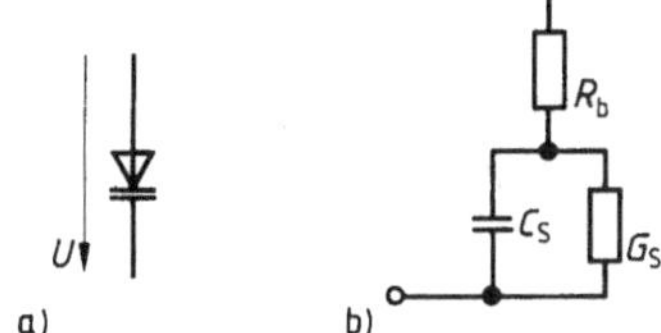

2.13
Kapazitätsdiode (a) mit Kleinsignal-Ersatzschaltung (b)
R_{b} Bahnwiderstand, C_{S} Sperrschichtkapazität, G_{S} Sperrleitwert

Beispiel 2.11. Die Kapazität einer Kapazitätsdiode wird bei der Sperrspannung $U = -5\ \mathrm{V}$ zu $C_{\mathrm{S}} = 10\ \mathrm{pF}$ gemessen. Welcher Kapazitätsbereich läßt sich im Spannungsbereich $-25\ \mathrm{V} < U < -4\ \mathrm{V}$ einstellen?

Zunächst wird mit Gl. (2.41) der Parameter

$$C_{\mathrm{o}} \approx C_{\mathrm{S}}\sqrt{-U/\mathrm{V}} = 10\ \mathrm{pF}\sqrt{-(-5\ \mathrm{V})/\mathrm{V}} = 22{,}36\ \mathrm{pF}$$

berechnet. Damit läßt sich die Sperrschichtkapazität C_{S} als Funktion der Spannung U angeben. Die maximale Kapazität

$$C_{\mathrm{S\,max}} \approx \frac{C_{\mathrm{o}}}{\sqrt{-U_{\mathrm{max}}/\mathrm{V}}} = \frac{22{,}36\ \mathrm{pF}}{\sqrt{-(-4\ \mathrm{V})/\mathrm{V}}} = 11{,}18\ \mathrm{pF}$$

stellt sich bei $U_{\mathrm{max}} = -4\ \mathrm{V}$ ein. Die minimale Kapazität

$$C_{\mathrm{S\,min}} \approx \frac{C_{\mathrm{o}}}{\sqrt{-U_{\mathrm{min}}/\mathrm{V}}} = \frac{22{,}36\ \mathrm{pF}}{\sqrt{-(-25\ \mathrm{V})/\mathrm{V}}} = 4{,}47\ \mathrm{pF}$$

ergibt sich für $U_{\mathrm{min}} = -25\ \mathrm{V}$.

2.2.2 Bipolartransistor

Die wichtigsten Kennlinien des Bipolartransistors (s. Band III, Teil 1) in Emitterschaltung (Bild 2.14) sind die Eingangskennlinie $I_B = f(U_{BE}, U_{CE} = \text{const})$, die die Abhängigkeit des Basisstroms I_B von Basis-Emitter-Spannung U_{BE} und Kollektor-Emitter-Spannung U_{CE} angibt und die Ausgangskennlinien $I_C = f(U_{CE}, I_B = \text{const})$, die die Abhängigkeit des Kollektorstroms I_C von Kollektor-Emitter-Spannung U_{CE} und Basisstrom I_B angeben.

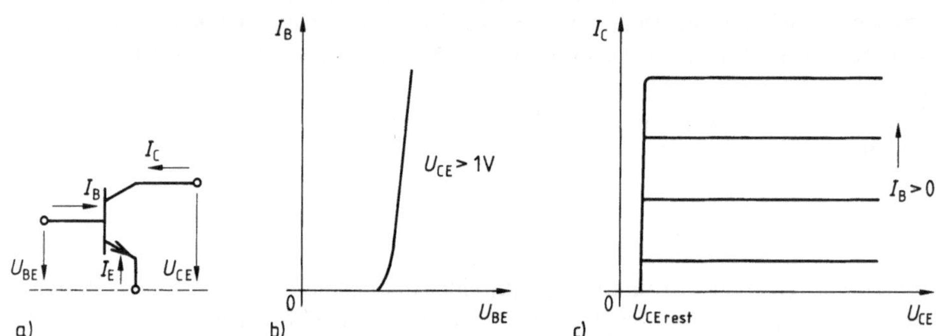

2.14 Typische Kennlinien des NPN-Transistors in Emitterschaltung (a) mit Eingangskennlinie $I_B = f(U_{BE}, \ U_{CE} > 1 \text{ V})$ (b) und Ausgangskennlinien $I_C = f(U_{CE}, I_B = \text{const})$ (c)

Die Eingangskennlinie entspricht im wesentlichen der einer in Durchlaßrichtung gepolten PN-Diode. Für die Kollektor-Emitter-Spannung $|U_{CE}| > 1$ V ist diese Kennlinie weitgehend unabhängig von der Kollektor-Emitter-Spannung, da dann die Kollektor-Basis-Diode in Sperrichtung betrieben wird.

Im Ausgangskennlinienfeld, im Bereich der in Sperrichtung betriebenen Kollektor-Basis-Strecke, steigt der Kollektorstrom I_C proportional mit dem Basisstrom I_B an. Zwischen dem Kollektorstrom und dem Basisstrom besteht in erster Näherung ein konstantes Verhältnis

$$B = I_C / I_B |_{U_{CE} = \text{const}} \tag{2.42}$$

das Gleichstromverstärkung der Emitterschaltung genannt wird. Für Überschlagsrechnungen kann die Gleichstromverstärkung angenähert gleich der Kurzschlußstromverstärkung $B \approx \beta$ gesetzt werden.

Wird die Kollektor-Basis-Diode in Durchlaßrichtung betrieben (dies ist bei kleinen Kollektor-Emitter-Spannungen der Fall), nimmt der Kollektorstrom sprunghaft ab. Er erreicht den Wert Null, bevor die Kollektor-Emitter-Spannung Null geworden ist. Die Kollektor-Emitter-Spannung U_{CE}, bei der gerade der Kollektorstrom $I_C = 0$ erreicht ist, wird mit Restspannung U_{CErest} bezeichnet. Sie liegt betragsmäßig bei 100 mV bis 300 mV.

2.2.2.1 Mathematische Beschreibung. Eine einfache mathematische Kennlinienbeschreibung des Bipolartransistors kann gefunden werden, wenn auf die Basis-Emitter-Strecke die Diodengleichung (2.29) angewendet wird.

In Bild 2.15 ist eine Großsignal-Ersatzschaltung für die Basisschaltung angegeben. Zwischen Emitter und Basis ist die in Durchlaßrichtung gepolte PN-Strecke durch eine Diode symbolisiert, während die in Sperrichtung gepolte Kollektor-Basis-Diode durch eine stromgesteuerte Stromquelle dargestellt ist. Die Kenngröße der Stromquelle ist der Stromverteilungsfaktor für Gleichstrom

$$A = -I_C/I_E\big|_{U_{CB}=\text{const}} \qquad (2.43)$$

Er entspricht dem Kleinsignal-Kurzschlußstromverteilungsfaktor der Basisschaltung in Gl. (2.6)

$$A \approx \alpha \approx 1 \qquad (2.44)$$

Mit Gl. (2.29) gilt für den Emitterstrom

$$I_E = -I_{Ek}(e^{U_{BE}/U_T} - 1) \qquad (2.45)$$

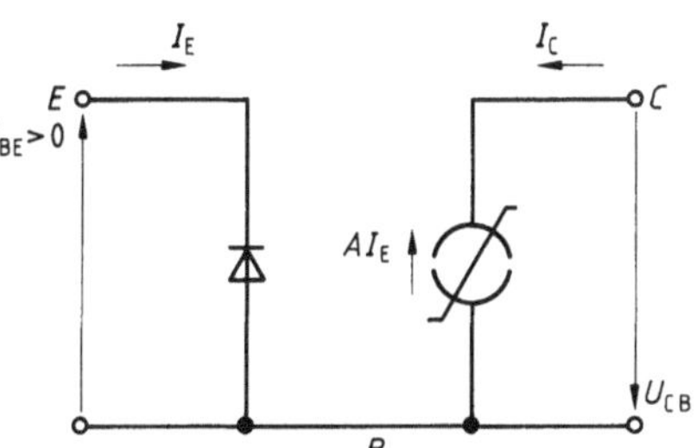

2.15 Großsignal-Ersatzschaltung des NPN-Transistors in Basisschaltung
A Stromverteilungsfaktor

mit dem Reststrom $I_{Ek} > 0$ der Basis-Emitter-Strecke bei Kurzschluß zwischen Kollektor und Basis. Das Minuszeichen in Gl. (2.45) rührt daher, daß die Zählrichtung des Stromes I_E entgegengesetzt gewählt ist, als dem Strom I in Gl. (2.29) zugrunde liegt.

Der differentielle Eingangsleitwert der Basisschaltung (s. Abschn. 2.1.1.2) kann wie bei der Diode aus der Kennliniengleichung berechnet werden. Mit Gl. (2.45) folgt für den differentiellen Eingangsleitwert der Basisschaltung unter Berücksichtigung der gewählten Zählrichtungen

$$\frac{dI_E}{-dU_{BE}} = \frac{1}{H_{11b}} = \frac{I_{Ek}}{U_T}e^{U_{BE}/U_T} \approx \frac{-I_E}{U_T}\bigg|_{U_{BE} \gg U_T} \qquad (2.46)$$

Die mathematische Kennlinien-Beschreibung der Emitterschaltung ist dann ebenfalls leicht zu finden. Der Basisstrom ergibt sich über die Knotengleichung Bild (2.14)

$$I_B = -I_E - I_C \qquad (2.47)$$

Wird in Gl. (2.47) für den Kollektorstrom I_C Gl. (2.43) berücksichtigt, so folgt der Basisstrom

$$I_B = -I_E + A\,I_E = (1-A)I_{Ek}(e^{U_{BE}/U_T} - 1) \qquad (2.48)$$

als Funktion der Basis-Emitter-Spannung U_{BE}.

Die Kenngröße der gesteuerten Stromquelle der Emitterschaltung ist die Gleichstromverstärkung B nach Gl. (2.42) (Bild **2.16**). Über Gl. (2.47) und (2.43) läßt sich die Abhängigkeit der Gleichstromverstärkung

$$B = \frac{I_C}{I_B} = \frac{-I_C}{I_C + I_E} = \frac{-I_C/I_E}{1+(I_C/I_E)} = \frac{A}{1-A} \tag{2.49}$$

vom Stromverteilungsfaktor A angeben.

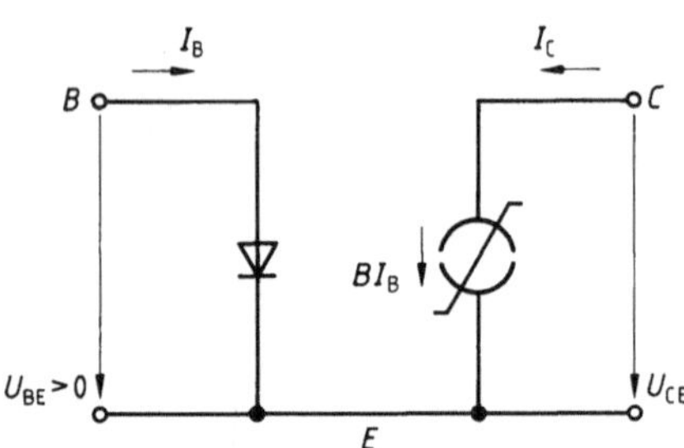

2.16
Großsignal-Ersatzschaltung des
NPN-Transistors in Emitterschaltung
B Gleichstromverstärkung

Auch bei der Emitterschaltung kann man den differentiellen Eingangsleitwert

$$\frac{\mathrm{d}I_B}{\mathrm{d}U_{BE}} = \frac{1}{H_{11e}} = (1-A)\frac{I_{Ek}}{U_T}\,\mathrm{e}^{U_{BE}/U_T} \approx \frac{I_B}{U_T}\bigg|_{U_{BE} \gg U_T} \tag{2.50}$$

aus der Diodengleichung (2.48) (s. Abschn. 2.1.1.2) ableiten.

Weiterhin kann, wie in Gl. (2.4) angegeben, ein Zusammenhang zwischen dem Kurzschlußeingangswiderstand der Basisschaltung und dem der Emitterschaltung gefunden werden. Aus Gl. (2.46) und Gl. (2.50) folgt

$$-H_{11b}I_E = H_{11e}I_B \tag{2.51}$$

Mit Gl. (2.42) und (2.47) ergibt sich der Kurzschlußeingangswiderstand

$$H_{11b} = H_{11e}\frac{I_B}{I_B + I_C} = \frac{H_{11e}}{1+(I_C/I_B)} = \frac{H_{11e}}{1+B} \approx \frac{H_{11e}}{B} \tag{2.52}$$

Beispiel 2.12. Ein Bipolartransistor wird so betrieben, daß sich der Kollektor-Gleichstrom $I_C = 5$ mA einstellt. Der Bipolartransistor hat die Stromverstärkung $B = 500$. Zu berechnen sind der Basis-Gleichstrom I_B, der Kurzschlußeingangswiderstand H_{11e} der Emitterschaltung und der Kurzschlußeingangswiderstand H_{11b} der Basisschaltung. Es tritt die Temperaturspannung $U_T = 30$ mV auf.

Nach Gl. (2.42) beträgt der Basis-Gleichstrom

$$I_B = I_C/B = 5 \text{ mA}/500 = 10 \text{ µA}$$

Der Kurzschlußeingangswiderstand der Emitterschaltung

$$H_{11e} \approx U_T/I_B = 30 \text{ mV}/(10 \text{ µA}) = 3 \text{ k}\Omega$$

läßt sich mit Gl. (2.50) ermitteln. Der Kurzschlußeingangswiderstand der Basisschaltung

$$H_{11b} = H_{11e}/(1+B) \approx H_{11e}/B = 3\ \text{k}\Omega/500 = 6\ \Omega$$

folgt mit Gl. (2.52).

2.2.2.2 Temperaturverhalten. Das Temperaturverhalten des Bipolartransistors läßt sich aus dem der PN-Diode (s. Abschn. 2.2.1.2) ableiten. Die Eingangskennlinie $I_B = \mathrm{f}(U_{BE})$ verschiebt sich parallel mit steigender Temperatur zum Nullpunkt hin (Bild **2**.17). Wie bei der PN-Diode kann auch beim Bipolartransistor ein Temperaturdurchgriff

$$d_T = \left.\frac{\mathrm{d}U_{Be}}{\mathrm{d}T}\right|_{I_B=\text{const}} \approx \left.\frac{\Delta U_{BE}}{\Delta T}\right|_{I_B=\text{const}} = \left.\frac{U_{BE2}-U_{BE1}}{T_2-T_1}\right|_{I_B=\text{const}} \tag{2.53}$$

definiert werden.

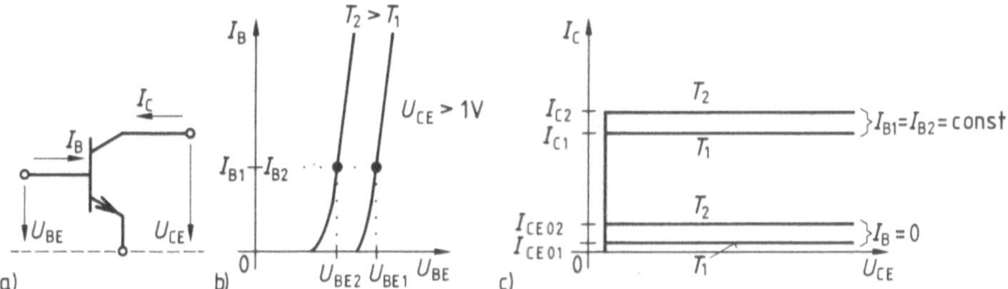

2.17 Temperaturabhängigkeit der Kennlinien des Bipolartransistors in Emitterschaltung (a) mit Eingangskennlinien (b) und Ausgangskennlinien (c) bei den Temperaturen T_1 und T_2

Im Ausgangskennlinienfeld $I_C = \mathrm{f}(U_{CE}, I_B = \text{const})$ ändert sich der Kollektorstrom I_C nur aufgrund der Änderung des Reststroms I_{CE0}, dem Reststrom zwischen Kollektor und Emitter bei leerlaufender Basis. Hierbei ist angenommen, daß die Temperaturabhängigkeit der Gleichstromverstärkung B vernachlässigbar klein ist. Für die Temperaturabhängigkeit des Reststroms gilt

$$I_{CE02} = I_{CE01}\, \mathrm{e}^{\lambda(T_2-T_1)} \tag{2.54}$$

Damit steigt der Kollektorstrom I_{C1} bei der Temperatur T_1 auf den Kollektorstrom

$$I_{C2} = I_{C1} + I_{CE02} - I_{CE01} = I_{C1} + I_{CE01}[\mathrm{e}^{\lambda(T_2-T_1)} - 1] \tag{2.55}$$

bei der Temperatur $T_2 > T_1$ an.

Für den Temperaturdurchgriff d_T und für den Temperaturbeiwert λ gelten die gleichen Größenordnungen wie für die PN-Diode (s. Abschn. 2.2.1.2). Dabei gilt $d_T < 0$ für NPN- und $d_T > 0$ für PNP-Transistoren.

Da der Reststrom I_{CE0} bei den meisten Anwendungen wesentlich kleiner als der Kollektorstrom I_C ist, kann der Temperatureinfluß des Reststroms im Ausgangskennlinienfeld meist vernachlässigt werden. Eine merkliche temperaturbedingte Änderung des Kollektorstroms wird erst dann erkennbar, wenn der Basisstrom nicht konstant gehalten wird.

Beispiel 2.13. Ein Silizium-Bipolartransistor hat den Temperaturdurchgriff $d_T = -2$ mV/K und den Temperaturbeiwert $\lambda = 0{,}1/K$. Er wird in Emitterschaltung eingangsseitig mit konstantem Strom I_B betrieben. Bei der Temperatur 300 K treten die Basis-Emitter-Spannung $U_{BE} = 690$ mV und der Kollektor-Emitter-Reststrom $I_{CE0} = 5$ nA auf. Welche Basis-Emitter-Spannung stellt sich ein, und welche Kollektorstromänderung tritt auf, wenn die Temperatur von 300 K auf 380 K erhöht wird?

Die Basis-Emitter-Spannung U_{BE2} bei der Temperatur $T_2 = 380$ K beträgt mit $U_{BE1} = 690$ mV und $T_1 = 300$ K nach Gl. (2.53)

$$U_{BE2} = U_{BE1} + d_T (T_2 - T_1) = 690 \text{ mV} - 2\,\frac{\text{mV}}{\text{K}}\,(380 \text{ K} - 300 \text{ K}) = 530 \text{ mV}$$

Da der Basisstrom durch Schaltungszwang konstant bleibt, ist die Kollektorstromänderung gleich der Reststromänderung $\Delta I_C = \Delta I_{CE0} = I_{CE02} - I_{CE01}$. Der Kollektor-Emitter-Reststrom bei der Temperatur T_1 ist $I_{CE01} = 5$ nA. Mit Gl. (2.55) folgt die Kollektorstromänderung

$$\Delta I_C = I_{CE01} [e^{\lambda (T_2 - T_1)} - 1] = 5 \text{ nA} [e^{(0{,}1/K)(380 \text{ K} - 300 \text{ K})} - 1] = 14{,}90 \text{ µA}$$

Da der Kollektorstrom im mA-Bereich liegt, ist der Temperatureinfluß auf den Kollektorstrom unbedeutend, wenn der Strom I_B konstant gehalten wird.

2.2.3 Feldeffekttransistor

Die wichtigsten Kennlinien des Feldeffekttransistors (s. Band III, Teil 2) in Sourceschaltung (Bild 2.18) sind das Ausgangskennlinienfeld $I_D = f(U_{DS}, U_{GS} = \text{const})$ und das Übertragungskennlinienfeld $I_D = f(U_{GS}, U_{DS} = \text{const})$.

Die Ausgangskennlinien durchlaufen nahezu als Geraden den Koordinaten-Nullpunkt. Eine Anwendung in diesem Kennlinienbereich ist der spannungsgesteuerte Widerstand, d.h., der Kanalwiderstand zwischen Drain und Source wird von der Gate-Source-Spannung gesteuert. Ist die Drain-Source-Spannung $U_{DS} > 0$, so liegt beim N-Kanal-Typ Normalbetrieb vor. Der Drainstrom I_D nimmt mit steigender Drain-Source-Spannung U_{DS} und konstant gehaltener Gate-Source-Spannung U_{GS} parabelförmig zu und zeigt ab einer bestimmten Drain-Source-Spannung, der Sättigungsspannung U_{DSS}, keine wesentliche Abhängigkeit von der Drain-Source-Spannung. Es liegt Sättigung vor.

Das Gebiet mit merklicher Änderung des Drainstroms wird Anlaufgebiet und das Gebiet, in dem der Drainstrom nahezu konstant bleibt, wird Sättigungsgebiet genannt. Die Trennungslinie zwischen den Gebieten, eine Parabel, heißt Sättigungslinie.

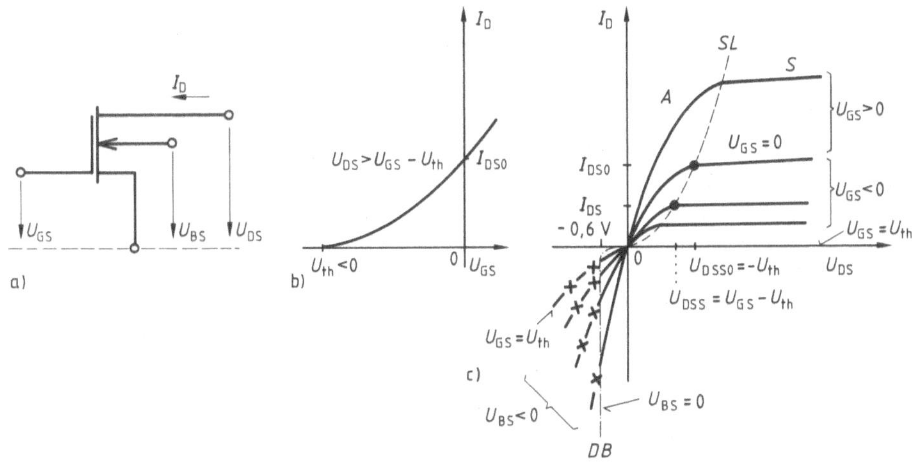

2.18 Selbstleitender N-Kanal-MOS-Feldeffekttransistor in Sourceschaltung (a) mit Übertragungskennlinie (b) und Ausgangskennlinien (c)
U_{th} Schwellspannung, U_{DSS} Drain-Source-Sättigungsspannung, I_{DS} Drain-Sättigungsstrom, I_{DS0} Kurzschluß-Drain-Sättigungsstrom, $U_{DS} > 0$ Normalbetrieb, $U_{DS} < 0$ Inversbetrieb, A Anlaufgebiet, SL Sättigungslinie, DB Drain-Bulk-Diode in Durchlaßrichtung betrieben

Im Inversbetrieb, d. h. beim N-Kanal-Typ bei einer negativen Drain-Source-Spannung, werden die parabelförmigen Kennlinien des Anlaufgebiets fortgesetzt. Dies gilt sowohl für den Sperrschicht-Feldeffekttransistor als auch für den MOS-Feldeffekttransistor. Liegt beim MOS-Feldeffekttransistor (Bild **2.**19) ein Kurzschluß zwischen Bulk und Source, so wird die Drain-Bulk-Diode leitend und übernimmt den Strom. Wird dagegen eine Bulk-Source-Spannung so angelegt, daß die Drain-Bulk-Diode in Sperrichtung vorgespannt ist (beim N-Kanal-MOS-Feldeffekttransistor $U_{BS} < 0$), kann auch beim MOS-Feldeffekttransistor der Inversbetrieb durchgeführt werden. In dieser vereinfachten Darstellung ist die Steuerwirkung der Bulkelektrode nicht berücksichtigt. Bulk-Source-Spannungen U_{BS} verändern aber etwas das gesamte Kennlinienfeld.

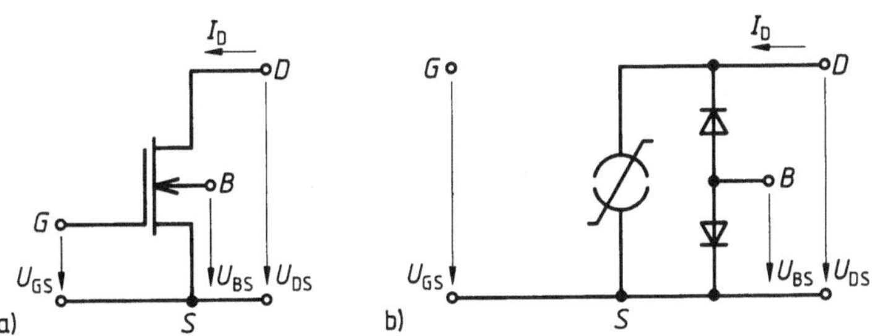

2.19 Großsignal-Ersatzschaltung (b) des selbstleitenden N-Kanal-MOS-Feldeffekttransistors in Sourceschaltung (a)

Die Übertragungskennlinie $I_D = f(U_{GS}, U_{DS} = \text{const})$ im Sättigungsgebiet zeigt ebenfalls einen parabelförmigen Verlauf. Zwei Parameter können der Übertragungskennlinie entnommen werden. Da es sich bei den in Bild 2.18 dargestellten Kennlinien um die eines selbstleitenden N-Kanal-MOS-Feldeffekttransistors handelt, fließt bei der Gate-Source-Spannung $U_{GS} = 0$ ein bestimmter Drainstrom

$$I_D\big|_{U_{GS}=0} = I_{DS0} \tag{2.56}$$

der Kurzschluß-Drain-Sättigungsstrom. Für I_{DS0} ist auch das Formelzeichen I_{DSS} gebräuchlich. Weiterhin wird bei der Gate-Source-Spannung

$$U_{GS}\big|_{I_D=0} = U_{th} \tag{2.57}$$

der Schwellspannung, der Drainstrom gerade $I_D = 0$. Beim Sperrschicht-Feldeffekttransistor wird oft statt Schwellspannung die Bezeichnung Abschnürspannung U_p bevorzugt. Mit diesen beiden Parametern sind die Kennlinien von Feldeffekttransistoren mathematisch beschreibbar.

Beim selbstsperrenden MOS-Feldeffekttransistor kann der Parameter I_{DS0} ebenfalls definiert werden. Hierbei ist aber der Drainstrom bei der Gate-Source-Spannung $U_{GS} = 2\,U_{th}$ gemeint.

In Bild 2.20 sind die Übertragungskennlinien der Feldeffekttransistor-Typen im Sättigungsgebiet dargestellt.

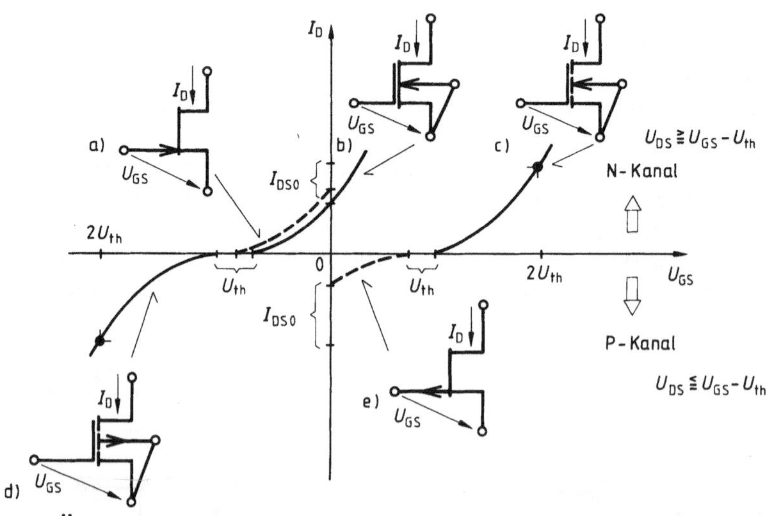

2.20 Übertragungskennlinien $I_D = f(U_{GS}, U_{DS} = \text{const bei Sättigung})$ für Feldeffekttransistor-Typen
a) selbstleitender N-Kanal-Sperrschicht-Feldeffekttransistor, b) selbstleitender N-Kanal-MOS-Feldeffekttransistor, c) selbstsperrender N-Kanal-MOS-Feldeffekttransistor, d) selbstsperrender P-Kanal-MOS-Feldeffekttransistor, e) P-Kanal-Sperrschicht-Feldeffekttransistor

Aus Tafel **2.**1 lassen sich die Vorzeichen der Kenngrößen entnehmen.

Tafel **2.**1 Vorzeichen der Kenngrößen von Feldeffekttransistoren

		N-Kanal	P-Kanal
	β, I_{DS0}	>0	<0
selbstleitend	U_{th}	<0	>0 [2]
	U_{DSS0}	$-U_{th}$	$-U_{th}$ [2]
	U_{BS} [1]	≤ 0	≥ 0 [2]
selbstsperrend [1]	U_{th}	>0	<0
	U_{DSS0}	U_{th}	U_{th}
	U_{BS}	≤ 0	≥ 0
Normalbetrieb	U_{DS}	>0	<0
Inversbetrieb	U_{DS}	<0	>0

[1]) gilt nicht für Sperrschicht-Feldeffekttransistoren
[2]) selbstleitende P-Kanal-MOS-Feldeffekttransistoren sind nicht üblich

Der Unterschied zwischen MOS-Feldeffekttransistor und Sperrschicht-Feldeffekttransistor läßt sich gut anhand der Ersatzschaltungen in Bild **2.**19 und Bild **2.**21 erkennen. Die von der Gate-Source-Spannung gesteuerte Stromquelle ist beiden Typen gemeinsam, während sich die Steuereingänge unterscheiden.

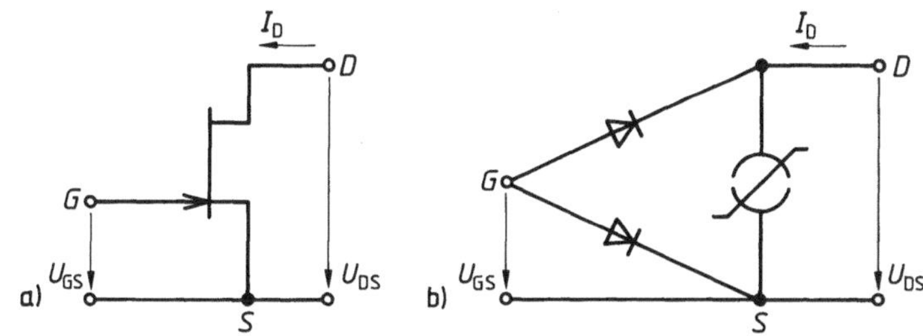

2.21 Großsignal-Ersatzschaltung (b) des N-Kanal-Sperrschicht-Feldeffekttransistors in Sourceschaltung (a)

Wie das Bulk beim MOS-Feldeffekttransistor liegen vom Gate zum Drain und zur Source beim Sperrschicht-Feldeffekttransistor Dioden. Bei einwandfreiem Betrieb müssen diese Dioden in Sperrichtung gepolt sein und führen damit keinen nennenswerten Strom. Der Betriebsstrom I_D fließt nur über den Kanal.

Im Ausgangskennlinienfeld eines Sperrschicht-Feldeffekttransistors (Bild **2.**22) sind die zulässigen Aussteuerbereiche mit eingetragen. Sie sind dadurch gegeben, daß entweder die Gate-Source-Diode oder die Gate-Drain-Diode in Durchlaßrichtung gepolt wird. Im Normalbetrieb wird bei $U_{GS}>0$ die Gate-

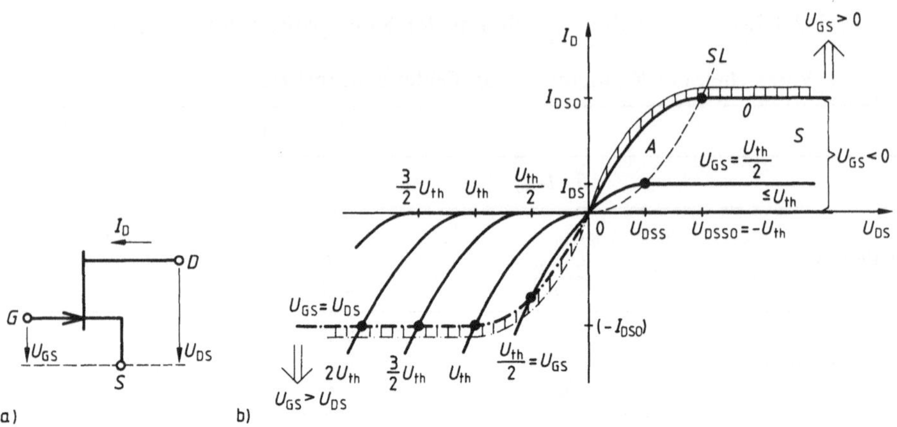

2.22 Ausgangskennlinien (b) des N-Kanal-Sperrschicht-Feldeffekttransistors (a)
Bezeichnungen wie in Bild **2.**18
$U_{GS} \geq 0$ Gate-Source-Diode leitend, $U_{GS} \geq U_{DS}$ Gate-Drain-Diode leitend

Source-Diode leitend, während die Gate-Drain-Diode wegen der Drain-Source-Spannung $U_{DS} > 0$ stets in Sperrichtung gepolt ist. Im Inversbetrieb dagegen kann wegen der Drain-Source-Spannung $U_{DS} < 0$ auch die Gate-Drain-Diode in Durchlaßrichtung gepolt werden. Dies ist bei $U_{GS} > U_{DS}$ der Fall.

Noch eine Besonderheit ist beim Inversbetrieb zu beachten. Im Normalbetrieb wird mit $U_{GS} = U_{th}$ der Drainstrom Null, dies ist aber im Inversbetrieb nicht der Fall, da über die Drain-Source-Spannung der Kanal wieder aufgesteuert wird.

Beispiel 2.14. Für einen selbstsperrenden P-Kanal-MOS-Feldeffekttransistor ist das Vorzeichen der Drain-Source-Spannung für Normalbetrieb anzugeben. Welche Gate-Source-Spannung muß angelegt werden, damit die Drain-Source-Strecke leitend wird?
Tafel **2.**1 ist zu entnehmen, daß im Normalbetrieb für die Drain-Source-Spannung $U_{DS} < 0$ gelten muß. Da die Übertragungskennlinie für diesen Typ im dritten Quadranten liegt (Bild **2.**20) und die Schwellspannung $U_{th} < 0$ ist, wird die Drain-Source-Strecke für eine Gate-Source-Spannung $U_{GS} < U_{th} < 0$ leitend.

2.2.3.1 Mathematische Beschreibung. Für das Anlaufgebiet des Feldeffekttransistors gilt die Funktion des Drainstroms

$$I_D = \beta[(U_{GS} - U_{th})\,U_{DS} - (U_{DS}^2/2)] \tag{2.58}$$

für alle Feldeffekttransistor-Typen gleichermaßen. Der Parameter β ist eine material- und geometrieabhängige Konstante und der Parameter U_{th} ist die Schwellspannung.

Der Sättigungspunkt ist bei $dI_D/dU_{DS} = 0$ erreicht. Daraus folgt die Drain-Source-Sättigungsspannung (Bild **2.**18 und **2.**22)

$$U_{DSS} = U_{GS} - U_{th} = U_{DS}|_{\text{Sättigung}} \tag{2.59}$$

Im Sättigungsgebiet ist der Drainstrom weitgehend von der Drain-Source-Spannung unabhängig, so daß Gl. (2.59) in Verbindung mit Gl. (2.58) zum Drainstrom

$$I_\mathrm{D} = \frac{\beta}{2}(U_\mathrm{GS} - U_\mathrm{th})^2 \tag{2.60}$$

führt.

Für den **Kurzschluß-Drain-Sättigungsstrom** folgt aus Gl. (2.60) für selbstleitende Typen

$$I_\mathrm{D}\big|_{U_\mathrm{GS}=0} = I_\mathrm{DS0} = \beta\,U_\mathrm{th}^2/2 \tag{2.61}$$

Somit kann der Parameter β aus dem von den Kennlinien her bekannten Kurzschluß-Drain-Sättigungsstrom berechnet werden. Bei selbstsperrenden Typen ergibt sich der Kurzschluß-Drain-Sättigungsstrom I_DS0 mit der Gate-Source-Spannung $U_\mathrm{GS} = 2\,U_\mathrm{th}$.

Die differentielle Kenngröße der gesteuerten Stromquelle (s. Abschn. 2.1.2.1) zwischen Drain und Source, die **Steilheit** S, läßt sich mit den Kennliniengleichungen berechnen. Im Sättigungsgebiet gilt mit Gl. (2.60) für die Steilheit

$$S = \mathrm{d}I_\mathrm{D}/\mathrm{d}U_\mathrm{GS}\big|_{U_\mathrm{DS}=\mathrm{const}} = \beta(U_\mathrm{GS} - U_\mathrm{th}) = 2\,I_\mathrm{D}/(U_\mathrm{GS} - U_\mathrm{th}) = \sqrt{2\beta I_\mathrm{D}} \tag{2.62}$$

Diese Steilheit zeigt keine Abhängigkeit von der Drain-Source-Spannung U_DS, ist aber linear abhängig von der Gate-Source-Spannung U_GS.

Beispiel 2.15. Von einem Sperrschicht-Feldeffekttransistor sind der Kurzschluß-Drain-Sättigungsstrom $I_\mathrm{DS0} = 50$ mA und die Schwellspannung $U_\mathrm{th} = -2$ V bekannt. Welche maximale Steilheit kann mit diesem Feldeffekttransistor erreicht werden?
Die Steilheit im Sättigungsgebiet ergibt sich mit Gl. (2.62), wobei der Parameter β über Gl. (2.61) durch den Kurzschluß-Drain-Sättigungsstrom I_DS0 zu ersetzen ist. Für die Steilheit gilt

$$S = 2\,I_\mathrm{DS0}(U_\mathrm{GS} - U_\mathrm{th})/U_\mathrm{th}^2$$

Die maximale Steilheit stellt sich bei $U_\mathrm{GS} = 0$ ein. Sie ist

$$S_\mathrm{max} = -2\,I_\mathrm{DS0}\,U_\mathrm{th}/U_\mathrm{th}^2 = -2\,I_\mathrm{DS0}/U_\mathrm{th} = -2 \cdot 50\ \mathrm{mA}/(-2\ \mathrm{V}) = 50\ \mathrm{mS}$$

2.2.3.2 Temperaturverhalten. Das Temperaturverhalten des Drainstroms von Feldeffekttransistoren wird durch zwei gegenläufige temperaturabhängige Mechanismen verursacht, die sowohl ein Ansteigen als auch ein Absenken des Drainstroms bewirken können (Bild **2**.23).
Der Parameter β und die Schwellspannung U_th sind als Funktion der Temperatur darzustellen. Für die Änderung der Schwellspannung U_th mit der Temperatur kann der **Temperaturdurchgriff**

$$d_\mathrm{T} = \frac{\mathrm{d}U_\mathrm{th}}{\mathrm{d}T} \approx \frac{\Delta U_\mathrm{th}}{\Delta T} = \frac{U_\mathrm{th2} - U_\mathrm{th1}}{T_2 - T_1} \tag{2.63}$$

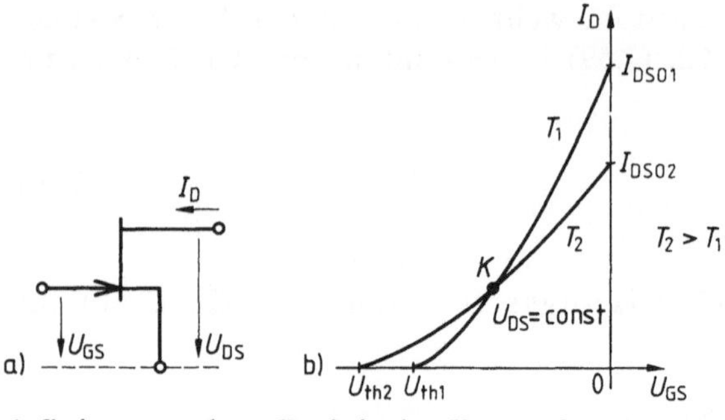

2.23
Übertragungskennlinien (b) des N-Kanal-Sperrschicht-Feldeffekttransistors in Sourceschaltung (a) im Sättigungsgebiet bei den Temperaturen T_1 und T_2
K Temperaturkompensationspunkt

definiert werden. Praktische Werte für den Temperaturdurchgriff von N-Kanal-Typen liegen zwischen $-1{,}6$ mV/K und $-3{,}8$ mV/K. Bei P-Kanal-Typen ist der Temperaturdurchgriff $d_T > 0$. Der **Temperaturgang des Parameters** β kann mit guter Näherung durch

$$\beta_1/\beta_2 = (T_2/T_1)^2 \qquad (2.64)$$

beschrieben werden.

Die Temperaturabhängigkeit des Drainstroms im Sättigungsgebiet läßt sich in Verbindung mit Gl. (2.60) berechnen. Hierbei ist die Schwellspannung U_{th} gemäß Gl. (2.63) durch

$$U_{th} = U_{th0} + d_T(T - T_0) \qquad (2.65)$$

und der Parameter β gemäß Gl. (2.64) durch

$$\beta = \beta_0 (T_0/T)^2 \qquad (2.66)$$

zu ersetzen. T_0 ist die Bezugstemperatur. β_0 und U_{th0} sind die Parameter bei dieser Temperatur. Für die Temperaturabhängigkeit des Drainstroms gilt

$$I_D = \frac{\beta_0}{2} \left(\frac{T_0}{T}\right)^2 [U_{GS} - U_{th0} - d_T(T - T_0)]^2 \qquad (2.67)$$

Die gegenläufige Wirkung der Parameter β und U_{th} ist zu erkennen. Bei geeigneter Wahl der Gate-Source-Spannung U_{GS} müßte ein Drainstrom existieren, der weitgehend von der Temperaturänderung unabhängig ist. Eine solche Gate-Source-Spannung läßt sich durch Differentiation der Gl. (2.67) nach der Temperatur T und Nullsetzen finden.

Dann ist

$$\frac{dI_D}{dT} = \beta_0 T_0^2 T^{-2} [U_{GS} - U_{th0} - d_T(T - T_0)](-d_T)$$

$$- \beta_0 T_0^2 T^{-3} [U_{GS} - U_{th0} - d_T(T - T_0)]^2 = 0$$

Hieraus folgt die Gate-Source-Spannung

$$U_{GS} = U_{th0} - d_T T_0 \qquad (2.68)$$

Damit existiert ein von der Temperatur T unabhängiger Drainstrom. Er liegt bei den meisten Feldeffekttransistoren dem Betrag nach unter 1 mA. In Bild 2.23 ist dieser Temperaturkompensationspunkt mit K bezeichnet. Bei Leistungs-Feldeffekttransistoren (VMOSFETs) liegt dieser Punkt bei weit größeren Drainströmen.

Beispiel 2.16. Ein Feldeffekttransistor hat bei der Temperatur $T_1 = 300$ K die Schwellspannung $U_{th1} = -3$ V und den Kurzschluß-Drain-Sättigungsstrom $I_{DS01} = 15$ mA. Der Temperaturdurchgriff der Schwellspannung beträgt $d_T = -2$ mV/K. Wie groß ist der Kurzschluß-Drain-Sättigungsstrom I_{DS02} bei der Temperatur $T_2 = 380$ K?
Über den Parameter nach Gl. (2.61)

$$\beta_1 = \frac{2\,I_{DS01}}{U_{th1}^2} = \frac{2 \cdot 15\ \text{mA}}{(-3\ \text{V})^2} = 3{,}33\ \frac{\text{mA}}{\text{V}^2}$$

läßt sich mit Gl. (2.64) der Parameter

$$\beta_2 = \beta_1 \left(\frac{T_1}{T_2}\right)^2 = 3{,}33\ \frac{\text{mA}}{\text{V}^2} \left(\frac{300\ \text{K}}{380\ \text{K}}\right)^2 = 2{,}08\ \frac{\text{mA}}{\text{V}^2}$$

finden. Weiterhin beträgt mit Gl. (2.65) die Schwellspannung

$$U_{th2} = U_{th1} + d_T(T_2 - T_1) = -3\ \text{V} - 2\ \frac{\text{mV}}{\text{K}}\,(380\ \text{K} - 300\ \text{K}) = -3{,}16\ \text{V}$$

Hieraus ergibt sich mit Gl. (2.61) der gesuchte Strom

$$I_{DS02} = \frac{\beta_2}{2}\,U_{th2}^2 = \frac{2{,}08}{2}\ \frac{\text{mA}}{\text{V}^2}\,(-3{,}16\ \text{V})^2 = 10{,}39\ \text{mA}$$

2.2.4 Operationsverstärker

Die wichtige Kennlinie des Operationsverstärkers ist die Übertragungskennlinie $U_A = f(U_{12})$. Sie wird in einem weiten Bereich durch die Gerade $U_A = V_{ul} U_{12}$ (s. Abschn. 2.1.3) beschrieben. Abhängig von der Gleichspannungsversorgung wird der Aussteuerbereich des Operationsverstärkers eingeschränkt. Die Standardversorgung des Operationsverstärkers ist in Bild 2.24 dargestellt. Sie besteht aus der Gleichspannung $U_{B1} > 0$ und der Gleichspannung $U_{B2} < 0$, meist $U_{B1} = 15$ V und $U_{B2} = -15$ V. Mit diesen Versorgungsspannungen $U_{B1} > 0$ und $U_{B2} < 0$ wird erreicht, daß bei der Differenzeingangsspannung $U_{12} = 0$ auch die Ausgangsspannung $U_A = 0$ ist. Die Steigung der Übertragungskennlinie ist die Leerlaufspannungsverstärkung V_{ul}. Der Analogbereich wird durch die Versorgungs-Gleichspannungen und durch die Restspannung U_{Rest} eingeengt. Die Restspannung beträgt etwa $U_{Rest} \approx 1$ V. Damit liegt der Aussteuerbereich der Ausgangsspannungen

$$U_{Amax} = U_{B1} - U_{Rest} \tag{2.69}$$

$$U_{Amin} = U_{B2} + U_{Rest} \tag{2.70}$$

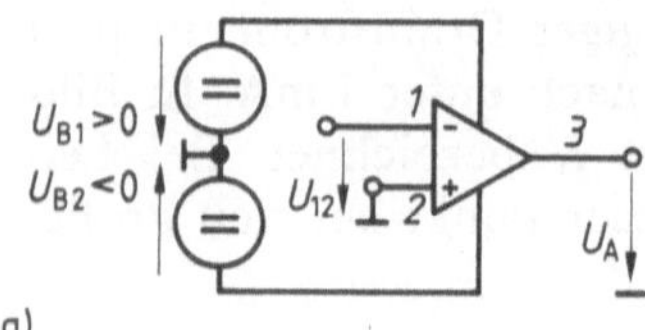

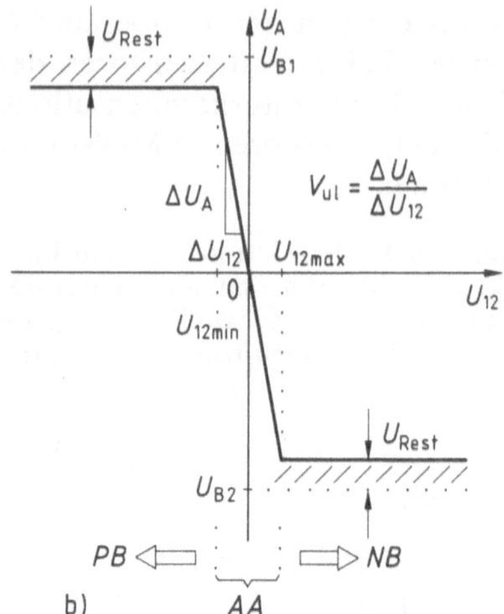

2.24
Übertragungskennlinie (b) des Operationsverstärkers (a) mit den Versorgungsspannungen $U_{B1} = -U_{B2}$
U_{Rest} Restspannung, AA analoger Arbeitsbereich, PB positive Begrenzung sowie NB negative Begrenzung der Ausgangsspannung, V_{ul} Leerlaufspannungsverstärkung.

Bei Verlassen des recht schmalen Analogbereichs hat die Eingangsspannung U_{12} keinen Einfluß mehr auf die Ausgangsspannung U_A. Für die Eingangsspannung $U_{12} > U_{12max}$ liegt negative Begrenzung und für die Eingangsspannung $U_{12} < U_{12min}$ liegt positive Begrenzung vor.

Beispiel 2.17. Ein Operationsverstärker hat die Leerlaufspannungsverstärkung $V_{ul} = -10^5$. Er wird mit ± 15 V Gleichspannung versorgt. Wie groß ist der Analogbereich, wenn die Restspannung $U_{Rest} = 1$ V beträgt?
Mit Gl. (2.69) und Gl. (2.70) können maximale Ausgangsspannung

$$U_{Amax} = U_{B1} - U_{Rest} = 15 \text{ V} - 1 \text{ V} = 14 \text{ V}$$

und minimale Ausgangsspannung

$$U_{Amin} = U_{B2} + U_{Rest} = -15 \text{ V} + 1 \text{ V} = -14 \text{ V}$$

berechnet werden.
Die zugehörigen Differenzeingangsspannungen sind

$$U_{12min} = U_{Amax}/V_{ul} = 14 \text{ V}/(-10^5) = -140 \text{ } \mu\text{V}$$

und

$$U_{12max} = U_{Amin}/V_{ul} = -14 \text{ V}/(-10^5) = 140 \text{ } \mu\text{V}$$

2.3 Grenzwerte und Arbeitsbereiche

Arbeits- oder Aussteuerbereiche von Verstärkerbauelementen sind durch Grenzwerte verschiedener Art festgelegt. Sie unterscheiden sich nach ihren Leistungs-, Strom- und Spannungswerten. Einige Größen schränken zwar den Aussteuerbereich des Verstärkers ein, eine Zerstörung ist jedoch nicht zu befürchten, wenn vorgegebene Werte überschritten werden. Dadurch werden die Eigenschaften des Verstärkers reversibel verschlechtert; die grundsätzliche Funktion kann dabei aber erhalten bleiben. Andere Grenzwerte dürfen unter keinen Umständen überschritten werden, da irreversible Effekte auftreten.

2.3.1 Zulässige Verlustleistung

Die zulässige Verlustleistung eines Halbleiterbauelements kann nur im Zusammenhang mit seinem Temperaturverhalten diskutiert werden. Bei den zur Verstärkung benutzten Halbleiterbauelementen liegt die untere zulässige innere Betriebstemperatur in der Regel so niedrig, daß nur die obere Temperaturgrenze zu beachten ist. Diese Grenztemperatur $T_{i\,max}$ in K ist bestimmt durch den Eintritt der Eigenleitung im Bauelement. Bei Germanium liegt diese Grenztemperatur bei 70°C bis 100°C, bei Silizium bei 120°C bis 200°C und bei Galliumarsenid bei 420°C. Werden die Grenztemperaturen überschritten, so werden die Bauelemente zerstört. Die im Inneren des Bauelements auftretende Temperatur T_i muß stets unter der Grenztemperatur $T_{i\,max}$ bleiben.

Bei Betrieb des Verstärkers stellt sich im Bauelement eine Temperatur T_i ein. Die Größe der inneren Temperatur T_i ist abhängig von der Umgebungstemperatur T_u, von der im Bauelement in Wärme umgesetzten Leistung P_V, auch als Verlustleistung bezeichnet, und der Wärmeleitfähigkeit G_{th} bzw. dem Wärmewiderstand R_{th} zwischen dem Inneren des Bauelements und seiner Umgebung.

Weiterhin hängt es vom Temperaturverhalten und von der Beschaltung des Bauelements ab, ob der Verstärker temperaturstabil arbeitet oder ob bei einer Betriebstemperatur die Verlustleistung zu einer Steigerung der inneren Temperatur führt, wodurch sich das Bauelement selbst zerstört. Dieser Betriebsfall wird thermischer Selbstmord genannt.

2.3.1.1 Thermische Ersatzschaltung. Wird die Bilanz der elektrischen Leistungen nach Bild **1.**1 fortgeführt, so läßt sich die Verlustleistung P_V, also die im Bauelement in Wärme umgesetzte Leistung, ermitteln. Bei Verstärkern der Nachrichtentechnik wird die Verlustleistung hauptsächlich von der Gleichleistungs-Versorgungsquelle (Versorgungsleistung P_B bzw. P_{zu}), die zur Einstellung des Arbeitspunkts notwendig ist, geliefert. Die Signaleingangsleistung P_1 und die Signalausgangsleistung P_2 sind bei der Berechnung der Verlustleistung P_V zunächst zu berücksichtigen. Aus Bild **1.**1 folgt für die Verlustleistung eines Verstärkers

$$P_V = P_B + P_1 - P_2 \tag{2.71}$$

Die Signaleingangsleistung P_1 ist meist zu vernachlässigen, dagegen spielt besonders bei Leistungsverstärkern die Signalausgangsleistung P_2 eine entscheidende Rolle bei der Entstehung der Verlustleistung, da gemäß Gl. (2.71) bei größer werdender Signalausgangsleistung die Verlustleistung kleiner wird, wenn von $P_B = \text{const}$ ausgegangen wird.

Wird für ein Bauelement eine konstante zulässige Verlustleistung angenommen, so läßt sich diese im Strom-Spannungs-Koordinatensystem, wie es beispielsweise beim Ausgangskennlinienfeld von Transistoren benutzt wird, eintragen. Die **zulässige Verlustleistung** ist in diesem System

$$P_{Vzul} = I\,U \tag{2.72}$$

Da hier die zulässige Verlustleistung eine Konstante ist, folgt aus Gl. (2.72) der Strom

$$I = P_{Vzul}/U \tag{2.73}$$

als Hyperbel (Bild **2.**25). Diese Funktion wird deshalb auch als **Verlusthyperbel** bezeichnet.

Beispiel 2.18.   Für die in Bild **2.**25 im Strom-Spannungs-Koordinatensystem dargestellte Verlusthyperbel ist die zulässige Verlustleistung P_{Vzul} zu ermitteln.

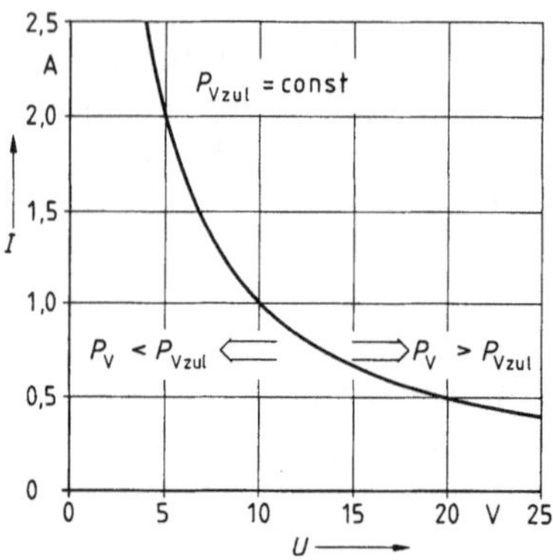

Über ein Strom-Spannungs-Wertepaar in Verbindung mit Gl. (2.72) läßt sich die zulässige Verlustleistung P_{Vzul} ermitteln. Für den Punkt $(I = 2\ \text{A};\ U = 5\ \text{V})$ beträgt

$$P_{Vzul} = I\,U = 2\ \text{A} \cdot 5\ \text{V} = 10\ \text{W}$$

Ebenso kann die zulässige Verlustleistung über andere Punkte ermittelt werden.

2.25
Abhängigkeit des Stromes I von der Spannung U bei konstanter zulässiger Verlustleistung P_{Vzul} (Verlusthyperbel)

Welche Verlustleistung als zulässige Verlustleistung angesehen werden kann, hängt von der Möglichkeit ab, die im Bauelement entstehende Wärme an die Umgebung abzuführen. Als eigentlicher **thermischer Grenzwert** ist die zulässige Temperatur $T_{i\,max}$ anzusehen. Diese Wärmeleitung kann analog zum elektrischen Stromkreis behandelt werden. Es gelten folgende Analogien.

$$
\begin{aligned}
\text{Strom } I &\;\hat{=}\; \text{Verlustleistung } P_V \\
\text{Spannung } U &\;\hat{=}\; \text{Temperaturdifferenz } \Delta T \\
\text{Widerstand } R &\;\hat{=}\; \text{Wärmewiderstand } R_{th}.
\end{aligned}
$$

Damit kann das **Ohmsche Gesetz der Wärmeleitung**

$$P_V = \Delta T / R_{th} \tag{2.74}$$

angewandt werden.

In Bild **2.**26 ist die thermische Ersatzschaltung eines Verstärkerbauelements mit Kühlkörper angegeben. Die im Inneren des Bauelements entstehende Verlustleistung P_V ist durch eine Stromquelle symbolisiert, die zwischen dem Inneren i und der Umgebung u wirkt. Die Temperaturangaben sind auf ein gemeinsames Niveau zu beziehen. Bei der Temperaturangabe ist das Temperatur-Bezugsniveau $T_0 = 0$ K. Als Wärmewiderstand R_{thG} ist nicht nur der des Bauelement-Gehäuses zu berücksichtigen, sondern der des Kühlkörpers R_{thK}, und der Wärme-Übergangswiderstand zwischen Gehäuse und Kühlkörper R_{thGK} sind in die Rechnung mit einzubeziehen. Da der Wärmestrom (die Verlustleistung P_V) die Wärmewiderstände der Reihe nach durchströmt, ergibt sich als Ersatzschaltung des Wärmestromkreises eine Reihenschaltung (Bild **2.**26).

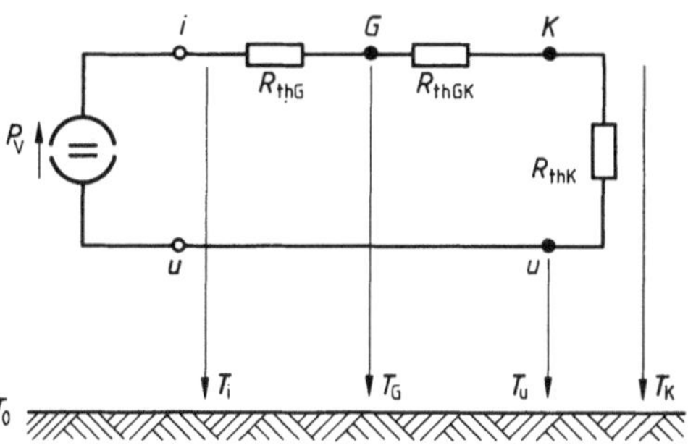

2.26
Thermische Ersatzschaltung eines Verstärkerbauelements mit Kühlkörper
P_V Verlustleistung, R_{th} Wärmewiderstand, T Temperatur, T_0 Bezugs-Temperatur, i innen, G Gehäuse, K Kühlkörper, u Umgebung

Bei diesem Wärmestromkreis tritt ein Temperaturgefälle vom Inneren des Bauelements zur Umgebung auf. Die innere Temperatur T_i ist größer als die Gehäusetemperatur T_G; diese ist größer als die Kühlkörpertemperatur T_K, und diese ist größer als die Umgebungstemperatur T_u.

In einer dynamischen thermischen Ersatzschaltung sind analog zum elektrischen Netzwerk Ersatzkapazitäten einzufügen, die Speichereffekte symbolisieren.

Beispiel 2.19. Welche Verlustleistung P_V darf in einem Verstärkerbauelement entstehen, damit die maximale innere Temperatur $T_{i\,\mathrm{max}} = 420$ K nicht überschritten wird? Das Verstärkerbauelement ist mit einem Kühlkörper versehen und kann mit der thermischen Ersatzschaltung von Bild **2.**26 beschrieben werden. Der Wärmewiderstand des Gehäuses des Verstärkerbauelements beträgt $R_{\mathrm{thG}} = 6$ K/W, der Wärmewiderstand zwischen Gehäuse und Kühlkörper ist $R_{\mathrm{thGK}} = 1$ K/W und der des Kühlkörpers $R_{\mathrm{thK}} = 25$ K/W. Es herrscht die Umgebungstemperatur $T_u = 320$ K.

Mit dem Ohmschen Gesetz der Wärmeleitung von Gl. (2.74) gilt für die im Verstärkerbauelement entstehende zulässige Verlustleistung

$$P_{V\mathrm{zul}} = \Delta T / R_{\mathrm{th}}$$

Mit der Temperaturdifferenz

$$\Delta T = T_{i\,\mathrm{max}} - T_u = 420\ \mathrm{K} - 320\ \mathrm{K} = 100\ \mathrm{K}$$

und dem Wärmewiderstand

$$R_{th} = R_{thG} + R_{thGK} + R_{thK} = 6 \text{ (K/W)} + 1 \text{ (K/W)} + 25 \text{ (K/W)} = 32 \text{ K/W}$$

folgt nach Gl. (2.74) die zulässige Verlustleistung

$$P_{Vzul} = 100 \text{ K}/(32 \text{ K/W}) = 3,13 \text{ W}$$

2.3.1.2 Thermische Stabilität. Bei der in Abschn. 2.3.1.1 behandelten thermischen Ersatzschaltung ist nicht die Rückwirkung der Temperatur auf die im Verstärkerbauelement entstehende Verlustleistung berücksichtigt. Ob ein Verstärker temperaturstabil arbeitet, d. h., daß sich die Temperatur im Innern des Bauelements nicht von selbst erhöhen kann, hängt vom Temperaturkoeffizienten des Bauelements, beispielsweise des Stromes, und vom gewählten Arbeitspunkt bzw. der Art der Arbeitspunkteinstellung ab.

In Abschn. 2.3.1.1 wird die in einen Wärmestrom umgesetzte elektrische Verlustleistung P_V gleich der an die Umgebung abgeführten Leistung P_{th} gesetzt. Dies ist für den stationären Betrieb ($dT = 0$) auch zulässig. Ist zu untersuchen, ob ein Verstärkersystem thermisch stabil arbeitet, muß zwischen der zugeführten Leistung P_V und der abgeführten Leistung P_{th} unterschieden werden.

Wird eine differentielle Änderung der inneren Temperatur dT_i vorgegeben, so ist das Verstärkersystem stabil, wenn die temperaturbedingte Änderung der zugeführten Leistung kleiner ist als die temperaturbedingte Änderung der abgeführten Leistung

$$dP_V/dT_i|_{zu} < dP_{th}/dT_i|_{ab} \tag{2.75}$$

Mit dieser Stabilitätsbedingung läßt sich eine Aussage über schaltungstechnische Stabilisierungsmaßnahmen und über die notwendige Größe des Wärmewiderstands R_{th} treffen.

Aus Gl. (2.74) folgt für die differentielle Änderung der thermischen Leistung bei einer differentiellen Änderung der inneren Temperatur

$$dP_{th}/dT_i = 1/R_{th} \tag{2.76}$$

Ein entsprechender Zusammenhang läßt sich für die differentielle Änderung der Verlustleistung bei einer differentiellen Änderung der inneren Temperatur angeben. Diese Änderung ist abhängig von den Eigenschaften der Schaltung, weshalb ein Schaltungsparameter σ analog zum thermischen Widerstand eingeführt wird. Damit ergibt sich die Gleichung

$$dP_V/dT_i = 1/\sigma \tag{2.77}$$

Werden in Gl. (2.75) die Gl. (2.76) und (2.77) eingesetzt, ergibt sich für die thermisch stabile Schaltung

$$R_{th}/\sigma < 1 \tag{2.78}$$

Hiermit kann eine Aussage über die Dimensionierung eines Verstärkers hinsichtlich der Temperaturstabilität getroffen werden.

Für $\sigma > 0$ ist grundsätzlich die Gefahr der thermischen Instabilität gegeben, da bei einer Temperaturerhöhung im Innern des Verstärkerbauelements auch die Verlustleistung P_V ansteigen kann. $\sigma \to \infty$ ergibt sich, wenn das verwendete Bauelement keine Abhängigkeit von der Temperatur aufweist; die Stabilitätsbedingung Gl. (2.78) ist stets erfüllt. Im Falle $\sigma < 0$ liegt Strukturstabilität vor, da bei einer angenommenen Erhöhung der inneren Temperatur stets die Verlustleistung kleiner wird.

Das in Bild **2.**27 gegebene Schaltungsbeispiel soll hinsichtlich thermischer Stabilität untersucht werden. Der in Emitterschaltung betriebene Bipolartransistor wird mit zwei Widerständen und zwei Gleichspannungsquellen so betrieben, daß sich ein Arbeitspunkt $(I_\mathrm{C}, U_\mathrm{CE})$ einstellt. Für die vorliegende Untersuchung ist nur die Masche M von Interesse.

Die Verlustleistung des Bipolartransistors ist

$$P_\mathrm{V} = I_\mathrm{C} U_\mathrm{CE} \qquad (2.79)$$

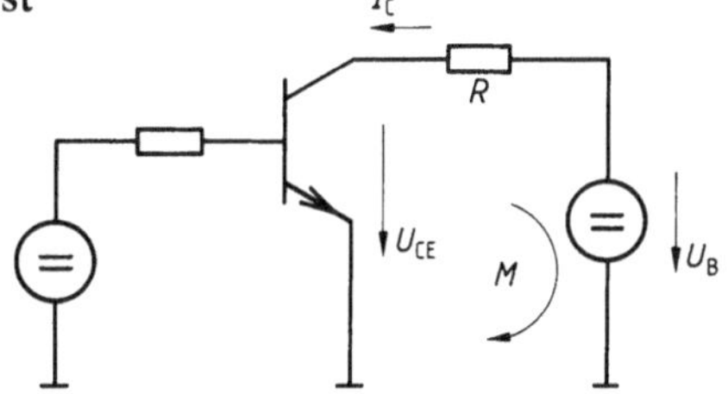

2.27
Bipolartransistor in Emitterschaltung
M Masche

wenn die recht geringe Verlustleistung der Basis-Emitter-Strecke unberücksichtigt bleibt. Der Kollektorstrom I_C ist als Funktion der Temperatur zu betrachten, weshalb dann auch die Kollektor-Emitter-Spannung U_CE als Funktion von I_C auszudrücken ist. Ein Maschenumlauf (Bild **2.**27) liefert die Kollektor-Emitter-Spannung

$$U_\mathrm{CE} = U_\mathrm{B} - I_\mathrm{C} R \qquad (2.80)$$

Wird Gl. (2.80) in Gl. (2.79) berücksichtigt, so folgt für die Verlustleistung als Funktion des Kollektorstroms

$$P_\mathrm{V} = I_\mathrm{C} U_\mathrm{B} - I_\mathrm{C}^2 R \qquad (2.81)$$

Zur Untersuchung der thermischen Stabilität ist gemäß Gl. (2.77) der Schaltungsparameter σ zu berechnen. Für seinen Kehrwert gilt mit Gl. (2.80)

$$1/\sigma = \mathrm{d}P_\mathrm{V}/\mathrm{d}T_\mathrm{i} = (\mathrm{d}P_\mathrm{V}/\mathrm{d}I_\mathrm{C})(\mathrm{d}I_\mathrm{C}/\mathrm{d}T_\mathrm{i}) \qquad (2.82)$$

Hierbei ist $\mathrm{d}I_\mathrm{C}/\mathrm{d}T_\mathrm{i}$ der Temperaturkoeffizient des Kollektorstroms, während der Term

$$\mathrm{d}P_\mathrm{V}/\mathrm{d}I_\mathrm{C} = U_\mathrm{B} - 2I_\mathrm{C} R \qquad (2.83)$$

über Gl. (2.81) berechenbar ist. Der Temperaturkoeffizient des Kollektorstroms

ist $dI_C/dT_i > 0$, d.h., der Kollektorstrom wird mit steigender Temperatur größer (s. Abschn. 2.2.2.2). Der Term in Gl. (2.83) dagegen kann je nach Wahl des
Arbeitspunkts größer oder kleiner als Null sein.

Die thermische Strukturstabilität ($\sigma < 0$) kann erreicht werden, wenn in
Gl. (2.82) der Term $dP_V/dI_C < 0$ wird. Gl. (2.83) ist zu entnehmen, daß diese
Bedingung in der Tat auch erreicht werden kann, wenn der Kollektorstrom zu
$I_C > U_B/(2R)$ gewählt wird. Über Gl. (2.80) läßt sich die zugehörige Bedingung
für die Kollektor-Emitter-Spannung $U_{CE} < U_B/2$ finden. Diese Bedingung, bei
der beim Bipolartransistor thermische Strukturstabilität erreicht wird, ist unter
dem „Prinzip der halben Speisespannung" bekannt.

Beispiel 2.20. Gegeben ist ein beschalteter Bipolartransistor nach Bild **2.27**. Beim Widerstand $R = 2\,\text{k}\Omega$ und der Versorgungsgleichspannung (Speisespannung) $U_B = 40\,\text{V}$
wird der Kollektorstrom $I_C = 6\,\text{mA}$ gemessen. Der Temperaturkoeffizient des Kollektorstroms beträgt $dI_C/dT_i = 0{,}1\,\text{mA/K}$. Es ist zu untersuchen, ob thermische Instabilität
eintreten kann.

Um die thermische Stabilität untersuchen zu können, wird der Schaltungsparameter σ
gemäß Gl. (2.82) berechnet. Die Änderung der Verlustleistung als Folge einer Kollektorstromänderung ergibt sich mit Gl. (2.83)

$$dP_V/dI_C = U_B - 2 I_C R = 40\,\text{V} - 2 \cdot 6\,\text{mA} \cdot 2\,\text{k}\Omega = 16\,\text{V}$$

Der Schaltungsparameter beträgt nach Gl. (2.82)

$$\sigma = \frac{1}{(dP_V/dI_C)(dI_C/dT_i)} = \frac{1}{16\,\text{V} \cdot 0{,}1\,\text{mA/K}} = 625\,\text{K/W}$$

Wegen $\sigma > 0$ liegt keine thermische Strukturstabilität vor, jedoch ist die Schaltung wegen
$\sigma > R_{th}$ thermisch stabil. Dieser recht große Wert von σ kann bei Verstärkerbauelementen durch den Temperaturwiderstand R_{th} kaum übertroffen werden.

2.3.2 Arbeitsbereich des Bipolartransistors

Der Arbeitsbereich für den Einsatz des Bipolartransistors in analogen Verstärkern ist in Bild **2.28** anhand des Ausgangskennlinienfelds der Emitterschaltung dargestellt. Neben der in Abschn. 2.3.1 diskutierten Verlusthyperbel
($P_{Vzul} = \text{const}$) ist der maximale Kollektorstrom $I_{C\,max}$ eine weitere Grenze.
Beim maximalen Kollektorstrom $I_{C\,max}$ handelt es sich um einen Mittelwert,
der kurzzeitig wie auch die Verlusthyperbel überschritten werden kann. Dagegen stellt der maximale Kollektor-Spitzenstrom $i_{C\,max}$ eine absolute Grenze
dar.

Bei höheren Kollektor-Emitter-Spannungen steigt der Kollektorstrom plötzlich
stark an. Dieser Effekt wird Durchbruch 1. Art genannt. Durch Stoßioni-
sation und Trägermultiplikation wird die Kollektor-Emitter-Strecke niederohmig. Die Kollektor-Emitter-Spannung, bei der der Durchbruch 1. Art zu
beobachten ist, wird Durchbruchspannung genannt. Diese Durchbruchspannung ist keine Konstante, sondern sie ist abhängig vom Kollektorstrom.

2.28
Arbeitsbereich des Bipolartransistors in Emitterschaltung, dargestellt im $I_C = f(U_{CE})$-Kennlinienfeld (Ausgangskennlinienfeld)
A analoger Arbeitsbereich, *S* Basis-Kollektor-Diode leitend (Sättigungs- oder Übersteuerungsbereich), *D1* Durchbruch 1. Art, *D2* Durchbruch 2. Art, *K* Bereich kurzzeitiger Belastung

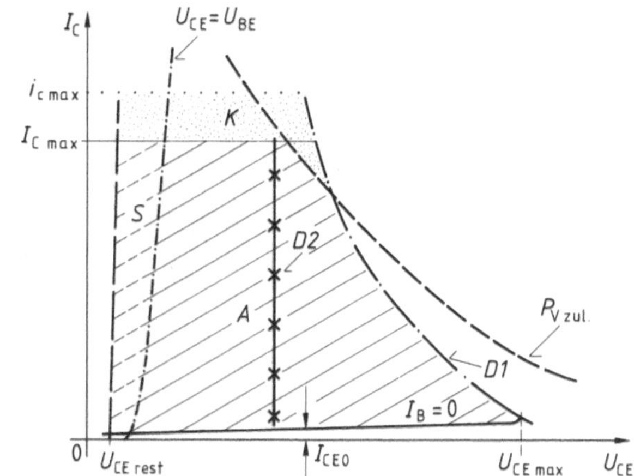

Neben dem Durchbruch 1. Art ist beim Bipolartransistor ein weiterer Durchbruch der Kollektor-Emitter-Strecke zu beobachten, der besonders bei Leistungstransistoren auftritt. Aufgrund lokaler Überhitzungen kommt es zu einem Zusammenbruch der Kollektor-Emitter-Spannung auf einen konstanten Wert. Im Gegensatz zum Durchbruch 1. Art wird der Bipolartransistor beim Durchbruch 2. Art meist beschädigt. Der Durchbruch 2. Art kann auftreten, ohne daß ein Durchbruch 1. Art zuvor eingetreten ist. Leistungstransistoren sind besonders dann gefährdet, wenn die Kollektorspannung groß ist; dabei kann der Kollektorstrom klein sein.

Der Arbeitsbereich wird zu kleinen Kollektor-Emitterspannungen hin dadurch eingeschränkt, daß bei $|U_{CE}| < |U_{BE}|$ die Basis-Kollektor-Diode in Durchlaßrichtung gepolt wird. Hierdurch wird zwar der Bipolartransistor nicht beschädigt, aber es treten Verzerrungen auf. Der Bereich, in dem die Basis-Kollektor-Diode in Durchlaßrichtung betrieben wird, heißt Sättigungs- oder Übersteuerungsgebiet.

Zu kleinen Kollektorströmen hin wird der Arbeitsbereich durch den Reststrom I_{CE0}, d.h. durch den Reststrom begrenzt, der zwischen Kollektor und Emitter fließt, wenn der Basisstrom $I_B = 0$ ist.

2.3.3 Arbeitsbereich des Feldeffekttransistors

Der Arbeitsbereich des Feldeffekttransistors in analogen Verstärkern ist in Bild **2.**29 anhand des Ausgangskennlinienfelds eines Sperrschicht-Feldeffekttransistors in Sourceschaltung angegeben.

Im Gegensatz zum Bipolartransistor stellt die Verlusthyperbel beim Feldeffekttransistor in einem weiten Bereich die obere Grenze des Arbeitsbereichs dar, da beim Feldeffekttransistor der Durchbruch 2. Art nicht auftritt. Die ma-

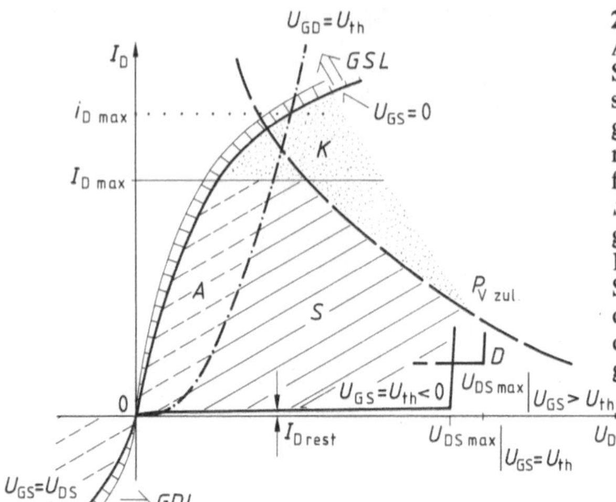

2.29
Arbeitsbereich des N-Kanal-Sperrschicht-Feldeffekttransistors in Sourceschaltung, dargestellt im $I_D=\mathrm{f}(U_{DS})$-Kennlinienfeld (Ausgangskennlinienfeld)
S analoger Arbeitsbereich (Sättigungsgebiet), A Anlaufgebiet, D Durchbruch der Drain-Gate-Strecke, GSL Gate-Source-Diode sowie GDL Gate-Drain-Diode leitend, K Bereich kurzzeitiger Belastung

ximal zulässige Drain-Source-Spannung ist beim Sperrschicht-Feldeffekttransistor bestimmt von der Durchbruchspannung der Gate-Drain-Diode und von der anliegenden Gate-Source-Spannung. Die Drain-Source-Durchbruchspannung ist jeweils um die Gate-Source-Spannung zu größeren Werten hin verschoben (Bild **2.**29).

Beim maximal zulässigen Drainstrom ist wie beim Bipolartransistor zwischen dem Mittelwert $I_{D\,max}$ und dem Augenblickswert $i_{D\,max}$ zu unterscheiden. Hieraus ergeben sich Bereiche, die nur kurzzeitig durchfahren werden dürfen.

Beim Sperrschicht-Feldeffekttransistor wird der analoge Arbeitsbereich weiterhin dadurch eingeschränkt, daß die Gate-Source- bzw. die Gate-Drain-Diode leitend wird. Im Normalbetrieb des Feldeffekttransistors ist nur darauf zu achten, daß die Gate-Source-Strecke stets in Sperrichtung gepolt ist, da wegen $U_{DS}>0$ beim N-Kanal-Typ stets die Gate-Drain-Diode im Sperrbetrieb arbeitet.

Das Sättigungsgebiet (nicht zu verwechseln mit dem Sättigungsgebiet des Bipolartransistors) stellt den eigentlichen analogen Arbeitsbereich des Feldeffekttransistors dar. Selten wird im vorliegenden Anwendungsbereich auch im Anlaufgebiet ausgesteuert. Zu kleinen Drainströmen hin ist der Aussteuerbereich durch den Reststrom $I_{D\,rest}$ begrenzt.

Bei MOS-Feldeffekttransistoren entfallen zwar wegen des anders gearteten Gates die Grenzen der in Durchlaßrichtung gepolten Gate-Dioden; es sind aber die Bulk-Dioden zwischen Drain und Source zu beachten. Insbesondere die Bulk-Drain-Diode ist ebenfalls stets in Sperrichtung zu betreiben. Die Gate-Source-Spannung darf aber auch beim MOS-Feldeffekttransistor nicht beliebig ansteigen, da die Isolationsschicht zwischen Gate und Kanal sehr empfindlich gegen Überspannung ist.

2.4 Arbeitspunkteinstellung

Unter Arbeitspunkteinstellung werden die Schaltungsmaßnahmen verstanden, die bei einem Verstärkerbauelement zu einem bestimmten Gleichstrom-Gleichspannungs-Wertepaar, dem Arbeitspunkt, führen. Beim Bipolar- und Feldeffekttransistor ist die Arbeitspunkteinstellung am Eingang und am Ausgang vorzunehmen, d.h., beim Bipolartransistor in Emitterschaltung ist der Arbeitspunkt (I_B, U_{BE}) am Eingang und der Arbeitspunkt (I_C, U_{CE}) am Ausgang einzustellen. Beim Operationsverstärker ist keine gesonderte Arbeitspunkteinstellung erforderlich, wenn er symmetrisch mit Gleichspannung versorgt wird (s. Abschn. 2.2.4).

In diesem Abschnitt wird der Arbeitspunkt so gelegt, daß möglichst ein großer analoger Aussteuerbereich beim Bipolar- und Feldeffekttransistor erreicht werden kann, d.h., der Arbeitspunkt wird möglichst in die Mitte des Arbeitsbereichs des Ausgangskennlinienfelds gelegt. Dieser Betrieb wird A-Betrieb genannt. Weitere Betriebsarten werden in Abschn. 8 im Zusammenhang mit Großsignalverstärkern behandelt.

2.4.1 PN-Diode

Am Beispiel einer PN-Diode soll gezeigt werden, wie der Arbeitspunkt A für den A-Betrieb eingestellt werden kann. Die Diode sei dabei in Durchlaßrichtung im Arbeitspunkt (I_A, U_A) gemäß Bild 2.30 betrieben.

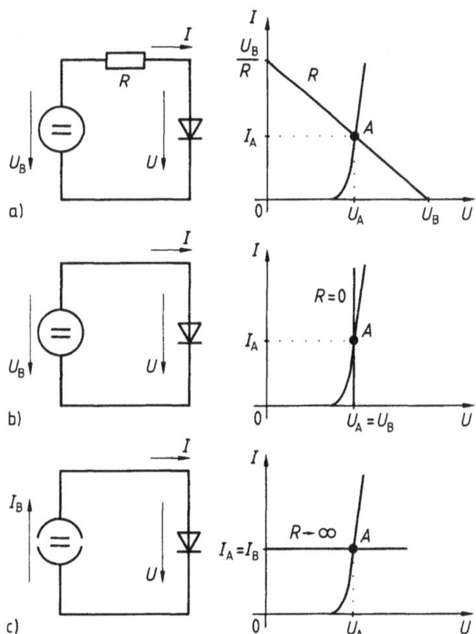

2.30
Arbeitspunkteinstellung der PN-Diode mit Schaltung und Strom-Spannungs-Kennlinienfeld
a) allgemeiner Fall (R beliebig), b) Gleichspannungssteuerung ($R = 0$), c) Gleichstromsteuerung ($R \to \infty$)
A Arbeitspunkt, R Widerstands- oder Arbeitsgerade

Es gibt verschiedene Möglichkeiten, den Arbeitspunkt A einzustellen. In Bild 2.30a ist der allgemeine Fall dargestellt. Der Diode ist ein Widerstand R vorgeschaltet. Diese Reihenschaltung ist an eine Gleichspannung U_B gelegt, so daß dann durch Verändern des Widerstands R der gewünschte Arbeitspunkt A eingestellt werden kann.

Sind der Widerstand R und die Gleichspannung U_B vorgegeben, so sind die beiden Unbekannten, die Arbeitspunktgrößen I_A und U_A, gesucht. Um das Problem lösen zu können, werden zwei voneinander unabhängige Gleichungen bzw. Funktionen $I = f(U)$ benötigt. Eine Funktion ist durch die Diodenkennlinie gegeben, die hier als graphische Darstellung vorliegt. Die 2. Funktion $I = f(U)$ ergibt sich aus der Maschengleichung (Bild 2.30a)

$$U_B - U - IR = 0 \tag{2.84}$$

die eine Geradengleichung darstellt. In einer graphischen Lösung können die Unbekannten I_A und U_A gefunden werden, wenn die Geradengleichung (2.84) in das I-U-Kennlinienfeld eingetragen wird. Der Schnittpunkt der Geraden mit der Diodenkennlinie ergibt den Arbeitspunkt A und damit die beiden gesuchten Koordinaten I_A und U_A. Für die Gerade ist die Bezeichnung **Widerstands-** oder **Arbeitsgerade** gebräuchlich (s. Band I, Teil 1).

Die Arbeitsgerade läßt sich in das I-U-Kennlinienfeld schnell einzeichnen, wenn zwei besondere Punkte, der Schnittpunkt der Geraden mit der Strom-Achse und der Schnittpunkt der Geraden mit der Spannungs-Achse gewählt werden. Die Arbeitsgerade schneidet bei dem Strom [Gl. (2.84)]

$$I|_{U=0} = U_B/R \tag{2.85}$$

die Strom-Achse. Die Spannungs-Achse wird nach Gl. (2.84) bei der Spannung

$$U|_{I=0} = U_B \tag{2.86}$$

geschnitten. Liegen diese Punkte außerhalb des dargestellten Bereichs, kann ein Punkt der Geraden gefunden werden, indem eine Größe, entweder der Strom oder die Spannung, angenommen wird; die andere Größe läßt sich dann mit Gl. (2.84) berechnen.

In Bild 2.30a ist der allgemeine Fall der Arbeitspunkteinstellung dargestellt. Wird der Widerstand $R = 0$ gewählt (Bild 2.30b), liegt eine **Gleichspannungssteuerung** vor, d.h., die Gleichspannung U_B bestimmt den Arbeitspunkt A auf der Diodenkennlinie. Beim Widerstand $R \to \infty$ (Bild 2.30c) liegt **Gleichstromsteuerung** vor, d.h., der Gleichstrom I_B legt den Arbeitspunkt auf der Diodenkennlinie fest. Alle drei Beschaltungen der Diode erlauben die Einstellung des gleichen Arbeitspunkts. Die Unterschiede zwischen den Schaltungen lassen sich anhand von Bild 2.30b und c aufzeigen.

Wird eine **Änderung der Diodenkennlinie** berücksichtigt, etwa durch **Temperatureinfluß** (s. Abschn. 2.2.1.2) hervorgerufen, ergeben sich unterschiedliche Arbeitspunktänderungen. Bei einer Temperaturerhöhung verschiebt sich die Diodenkennlinie parallel zu kleineren Spannungen hin, so daß bei Gleichspannungssteuerung eine erheblich größere Arbeitspunktverschiebung auftritt als bei Gleichstromsteuerung (Bild **2.**31).

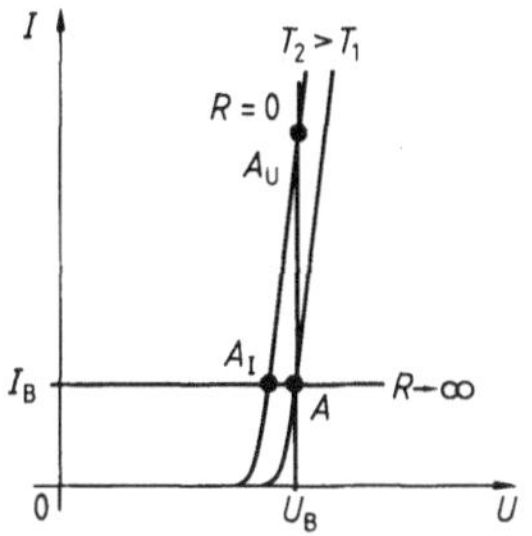

2.31
Unterschied in der Arbeitspunkteinstellung aufgrund einer Temperaturänderung zwischen Gleichspannungs- und Gleichstromsteuerung nach Bild **2.**30
A Arbeitspunkt bei der Temperatur T_1, A_U Arbeitspunkt bei der Temperatur T_2 und Gleichspannungssteuerung, A_I Arbeitspunkt bei der Temperatur T_2 und Gleichstromsteuerung

Beispiel 2.21. Gegeben ist eine Diodenschaltung gemäß Bild **2.**30a. Wie groß ist der Widerstand R zu wählen, damit sich bei der Gleichspannung $U_B = 15$ V der Arbeitspunkt ($I_A = 5$ mA, $U_A = 0,7$ V) einstellt?
Mit Gl. (2.84) ist der Widerstand

$$R = (U_B - U_A)/I_A = (15\ \text{V} - 0,7\ \text{V})/(5\ \text{mA}) = 2,86\ \text{k}\Omega$$

2.4.2 Bipolartransistor

Der Arbeitspunkt A beim Bipolartransistor ist bestimmt durch vier Größen (Basisstrom I_{BA}, Basis-Emitter-Spannung U_{BEA}, Kollektorstrom I_{CA}, Kollektor-Emitter-Spannung U_{CEA}). Das Wertepaar (I_{BA}, U_{BEA}) wird im **Eingangskennlinienfeld** und das Wertepaar (I_{CA}, U_{CEA}) im **Ausgangskennlinienfeld** der Emitterschaltung dargestellt. Zur Gleichspannungsversorgung genügt eine Spannungsquelle, da die Basis-Emitter-Spannung U_{BE} das gleiche Vorzeichen wie die Kollektor-Emitter-Spannung U_{CE} hat. Die Basis-Emitter-Spannung ist lediglich um den Faktor 10 bis 100 kleiner als die Kollektor-Emitter-Spannung. Der Kollektor wie auch die Basis werden im Prinzip bei der Arbeitspunkteinstellung gemäß Abschn. 2.4.1 beschaltet.

2.4.2.1 Basis-Vorwiderstand. In Bild **2.**32 ist beim Bipolartransistor die **Arbeitspunkteinstellung** eingangs- und ausgangsseitig über Widerstände erreicht, die zwischen den Elektroden des Transistors und der Gleichspannungsquelle liegen. Der in den Kollektor-Emitter-Kreis geschaltete Widerstand R wird Arbeitswiderstand genannt. Der im Basis-Emitter-Kreis liegende Widerstand R_1 heißt Basis-Vorwiderstand.

Zur Ermittlung des Arbeitspunkts, der sich einstellt, wenn die Versorgungsgleichspannung U_B und die beiden Widerstände R und R_1 bekannt sind, ergeben sich vier Unbekannte, der Basisstrom I_{BA}, die Basis-Emitter-Spannung U_{BEA}, der Kollektorstrom I_{CA} und die Kollektor-Emitter-Spannung U_{CEA}. Zu ihrer Ermittlung sind vier voneinander unabhängige Gleichungen erforderlich.

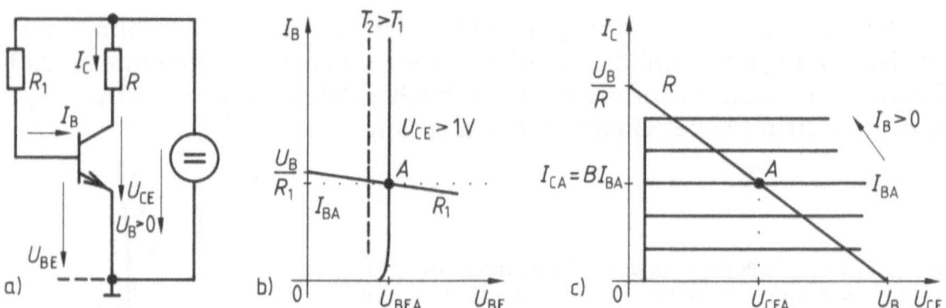

2.32 Arbeitspunkteinstellung mit Basis-Vorwiderstand R_1
   a) Emitterschaltung, b) $I_B = f(U_{BE})$-Kennlinienfeld, c) $I_C = f(U_{CE})$-Kennlinienfeld
   R Arbeitswiderstand, A Arbeitspunkt, B Gleichstromverstärkung, T Temperatur

Zwei sind durch die beiden Kennlinien gegeben. Die beiden anderen Gleichungen sind die Maschengleichungen

$$U_B - U_{CE} - I_C R = 0 \tag{2.87}$$

und

$$U_B - U_{BE} - I_B R_1 = 0 \tag{2.88}$$

Die **Arbeitsgeraden** können entsprechend Abschn. 2.4.1 in die Kennlinienfelder eingetragen werden (Bild **2.**32). Zum Einzeichnen der Arbeitsgeraden in das Kennlinienfeld $I_C = f(U_{CE})$, lassen sich mit Gl. (2.87) die beiden Konstruktionspunkte

$$I_C|_{U_{CE}=0} = U_B/R \tag{2.89}$$

und

$$U_{CE}|_{I_C=0} = U_B \tag{2.90}$$

finden. Im Kennlinienfeld $I_C = f(U_{CE})$ wird der Arbeitspunkt A so gewählt, daß sich ein möglichst großer **analoger Aussteuerbereich** ergibt. Die Kollektor-Emitter-Spannung wird mit etwa

$$U_{CEA} \approx U_B/2 \tag{2.91}$$

festgelegt. Wird der Kollektorstrom I_{CA} vorgegeben, so kann im Kennlinienfeld $I_C = f(U_{CE})$ der Basisstrom I_{BA} abgelesen werden. Für Kollektor- und Basisstrom gilt weiterhin (s. Abschn. 2.2.2)

$$I_{CA} = B I_{BA} \tag{2.92}$$

Gl. (2.92) kann beispielsweise dazu benutzt werden, den Basisstrom I_{BA} zu berechnen, wenn der Kollektorstrom I_{CA} bekannt ist.

Im Kennlinienfeld $I_B = f(U_{BE})$ läßt sich die vierte gesuchte Größe, die Basis-Emitter-Spannung U_{BEA} finden, da durch den Strom I_{BA} der **Arbeitspunkt** A im Kennlinienfeld $I_B = f(U_{BE})$ (Bild **2.**32b) eingetragen werden kann. Hierdurch ist die Basis-Emitter-Spannung U_{BEA} festgelegt.

Durch die Art der Beschaltung der Basis ist wesentlich bestimmt, wie sich der Arbeitspunkt verschiebt, wenn sich die Kennlinien des Bipolartransistors verändern. Geänderte Kennlinien können durch Temperaturschwankungen hervorgerufen werden, aber auch durch die Verwendung anderer Transistor-Exemplare. Insbesondere die Streuungen der Gleichstromverstärkung B haben dabei einen starken Einfluß auf den Arbeitspunkt.

Mit Gl. (2.88) ist der Basis-Vorwiderstand

$$R_1 = (U_\mathrm{B} - U_\mathrm{BEA})/I_\mathrm{BA} \approx U_\mathrm{B}/I_\mathrm{BA}\,|_{U_\mathrm{B} \gg U_\mathrm{BEA}} \tag{2.93}$$

Er nimmt Werte von einigen 100 kΩ an, so daß von Gleichstromsteuerung gesprochen werden kann.

Wird einmal eine Temperaturerhöhung angenommen, so verschiebt sich die Kennlinie $I_\mathrm{B} = \mathrm{f}(U_\mathrm{BE})$ und damit auch der Arbeitspunkt nach links (Bild 2.32b). Dabei bleibt aber der Basisstrom I_BA nahezu konstant, so daß sich der Arbeitspunkt im Kennlinienfeld $I_\mathrm{C} = \mathrm{f}(U_\mathrm{CE})$ nicht wesentlich verschiebt. Die Arbeitspunkteinstellung mit Basis-Vorwiderstand ist damit unempfindlich gegen Temperaturschwankungen.

Anders sieht es aus, wenn Exemplarstreuungen, d. h., unterschiedliche Gleichstromverstärkungen B angenommen werden. Da der Basisstrom I_BA durch Schaltungszwang vorgegeben ist, wird mit Gl. (2.92) eine Änderung der Gleichstromverstärkung voll in eine Änderung des Kollektorstromes I_CA übertragen.

Beispiel 2.22. Der Arbeitspunkt A soll bei einem Bipolartransistor mit Basis-Vorwiderstand (Bild 2.32) eingestellt werden. Zu bestimmen sind die beiden Widerstände R und R_1, wenn die Versorgungsgleichspannung $U_\mathrm{B} = 30$ V, der Kollektorgleichstrom $I_\mathrm{CA} = 15$ mA und die Gleichstromverstärkung $B = 300$ betragen. Als Kollektor-Emitter-Gleichspannung kann $U_\mathrm{CEA} = U_\mathrm{B}/2$ und als Basis-Emitter-Gleichspannung $U_\mathrm{BEA} = 0{,}7$ V vorausgesetzt werden.

Mit Gl. (2.87) beträgt der Widerstand des Kollektorkreises

$$R = (U_\mathrm{B} - U_\mathrm{CEA})/I_\mathrm{CA} = (30\ \mathrm{V} - 15\ \mathrm{V})/(15\ \mathrm{mA}) = 1\ \mathrm{k}\Omega$$

Zur Berechnung des Basis-Vorwiderstands R_1 wird der Basisstrom nach Gl. (2.92)

$$I_\mathrm{BA} = I_\mathrm{CA}/B = 15\ \mathrm{mA}/300 = 50\ \mu\mathrm{A}$$

benötigt. Mit Gl. (2.93) ist der Widerstand

$$R_1 = (U_\mathrm{B} - U_\mathrm{BEA})/I_\mathrm{BA} = (30\ \mathrm{V} - 0{,}7\ \mathrm{V})/(50\ \mu\mathrm{A}) = 586\ \mathrm{k}\Omega$$

bestimmt.

Beispiel 2.23. Wie verändert sich der Arbeitspunkt (I_BA, U_BEA, I_CA, U_CEA) des Beispiels 2.22, wenn ein Bipolartransistor mit der Gleichstromverstärkung $B = 500$ eingesetzt wird?

Durch Schaltungszwang bleibt der Basisstrom $I_\mathrm{BA} = 50\ \mu\mathrm{A}$ nahezu erhalten. Eine mögliche Änderung der Basis-Emitter-Spannung U_BEA ist wegen der Stromsteuerung unbedeutend. Stark verändern sich dagegen die Arbeitspunktgrößen des Kollektorkreises.

Der Kollektorstrom beträgt mit Gl. (2.92)

$$I_{CA} = B\,I_{BA} = 500 \cdot 50\ \mu A = 25\ mA$$

und ist gegenüber dem aus Beispiel 2.22 um 10 mA angestiegen. Die Kollektor-Emitter-Spannung wird mit Gl. (2.87)

$$U_{CEA} = U_B - I_{CA}\,R = 30\ V - 25\ mA \cdot 1\ k\Omega = 5\ V$$

Damit hat sich die Kollektor-Emitter-Spannung gegenüber der aus Beispiel 2.22 um 10 V verringert.

2.4.2.2 Basis-Spannungsteiler. Wird anstelle des Basis-Vorwiderstands ein Spannungsteiler (Bild **2.**33) zur Arbeitspunkteinstellung gewählt, so verändert sich der Arbeitspunkt bei unterschiedlichen Gleichstromverstärkungen B nicht so stark wie bei der Schaltung von Bild **2.**32, da der Basisstrom I_{BA} nicht konstant gehalten wird. Dies wird aber nur erreicht, wenn der Spannungsteiler, bestehend aus den Widerständen R_1 und R_2 (Bild **2.**33 a), nicht zu hochohmig ausgelegt wird. Wird der Spannungsteilerquerstrom I_Q größer als der Basisstrom I_{BA} gewählt, so liegt nahezu Spannungssteuerung vor, d.h., die Basis-Emitter-Spannung U_{BEA} wird durch Schaltungszwang eingestellt. Dies ist gegeben, wenn der Spannungsteilerquerstrom im Bereich

$$5\,I_{BA} \le I_Q \le 10\,I_{BA} \tag{2.94}$$

vorliegt. Die Berechnung des Kollektorkreises ändert sich gegenüber Bild **2.**32 nicht. Es gilt damit weiterhin die Maschengleichung (2.87).

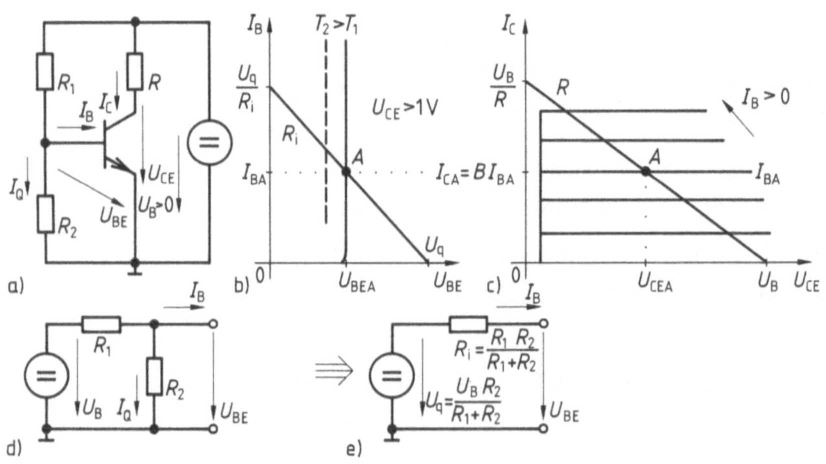

2.33 Arbeitspunkteinstellung mit Basis-Spannungsteiler R_1, R_2
    a) Emitterschaltung, b) $I_B = f(U_{BE})$-Kennlinienfeld, c) $I_C = f(U_{CE})$-Kennlinienfeld,
    d) Ersatzschaltung der Basis-Emitter-Beschaltung, e) reduzierte Ersatzschaltung
    von d)
    R Arbeitswiderstand, A Arbeitspunkt, B Gleichstromverstärkung, T Temperatur,
    I_Q Spannungsteilerquerstrom, U_q Quellenspannung

Die Berechnung des Basiskreises muß modifiziert werden. Wird eine **Ersatzschaltung** (Bild **2.**33d) benutzt, so können die Ersatzgrößen, die Quellenspannung

$$U_q = U_B R_2/(R_1 + R_2) \tag{2.95}$$

und der Innenwiderstand

$$R_i = R_1 R_2/(R_1 + R_2) \tag{2.96}$$

zur graphischen Bestimmung des Arbeitspunkts A im Kennlinienfeld $I_B = f(U_{BE})$ benutzt werden.
Der Widerstand (Bild **2.**33a) ist

$$R_1 = \frac{U_B - U_{BEA}}{I_Q + I_{BA}} \tag{2.97}$$

und es gilt für den Widerstand

$$R_2 = U_{BEA}/I_Q \tag{2.98}$$

Temperaturschwankungen machen sich bei dieser Arbeitspunkteinstellung (s. Bild **2.**32) stärker als bei der Schaltung mit Basis-Vorwiderstand bemerkbar; daher sind zusätzliche **Stabilisierungsmaßnahmen** gegen den Temperatureinfluß (s. Abschn. 2.4.2.3) erforderlich.

Beispiel 2.24. Der Arbeitspunkt A von Beispiel 2.22 soll mit einem Basis-Spannungsteiler nach Bild **2.**33 eingestellt werden. Die Widerstände R_1 und R_2 sind für den Spannungsteilerquerstrom $I_Q = 5 I_{BA}$ zu berechnen.
Der Widerstand R_1 beträgt nach Gl. (2.97)

$$R_1 = \frac{U_B - U_{BEA}}{I_Q + I_{BA}} = \frac{U_B - U_{BEA}}{6 I_{BA}} = \frac{30\,\text{V} - 0{,}7\,\text{V}}{6 \cdot 50\,\mu\text{A}} = 97{,}67\,\text{k}\Omega$$

Der Widerstand R_2 ist mit Gl. (2.98)

$$R_2 = U_{BEA}/I_Q = U_{BEA}/(5 I_{BA}) = 0{,}7\,\text{V}/(5 \cdot 50\,\mu\text{A}) = 2{,}8\,\text{k}\Omega$$

2.4.2.3 Arbeitspunktstabilisierung mit Emitterwiderstand. Der Arbeitspunkt der Schaltung in Bild **2.**33 kann stabilisiert werden, wenn ein **Emitterwiderstand** R_E nach Bild **2.**34 hinzugeschaltet wird. Vergrößert sich beispielsweise der Kollektorstrom aufgrund einer Temperatursteigerung, so erhöht sich auch der Spannungsabfall am Emitterwiderstand R_E. Ist der Spannungsteiler so dimensioniert, daß die Spannung über dem Widerstand R_2 von der Belastung weitgehend unabhängig ist, bewirkt die Erhöhung der Spannung über dem Widerstand R_E eine Erniedrigung der Basis-Emitter-Spannung. Hierdurch wird der Vergrößerung des Kollektorstroms entgegengewirkt.

Auf der Kollektor- wie auf der Emitterseite ändert sich durch den Widerstand R_E die Berechnung des Arbeitspunkts. Für den Kollektorkreis ist die Maschen-

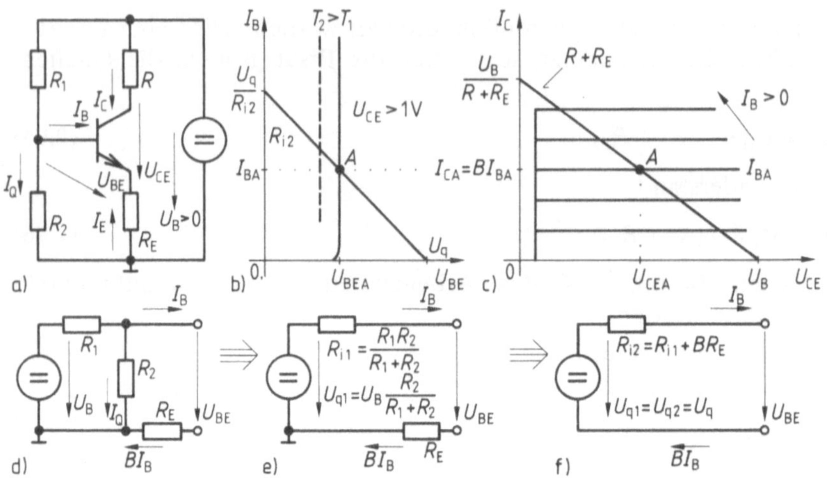

2.34 Arbeitspunktstabilisierung mit Emitterwiderstand R_E
a) Emitterschaltung, b) $I_B = f(U_{BE})$-Kennlinienfeld, c) $I_C = f(U_{CE})$-Kennlinienfeld,
d) Ersatzschaltung der Basis-Emitter-Beschaltung, e), f) reduzierte Ersatzschaltungen von d)
R Arbeitswiderstand, A Arbeitspunkt, B Gleichstromverstärkung, T Temperatur,
I_Q Spannungsteilerquerstrom, U_q Quellenspannung

gleichung

$$U_B - U_{CE} - I_C(R + R_E) = 0 \tag{2.99}$$

zu berücksichtigen, wobei für den Emitterstrom $I_E = -(1+B)I_B \approx -BI_B = -I_C$ gesetzt ist. In die Konstruktion der Arbeitsgeraden im Kennlinienfeld $I_C = f(U_{CE})$ geht damit auch der Widerstand R_E ein. Da aber meist $R_E \ll R$ gewählt wird, wird die Arbeitsgerade im Kennlinienfeld $I_C = f(U_{CE})$ nicht wesentlich durch den Emitterwiderstand R_E beeinflußt.

Zum Einzeichnen der Arbeitsgeraden in das Kennlinienfeld $I_B = f(U_{BE})$ wird die Ersatzschaltung nach Bild **2.34f** benutzt. Zunächst wird der Spannungsteiler in eine Ersatzquelle mit der Quellenspannung

$$U_{q1} = U_B R_2/(R_1 + R_2) \tag{2.100}$$

und dem Innenwiderstand

$$R_{i1} = R_1 R_2/(R_1 + R_2) \tag{2.101}$$

umgewandelt. Weiterhin können die beiden Widerstände R_{i1} und R_E zu einem Widerstand

$$R_{i2} = R_{i1} + B R_E = R_1 R_2/(R_1 + R_2) + B R_E \tag{2.102}$$

zusammengefaßt werden. Die Ersatzquellenspannung U_{q2} dieser Schaltung ist weiterhin U_{q1}, so daß

$$U_{q1} = U_{q2} = U_q \tag{2.103}$$

neben dem Widerstand R_{i2} für die Konstruktion der Arbeitsgeraden benutzt werden kann.

Es gilt für den Widerstand

$$R_1 = (U_B - U_{BEA} - I_{CA} R_E)/(I_{BA} + I_Q) \tag{2.104}$$

sowie für den Widerstand

$$R_2 = (U_{BEA} + I_{CA} R_E)/I_Q \tag{2.105}$$

Beispiel 2.25. Die Schaltung in Bild **2.**34a mit dem Basis-Spannungsteiler R_1, R_2 und dem Emitterwiderstand R_E soll zur Arbeitspunktstabilisierung eingesetzt werden. Bei der Versorgungsgleichspannung $U_B = 20$ V ist der Kollektorstrom im Arbeitspunkt $I_{CA} = 100$ mA. Wie groß sind die Widerstände R_1 und R_2 zu wählen, wenn die Gleichstromverstärkung $B = 300$, der Emitterwiderstand $R_E = 47\ \Omega$, der Basis-Spannungsteilerquerstrom $I_Q = 10\,I_{BA}$ und die Basis-Emitter-Spannung $U_{BEA} = 0{,}7$ V betragen? Nach Gl. (2.104) ist der Widerstand

$$R_1 = \frac{U_B - U_{BEA} - I_{CA} R_E}{I_{BA} + I_Q} = \frac{U_B - U_{BEA} - I_{CA} R_E}{11\,I_{CA}}\, B$$

$$= \frac{20\ \text{V} - 0{,}7\ \text{V} - 100\ \text{mA} \cdot 47\ \Omega}{11 \cdot 100\ \text{mA}}\,300 = 3{,}98\ \text{k}\Omega$$

Mit Gl. (2.105) erhält man den Widerstand

$$R_2 = \frac{U_{BEA} + I_{CA} R_E}{I_Q} = \frac{U_{BEA} + I_{CA} R_E}{10\,I_{CA}}\, B$$

$$= \frac{0{,}7\ \text{V} + 100\ \text{mA} \cdot 47\ \Omega}{10 \cdot 100\ \text{mA}}\,300 = 1{,}62\ \text{k}\Omega$$

Beispiel 2.26. Der Bipolartransistor der in Beispiel 2.25 berechneten Schaltung mit Basis-Spannungsteiler und Emitterwiderstand erfährt die Temperaturerhöhung $\Delta T = 70$ K. Wie groß sind bei dem Temperaturdurchgriff $d_T = -2$ mV/K Basis- und Kollektorstromänderung, wenn die Restströme vernachlässigt bleiben können? Aufgrund der Temperaturerhöhung $\Delta T = 70$ K errechnet man mit Gl. (2.53) die Änderung der Basis-Emitter-Spannung

$$\Delta U_{BE} = d_T \Delta T = (-2\ \text{mV/K})\,70\ \text{K} = -140\ \text{mV}$$

Diese bewirkt eine Erhöhung des Basisstroms nach Bild **2.**34b. Mit dem Widerstand R_{i2} nach Gl. (2.102), der die Arbeitsgerade im Kennlinienfeld $I_B = f(U_{BE})$ bestimmt, erhält man die Basisstromänderung

$$\Delta I_B = \frac{-\Delta U_{BE}}{R_{i2}} = \frac{-\Delta U_{BE}}{[R_1 R_2/(R_1 + R_2)] + B R_E}$$

$$= \frac{140\ \text{mV}}{[3{,}98\ \text{k}\Omega \cdot 1{,}62\ \text{k}\Omega/(3{,}98\ \text{k}\Omega + 1{,}62\ \text{k}\Omega)] + 300 \cdot 47\ \Omega} = 9{,}18\ \mu\text{A}$$

Da der Basisstrom größer wird, steigt der Kollektorstrom um

$$\Delta I_C = B \Delta I_B = 300 \cdot 9{,}18\ \mu\text{A} = 2{,}75\ \text{mA}$$

an. Der Kollektorstrom vergrößert sich damit um

$$\Delta I_\mathrm{C}/I_\mathrm{CA} = 2{,}75 \text{ mA}/(100 \text{ mA}) = 0{,}0275 \cong 2{,}75\%$$

bei der Temperaturänderung $\Delta T = 70$ K.

2.4.3 Feldeffekttransistor

Da die Gate-Source-Strecke von Feldeffekttransistoren sehr hochohmig ist, reichen zur Kennzeichnung des Arbeitspunkts A drei Größen, die Gate-Source-Spannung U_GSA, der Drainstrom I_DA und die Drain-Source-Spannung U_DSA aus. Zwei Unterschiede zum Bipolartransistor sind zu berücksichtigen: Beim selbstsperrenden MOS-Feldeffekttransistor hat die Gate-Source-Spannung das gleiche Vorzeichen wie die Drain-Source-Spannung, liegt aber in der gleichen Größenordnung wie die Drain-Source-Spannung. Beim selbstleitenden Feldeffekttransistor hat die Gate-Source-Spannung ein umgekehrtes Vorzeichen wie die Drain-Source-Spannung.

2.4.3.1 Selbstsperrender MOS-Feldeffekttransistor. Beim selbstsperrenden MOS-Feldeffekttransistor kann der Arbeitspunkt wie beim Bipolartransistor über einen Gate-Spannungsteiler (Bild **2.35**) eingestellt werden. Zwischen Spannungsteiler und Gate wird der Widerstand R_G geschaltet. Für den Widerstand R_G sind Werte zwischen 1 MΩ und 30 MΩ üblich. Da hier ein nahezu unbelasteter Spannungsteiler R_1, R_2 vorliegt, kann der Spannungsteilerquerstrom I_Q beliebig gewählt werden. Ein praktischer Bereich des Spannungsteilerquerstroms ist $10\ \mu\mathrm{A} \le |I_\mathrm{Q}| \le 100\ \mu\mathrm{A}$.

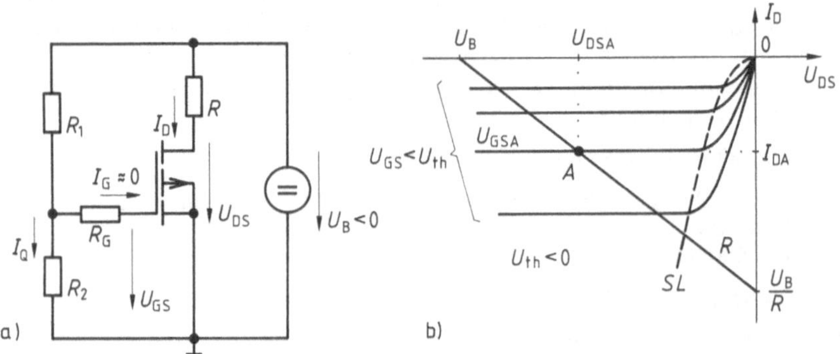

2.35 Arbeitspunkteinstellung beim selbstsperrenden P-Kanal-MOS-Feldeffekttransistor mit Gate-Spannungsteiler R_1, R_2
 a) Sourceschaltung, b) I_D-U_DS-Kennlinienfeld
 R Arbeitswiderstand, R_G hochohmiger Gate-Widerstand, A Arbeitspunkt, I_Q Spannungsteilerquerstrom, SL Sättigungslinie

Die Widerstände des Spannungsteilers R_1 und R_2 ergeben sich mit der Gate-Source-Spannung U_{GSA} des Arbeitspunkts A, nämlich

$$R_2 = U_{GSA}/I_Q \qquad (2.106)$$

und

$$R_1 = (U_B/I_Q) - R_2 \qquad (2.107)$$

Für den Drainkreis gilt die Maschengleichung

$$U_B - U_{DS} - I_D R = 0 \qquad (2.108)$$

Damit läßt sich im Kennlinienfeld $I_D = f(U_{DS})$ von Bild **2.**35 analog zum Bipolartransistor die Arbeits- oder Widerstandsgerade einzeichnen.

Bei der Wahl der Arbeitspunktspannung U_{DSA} ist zu berücksichtigen, daß die Drain-Source-Sättigungsspannung $U_{DSS} = U_{GS} - U_{th}$ das Sättigungsgebiet abgrenzt (s. Abschn. 2.2.3 und 2.3.3).

Beispiel 2.27. Ein selbstsperrender P-Kanal-MOS-Feldeffekttransistor mit dem Parameter $\beta = -2$ mA/V^2 und der Schwellspannung $U_{th} = -3$ V wird in der Schaltung nach Bild **2.**35 betrieben. Bei der Versorgungsgleichspannung $U_B = -40$ V stellt sich beim Arbeitswiderstand $R = 15$ kΩ die Drain-Source-Spannung $U_{DSA} = -25$ V im Arbeitspunkt A ein. Wie groß sind Drainstrom I_{DA}, Gate-Source-Spannung U_{GSA} und die Widerstände R_1 und R_2? Der Spannungsteilerquerstrom beträgt $I_Q = -100$ μA.

Nach Gl. (2.108) ist der Drainstrom im Arbeitspunkt A

$$I_{DA} = (U_B - U_{DSA})/R = (-40 \text{ V} + 25 \text{ V})/(15 \text{ kΩ}) = -1 \text{ mA}$$

Für die Gate-Source-Spannung findet man mit Gl. (2.60)

$$U_{GSA} = -\sqrt{\frac{2 I_{DA}}{\beta}} + U_{th} = -\sqrt{\frac{2(-1 \text{ mA})}{-2 \text{ mA/V}^2}} - 3 \text{ V} = -4 \text{ V}$$

Die Spannungsteilerwiderstände R_2 und R_1 betragen nach Gl. (2.106)

$$R_2 = \frac{U_{GSA}}{I_Q} = \frac{-4 \text{ V}}{-100 \text{ μA}} = 40 \text{ kΩ}$$

und nach Gl. (2.107)

$$R_1 = \frac{U_B}{I_Q} - R_2 = \frac{-40 \text{ V}}{-100 \text{ μA}} - 40 \text{ kΩ} = 360 \text{ kΩ}$$

Beim selbstsperrenden MOS-Feldeffekttransistor besteht eine besondere Möglichkeit der Arbeitspunkteinstellung. Da die Gate-Source-Spannung dem Vorzeichen und dem Betrage nach gleich der Drain-Source-Spannung gewählt werden kann, läßt sich der Arbeitspunkt A dadurch einstellen, daß Drain und Gate verbunden, also rückgekoppelt werden (Bild **2.**36). Um jedoch das Gate vom Drain für Wechselsignale zu trennen, wird ein aufgeteilter, hochohmiger Widerstand R_G zwischengeschaltet. Die Kapazität C bewirkt eine wechselstrommäßige Trennung von Gate- und Drain-Kreis, da im Betriebsfrequenzbereich des Verstärkers der Kondensator als Kurz-

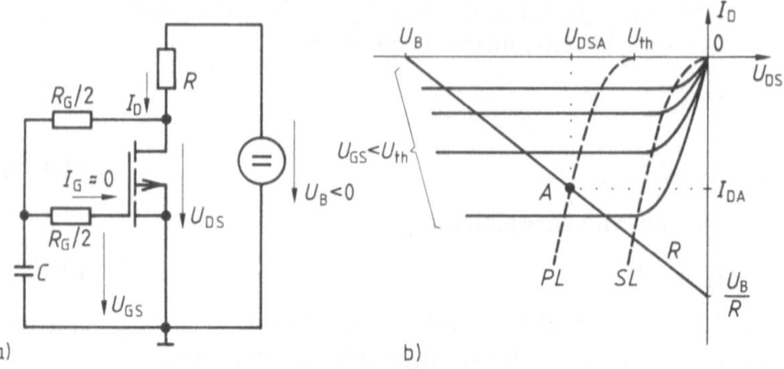

2.36 Arbeitspunkteinstellung beim selbstsperrenden P-Kanal-MOS-Feldeffekttransistor
mit Rückkopplung zwischen Drain und Gate
a) Sourceschaltung, b) $I_D = f(U_{DS})$-Kennlinienfeld mit Arbeitspunkt A und Arbeitsgeraden R
U_{th} Schwellspannung, SL Sättigungslinie, PL parallele Linie zu SL ($U_{GS} = U_{DS}$)

schluß aufgefaßt werden kann. Der Arbeitspunkt A liegt, wie man Gl. (2.60)
und der Bedingung $U_{GSA} = U_{DSA}$ entnehmen kann, auf einer Parabel parallel zur Sättigungslinie.

Von diesem Prinzip der Arbeitspunkteinstellung wird auch in mehrstufigen Verstärkern, insbesondere in monolithisch integrierter Bauweise, Gebrauch gemacht. In Bild **2.**37 ist ein direkt gekoppelter, zweistufiger Verstärker dargestellt. Die Gate-Source-Spannung U_{GS2} des zweiten
Transistors ist gleich der Drain-Source-Spannung U_{DS1} des ersten Transistors,
und die Gate-Source-Spannung U_{GS1} des ersten Transistors ist gleich der

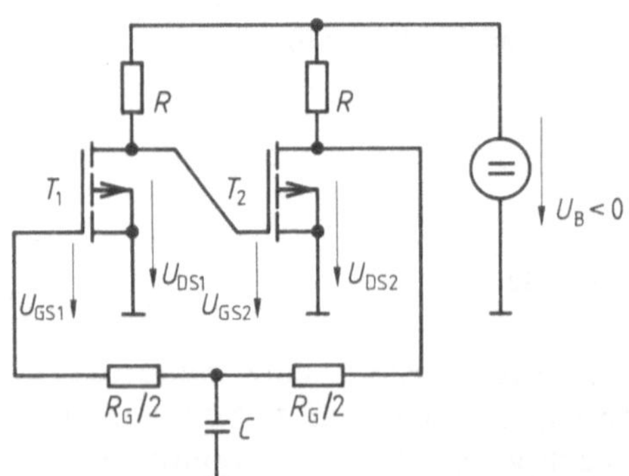

2.37
Direkt gekoppelter, zweistufiger Verstärker mit selbstsperrendem P-Kanal-
MOS-Feldeffekttransistoren und Arbeitspunkteinstellung durch Rückkopplung entsprechend Bild **2.**36

Drain-Source-Spannung U_{DS2} des zweiten Transistors. Dies ist ein erheblicher
Vorteil des selbstsperrenden MOS-Feldeffekttransistors gegenüber dem Bipolartransistor, bei dem wegen des großen Spannungsunterschieds zwischen der
Basis-Emitter- und der Kollektor-Emitter-Spannung eine direkte Kopplung
von Verstärkerstufen nur über Zwischenschaltungen möglich ist.

Beispiel 2.28. Der selbstsperrende P-Kanal-MOS-Feldeffekttransistor des Beispiels 2.27 wird in der Schaltung von Bild **2.**36 mit der Versorgungsgleichspannung $U_B = -15$ V betrieben. Wie groß ist der Widerstand R zu wählen, wenn sich im Arbeitspunkt A die Drain-Source-Spannung $U_{DSA} = -6$ V einstellt?

Durch Schaltungszwang gilt für die Gate-Source-Spannung im Arbeitspunkt A.

$$U_{GSA} = U_{DSA} = -6 \text{ V}$$

Hieraus folgt mit Gl. (2.60) der Drainstrom

$$I_{DA} = \frac{\beta}{2}(U_{GSA} - U_{th})^2 = \frac{-2 \text{ mA/V}^2}{2}(-6 \text{ V} + 3 \text{ V})^2 = -9 \text{ mA}$$

Über die Maschengleichung für den Drainstromkreis in Gl. (2.108) erhält man den Arbeitswiderstand

$$R = \frac{U_B - U_{DSA}}{I_{DA}} = \frac{-15 \text{ V} + 6 \text{ V}}{-9 \text{ mA}} = 1 \text{ k}\Omega$$

2.4.3.2 CMOS-Inverter.

Der Arbeitswiderstand R kann durch einen Transistor ersetzt werden. Besonders in der monolithisch integrierten Schaltungstechnik werden aus Gründen der leichteren Herstellung soweit wie möglich Widerstände durch Transistoren ersetzt. Ein typisches Beispiel für Feldeffekttransistoren zeigt Bild **2.**38. Bei diesem Verstärkerelement ist der Arbeitswiderstand des N-Kanal-MOS-Feldeffekttransistors T_1 durch den zu ihm komplementären P-Kanal-MOS-Feldeffekttransistor ersetzt. Da die Schaltung außerdem symmetrisch aufgebaut ist, wird sie COSMOS- oder CMOS-Schaltung genannt. Im Prinzip liegt eine Sourceschaltung vor, die zwischen Eingangs- und Ausgangsspannung eine Vorzeichenumkehr bewirkt. Daher wird dieser Verstärker CMOS-Inverter genannt.

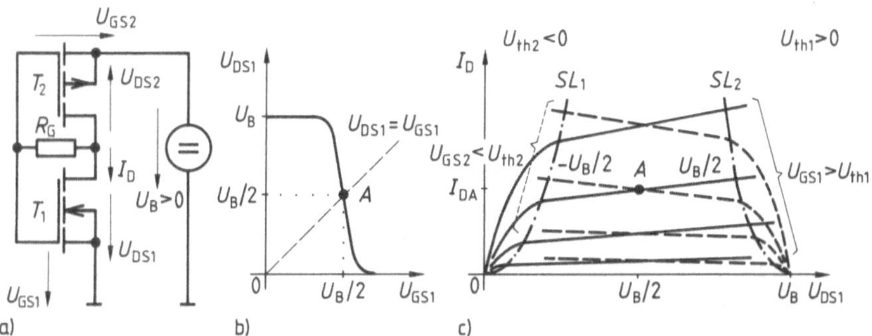

2.38 Arbeitspunkteinstellung durch hochohmigen Rückkopplungswiderstand R_G beim CMOS-Inverter (a). Übertragungskennlinie (b) mit Linie $U_{DS1} = U_{GS1}$ und Arbeitspunkt A. Ausgangskennlinienfeld (c) des selbstleitenden N-Kanal-MOS-Feldeffekttransistors T_1 und des selbstsperrenden P-Kanal-MOS-Feldeffekttransistor T_2
SL Sättigungslinien

Die Übertragungskennlinie des CMOS-Inverters, die Funktion $U_{DS1}=f(U_{GS1})$ nach Bild **2.**38b, läßt in Verbindung mit dem Kennlinienfeld $I_D=f(U_{DS1})$ nach Bild **2.**38c erkennen, daß der analoge Bereich dort liegt, wo die Ausgangsspannung U_{DS1} auf eine Änderung der Eingangsspannung U_{GS1} reagiert. Die Mitte des analogen Bereichs wird erreicht, wenn sowohl die Eingangs- als auch die Ausgangsspannung bei der halben Versorgungsgleichspannung liegen. Dieser Arbeitspunkt A kann eingestellt werden, wenn die Drain-Source-Spannung U_{DS1} nach Bild **2.**38a über einen hochohmigen Widerstand R_G auf das Gate zurückgeführt wird. Der Arbeitspunkt A liegt dann bei

$$U_{GS1A}=U_{DS1A}=U_B/2 \tag{2.109}$$

Die wechselstrommäßige Entkopplung zwischen Drain und Gate kann mit einem Kondensator entsprechend Bild **2.**36 erreicht werden.

Beispiel 2.29. Ein CMOS-Inverter nach Bild **2.**38 wird mit der Versorgungsspannung $U_B=15$ V betrieben. Der N-Kanal-MOS-Feldeffekttransistor hat den Parameter $\beta_1=0{,}33$ mA/V^2 und die Schwellspannung $U_{th1}=1{,}5$ V, während der P-Kanal-MOS-Feldeffekttransistor den Parameter $\beta_2=-0{,}33$ mA/V^2 und die Schwellspannung $U_{th2}=-1{,}5$ V aufweist. Die Größen des Arbeitspunkts A sind zu ermitteln.

Durch Schaltungszwang gilt nach Gl. (2.109) für die Gate-Source-Spannung und auch für die Drain-Source-Spannung des Transistors T_1 im Arbeitspunkt A

$$U_{GS1A}=U_{DS1A}=U_B/2=15\text{ V}/2=7{,}5\text{ V}$$

Für den Transistor T_2 findet man ebenso für die Gate-Source- und die Drain-Source-Spannung im Arbeitspunkt A

$$U_{GS2A}=U_{DS2A}=-U_B/2=-15\text{ V}/2=-7{,}5\text{ V}$$

Der Drainstrom des CMOS-Inverters beträgt nach Gl. (2.60)

$$I_{DA}=\frac{\beta_1}{2}(U_{GSA}-U_{th1})^2=\frac{0{,}33\text{ mA/V}^2}{2}(7{,}5\text{ V}-1{,}5\text{ V})^2=5{,}94\text{ mA}$$

2.4.3.3 Selbstleitender Feldeffekttransistor. Beim selbstleitenden Feldeffekttransistor, bei Sperrschicht- wie bei MOS-Feldeffekttransistoren, hat die Gate-Source-Spannung entgegengesetztes Vorzeichen wie die Drain-Source-Spannung. Die Versorgungsgleichspannung U_B kann damit nicht unmittelbar zur Einstellung der für den Arbeitspunkt A erforderlichen Gate-Source-Spannung benutzt werden. Wird ein Widerstand R_S in den Sourcezweig (Bild **2.**39a) gelegt, so entsteht durch den Strom I_D eine Spannung über dem Sourcewiderstand, die als Gate-Source-Spannung zur Arbeitspunkteinstellung benutzt werden kann. Wird das Gate an den Widerstand R_S gelegt, so stellt sich die Gate-Source-Spannung

$$U_{GS}=-I_D R_S \tag{2.110}$$

ein. Diese Art der Arbeitspunkteinstellung ist als automatische Gate-Vorspannung bekannt.

Um jedoch auch hier den hochohmigen Widerstand des Gates zu erhalten, wird das Gate über einen großen Widerstand R_G (s. Abschnitt 2.4.3.1) an den Sourcewiderstand angeschlossen.

Auf die Widerstandsgerade im Kennlinienfeld $I_D = f(U_{DS})$ hat der Source-Widerstand R_S über die Maschengleichung

$$U_B - U_{DS} - I_D(R + R_S) = 0 \qquad (2.111)$$

Einfluß (Bild **2.**39 c).

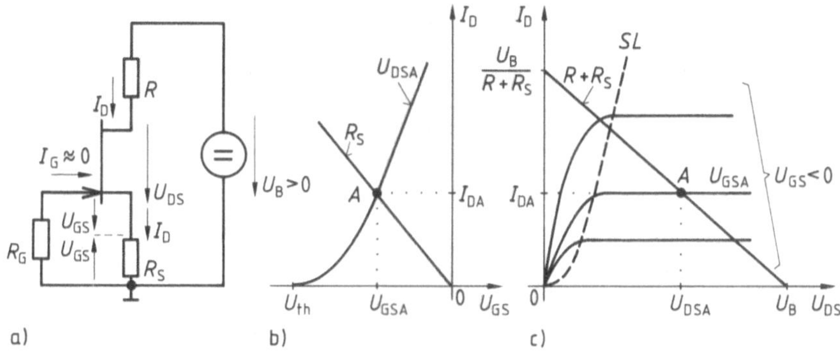

2.39 Arbeitspunkteinstellung beim N-Kanal-Sperrschicht-Feldeffekttransistor mit Sourcewiderstand R_S (automatische Gate-Vorspannung)
a) Sourceschaltung, b) Übertragungskennlinienfeld, c) Ausgangskennlinienfeld
R_G hochohmiger Gatewiderstand, A Arbeitspunkt, U_{th} Schwellspannung, SL Sättigungslinie

Beispiel 2.30. Der Arbeitspunkt eines N-Kanal-Sperrschicht-Feldeffekttransistors soll nach Bild 2.39 mit dem Sourcewiderstand R_S eingestellt werden. Der Transistor hat den Kurzschluß-Drain-Sättigungsstrom $I_{DS0} = 30$ mA und die Schwellspannung $U_{th} = -3$ V. Für die Versorgungsgleichspannung $U_B = 40$ V stellen sich im Arbeitspunkt A die Gate-Source-Spannung $U_{GSA} = -1,5$ V und die Drain-Source-Spannung $U_{DSA} = 25$ V ein. Der Drainstrom I_{DA}, der Arbeitswiderstand R und der Sourcewiderstand R_S sind zu berechnen.

Der Drainstrom des Arbeitspunkts A beträgt nach Gl. (2.60) und Gl. (2.61)

$$I_{DA} = I_{DS0}\left(1 - \frac{U_{GSA}}{U_{th}}\right)^2 = 30\ \text{mA}\left(1 - \frac{-1,5\ \text{V}}{-3\ \text{V}}\right)^2 = 7,5\ \text{mA}$$

Aus ihm folgt in Verbindung mit Gl. (2.110) der Sourcewiderstand

$$R_S = -U_{GSA}/I_{DA} = 1,5\ \text{V}/(7,5\ \text{mA}) = 200\ \Omega$$

Der Arbeitswiderstand ist mit Gl. (2.111)

$$R = \frac{U_B - U_{DSA}}{I_{DA}} - R_S = \frac{40\ \text{V} - 25\ \text{V}}{7,5\ \text{mA}} - 200\ \Omega = 1,8\ \text{k}\Omega$$

Mit der in Bild **2.**39 angegebenen Schaltung ist der Widerstand R_S durch die Wahl des Arbeitspunkts und durch die Transistor-Parameter vorgegeben. Wird

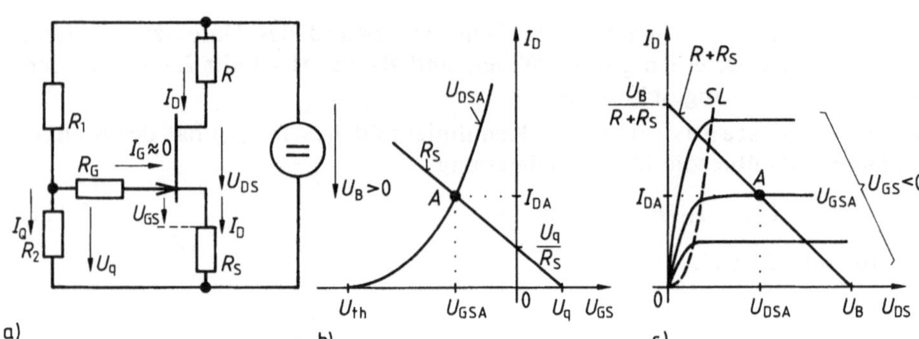

2.40 Arbeitspunkteinstellung beim N-Kanal-Sperrschicht-Feldeffekttransistor mit Sourcewiderstand R_S und Spannungsteiler R_1, R_2
a) Sourceschaltung, b) Übertragungskennlinienfeld, c) Ausgangskennlinienfeld
R_G hochohmiger Gatewiderstand, A Arbeitspunkt, U_{th} Schwellspannung, SL Sättigungslinie

die Schaltung mit einem Gate-Spannungsteiler R_1, R_2 (Bild **2.40** a) erweitert, so kann der Widerstand R_S den jeweiligen Bedürfnissen angepaßt werden. Beispielsweise können die Einflüsse von Exemplarstreuungen auf den Drainstrom klein gehalten werden, wenn der Sourcewiderstand R_S groß gewählt wird.

Da der Spannungsteiler durch das Gate nicht belastet ist, kann mit der Quellenspannung

$$U_q = U_B R_2/(R_1 + R_2) \tag{2.112}$$

die Gate-Source-Spannung

$$U_{GS} = U_q - I_D R_S \tag{2.113}$$

berechnet werden. Bezüglich des Drainstromkreises hat sich gegenüber der Schaltung Bild **2.39** im Prinzip nichts geändert.

Beispiel 2.31. Ein N-Kanal-Sperrschicht-Feldeffekttransistor mit der Schwellspannung $U_{th1} = -4$ V und dem Kurzschluß-Drain-Sättigungsstrom $I_{DS01} = 15$ mA wird in der Schaltung von Bild **2.40** bei der Gate-Source-Spannung $U_{GSA1} = -1{,}5$ V betrieben. Ein anderes Exemplar des gleichen Typs hat die Schwellspannung $U_{th2} = -3$ V. Die Übertragungskennlinien können als parallel verschoben angesehen werden, d.h., beide Transistoren haben den gleichen Parameter β.

Wie groß ist der Sourcewiderstand R_S zu wählen, wenn bei getauschten Transistoren sich der Drainstrom des Arbeitspunkts A nur um 10% verändern darf?

Der Drainstrom des ersten Transistors im Arbeitspunkt A_1 beträgt nach Gl. (2.60) und (2.61)

$$I_{DA1} = I_{DS01}\left(1 - \frac{U_{GSA1}}{U_{th1}}\right)^2 = 15 \text{ mA}\left(1 - \frac{-1{,}5 \text{ V}}{-4 \text{ V}}\right)^2 = 5{,}86 \text{ mA}$$

Da sich der Sourcewiderstand

$$R_S = -\frac{\Delta U_{GS}}{\Delta I_D} = -\frac{U_{GSA2} - U_{GSA1}}{I_{DA2} - I_{DA1}}$$

über die Änderung des Drainstroms und der Gate-Source-Spannung ergibt, sind noch der Drainstrom I_{DA2} und die Gate-Source-Spannung U_{GSA2} zu ermitteln. Wegen der Bedingung $|U_{th2}| < |U_{th1}|$ für die Schwellspannungen muß hier für die Drainströme $I_{DA2} < I_{DA1}$ gelten. Somit ergibt sich für den Drainstrom des zweiten Transistors im Arbeitspunkt A_2

$$I_{DA2} = 0{,}9\, I_{DA1} = 0{,}9 \cdot 5{,}86 \text{ mA} = 5{,}27 \text{ mA}$$

Zur Berechnung der Gate-Source-Spannung U_{GSA2} ist noch der Kurzschluß-Drain-Sättigungsstrom I_{DS02} heranzuziehen. Er wird mit $\beta_1 = \beta_2 = \beta$ in Verbindung mit Gl. (2.61)

$$I_{DS02} = I_{DS01} \left(\frac{U_{th2}}{U_{th1}} \right)^2 = 15 \text{ mA} \left(\frac{-3 \text{ V}}{-4 \text{ V}} \right)^2 = 8{,}44 \text{ mA}$$

Mit ihm sowie Gl. (2.60) und Gl. (2.61) erhält man die Gate-Source-Spannung

$$U_{GSA2} = U_{th2} \left(1 - \sqrt{\frac{I_{DA2}}{I_{DS02}}} \right) = -3 \text{ V} \left(1 - \sqrt{\frac{5{,}27 \text{ mA}}{8{,}44 \text{ mA}}} \right) = -0{,}63 \text{ V}$$

Der Sourcewiderstand beträgt dann

$$R_S = -\frac{U_{GSA2} - U_{GSA1}}{-0{,}1\, I_{DA1}} = -\frac{-0{,}63 \text{ V} + 1{,}5 \text{ V}}{-0{,}1 \cdot 5{,}86 \text{ mA}} = 1{,}48 \text{ k}\Omega$$

2.4.3.4 Ersatz des Sourcewiderstands durch eine Konstantstromquelle. Eine Konstantstromquelle läßt sich mit einem selbstleitenden Feldeffekttransistor leicht realisieren (Bild **2.41**). Wird der Feldeffekttransistor im Sättigungsgebiet betrieben, so ist der Drainstrom nahezu unabhängig von der Drain-Source-Spannung und damit vom Lastwiderstand R_L. Der Drainstrom wird über den Sourcewiderstand R_S eingestellt, wobei der Gatewiderstand R_G nicht vorhanden ist, da das Gate als Eingang nicht benötigt wird.

Wird der Sourcewiderstand $R_S = 0$ gewählt, so stellt sich der Drainstrom $I_D = I_{DS0}$ ein. Beim Widerstand

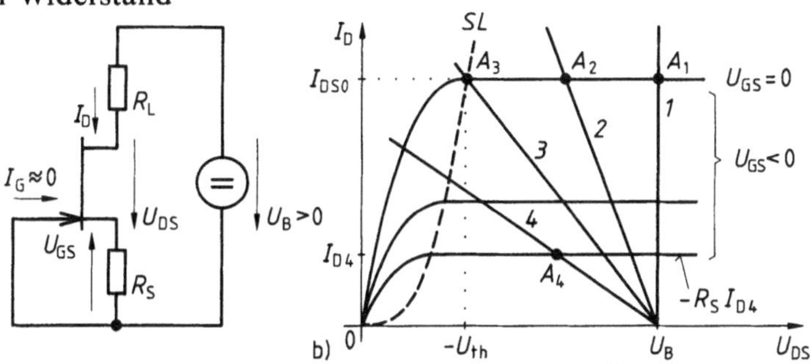

2.41 N-Kanal-Sperrschicht-Feldeffekttransistor als Konstantstromquelle
a) Schaltung, b) $I_D = f(U_{DS})$-Kennlinienfeld mit Arbeitsgeraden *1* ($R_S = 0$, $R_L = 0$),
2 ($R_S = 0$, $R_L < R_{Lmax}$), *3* ($R_S = 0$, R_{Lmax}), *4* ($R_S \neq 0$, $R_L \neq 0$)
R_L Lastwiderstand,
R_S Sourcewiderstand zur Stromeinstellung, *A* Arbeitspunkt,
U_{th} Schwellspannung,
I_{DS0} Kurzschluß-Drain-Sättigungsstrom

$$R_{\mathrm{L}}\Big|_{\substack{U_{\mathrm{DS}}=-U_{\mathrm{th}}\\R_{\mathrm{S}}=0}} = R_{\mathrm{Lmax}} = (U_{\mathrm{B}} + U_{\mathrm{th}})/I_{\mathrm{DS0}} \tag{2.114}$$

ist der maximale Lastwiderstand R_{Lmax} erreicht, wenn $R_{\mathrm{S}} = 0$ vorausgesetzt wird. Bei einem größeren Lastwiderstand wird ins Anlaufgebiet hineingesteuert, wodurch dann die Eigenschaft der Schaltung als Konstantstromquelle verloren geht.

Beispiel 2.32. Gegeben ist ein N-Kanal-Sperrschicht-Feldeffekttransistor, der nach Bild **2.41** als Konstantstromquelle betrieben wird. Welcher Sourcewiderstand R_{S} ist notwendig, damit sich der Drainstrom $I_{\mathrm{D}} = 10$ mA einstellt? Der Feldeffekttransistor hat den Kurzschluß-Drain-Sättigungsstrom $I_{\mathrm{DS0}} = 40$ mA und die Schwellspannung $U_{\mathrm{th}} = -2$ V. Die für den Drainstrom $I_{\mathrm{D}} = 10$ mA erforderliche Gate-Source-Spannung beträgt nach Gl. (2.60) und Gl. (2.61)

$$U_{\mathrm{GSA}} = U_{\mathrm{th}}\left(1 - \sqrt{\frac{I_{\mathrm{D}}}{I_{\mathrm{DS0}}}}\right) = -2\,\mathrm{V}\left(1 - \sqrt{\frac{10\,\mathrm{mA}}{40\,\mathrm{mA}}}\right) = -1\,\mathrm{V}$$

Damit folgt über Gl. (2.110) der Sourcewiderstand

$$R_{\mathrm{S}} = -U_{\mathrm{GSA}}/I_{\mathrm{D}} = 1\,\mathrm{V}/(10\,\mathrm{mA}) = 100\,\Omega$$

In Bild **2.42**a ist die Konstantstromquelle nach Bild **2.41** zur Arbeitspunkteinstellung des N-Kanal-Sperrschicht-Feldeffekttransistors T_1 in Sourceschaltung herangezogen. Das Gate des Transistors T_1 ist wieder durch den großen Widerstand R_{G} abgetrennt. Da der Drainstrom I_{D} durch den Transistor T_2, der in Verbindung mit dem Widerstand R_{S} als Konstantstromquelle arbeitet, vorgegeben ist, kann sich dieser nicht ändern, auch wenn sich die Drain-Source-Spannung U_{DS} ändert. Anhand des Übertragungskennlinienfelds, dem Kennlinienfeld $I_{\mathrm{D}} = \mathrm{f}(U_{\mathrm{GS}})$ in Bild **2.42**b und des Ausgangskennlinienfelds, dem Kennlinienfeld $I_{\mathrm{D}} = \mathrm{f}(U_{\mathrm{DS}})$ (Bild **2.42**c) läßt sich die Wirkung der Konstantstrom-

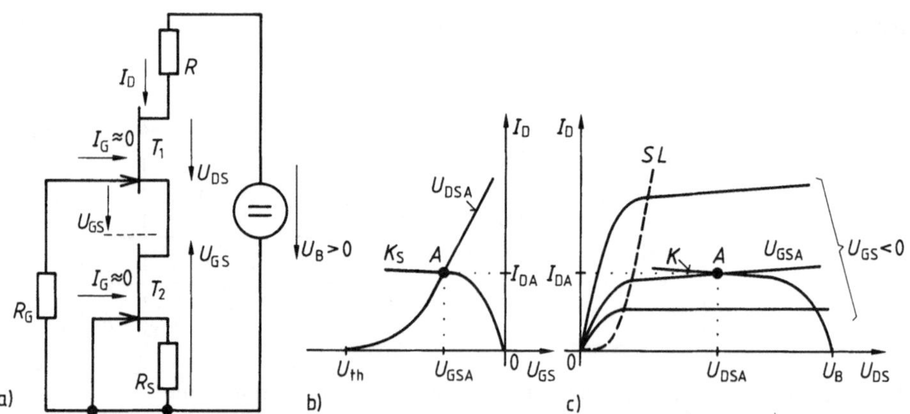

2.42 Arbeitspunkteinstellung beim N-Kanal-Sperrschicht-Feldeffekttransistor T_1 in Sourceschaltung (a) mit Konstantstromquelle (T_2, R_{S}). Übertragungskennlinienfeld (b) und Ausgangskennlinienfeld (c) des Transistors T_1 mit Arbeitspunkten A und Kennlinien K und K_{S} der Konstantstromquelle
SL Sättigungslinie, U_{th} Schwellspannung

quelle erkennen. Die Kennlinien der Konstantstromquelle, mit K_S und K bezeichnet, sind dort eingetragen. Sie zeigen, daß der Drainstrom I_D nur dann konstant sein kann, wenn der Transistor T_2 im Sättigungsgebiet arbeitet. Wird der Transistor T_2 dagegen im Anlaufgebiet betrieben, so bleibt der Drainstrom I_D nicht konstant. Der Widerstand R hat dann ebenfalls einen Einfluß auf die Kennlinie K.

Soll die dargestellte Konstantstromquelle nur gleichstrommäßig wirksam sein, kann diese mit einem Kondensator überbrückt werden. Eine Wechselstromänderung des Drainstroms ist dann möglich, so daß die in Bild **2.42**a angegebene Schaltung als Sourceverstärker betrieben werden kann.

2.5 Grenzfrequenzen

Die Verstärkung eines Verstärkers ist frequenzabhängig. Diese Frequenzabhängigkeit wird durch frequenzabhängige Elemente bewirkt. Zu hohen Frequenzen hin wird der Betrag der Verstärkung, bedingt durch das Verstärkerbauelement und durch parasitäre Kapazitäten und Induktivitäten des Schaltungsaufbaus, kleiner und ebenso zu tiefen Frequenzen hin durch hinzugeschaltete Kondensatoren oder Übertrager.

Bei der Zusammenschaltung von Verstärkerstufen (auch Kopplung genannt) werden zur Wechselstromübertragung meist Kondensatoren benutzt, wenn unterschiedliche Gleichspannungspotentiale vorliegen (s. Abschn. 2.4). Andererseits kann mit einem Kondensator erreicht werden, daß ein Bauteil nur gleichstrommäßig in einem bestimmten Frequenzbereich wirksam wird. Beispielsweise kann zum Emitterwiderstand in Bild **2.34** oder zum Sourcewiderstand in Bild **2.39** ein Kondensator parallel geschaltet werden. Bei tiefen Frequenzen werden diese Widerstände wieder wirksam und beeinflussen die Verstärkung.

In Bild **2.43** ist die typische Frequenzabhängigkeit eines gleichstrom- und eines wechselstromgekoppelten Verstärkers aufgetragen. Zu hohen

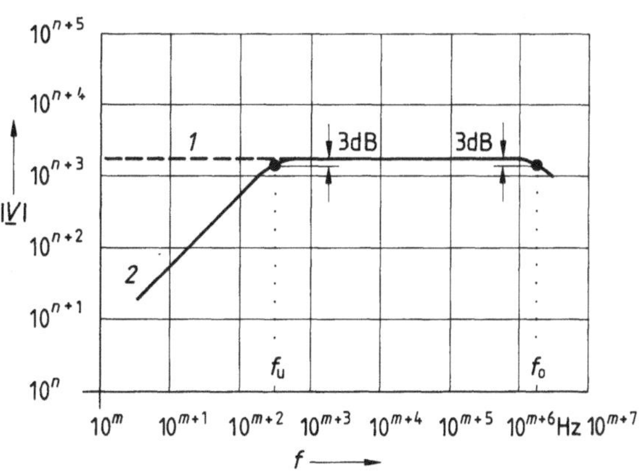

2.43
Betrag der Verstärkung $|V|$ als Funktion der Frequenz f eines Verstärkers (Amplitudengang). n, m ganze Zahlen, *1* Gleichstromkopplung (DC-Kopplung), *2* Wechselstromkopplung (AC-Kopplung), f_u untere Grenzfrequenz, f_o obere Grenzfrequenz

Frequenzen hin nimmt der Betrag der Verstärkung $|V|$ ab. Als **obere Grenzfrequenz** f_o wird die Frequenz angegeben, bei der der Betrag der Verstärkung 3 dB gegenüber dem Frequenzbereich $f < f_o$ abgefallen ist. Zu tiefen Frequenzen hin nimmt der Betrag der Verstärkung bei Wechselstrom-Kopplung ebenfalls ab. Als **untere Grenzfrequenz** f_u des Verstärkers wird die Frequenz angegeben, bei der der Betrag der Verstärkung um 3 dB gegenüber dem Frequenzbereich $f > f_u$ abgefallen ist.

Durch RC-Schaltungen kann man grundsätzlich das Verhalten bei oberer und unterer Grenzfrequenz beschreiben. Zur Darstellung der oberen Grenzfrequenz f_o läßt sich der RC-Tiefpaß von Bild **2.44** benutzen.

Der **komplexe Übertragungsfaktor**[1] $\underline{T} = \underline{U}_2 / \underline{U}_1$ dieses RC-Tiefpasses ist nach Band I, Teil 1

$$\underline{T} = \underline{U}_2 / \underline{U}_1 = 1/(1 + j\,2\pi f R C) = |\underline{T}|\,e^{j\varphi} \tag{2.115}$$

Hierbei sind der Betrag des Übertragungsfaktors

$$|\underline{T}| = \frac{1}{\sqrt{1 + (2\pi f R C)^2}} \tag{2.116}$$

und der Phasenwinkel

$$\varphi = -\arctan(2\pi f R C) \tag{2.117}$$

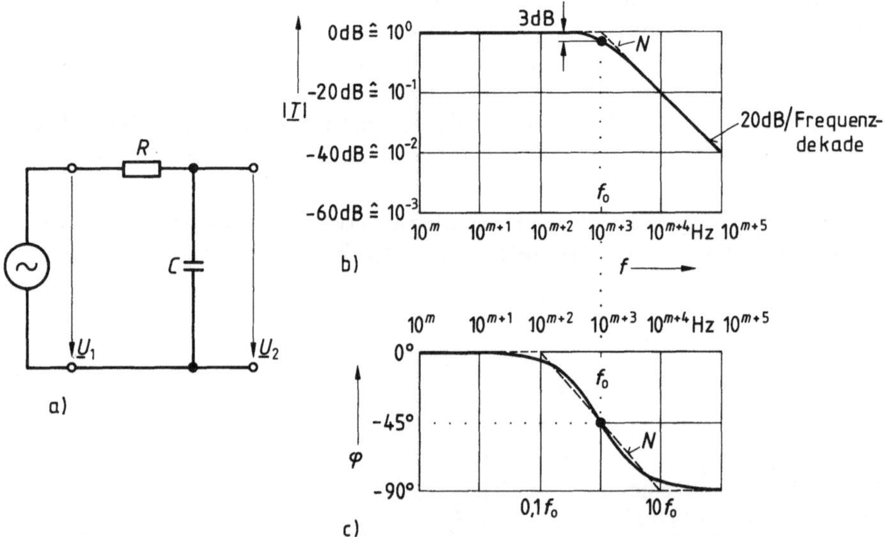

2.44 RC-Tiefpaß (a) mit Betrag (b) und Phasenwinkel (c) des komplexen Übertragungsfaktors $\underline{T}$ in Abhängigkeit von der Frequenz f (Bodediagramm) m ganze Zahl, f_o obere Grenzfrequenz, N Näherung

---

[1] Anstelle des komplexen Übertragungsfaktors $\underline{T}$ nach DIN 40148 kann auch der komplexe Frequenzgang $\underline{F}$ angegeben werden (Band I, Teil 1 und DIN 19226).

Gl. (2.116) und Gl. (2.117) gestatten eine leichte Bestimmung des charakteristischen Frequenzverhaltens der Schaltung. Bei tiefen Frequenzen $f \ll f_0$ gilt mit Gl. (2.116) für den Betrag des Übertragungsfaktors

$$|\underline{T}|_{f \ll f_0} \approx 1 \triangleq 0 \text{ dB} \tag{2.118}$$

Bei der Grenzfrequenz f_0 geht Gl. (2.116) über in

$$|\underline{T}|_{f=f_0} = 1/\sqrt{2} \triangleq -3 \text{ dB} \tag{2.119}$$

Damit gilt für die obere Grenzfrequenz mit $\sqrt{2} = \sqrt{1 + (2\pi f_0 R C)^2}$

$$f_0 = 1/(2\pi R C) \tag{2.120}$$

Hiermit kann für Gl. (2.115) der allgemeine Ausdruck

$$\underline{T} = \frac{1}{1 + \mathrm{j}\,(f/f_0)} \tag{2.121}$$

angegeben werden.

Für den Phasenwinkel gilt bei der Frequenz $f=f_0$ mit Gl. (2.120) und Gl. (2.117)

$$\varphi|_{f=f_0} = -\arctan(2\pi f_0 R C) = -\arctan 1 = -45° \tag{2.122}$$

Bei dieser Definition der Grenzfrequenz beträgt der Phasenwinkel zwischen Realteil und Imaginärteil des Übertragungsfaktors $-45°$. Deshalb wird diese Grenzfrequenz auch als 45°-Grenzfrequenz bezeichnet.

Die graphische Darstellung der Frequenzabhängigkeit des Übertragungsfaktors nach Betrag (Amplitudengang) und Phase (Phasengang) unterteilt, wird Bodediagramm (s. Band I, Teil 1) genannt (Bild **2.44**). Im Bodediagramm kann das typische Frequenzverhalten einer solchen Schaltung schnell erkannt werden.

Bei höheren Frequenzen $f \gg f_0$ fällt der Betrag des Übertragungsfaktors nach Gl. (2.116) wegen

$$|\underline{T}|_{f \gg f_0} \approx 1/(2\pi f R C) = f_0/f \tag{2.123}$$

mit 20 dB pro Frequenzdekade ab (s. Band I, Teil 1).

Beispiel 2.33. Wie groß ist der Phasenwinkel φ des komplexen Übertragungsfaktors des RC-Tiefpasses nach Bild **2.44** für die Frequenzen $f=0$, $f=f_0$ und $f \to \infty$?

Mit Gl. (2.117) und dem Bodediagramm von Bild **2.44** ergeben sich die Phasenwinkel des Übertragungsfaktors

$$\varphi|_{f=0} = -\arctan 0 = 0°$$

$$\varphi|_{f=f_0} = -\arctan 1 = -45°$$

$$\varphi|_{f \to \infty} = -\arctan \infty = -90°$$

Das Verhalten des Verstärkers im Bereich der unteren Grenzfrequenz f_u kann mit dem RC-Hochpaß nach Bild **2.**45 erfaßt werden. Der komplexe Übertragungsfaktor dieser Schaltung ist nach Band I, Teil 1

$$\underline{T} = \frac{\underline{U}_2}{\underline{U}_1} = \frac{1}{1 - \dfrac{j}{2\pi fRC}} = |\underline{T}|\,\mathrm{e}^{j\varphi} \tag{2.124}$$

Für den Betrag des Übertragungsfaktors gilt also

$$|\underline{T}| = \frac{1}{\sqrt{1 + \dfrac{1}{(2\pi fRC)^2}}} \tag{2.125}$$

Der Phasenwinkel ist nach Gl. (2.124)

$$\varphi = \mathrm{arc}\,\tan[1/(2\pi fRC)] \tag{2.126}$$

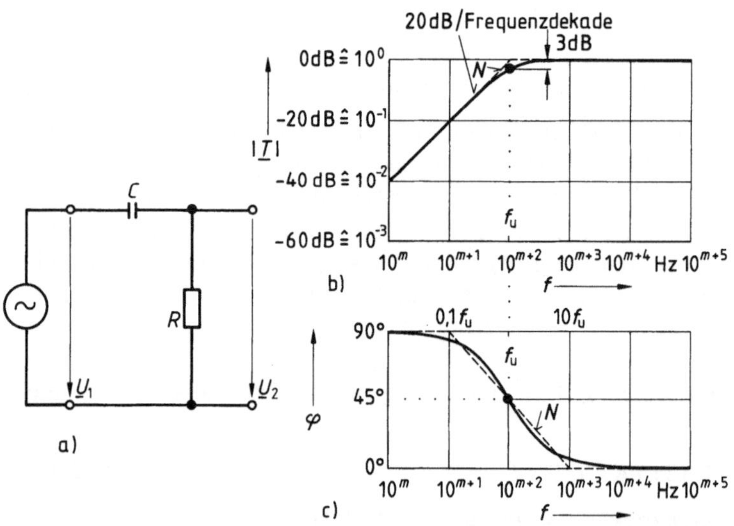

2.45 RC-Hochpaß (a) mit Betrag (b) und Phasenwinkel (c) des komplexen Übertragungsfaktors $\underline{T}$ in Abhängigkeit von der Frequenz f (Bodediagramm)
m ganze Zahl,
f_u untere Grenzfrequenz,
N Näherung

Wie beim Tiefpaß (Bild **2.**44) wird auch hier die Grenzfrequenz, d.h. in diesem Fall die untere Grenzfrequenz f_u, über den zulässigen Abfall des Betrags des Übertragungsfaktors um 3 dB berechnet. Es gelten weiterhin Gl. (2.118) und Gl. (2.119) im Frequenzbereich $f \geq f_\mathrm{u}$.

In Verbindung mit Gl. (2.125) folgt für die untere Grenzfrequenz mit

$$\sqrt{2} = \sqrt{1 + \frac{1}{(2\pi f_u R C)^2}}$$

$$f_u = 1/(2\pi R C) \qquad (2.127)$$

Der allgemeine Ausdruck für den komplexen Übertragungsfaktor lautet dann mit Gl. (2.124)

$$\underline{T} = \frac{1}{1 - j(f_u/f)} \qquad (2.128)$$

Der Phasenwinkel beträgt bei der Frequenz $f = f_u$ nach Gl. (2.126) und Gl. (2.127)

$$\varphi|_{f=f_u} = \text{arc} \tan[1/(2\pi f_u R C)] = \text{arc} \tan 1 = 45° \qquad (2.129)$$

Anhand des Bodediagramms (Bild 2.45) läßt sich das typische Frequenzverhalten dieser Schaltung erfassen. Bei tiefen Frequenzen $f \ll f_u$ steigt der Betrag des Übertragungsfaktors nach Gl. (2.125)

$$|\underline{T}|_{f \ll f_u} \approx 2\pi f R C = f/f_u \qquad (2.130)$$

mit 20 dB pro Frequenzdekade an.

Beispiel 2.34. Wie groß ist der Phasenwinkel des komplexen Übertragungsfaktors des RC-Hochpasses nach Bild **2.45** bei den Frequenzen $f = 0, f = f_u$ und $f \to \infty$?
Mit Gl. (2.126) und dem Bodediagramm Bild 2.45 ergeben sich die Phasenwinkel des Übertragungsfaktors

$$\varphi|_{f=0} = \text{arc} \tan \infty = 90°$$

$$\varphi|_{f=f_u} = \text{arc} \tan 1 = 45°$$

$$\varphi|_{f \to \infty} = \text{arc} \tan 0 = 0°$$

Die Ergebnisse, die man mit den RC-Schaltungen von Bild **2.44** und Bild **2.45** erhält, lassen sich leicht auf den Verstärker übertragen, wenn die Verstärkung V_m im Frequenzbereich $f_u < f < f_o$ eingeführt wird. Für den Verstärker mit **Tiefpaßverhalten** folgt mit Gl. (2.121) die komplexe Verstärkung

$$\underline{V} = \frac{V_m}{1 + j(f/f_o)} \qquad (2.131)$$

Entsprechend gilt für den Verstärker mit **Hochpaßverhalten** nach Gl. (2.128)

$$\underline{V} = \frac{V_m}{1 - j(f_u/f)} \qquad (2.132)$$

Für einen Verstärker mit einer unteren Grenzfrequenz f_u und einer oberen Grenzfrequenz $f_\mathrm{o} \gg f_\mathrm{u}$ läßt sich mit Gl. (2.131) und Gl. (2.132) die komplexe Verstärkung

$$\underline{V} \approx \frac{V_\mathrm{m}}{\left(1 - \mathrm{j}\dfrac{f_\mathrm{u}}{f}\right)\left(1 + \mathrm{j}\dfrac{f}{f_\mathrm{o}}\right)} \tag{2.133}$$

angeben. Dies ist eine aus dem Bodediagramm resultierende Näherungslösung.

Den Betriebsfrequenzbereich $f_\mathrm{u} < f < f_\mathrm{o}$ eines Verstärkers nennt man Bandbreite. Ein Verstärker mit weit auseinanderliegenden Grenzfrequenzen heißt daher Breitbandverstärker, und ein Verstärker mit eng beieinanderliegenden Grenzfrequenzen wird Schmalbandverstärker genannt.

2.5.1 Untere Grenzfrequenzen

2.5.1.1 Zweistufiger Verstärker mit Koppelkondensator. Der Koppelkondensator C_K, der zur wechselstrommäßigen Zusammenschaltung von Verstärkerstufen (Bild **2.46**) benutzt wird, bestimmt die untere Grenzfrequenz f_u des Verstärkersystems. In Bild **2.46** ist die Ersatzschaltung eines zweistufigen Verstärkers für kleine Wechselsignale angegeben. V_u ist die Spannungsverstärkung der Stufe a, R_a ist der Ausgangswiderstand dieser Stufe, C_K ist der Koppelkondensator, der die beiden Stufen wechselstrommäßig verbindet und R_e ist der Eingangswiderstand der Stufe b.

Das Frequenzverhalten dieser Schaltung kann mit dem komplexen Strom $\underline{I}$, der durch den Koppelkondensator fließt, beschrieben werden. Für ihn gilt

$$\underline{I} = \frac{V_\mathrm{u}\underline{U}_1/(R_\mathrm{a} + R_\mathrm{e})}{1 - \mathrm{j}/[2\pi f C_\mathrm{K}(R_\mathrm{a} + R_\mathrm{e})]} \tag{2.134}$$

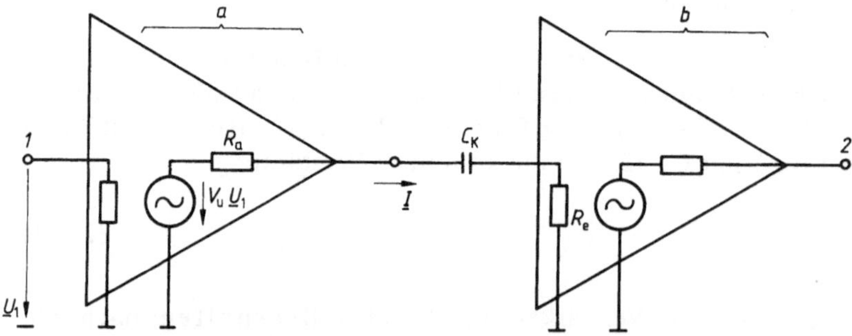

2.46 Kopplung der Verstärkerstufe a mit dem Kondensator C_K (Koppelkondensator) an die Verstärkerstufe b
1 Verstärkereingang, *2* Verstärkerausgang, R_a Kleinsignalausgangswiderstand der Stufe a, R_e Kleinsignaleingangswiderstand der Stufe b

Ein Vergleich mit Gl. (2.132) läßt erkennen, daß die **untere Grenzfrequenz** f_u dieses zweistufigen Verstärkers bei

$$f_u = \frac{1}{2\pi C_K (R_a + R_e)} \tag{2.135}$$

liegt.

Beispiel 2.35. Für den zweistufigen Verstärker nach Bild **2.**46 ist der Koppelkondensator C_K so zu messen, daß sich bei dem Ausgangswiderstand $R_a = 40\ \text{k}\Omega$ und dem Eingangswiderstand $R_e = 10\ \text{k}\Omega$ die untere Grenzfrequenz $f_u = 20\ \text{Hz}$ einstellt.
Die Kapazität des Koppelkondensators hat nach Gl. (2.135) zu betragen

$$C_K = \frac{1}{2\pi f_u (R_a + R_e)} = \frac{1}{2 \cdot \pi \cdot 20\ \text{Hz}(40\ \text{k}\Omega + 10\ \text{k}\Omega)} = 159\ \text{nF}$$

2.5.1.2 Einstufiger Verstärker mit Emitterkondensator. Beim **Emitterverstärker** nach Bild **2.**47 (s. Abschn. 2.4.2.3) wird der Arbeitspunkt mit Basis-Spannungsteiler R_1, R_2 und Emitterwiderstand R_E eingestellt. Der Emitterwiderstand ist durch den Kondensator C_E überbrückt, so daß der Widerstand R_E im Betriebsfrequenzbereich $f_u < f < f_o$ des Verstärkers nicht wirksam ist. Der **Emitterkondensator** kann in diesem Frequenzbereich als Kurzschluß aufgefaßt werden.

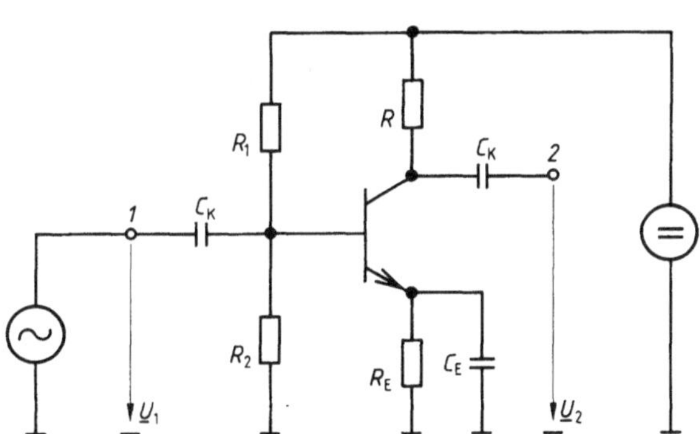

2.47
Einstufiger Emitterverstärker
mit Emitterkondensator C_E
1 Eingang, *2* Ausgang,
C_K Koppelkondensatoren

Der Verstärkereingang wird über einen **Koppelkondensator** C_K (s. Abschn. 2.5.1.1) an die Signalquelle geschaltet, damit durch die Signalquelle der Arbeitspunkt nicht verändert wird. Die Ausgangswechselspannung des Verstärkers wird ebenfalls über einen Koppelkondensator abgegriffen. Im Betriebsfrequenzbereich kann auch der Einfluß der Koppelkondensatoren auf die Verstärkung vernachlässigt bleiben.

Nachfolgend soll der Einfluß des Emitterkondensators auf die komplexe Spannungsverstärkung $\underline{V}_u$ des einstufigen Verstärkers in Bild **2.**47 untersucht werden. Der Bipolartransistor ist durch den Kurzschlußeingangswiderstand H_{11e} und durch die Kurzschlußstromverstärkung H_{21e} der Emitterschaltung beschrieben.

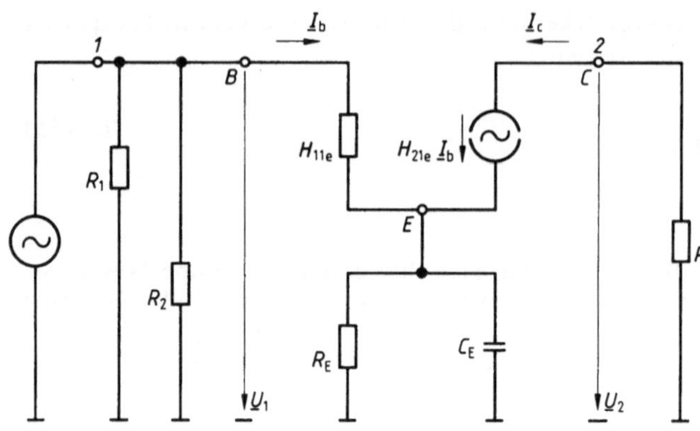

2.48
Kleinsignal-Sinusstrom-
Ersatzschaltung des ein-
stufigen Emitterverstär-
kers nach Bild **2.**47

Mit der Kleinsignal-Sinusstrom-Ersatzschaltung in Bild **2.**48 läßt sich die komplexe Spannungsverstärkung $\underline{V}_u = \underline{U}_2/\underline{U}_1$ und damit der Einfluß des Emitterkondensators berechnen. Die Koppelkondensatoren C_K sind hierbei als wechselstrommäßige Kurzschlüsse betrachtet. Zur Berechnung der Spannungsverstärkung genügt die vereinfachte Kleinsignal-Sinusstrom-Ersatzschaltung von Bild **2.**49 mit dem komplexen Emitterwiderstand

$$\underline{Z}_E = R_E/(1 + j\,2\,\pi f R_E\,C_E) \tag{2.136}$$

Da der Basisstrom $\underline{I}_b$ wesentlich kleiner als der Kollektorstrom $\underline{I}_c$ ist, wird angenommen, daß durch den komplexen Emitterwiderstand $\underline{Z}_E$ der Kollektorstrom

$$\underline{I}_c = H_{21e}\underline{I}_b \tag{2.137}$$

fließt. Über die Maschengleichung

$$\underline{U}_1 - H_{11e}\underline{I}_b - \underline{Z}_E H_{21e}\underline{I}_b = 0 \tag{2.138}$$

folgt die Eingangsspannung

$$\underline{U}_1 = (H_{11e} + \underline{Z}_E H_{21e})\underline{I}_b \tag{2.139}$$

als Funktion des Basisstroms $\underline{I}_b$. Der Basisstrom $\underline{I}_b$ ist in Gl. (2.139) über die Spannung

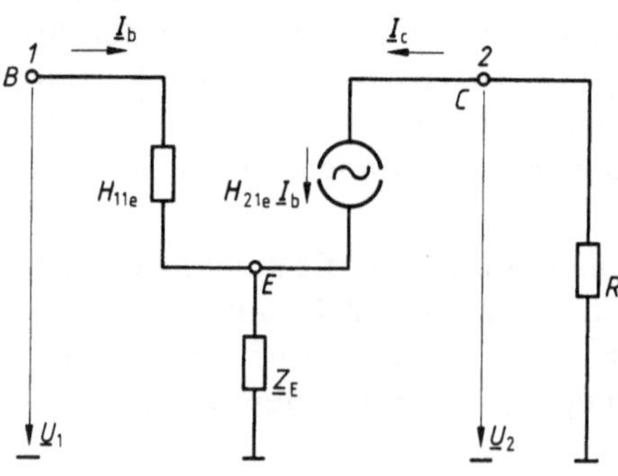

2.49
Vereinfachte   Kleinsignal-Sinusstrom-Ersatzschaltung des einstufigen Emitterverstärkers nach Bild **2.**47

$$\underline{U}_2 = -R\,\underline{I}_c = -R\,H_{21e}\,\underline{I}_b$$

durch

$$\underline{I}_b = -\underline{U}_2/(R\,H_{21e}) \tag{2.140}$$

zu ersetzen. Für Gl. (2.139) gilt dann

$$\underline{U}_1 = -\underline{U}_2(H_{11e} + \underline{Z}_E H_{21e})/(R\,H_{21e}) \tag{2.141}$$

Die Spannungsverstärkung

$$\underline{V}_u = \frac{\underline{U}_2}{\underline{U}_1} = \frac{-R\,H_{21e}}{H_{11e}} \cdot \frac{1}{1 + \dfrac{H_{21e}R_E}{H_{11e}(1 + \mathrm{j}\,2\pi f R_E C_E)}} \tag{2.142}$$

folgt aus Gl. (2.141) und Gl. (2.136). Nach Gl. (2.142) ist bei hohen Frequenzen der Widerstand R_E ohne Einfluß auf die Spannungsverstärkung. Der Kondensator C_E kann als Kurzschluß aufgefaßt werden. Dies soll im Betriebsfrequenzbereich des Verstärkers nach Bild 2.47 gegeben sein. Unter dieser Annahme ergibt sich aus Gl. (2.142) die Spannungsverstärkung

$$V_{uk} = -R\,H_{21e}/H_{11e} \tag{2.143}$$

Wird die Frequenz f sehr niedrig gewählt, so kann der Kondensator C_E vernachlässigt werden. In diesem Frequenzbereich gilt mit Gl. (2.142) die Spannungsverstärkung

$$V_{ul} = V_{uk}/\left(1 + \frac{H_{21e}R_E}{H_{11e}}\right) \tag{2.144}$$

Hieraus ergeben sich zwei charakteristische Frequenzen, wie auch der Abhängigkeit $|\underline{V}_u| = \mathrm{f}(f)$ in Bild 2.50 entnommen werden kann. Wird Gl. (2.142) über

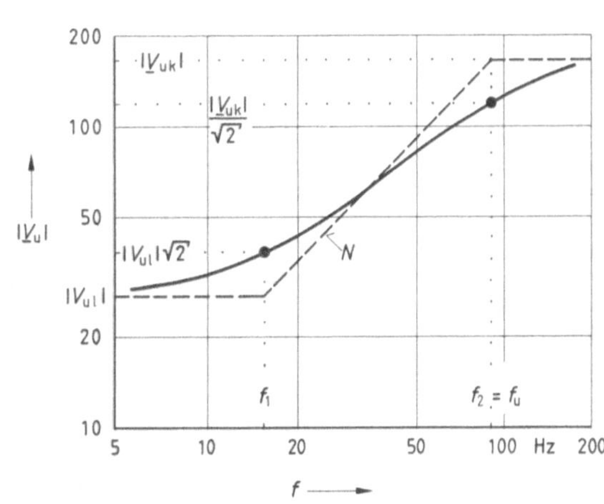

2.50
Abhängigkeit des Betrags der Spannungsverstärkung $|\underline{V}_u|$ des Emitterverstärkers nach Bild 2.47 von der Frequenz f
N Näherung, f_u untere Grenzfrequenz

Gl. (2.143) und Gl. (2.144) umgestellt, so folgt die komplexe Spannungsverstärkung

$$\underline{V}_{\mathrm{u}} = V_{\mathrm{ul}} \frac{1 + \mathrm{j}\, 2\pi f R_{\mathrm{E}} C_{\mathrm{E}}}{1 + \mathrm{j}\, \dfrac{2\pi f R_{\mathrm{E}} C_{\mathrm{E}}}{1 + \dfrac{H_{21} R_{\mathrm{E}}}{H_{11\mathrm{e}}}}} \tag{2.145}$$

Als typische Frequenzen lassen sich dieser Gleichung

$$f_1 = 1/(2\pi R_{\mathrm{E}} C_{\mathrm{E}}) \tag{2.146}$$

$$f_2 = \left(1 + \frac{H_{21} R_{\mathrm{E}}}{H_{11\mathrm{e}}}\right) f_1 = \frac{V_{\mathrm{uk}}}{V_{\mathrm{ul}}} f_1 \tag{2.147}$$

entnehmen. Damit kann Gl. (2.145) durch

$$\underline{V}_{\mathrm{u}} = V_{\mathrm{ul}} \frac{1 + \mathrm{j}\,(f/f_1)}{1 + \mathrm{j}\,(f/f_2)} \tag{2.148}$$

ersetzt werden. Da im allgemeinen $f_2 \gg f_1$ angenommen werden kann, ist die untere Grenzfrequenz $f_{\mathrm{u}} = f_2$. Bei dieser Frequenz gilt für die komplexe Spannungsverstärkung

$$\underline{V}_{\mathrm{u}}\big|_{f=f_2=f_{\mathrm{u}}} = V_{\mathrm{ul}} \frac{1 + \mathrm{j}\,(f_2/f_1)}{1 + \mathrm{j}} \approx V_{\mathrm{ul}} \frac{\mathrm{j}\,(f_2/f_1)}{1 + \mathrm{j}} \tag{2.149}$$

mit dem Betrag

$$|\underline{V}_{\mathrm{u}}|\big|_{f=f_2=f_{\mathrm{u}}} \approx \frac{|V_{\mathrm{uk}}|}{\sqrt{2}}$$

Bei der Frequenz $f = f_1$ ist die Spannungsverstärkung

$$\underline{V}_{\mathrm{u}}\big|_{f=f_1} = V_{\mathrm{ul}} \frac{1 + \mathrm{j}}{1 + \mathrm{j}\,(f_1/f_2)} \approx V_{\mathrm{ul}}(1 + \mathrm{j}) \tag{2.151}$$

mit dem Betrag

$$|\underline{V}_{\mathrm{u}}|\big|_{f=f_1} \approx \sqrt{2}\,|V_{\mathrm{ul}}| \tag{2.152}$$

Beispiel 2.36. Für den einstufigen Verstärker von Bild **2.**47 ist die durch den Emitterkondensator C_{E} bedingte untere Grenzfrequenz f_{u} zu berechnen. Die Koppelkondensatoren C_{K} können als wechselstrommäßige Kurzschlüsse aufgefaßt werden. Der Bipolartransistor ist durch die Hybridparameter $H_{11\mathrm{e}} = 1\ \mathrm{k\Omega}$ und $H_{21\mathrm{e}} = 200$ beschrieben. Von der Schaltung sind weiterhin der Emitterwiderstand $R_{\mathrm{E}} = 100\ \Omega$ und die Emitterkapazität $C_{\mathrm{E}} = 500\ \mu\mathrm{F}$ bekannt.

Die untere Grenzfrequenz des Verstärkers beträgt nach Gl. (2.147) und Gl. (2.146)

$$f_{\mathrm{u}} = f_2 = \frac{1 + \dfrac{H_{21\mathrm{e}} R_{\mathrm{E}}}{H_{11\mathrm{e}}}}{2\pi R_{\mathrm{E}} C_{\mathrm{E}}} = \frac{1 + \dfrac{200 \cdot 100\ \Omega}{1\ \mathrm{k\Omega}}}{2\pi \cdot 100\ \Omega \cdot 500\ \mu\mathrm{F}} = 66{,}9\ \mathrm{Hz}$$

2.5.2 Obere Grenzfrequenzen

Da die obere Grenzfrequenz wesentlich vom Verstärkerbauelement selbst bestimmt ist, wird nachfolgend die 3 dB-Grenzfrequenz, auch Eckfrequenz genannt, von Bipolar- und Feldeffekttransistor sowie vom Operationsverstärker untersucht. Neben der 3 dB-Grenzfrequenz ist noch eine andere Frequenzangabe gebräuchlich, die oberhalb der Eckfrequenz liegt, die Transitfrequenz f_T. Unter Transitfrequenz wird die Frequenz verstanden, bei der der Betrag der Verstärkung 1 wird.

2.5.2.1 Bipolartransistor. Bei höheren Frequenzen muß die Ersatzschaltung des Bipolartransistors gegenüber der von Bild **2.**51 erweitert werden. Die Basis-Emitter-Strecke wird kleinsignalmäßig durch den Bahnwiderstand R_b, den differentiellen Widerstand $R_\mathrm{b'e}$ und durch die Diodenkapazität $C_\mathrm{b'e}$ charakterisiert. Zwischen Kollektor C und innerem Basispunkt B' wird die Ersatzkapazität $C_\mathrm{b'c}$ für die in Sperrichtung gepolte Kollektor-Basis-Diode geschaltet. Die gesteuerte Stromquelle zwischen Kollektor und Emitter wird durch die innere Kurzschlußstromverstärkung β_i charakterisiert. Sie ist die Kurzschlußstromverstärkung bei niedrigen Frequenzen und entspricht angenähert der Gleichstromverstärkung B (s. Abschn. 2.2.2).

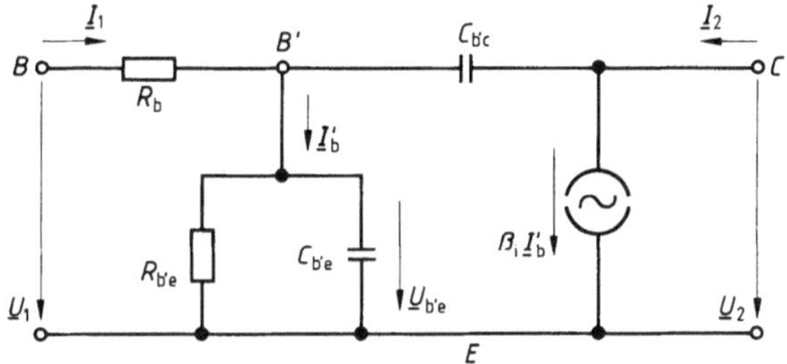

2.51
Kleinsignal-Ersatzschaltung des Bipolartransistors in Emitterschaltung für höhere Frequenzen
B Basis, B' innere Basis, E Emitter, C Kollektor

Mit dieser Ersatzschaltung kann die Frequenzabhängigkeit der komplexen Kurzschlußstromverstärkung

$$\underline{H}_\mathrm{21e} = \underline{\beta} = \underline{I}_2/\underline{I}_1 \big|_{\underline{U}_2=0} \tag{2.153}$$

berechnet werden. Die 3 dB-Grenzfrequenz, die sich aus Gl. (2.153) ergibt, wird β-Grenzfrequenz f_β genannt.

Die Berechnung von Gl. (2.153) erfolgt über die Knotengleichung

$$\beta_\mathrm{i}\underline{I}_\mathrm{b}' - \underline{I}_2 - \mathrm{j}(2\pi f C_\mathrm{b'c})\underline{U}_\mathrm{b'e} = 0 \tag{2.154}$$

(Bild **2.**51) mit der Bedingung $\underline{U}_2 = 0$. Komplexer Basisstrom $\underline{I}_\mathrm{b}'$ und komplexe Basis-Emitter-Spannung $\underline{U}_\mathrm{b'e}$ müssen in Gl. (2.154) ersetzt werden, so daß der komplexe Strom $\underline{I}_2 = \mathrm{f}(\underline{I}_1)$ ermittelt werden kann. Aus Bild **2.**51 lassen sich komplexer Basisstrom

$$\underline{I}'_b = \underline{U}_{b'e}[(1/R_{b'e}) + j\,2\,\pi f C_{b'e}] \tag{2.155}$$

und komplexe Basis-Emitter-Spannung

$$\underline{U}_{b'e} = \frac{\underline{I}_1}{(1/R_{b'e}) + j\,2\,\pi f(C_{b'e} + C_{b'c})} \tag{2.156}$$

ablesen. Wird der Basisstrom $\underline{I}'_b$ in Gl. (2.154) eingesetzt, ergibt sich der komplexe Strom

$$\underline{I}_2 = \{\beta_i[(1/R_{b'e}) + j\,2\,\pi f C_{b'e}] - j\,2\,\pi f C_{b'c}\}\underline{U}_{b'e} \tag{2.157}$$

Wird hier die komplexe Basis-Emitter-Spannung von Gl. (2.156) berücksichtigt, so folgt die komplexe Kurzschlußstromverstärkung

$$\underline{H}_{21e} = \frac{\underline{I}_2}{\underline{I}_1}\bigg|_{\underline{U}_2 = 0} = \beta_i\,\frac{1 + j\,2\,\pi f[C_{b'e} - (C_{b'c}/\beta_i)]\,R_{b'e}}{1 + j\,2\,\pi f(C_{b'e} + C_{b'c})\,R_{b'e}} \tag{2.158}$$

Wird mit der Ungleichung

$$1 \gg 2\,\pi f[C_{b'e} - (C_{b'c}/\beta_i)]\,R_{b'e}$$

gearbeitet, vereinfacht sich Gl. (2.158)

$$\underline{H}_{21e} \approx \frac{\beta_i}{1 + j\,2\,\pi f(C_{b'e} + C_{b'c})\,R_{b'e}} \tag{2.159}$$

Die β-Grenzfrequenz liegt an der Stelle (Bild **2.**52)

$$|\underline{H}_{21e}| = \beta_i/\sqrt{2} \tag{2.160}$$

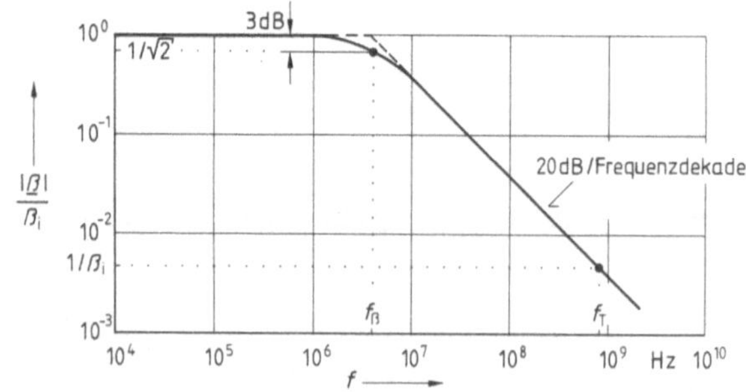

2.52
Abhängigkeit des normierten Betrags der Kurzschlußstromverstärkung $|\beta|/\beta_i$ der Emitterschaltung nach Bild **2.**51 von der Frequenz f
f_β Grenzfrequenz, f_T Transitfrequenz

In Verbindung mit Gl. (2.159) ergibt sich die Grenzfrequenz

$$f_\beta = 1/[2\,\pi(C_{b'e} + C_{b'c})\,R_{b'e}] \tag{2.161}$$

Damit kann anstelle von Gl. (2.159) der allgemeine Ausdruck für die komplexe Kurzschlußstromverstärkung

$$\underline{H}_{21e} \approx \frac{\beta_i}{1 + j\,(f/f_\beta)} \tag{2.162}$$

angegeben werden. Aus Gl. (2.162) folgt über

$$\underline{|H}_{21\mathrm{e}}| = 1 = \frac{\beta_\mathrm{i}}{\sqrt{1+(f_\mathrm{T}/f_\beta)^2}} \tag{2.163}$$

die Transitfrequenz

$$f_\mathrm{T} = f_\beta \sqrt{\beta_\mathrm{i}^2 - 1} \approx \beta_\mathrm{i} f_\beta \tag{2.164}$$

Die Grenzfrequenz f_β gilt definitionsgemäß für die Emitterschaltung. Beim Betrieb des Bipolartransistors in Basisschaltung (s. Abschn. 2.1.1.2) wird der komplexe Stromverteilungsfaktor

$$-\underline{H}_{21\mathrm{b}} = \underline{\alpha} = -\underline{I}_\mathrm{c}/\underline{I}_\mathrm{e} = \underline{H}_{21\mathrm{e}}/(1+\underline{H}_{21\mathrm{e}}) \tag{2.165}$$

zur Definition der Grenzfrequenz herangezogen. Diese Grenzfrequenz wird α-Grenzfrequenz genannt. Aus Gl. (2.165) in Verbindung mit Gl. (2.162) folgt der Zusammenhang zwischen der α- und der β-Grenzfrequenz

$$\underline{\alpha} = -\underline{H}_{21\mathrm{b}} = \frac{\beta_\mathrm{i}}{1+\beta_\mathrm{i}} \cdot \frac{1}{1+\mathrm{j}\dfrac{f}{(1+\beta_\mathrm{i})f_\beta}} \tag{2.166}$$

und dem inneren Stromverteilungsfaktor α_i

$$\underline{\alpha} = -\underline{H}_{21\mathrm{b}} = \frac{\alpha_\mathrm{i}}{1+\mathrm{j}(f/f_\alpha)} \tag{2.167}$$

Hierbei ist die α-Grenzfrequenz

$$f_\alpha = (1+\beta_\mathrm{i})f_\beta \approx \beta_\mathrm{i} f_\beta \tag{2.168}$$

Die Grenzfrequenz f_α der Basisschaltung unterscheidet sich von der Grenzfrequenz f_β der Emitterschaltung nur um die innere Kurzschlußstromverstärkung β_i. Ein Vergleich von Gl. (2.168) mit Gl. (2.164) zeigt, daß die α-Grenzfrequenz f_α der Transitfrequenz f_T entspricht.

Wegen der stark vereinfachenden Annahmen kann diese Berechnung der Grenzfrequenzen des Bipolartransistors nur zur Orientierung dienen.

Beispiel 2.37. Für einen Bipolartransistor mit der Kleinsignal-Ersatzschaltung von Bild 2.51 sind β-Grenzfrequenz und Transitfrequenz f_T zu bestimmen. Die Kleinsignal-Ersatzschaltung enthält den Basis-Emitter-Widerstand $R_\mathrm{b'e} = 1{,}7\ \mathrm{k\Omega}$, die Basis-Emitter-Kapazität $C_\mathrm{b'e} = 15\ \mathrm{pF}$, die Basis-Kollektor-Kapazität $C_\mathrm{b'c} = 8\ \mathrm{pF}$ und die Kurzschlußstromverstärkung $\beta_\mathrm{i} = 100$.
Die β-Grenzfrequenz beträgt mit Gl. (2.161)

$$f_\beta = \frac{1}{2\pi(C_\mathrm{b'e}+C_\mathrm{b'c})R_\mathrm{b'e}} = \frac{1}{2\pi(15\ \mathrm{pF}+8\ \mathrm{pF})\,1{,}7\ \mathrm{k\Omega}} = 4{,}07\ \mathrm{MHz}$$

Nach Gl. (2.164) ist die Transitfrequenz

$$f_\mathrm{T} \approx \beta_\mathrm{i} f_\beta = 100 \cdot 4{,}07\ \mathrm{MHz} = 407\ \mathrm{MHz}$$

2.5.2.2 Feldeffekttransistor. Mit steigender Frequenz ist beim Feldeffekttransistor besonders die Gate-Source-Kapazität C_{gs} und der Kanalleitwert g_{ds} (Bild 2.53) zu berücksichtigen (s. Band III, Teil 2). Diese Verstärkerstufe ist am Ausgang mit einer Kapazität C_L belastet, die angenähert der Gate-Source-Kapazität C_{gs} entspricht.

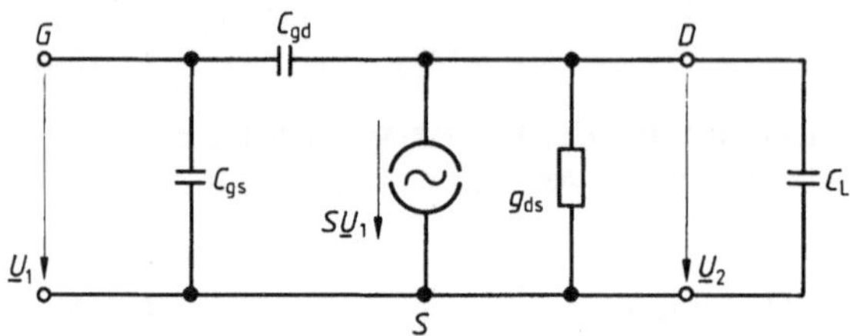

2.53 Vereinfachte Kleinsignal-Ersatzschaltung des Feldeffekttransistors in Sourceschaltung für hohe Frequenzen
   G Gate, S Source, D Drain

Berechnet wird die komplexe Spannungsverstärkung $\underline{V}_u = \underline{U}_2/\underline{U}_1$. Aus ihr kann dann die 3 dB-Grenzfrequenz ermittelt werden. Über die Knotengleichung

$$S\,\underline{U}_1 + (g_{ds} + j\,2\,\pi f C_L)\,\underline{U}_2 - j\,2\,\pi f C_{gd}\,(\underline{U}_1 - \underline{U}_2) = 0 \tag{2.169}$$

des Punktes D folgt die komplexe Spannungsverstärkung

$$\underline{V}_u = \frac{\underline{U}_2}{\underline{U}_1} \approx \frac{-S/g_{ds}}{1 + j\,2\,\pi f(C_L/g_{ds})} \tag{2.170}$$

wenn die Steilheit $S \gg 2\pi f C_{gd}$ und $C_L \gg C_{gd}$ angenommen wird.

Wie Gl. (2.170) in Verbindung mit Gl. (2.131) zu entnehmen ist, liegt ein Verstärker mit Tiefpaßverhalten vor, der die 3 dB-Grenzfrequenz, also die obere Grenzfrequenz

$$f_o \approx g_{ds}/(2\,\pi\,C_L) \approx g_{ds}/(2\,\pi\,C_{gs}) \tag{2.171}$$

hat. Bei niedrigen Frequenzen $f \ll f_o$ gilt mit Gl. (2.170) für die Spannungsverstärkung

$$\underline{V}_u\big|_{f \ll f_o} = V_{um} = -S/g_{ds} \tag{2.172}$$

Mit ihr folgt für die komplexe Spannungsverstärkung des Sourceverstärkers

$$\underline{V}_u = \frac{V_{um}}{1 + j\,(f/f_o)} \tag{2.173}$$

entsprechend Gl. (2.131).

Aus Gl. (2.173) ist noch eine andere charakteristische Frequenzangabe, das Verstärkungs-Bandbreite-Produkt, ableitbar. Über den Betrag der Spannungsverstärkung

$$|\underline{V}_u| = |V_{um}|/\sqrt{1 + (f/f_o)^2} \tag{2.174}$$

folgt für hohe Frequenzen

$$\left.|\underline{V}_\mathrm{u}|\right|_{f\gg f_\mathrm{o}}=|V_\mathrm{um}|/(f/f_\mathrm{o}) \qquad (2.175)$$

Hiermit kann das Verstärkungs-Bandbreite-Produkt

$$f\left.|\underline{V}_\mathrm{u}|\right|_{f\gg f_\mathrm{o}}=|V_\mathrm{um}|f_\mathrm{o}=S/(2\,\pi\,C_\mathrm{gs}) \qquad (2.176)$$

angegeben werden, d.h., der Verstärker ist durch das Produkt $|V_\mathrm{um}|\,f_\mathrm{o}$ charakterisiert.

Beispiel 2.38. Ein Sperrschicht-Feldeffekttransistor hat die Kleinsignal-Elemente der Sourceschaltung von Bild **2.**53, nämlich Gate-Source-Kapazität $C_\mathrm{gs}=2{,}6$ pF und Steilheit $S=4$ mS. Wie groß ist das Verstärkungs-Bandbreite-Produkt der Sourceschaltung? Das Verstärkungs-Bandbreite-Produkt beträgt nach Gl. (2.176)

$$|V_\mathrm{um}|f_\mathrm{o}=S/(2\,\pi\,C_\mathrm{gs})=4\ \mathrm{mS}/(2\cdot\pi\cdot2{,}6\ \mathrm{pF})=245\ \mathrm{MHz}$$

2.5.2.3 Operationsverstärker. Das Frequenzverhalten der komplexen Leerlaufspannungsverstärkung des Operationsverstärkers (s. Abschn. 2.1.3)

$$\underline{V}_\mathrm{ul}=\underline{U}_\mathrm{A}/\underline{U}_{12}=|V_\mathrm{ul}|\,\mathrm{e}^{\mathrm{j}\varphi} \qquad (2.177)$$

läßt sich anhand einer RC-Tiefpaß-Ersatzschaltung beschrieben. Beim Operationsverstärker mit integriertem Kondensator tritt nur eine Eckfrequenz f_E1 bzw. obere Grenzfrequenz auf. Deshalb genügt zur Erfassung des Verstärkungsabfalls mit steigender Frequenz eine Ersatzschaltung mit einem RC-Glied (Bild **2.**54).

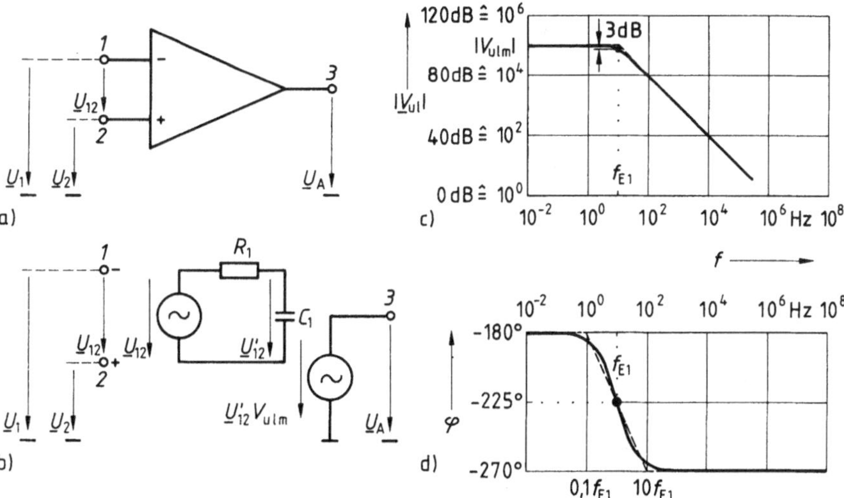

2.54 Frequenzverhalten eines Operationsverstärkers mit integriertem Kondensator. Symbol (a) und Ersatzschaltung (b) des Operationsverstärkers sowie Bodediagramm mit Verstärkungsgang (c) und Phasengang (d) der Leerlaufspannungsverstärkung des Operationsverstärkers

Die komplexe Leerlaufspannungsverstärkung bei niedrigen Frequenzen ist

$$\underline{V}_{ul}\big|_{f \ll f_{E1}} = V_{ulm} \tag{2.178}$$

Mit der Ersatzschaltung von Bild 2.54 kann die Leerlaufspannungsverstärkung von Gl. (2.117) berechnet werden. Über die komplexe innere Spannung

$$\underline{U}'_{12} = \underline{U}_{12}/(1 + j\,2\,\pi f R_1 C_1) \tag{2.179}$$

folgt die Ausgangsspannung

$$\underline{U}_A = \underline{U}'_{12}\,V_{ulm} = \underline{U}_{12}\,V_{ulm}/(1 + j\,2\,\pi f R_1 C_1) \tag{2.180}$$

Hieraus ergibt sich die komplexe Leerlaufspannungsverstärkung

$$\underline{V}_{ul} = \underline{U}_A/\underline{U}_{12} = V_{ulm}/(1 + j\,2\,\pi f R_1 C_1) \tag{2.181}$$

Mit der 3 dB-Grenzfrequenz, der Eckfrequenz

$$f_{E1} = 1/(2\,\pi R_1 C_1) \tag{2.182}$$

gilt für die komplexe Leerlaufspannungsverstärkung des Operationsverstärkers

$$\underline{V}_{ul} = \frac{V_{ulm}}{1 + j\,(f/f_{E1})} \tag{2.183}$$

Der Betrag der Leerlaufspannungsverstärkung ist nach Gl. (2.183)

$$|\underline{V}_{ul}| = |V_{ulm}|/\sqrt{1 + (f/f_{E1})^2} \tag{2.184}$$

wobei die Spannungsverstärkung $V_{ulm} < 0$ ist (s. Abschn. 2.1.3). Für den Phasenwinkel gilt nach Gl. (2.183)

$$\varphi = -180° - \arctan(f/f_{E1}) \tag{2.185}$$

Dem Bodediagramm in Bild 2.54c und d ist zu entnehmen, daß der Phasenwinkel φ höchstens $-270°$ beträgt. Damit kann bei diesem Verstärker die Ausgangsspannung nicht gleichphasig ($\varphi = -360°$) zur Eingangsspannung werden. In Abschn. 2.1.3 ist beim idealen Operationsverstärker die Leerlaufspannungsverstärkung $V_{ul} \to -\infty$ angegeben. Tatsächlich ist der Betrag der Leerlaufspannungsverstärkung bei tiefen Frequenzen sehr groß, jedoch ist mit dieser Verstärkung nur unterhalb der Eckfrequenz zu arbeiten. Der Einsatz-Frequenzbereich dieses Operationsverstärkers liegt auch oberhalb der Eckfrequenz f_{E1}, so daß bei praktischen Schaltungen mit Leerlaufverstärkungen $|\underline{V}_{ul}| < |V_{ulm}|$ gerechnet werden muß. Die obere Grenzfrequenz eines beschalteten Operationsverstärkers ist dann vom jeweiligen äußeren Netzwerk abhängig.

Bei Operationsverstärkern, die keinen integrierten Kondensator enthalten, liegt die erste Eckfrequenz f_{E1} meist wesentlich höher als 10 Hz. Da gleichzeitig mindestens eine zweite Eckfrequenz f_{E2} auftritt, ist auch der Phasenwinkel $\varphi = -360°$ möglich, so daß die komplexe Ausgangsspannung $\underline{U}_A$ gleichphasig zur komplexen Eingangsspannung $\underline{U}_{12}$ wird. Dadurch kann der Operationsverstärker instabil werden; d.h., er führt selbsttätig Schwingungen aus.

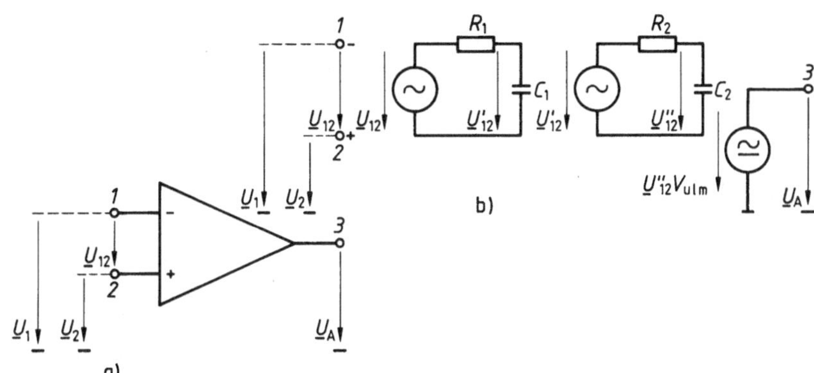

2.55 Ersatzschaltung (b) eines Operationsverstärkers (a) mit zwei Eckfrequenzen

Mit der RC-Ersatzschaltung von Bild **2**.55 läßt sich die komplexe Leerlaufspannungsverstärkung des Operationsverstärkers mit zwei Eckfrequenzen erfassen. In der Ersatzschaltung beinhalten die RC-Glieder das Tiefpaßverhalten von zwei inneren Verstärkerstufen. Über die komplexe Spannung

$$\underline{U}'_{12} = \underline{U}_{12} / (1 + j\,2\pi f R_1 C_1) \tag{2.186}$$

erhält man die komplexe Spannung

$$\underline{U}''_{12} = \frac{\underline{U}'_{12}}{1 + j\,2\pi f R_2 C_2} = \frac{\underline{U}_{12}}{(1 + j\,2\pi f R_1 C_1)(1 + j\,2\pi f R_2 C_2)} \tag{2.187}$$

Damit ist die komplexe Ausgangsspannung

$$\underline{U}_A = \underline{U}''_{12} V_{ulm} = \frac{\underline{U}_{12} V_{ulm}}{(1 + j\,2\pi f R_1 C_1)(1 + j\,2\pi f R_2 C_2)} \tag{2.188}$$

Hierbei können die Eckfrequenzen

$$f_{E1} = 1 / (2\pi R_1 C_1) \tag{2.189}$$

und

$$f_{E2} = 1 / (2\pi R_2 C_2) \tag{2.190}$$

eingeführt werden. Der allgemeine Ausdruck für die komplexe Ausgangsspannung des Operationsverstärkers mit zwei Eckfrequenzen lautet daher

$$\underline{U}_A = \frac{\underline{U}_{12} V_{ulm}}{[1 + j(f/f_{E1})][1 + j(f/f_{E2})]} \tag{2.191}$$

Die komplexe Leerlaufspannungsverstärkung dieses Operationsverstärkers ist nach Gl. (2.191)

$$\underline{V}_{ul} = \frac{\underline{U}_A}{\underline{U}_{12}} = \frac{V_{ulm}}{[1 + j(f/f_{E1})][1 + j(f/f_{E2})]} \tag{2.192}$$

Im Bodediagramm von Bild 2.56 ist das Frequenzverhalten des Operationsverstärkers mit zwei Eckfrequenzen $f_{E1} \ll f_{E2}$ dargestellt. Im Frequenzbereich $f < f_{E1}$ liegt der Phasenwinkel im Bereich $-180° \geq \varphi > -225°$, im Frequenzbereich $f_{E1} < f < f_{E2}$ im Bereich $-225° > \varphi > -315°$ und im Frequenzbereich $f > f_{E2}$ im Bereich $-315° > \varphi > -360°$. Wie beim einfachen RC-Tiefpaß (s. Bild 2.44) und beim Operationsverstärker mit integriertem Kondensator (s. Bild 2.54) fällt im Frequenzbereich $f_{E1} < f < f_{E2}$ der Betrag der Leerlaufspannungsverstärkung mit 20 dB pro Frequenzdekade ab, da in diesem Frequenzbereich für die Leerlaufspannungsverstärkung $|\underline{V}_{ul}| \sim 1/f$ gilt. Im Frequenzbereich oberhalb der zweiten Eckfrequenz, also im Frequenzbereich $f > f_{E2}$, ist nach Gl. (2.192) die Leerlaufspannungsverstärkung $|\underline{V}_{ul}| \sim 1/f^2$. Somit fällt der Betrag der Leerlaufspannungsverstärkung mit 40 dB pro Frequenzdekade ab (Bild 2.56).

Bei realen Operationsverstärkern ist in der Regel noch eine dritte Eckfrequenz zu erwarten, so daß mit der Phasendrehung $\varphi = -180° + 3(-90°) = -450°$ theoretisch gerechnet werden kann. Dort fällt dann der Betrag der Leerlaufspannungsverstärkung mit 60 dB pro Frequenzdekade ab.

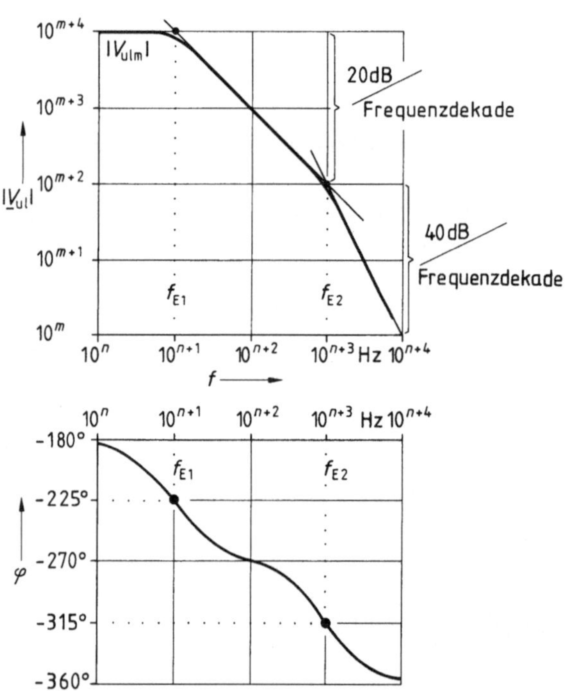

2.56 Bodediagramm mit Verstärkungsgang (a) und Phasengang (b) eines Operationsverstärkers mit zwei Eckfrequenzen
n, m ganze Zahlen

Beispiel 2.39. Von einem Operationsverstärker mit integriertem Kondensator nach Bild 2.54 ist die Leerlaufspannungsverstärkung $V_{ulm} = -10^5$ bei niedrigen Frequenzen $f \ll f_{E1} = 10$ Hz gegeben. Wie groß sind der Betrag der Leerlaufspannungsverstärkung $|\underline{V}_{ul}|$ und der Phasenwinkel φ bei der Frequenz $f = 1$ kHz?

Der Betrag der Leerlaufspannungsverstärkung

$$|\underline{V}_{ul}|\,|_{f\,>\,f_{E1}} \approx |V_{ulm}|\,\frac{f_{E1}}{f} = \frac{10^5 \cdot 10\ \text{Hz}}{1\ \text{kHz}} = 10^3$$

folgt aus Gl. (2.184). Der Phasenwinkel ist nach Gl. (2.185)

$$\varphi = -180° - \text{arc tan}\,(f/f_{E1}) = -180° - \text{arc tan}[1\ \text{kHz}/(10\ \text{Hz})] = -269{,}43°$$

2.6 Rauschen

Bei der Verstärkung sehr kleiner Signale treten Rauschprobleme auf. Ein Verstärker für Gleich- oder Wechselspannungen kann nur dann arbeiten, wenn der Nutzpegel über dem Rauschpegel liegt.

2.6.1 Rausch-Ersatzschaltung des Widerstands

Das Rauschverhalten eines rauschenden Widerstands (s. Band III und XI) kann nach Nyquist bei Anpassung durch den Effektivwert der Rauschspannung

$$U_r = \sqrt{4kTR\Delta f} \tag{2.193}$$

oder durch den Effektivwert des Rauschstroms

$$I_r = \sqrt{4kT\Delta f/R} \tag{2.194}$$

mit der Boltzmannkonstanten $k = 1{,}38 \cdot 10^{-23}\ \text{Ws/K}$, der Temperatur T, dem Widerstand R und der Bandbreite Δf, bei der die Messung der Rauschgrößen vorgenommen wurde, beschrieben werden. Vielfach werden die auf die Bandbreite bezogene Rauschspannung und der auf die Bandbreite bezogene Rauschstrom, die spektralen Rauschgrößen, mit den Einheiten $\text{nV}/\sqrt{\text{Hz}}$ und $\text{pA}/\sqrt{\text{Hz}}$, angegeben. Sie sind quadratische Mittelwerte, da sie aus Betrachtungen der Rauschleistung gewonnen sind.

2.57
Ersatzschaltung des rauschenden Widerstands
a) Spannungsquellen-Ersatzschaltung mit Rauschspannung U_r und rauschfreiem Widerstand R
b) Stromquellen-Ersatzschaltung mit Rauschstrom I_r und rauschfreiem Widerstand R

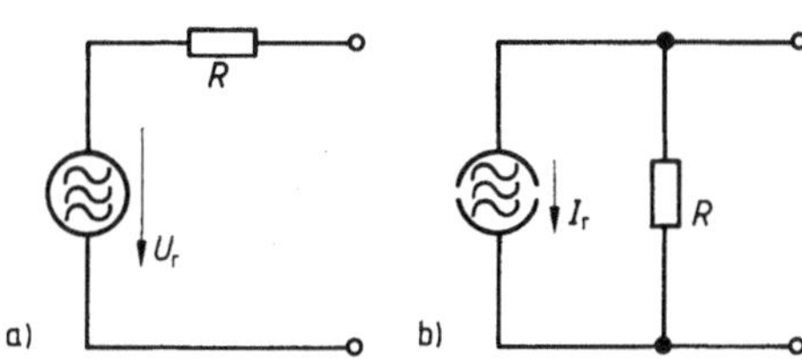

Im stromlosen Zustand kann der thermisch rauschende Widerstand durch einen rauschfrei gedachten Widerstand R und eine Rausch-Ersatzquelle nach Bild **2.**57 dargestellt werden, die die verfügbare Rauschleistung

$$P_r = U_r^2/(4R) = I_r^2 R/4 = k T \Delta f \tag{2.195}$$

bei Anpassung aufbringt.

Liegt statt des rauschenden Widerstands ein rauschender komplexer Widerstand $\underline{Z}$ vor, so gilt für die Rauschspannung

$$U_r = \sqrt{4 k T \Delta f \, \mathrm{Re}\{\underline{Z}\}} \tag{2.196}$$

und den Rauschstrom

$$I_r = \sqrt{4 k T \Delta f / \mathrm{Re}\{\underline{Z}\}} \tag{2.197}$$

Sind Rauschspannung bzw. Rauschstrom bekannt, so kann man sich diese Rauschgrößen entstanden denken durch einen auf Umgebungstemperatur T befindlichen äquivalenten Rauschwiderstand für die Spannung

$$R_{\text{äq}\,U} = U_r^2/(4 k T \Delta f) \tag{2.198}$$

und den Strom

$$R_{\text{äq}\,I} = 4 k T \Delta f / I_r^2 \tag{2.199}$$

Liegen der Ersatzschaltung eines Schaltungssystems unterschiedliche Temperaturen zugrunde, so bringt die Einführung der äquivalenten Rauschtemperatur $T_{\text{äq}}$ Vorteile. Bei vorgegebener Rauschspannung gilt für die äquivalente Rauschtemperatur

$$T_{\text{äq}\,U} = U_r^2/(4 k R \Delta f) \tag{2.200}$$

und bei vorgegebenem Rauschstrom gilt entsprechend

$$T_{\text{äq}\,I} = I_r^2 R/(4 k \Delta f) \tag{2.201}$$

2.6.2 Rauschendes Zweitor

In der Verstärkertechnik spielt das rauschende Zweitor eine wichtige Rolle. Den Signalklemmenströmen und -spannungen sind Rauschamplituden überlagert. Da angenähert der Überlagerungssatz angewendet werden kann, ist es möglich, das Rauschverhalten des Zweitors unabhängig von der Signalübertragung zu beschreiben. Damit läßt sich ein beliebiges rauschendes Zweitor durch ein rauschfrei gedachtes Zweitor und ein vorgeschaltetes, aus zwei allgemein korrelierten, d.h. voneinander abhängigen, Rausch-Ersatzquellen entstandenes Zweitor beschreiben (Bild **2.**58). Das Rauschzweitor enthält alle auf den Eingang des rauschfreien Zweitors transformierten Rauschquellen.

Die beiden Rauschgrößen, die Rauschspannung U_r und der Rauschstrom I_r, sind voneinander abhängig. Zur Erfassung der Korrelation wird der

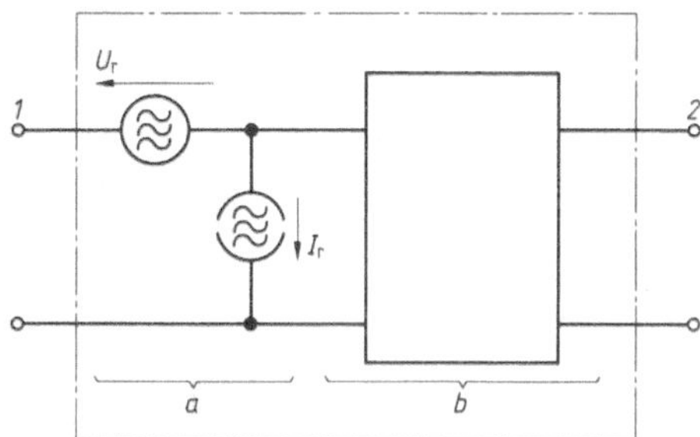

2.58
Ersatzschaltung des rauschenden Zweitors mit Eingang *1* und Ausgang *2*
a vorgeschaltetes Rauschzweitor,
b rauschfrei gedachtes Zweitor

Rauschstrom I_r aufgeteilt in einen äquivalenten Anteil $I_{r\ddot{a}q}$, der nicht mit der Rauschspannung korreliert ist und in einen voll mit der Rauschspannung korrelierten, d. h. zur Rauschspannung proportionalen komplexen Rauschstrom $\underline{I}_{rv}$. Es gilt dann für den Rauschstrom

$$\underline{I}_r = I_{r\ddot{a}q} + \underline{I}_{rv} \tag{2.202}$$

Der durch Korrelation zwischen Rauschstrom und Rauschspannung entstandene komplexe Rauschstrom $\underline{I}_{rv}$ kann auch über den komplexen Korrelationsleitwert

$$\underline{Y}_{cor} = \underline{I}_{rv} / U_r \tag{2.203}$$

berechnet werden.
Bei erster Betrachtung des Rauschverhaltens eines Verstärkers kann die Korrelation der beiden Rausch-Ersatzquellen vernachlässigt werden.

2.6.3 Rausch-Ersatzschaltungen von Verstärkerbauelementen

Die Rausch-Ersatzschaltung des rauschenden Zweitors läßt sich auch auf die Verstärkerbauelemente Bipolar- und Feldeffekttransistor sowie auf den Operationsverstärker übertragen. In Bild **2.**59 ist dem Bipolartransi-

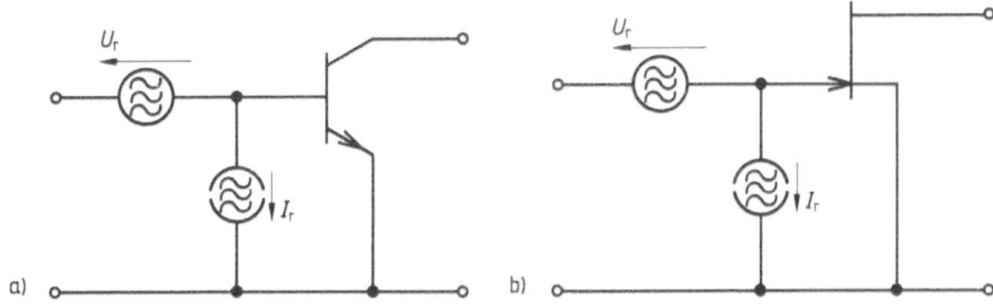

2.59 Rausch-Ersatzschaltung eines Bipolartransistors in Emitterschaltung (a) und eines Feldeffekttransistors in Sourceschaltung (b)

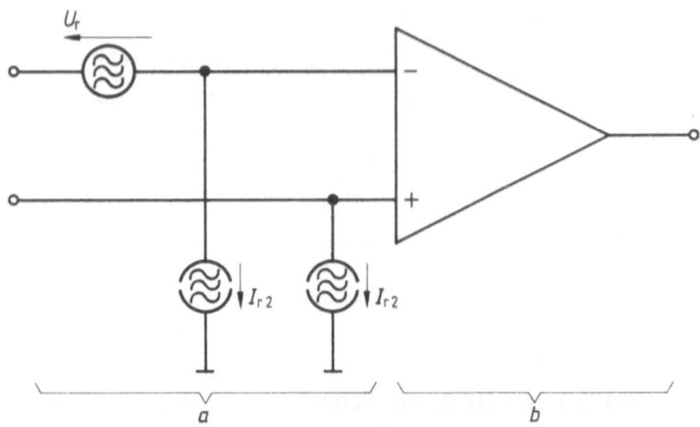

2.60
Rausch-Ersatzschaltung eines Operationsverstärkers
a) Rauschersatzmehrtor,
b) rauschfreier, idealer Operations-Verstärker

stor in Emitterschaltung und dem Feldeffekttransistor in Sourceschaltung ein Rauschzweitor vorgeschaltet. Beim Operationsverstärker nach Bild **2.**60 ist jedem Eingang eine Rauschstromquelle vorzuschalten. Dagegen genügt eine Rauschspannungsquelle, da sie in Reihe zum Eingang des als rauschfrei gedachten Operationsverstärkers liegt.

2.6.4 Rauschkenngrößen des Verstärkers

Bei der Berechnung des Rauschverhaltens eines Verstärkers nach Bild **2.**61 wird wie in Abschnitt 2.6.2 dargelegt verfahren. Dem als rauschfrei gedachten Verstärkerzweitor wird das Rauschzweitor mit der Rauschspannung U_r und dem Rauschstrom I_r vorgeschaltet. Die Rauschquelle des am Eingang des Verstärkers liegenden Generators ist ebenfalls zu berücksichtigen. Je nach der Größe des Generatorwiderstands R_i kann das Rauschzweitor reduziert

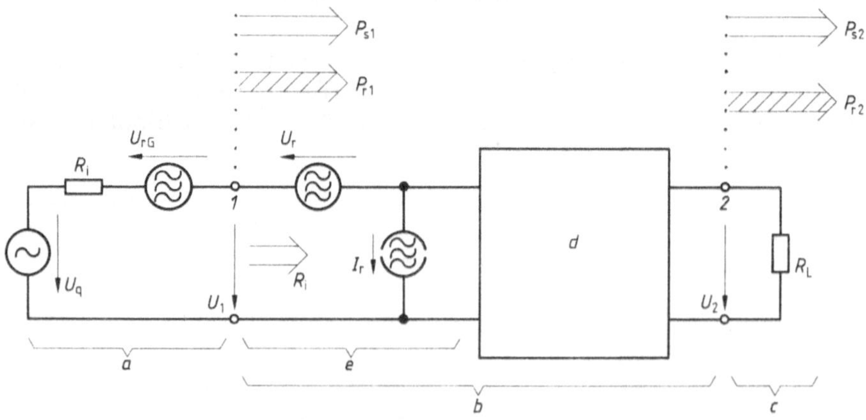

2.61 Rauschbehaftete Verstärkerschaltung
  1 Verstärkereingang, *2* Verstärkerausgang, *a* Generator, *b* Verstärker, *c* Lastwiderstand, *d* rauschfreies Verstärkerzweitor, *e* vorgeschaltetes Rauschzweitor

werden. Bei nicht zu hohen Frequenzen ist im Falle des Generatorwiderstands $R_i \to 0$ nur die Rauschspannungsquelle U_r und im Fall des Generatorwiderstands $R_i \to \infty$ nur der Rauschstrom I_r zu berücksichtigen.

Zur Beurteilung des Rauschverhaltens des Verstärkers ist mit der Eingangs-Signalleistung P_{s1}, der Eingangs-Rauschleistung P_{r1}, der Ausgangs-Signalleistung P_{s2} und der Ausgangs-Rauschleistung P_{r2} das Signal-Rauschverhältnis am Eingang P_{s1}/P_{r1} und am Ausgang P_{s2}/P_{r2} (Bild **2**.61) von Interesse.

Als Rauschkenngröße des Verstärkers wird die Rauschzahl

$$F = \left(\frac{P_{s1}}{P_{r1}}\right) \Big/ \left(\frac{P_{s2}}{P_{r2}}\right) \tag{2.204}$$

definiert. Sie stellt das Verhältnis des Signal-Rauschverhältnisses am Verstärkereingang zum Signal-Rauschverhältnis am Verstärkerausgang dar.

Da am Eingang die Signal- und die Rauschleistung am Widerstand R_i sowie am Ausgang die Signal- und auch die Rauschleistung am Widerstand R_L wirken, kann für die Rauschzahl

$$F = \frac{U_{s1}^2/U_{r1}^2}{U_{s2}^2/U_{r2}^2} = \frac{U_{r2}^2}{V_u^2\, U_{r1}^2} \tag{2.205}$$

mit dem Quadrat der Spannungsverstärkung des Verstärkers

$$V_u^2 = U_{s2}^2/U_{s1}^2 \tag{2.206}$$

angegeben werden. Das Quadrat der Rauschspannung

$$U_{r1}^2 = U_{rG}^2 = 4kTR_i\Delta f \tag{2.207}$$

am Verstärkereingang ergibt sich analog zu Gl. (2.193).

Das Quadrat der Ausgangsspannung

$$U_{r2}^2 = V_u^2 (U_{rG} + U_r + I_r R_i)^2 \approx V_u^2 [\, U_{rG}^2 + U_r^2 + (I_r R_i)^2\,] \tag{2.208}$$

folgt ebenfalls aus der Leistungsbetrachtung am Verstärkereingang. Hierbei werden die Rauschquelle des Generators und die Rauschquellen des zwischengeschalteten Rauschzweitors bei abgetrennt gedachtem nicht rauschendem Verstärkerzweitor zusammengefaßt. Die Korrelationsterme, die sich beim Ausmultiplizieren ergeben, werden in der weiteren Rechnung vernachlässigt.

Damit gilt für die Rauschzahl

$$F = \frac{V_u^2 [U_{rG}^2 + U_r^2 + (I_r R_i)^2]}{V_u^2 U_{r1}^2} = 1 + \frac{(U_r^2/\Delta f) + R_i^2 (I_r^2/\Delta f)}{4kTR_i} \tag{2.209}$$

Die Rauschzahl F wird für den optimalen Generatorwiderstand $R_{i\,\mathrm{opt}}$ minimal.

Es wird von Rauschanpassung gesprochen, wenn die minimale Rauschzahl $F_{\min}$ erreicht ist. Der optimale Generatorwiderstand

$$R_{i\,\text{opt}} = \sqrt{\left(\frac{U_r^2}{\Delta f}\right) \Big/ \left(\frac{I_r^2}{\Delta f}\right)} \tag{2.210}$$

kann mit Gl. (2.209) über $dF/dR_i = 0$ berechnet werden. Da bei dieser Betrachtung die Korrelation zwischen der Rauschspannung U_r und dem Rauschstrom I_r nicht berücksichtigt wurde, ist der optimale Generatorwiderstand $R_{i\,\text{opt}}$ nur vom Verhältnis der spektralen Rauschspannung $(U_r/\sqrt{\Delta f})$ zum spektralen Rauschstrom $(I_r/\sqrt{\Delta f})$ abhängig. Die minimale Rauschzahl

$$F_{\min} = 1 + \left(\frac{U_r^2}{\Delta f}\right) \frac{1}{2\,k\,T R_{i\,\text{opt}}} \tag{2.211}$$

folgt aus Gl. (2.209) in Verbindung mit Gl. (2.210), wenn die Rauschgrößen U_r und I_r auf die gleiche Bandbreite Δf bezogen werden.

Da die Rauschzahl F nach Gl. (2.211) Leistungsverhältnisse angibt, gilt als Rauschmaß

$$F_{\text{M}} = 10 \text{ dB lg} F \tag{2.212}$$

Als Zusatzrauschzahl

$$F_z = F - 1 \tag{2.213}$$

bezeichnet man die zusätzliche, vom Verstärkerzweitor hervorgerufene Rauschleistung bezogen auf die an den Zweitoreingang vom Generator gelieferte.

Beispiel 2.40. Der Verstärker nach Bild **2.**61 ist mit einem Bipolartransistor aufgebaut. Die dem Verstärkerzweitor vorgeschaltete Rauschersatzschaltung ist durch die auf die Bandbreite Δf bezogenen Rauschgrößen, die spektrale Rauschspannung $U_r/\sqrt{\Delta f} = 5$ nV/$\sqrt{\text{Hz}}$ und den spektralen Rauschstrom $I_r/\sqrt{\Delta f} = 5$ pA/$\sqrt{\text{Hz}}$ bei der Temperatur $T = 300$ K bestimmt. Der optimale Generatorwiderstand $R_{i\,\text{opt}}$ und die minimale Zusatzrauschzahl $F_{z\,\min}$ sind zu berechnen. Die Boltzmannkonstante ist $k = 1{,}38 \cdot 10^{-23}$ Ws/K. Für den optimalen Generatorwiderstand erhält man mit Gl. (2.210)

$$R_{i\,\text{opt}} = \left(\frac{U_r}{\sqrt{\Delta f}}\right) \Big/ \left(\frac{I_r}{\sqrt{\Delta f}}\right) = \frac{5 \text{ nV}}{5 \text{ pA}} = 1 \text{ k}\Omega$$

Die minimale Zusatzrauschzahl

$$F_{z\,\min} = F_{\min} - 1 = \left(\frac{U_r}{\sqrt{\Delta f}}\right)^2 \frac{1}{2\,k\,T R_{i\,\text{opt}}}$$

$$= \left(\frac{5 \text{ nV}}{\sqrt{\text{Hz}}}\right)^2 \frac{1}{2 \cdot 1{,}38 \cdot 10^{-23}\,(\text{Ws/K}) \cdot 300 \text{ K} \cdot 1 \text{ k}\Omega} = 3{,}02$$

folgt aus Gl. (2.213) und Gl. (2.211).

2.7 Verzerrungen

Die Verstärkung kann je nach Aufbau frequenzabhängig sein. Hierdurch können Betrag und Phase der Verstärkung Funktionen der Frequenz sein. Da aber das Eingangssignal eines Verstärkers in der Nachrichtentechnik häufig ein Frequenzspektrum hat, kann diese Frequenzabhängigkeit der Verstärkung den Informationsinhalt störend ändern. Änderungen der Verstärkung und die zeitliche Verschiebung zwischen Eingangs- und Ausgangsschwingung, die Phasenlaufzeit, werden als Amplituden- und Laufzeitverzerrungen bewertet. Diese als lineare Verzerrungen bezeichneten Störungen des Übertragungsverhaltens treten beispielsweise bei Verstärkern mit Tiefpaßcharakteristik auf.

Ist die Übertragungskennlinie des Verstärkers nichtlinear, dann enthält bei großer Aussteuerung das Ausgangssignal durch den Verstärker bedingte Frequenzanteile, die sehr störend sein können. Diese Verzerrungen werden nichtlineare Verzerrungen genannt.

2.7.1 Bedingungen für Kleinsignalbetrieb

Um entscheiden zu können, ob bei einem bestimmten Eingangssignal noch Kleinsignalbetrieb vorliegt oder ob schon nichtlineare Verzerrungen zu erwarten sind, ist bei Bipolar- und Feldeffekttransistor aus der Steilheitsänderung zu erkennen. Der Operationsverstärker braucht bei dieser Betrachtung nicht berücksichtigt zu werden, da er im analogen Arbeitsbereich nahezu keine nichtlinearen Verzerrungen aufweist.

Statt Kleinsignalbetrieb oder -theorie sind auch die Bezeichnungen linearer Betrieb oder lineare Theorie gebräuchlich.

2.7.1.1 Bipolartransistor. Für die Steilheit des Bipolartransistors in Emitterschaltung gilt angenähert [s. Abschn. 2.2.2.1 und Gl. (1.13)]

$$S = Y_{21\mathrm{e}} = \frac{H_{21\mathrm{e}}}{H_{11\mathrm{e}}} \approx \frac{I_\mathrm{C}}{U_\mathrm{T}} \approx \frac{I_\mathrm{Ek}}{U_\mathrm{T}} \, \mathrm{e}^{U_\mathrm{BE}/U_\mathrm{T}} \qquad (2.214)$$

Bei Kleinsignalbetrieb darf sich die Steilheit S nur geringfügig mit der Aussteuerung ändern, d.h. mit der der Arbeitspunkt-Gleichspannung U_BE überlagerten differentiellen Wechselspannung $\mathrm{d}U_\mathrm{BE}$. Hierdurch ergibt sich die Steilheitsänderung

$$\frac{\mathrm{d}S}{\mathrm{d}U_\mathrm{BE}} \approx \frac{1}{U_\mathrm{T}} \frac{\mathrm{d}I_\mathrm{Ek}\, \mathrm{e}^{U_\mathrm{BE}/U_\mathrm{T}}}{\mathrm{d}U_\mathrm{BE}} = \frac{1}{U_\mathrm{T}} \frac{I_\mathrm{Ek}}{U_\mathrm{T}} \, \mathrm{e}^{U_\mathrm{BE}/U_\mathrm{T}} \approx \frac{S}{U_\mathrm{T}} \qquad (2.215)$$

Aus dieser Beziehung folgt für den Bipolartransistor die relative Steilheitsänderung

$$\Delta S/S \approx \Delta U_\mathrm{BE}/U_\mathrm{T} = \hat{u}_\mathrm{be}/U_\mathrm{T} \qquad (2.216)$$

Bei vorgegebener relativer Steilheitsänderung $\Delta S/S$ ist die zulässige Amplitude der Basis-Emitter-Sinusspannung $\hat{u}_{be}=(\Delta S/S)\,U_T$, bei der noch Kleinsignalbetrieb angenommen werden kann.

Beispiel 2.41. Welche Amplitude der Basis-Emitter-Sinusspannung $\hat{u}_{be}$ ist beim Bipolartransistor in Emitterschaltung zugelassen, wenn nahezu keine nichtlinearen Verzerrungen auftreten sollen? Als relative Steilheitsänderung ist $\Delta S/S=0{,}1$ zugelassen. Die Temperaturspannung ist $U_T=25$ mV.

Nach Gl. (2.216) beträgt der zulässige Scheitelwert der Basis-Emitter-Sinusspannung

$$\hat{u}_{be}=(\Delta S/S)\,U_T=0{,}1\cdot25\ \text{mV}=2{,}5\ \text{mV}$$

für Kleinsignalbetrieb. Damit liegt Kleinsignalbetrieb beim Bipolartransistor in Emitterschaltung vor, wenn der Scheitelwert der Basis-Emitter-Sinusspannung $\hat{u}_{be}\ll U_T$ gehalten wird. Bei dieser Abschätzung ist der Einfluß einer Basisstromsteuerung nicht erfaßt.

2.7.1.2 Feldeffekttransistor.

2.7.1.2 Feldeffekttransistor. Beim Feldeffekttransistor in Sourceschaltung ist die Steilheit im Sättigungsgebiet (s. Abschn. 2.2.3.1)

$$S=Y_{21s}=\beta(U_{GS}-U_{th}) \tag{2.217}$$

wobei die Gate-Source-Spannung U_{GS} den Arbeitspunkt einstellt. Die aussteuerungsbedingte Änderung der Steilheit ist daher

$$\mathrm{d}S/\mathrm{d}U_{GS}=\beta=S/(U_{GS}-U_{th}) \tag{2.218}$$

Die für den Kleinsignalbetrieb notwendige Bedingung

$$\Delta S/S=\Delta U_{GS}/(U_{GS}-U_{th})=\hat{u}_{gs}/(U_{GS}-U_{th}) \tag{2.219}$$

folgt aus Gl. (2.218). Hierin ist der Scheitelwert der Gate-Source-Sinusspannung $\hat{u}_{gs}=\Delta U_{GS}$.

Im Gegensatz zum Bipolartransistor ist die Bedingung für Kleinsignalbetrieb beim Feldeffekttransistor von der Gate-Source-Spannung U_{GS} des eingestellten Arbeitspunkts abhängig. In Bild **2.**62 ist die Arbeitspunktabhängigkeit der zulässigen Amplitude der Gate-Source-Spannung nach Gl. (2.219) bei einer zu-

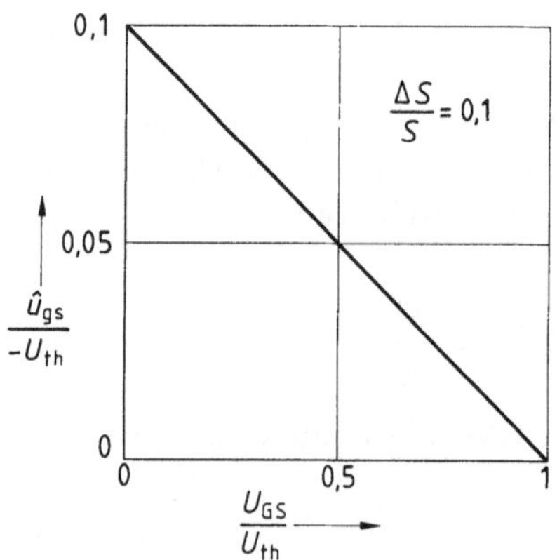

2.62
Arbeitspunktabhängigkeit des bezogenen, zulässigen Scheitelwerts $\hat{u}_{gs}$ der Gate-Source-Sinusspannung des selbstleitenden N-Kanal-Sperrschicht-Feldeffekttransistors in Sourceschaltung, bei dem noch Kleinsignalbetrieb angenommen werden kann nach Gl. (2.219)
U_{th} Schwellspannung, U_{GS} Gate-Source-Spannung des Arbeitspunkts, $\Delta S/S$ relative Steilheitsänderung

lässigen 10%-tigen Steilheitsänderung zu erkennen. In der Nähe der Schwellspannung U_{th} ist die für Kleinsignalbetrieb zulässige Amplitude der Gate-
Source-Sinusspannung $\hat{u}_{gs}$ sehr klein.

Beispiel 2.42. Ein selbstleitender Feldeffekttransistor hat die Schwellspannung
$U_{th} = -3\,V$. Bei welchem Scheitelwert $\hat{u}_{gs}$ können die nichtlinearen Verzerrungen noch
vernachlässigt werden, wenn die Gate-Source-Spannung im Arbeitspunkt $U_{GS} = -1,5\,V$
beträgt? Als zulässige relative Steilheitsänderung wird $\Delta S/S = 0,1$ angenommen.
Der zulässige Scheitelwert

$$\hat{u}_{gs} = (\Delta S/S)(U_{GS} - U_{th}) = 0,1(-1,5\,V + 3\,V) = 150\,mV$$

der Gate-Source-Sinusspannung für Kleinsignalbetrieb errechnet sich nach Gl. (2.219).
In diesem Arbeitspunkt des Feldeffekttransistors in Sourceschaltung kann also für
$\hat{u}_{gs} \leq 150\,mV$ die lineare Theorie angewendet werden. Die dabei dennoch auftretenden
nichtlinearen Verzerrungen können nach Abschn. 2.7.2 bewertet werden.

2.7.1.3 Vergleich zwischen Bipolar- und Feldeffekttransistor. Ein Vergleich der
zulässigen Aussteuerungen bis zu denen Kleinsignalbetrieb beim Bipolar- und
Feldeffekttransistor vorliegt, läßt sich angenähert finden, wenn bei zulässiger,
relativer Steilheitsänderung Gl. (2.216) und Gl. (2.219) gleichgesetzt werden.
Der Bipolartransistor arbeitet dabei in Emitterschaltung bei eingangsseitiger
Spannungssteuerung und der Feldeffekttransistor in Sourceschaltung. Es folgt
damit das Amplitudenverhältnis

$$\hat{u}_{gs}/\hat{u}_{be} = (U_{GS} - U_{th})/U_T \tag{2.220}$$

bis zu der noch Kleinsignalbetrieb vorliegt. In Bild 2.63 ist dieses Verhältnis
der Amplituden $\hat{u}_{gs}/\hat{u}_{be}$ als Funktion der auf die Schwellspannung U_{th} bezogenen Arbeitspunktspannung U_{GS} des selbstleitenden N-Kanal-Feldeffekttransistors mit U_{th}/U_T als Parameter dargestellt.

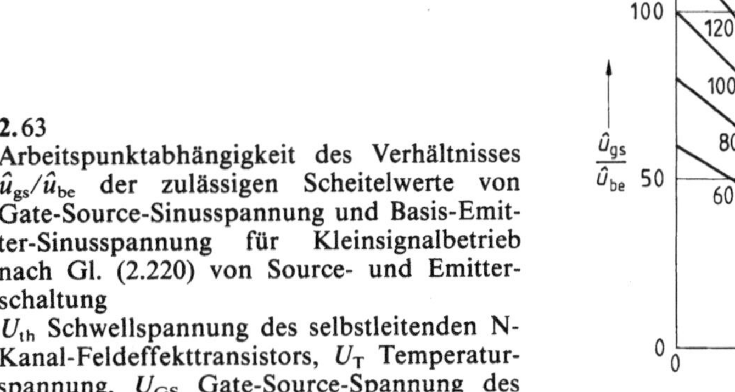

2.63
Arbeitspunktabhängigkeit des Verhältnisses
$\hat{u}_{gs}/\hat{u}_{be}$ der zulässigen Scheitelwerte von
Gate-Source-Sinusspannung und Basis-Emitter-Sinusspannung für Kleinsignalbetrieb
nach Gl. (2.220) von Source- und Emitterschaltung
U_{th} Schwellspannung des selbstleitenden N-
Kanal-Feldeffekttransistors, U_T Temperaturspannung, U_{GS} Gate-Source-Spannung des
Arbeitspunkts

2.7.2 Nichtlineare Verzerrungen

Behandelt werden hier nur solche nichtlinearen Verzerrungen, die sich aus der nichtlinearen Übertragungskennlinie eines Verstärkers herleiten lassen.

2.7.2.1 Berechnungsverfahren. Die Berechnung nichtlinearer Verzerrungen geht von der nichtlinearen Übertragungskennlinie des Verstärkers aus. Zur Darstellung des Rechenprinzips wird die einfache Großsignal-Ersatzschaltung eines Verstärkers nach Bild **2.64** verwendet. Es liegt eine nichtlineare spannungsgesteuerte Stromquelle $I = f(U)$ vor. Die Spannung U ist die Eingangsgröße und der Strom I die Ausgangsgröße. Um den Arbeitspunkt A, dem Wertepaar U_A, I_A, wird großsignalmäßig ausgesteuert. Die Aussteuergröße ist die Änderung der Eingangsspannung ΔU. Sie kann eine Sinusspannung, eine Mischspannung oder ein beliebiges Spannungsgemisch sein.

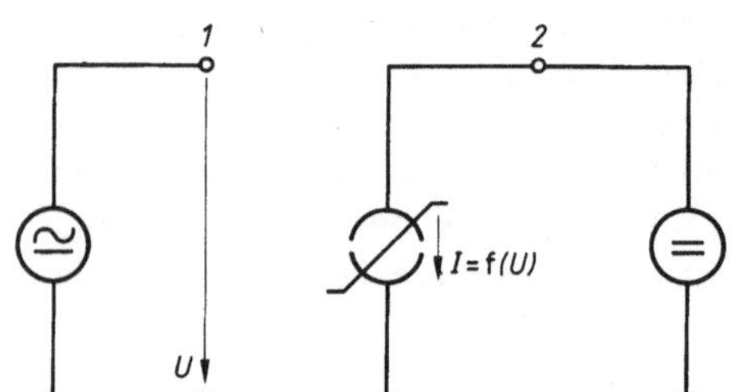

2.64
Ersatzschaltung eines Verstärkers mit nichtlinearer spannungsgesteuerter Stromquelle
1 Eingang, *2* Ausgang

Ist die Übertragungskennlinie $I = f(U)$ als Gleichung bekannt, beispielsweise die Kennliniengleichung des Feldeffekttransistors im Sättigungsgebiet, so läßt sich der Ausgangsstrom I als Funktion der Eingangsspannung $U + \Delta U$ berechnen und nach Frequenzkomponenten ordnen. Dieses Verfahren kann je nach Kennliniengleichung sehr aufwendig werden.

Eine andere Methode besteht darin, daß für die Übertragungskennlinie $I = f(U)$ im Arbeitspunkt A die Taylorreihe

$$I = f(U) = I_A + \frac{1}{1!}\left.\frac{dI}{dU}\right|_A \Delta U + \frac{1}{2!}\left.\frac{d^2I}{dU^2}\right|_A \Delta U^2 + \frac{1}{3!}\left.\frac{d^3I}{dU^3}\right|_A \Delta U^3$$

$$+ \frac{1}{4!}\left.\frac{d^4I}{dU^4}\right|_A \Delta U^4 + \cdots \tag{2.221}$$

entwickelt wird. Mit den Abkürzungen a_1 bis a_n für die Ableitungen 1 bis n der Übertragungskennlinie läßt sich Gl. (2.221) einfacher

$$I = I_A + a_1 \Delta U + \frac{a_2}{2} \Delta U^2 + \frac{a_3}{6} \Delta U^3 + \frac{a_4}{24} \Delta U^4 + \cdots \tag{2.222}$$

schreiben. Bei stark gekrümmter oder geknickter Übertragungskennlinie ist die Taylorreihe ungeeignet. Es ist dann direkt mit der Fourierreihe zu arbeiten (s. Band I).

Ist die der Arbeitspunktspannung U_A überlagerte Wechselspannung, die sinusförmige Spannungsänderung $\Delta U = \hat{u} \cos(\omega t)$, so ist nach dem sich ändernden Ausgangsstrom $i = f(u)$ mit der Eingangsspannung

$$u = U_A + \hat{u} \cos(\omega t) \tag{2.223}$$

gesucht. Gl. (2.222) wird dann ersetzt durch

$$i = I_A + a_1 \hat{u} \cos(\omega t) + \frac{a_2}{2} \hat{u}^2 \cos^2(\omega t) + \frac{a_3}{6} \hat{u}^3 \cos^3(\omega t)$$

$$+ \frac{a_4}{24} \hat{u}^4 \cos^4(\omega t) + \cdots \tag{2.224}$$

Diese Gleichung ist noch mit den trigonometrischen Umformungen nach Frequenzen zu ordnen. Es entsteht dann die Fourierreihe

$$i = I_A + I_R + i_1 + i_2 + i_3 + i_4 + \cdots \tag{2.225}$$

mit dem Gleichrichtstrom

$$I_R = \frac{a_2}{4} \hat{u}^2 + \frac{a_4}{64} \hat{u}^4 + \cdots \tag{2.226}$$

der ersten Harmonischen

$$i_1 = \left(a_1 \hat{u} + \frac{a_3}{8} \hat{u}^3 + \cdots \right) \cos(\omega t) \tag{2.227}$$

der zweiten Harmonischen

$$i_2 = \left(\frac{a_2}{4} \hat{u}^2 + \frac{a_4}{48} \hat{u}^4 + \cdots \right) \cos(2\omega t) \tag{2.228}$$

der dritten Harmonischen

$$i_3 = \left(\frac{a_3}{24} \hat{u}^3 + \cdots \right) \cos(3\omega t) \tag{2.229}$$

der vierten Harmonischen

$$i_4 = \left(\frac{a_4}{192} \hat{u}^4 + \cdots \right) \cos(4\omega t) \tag{2.230}$$

usw. Diese Rechnung stellt eine Harmonische Analyse dar. Die einzelnen Frequenzkomponenten können mit einem selektiven Meßgerät direkt am Verstärker gemessen werden. Dies empfiehlt sich besonders bei umfangreichen Schaltungen.

Beispiel 2.43. Ein Sperrschicht-Feldeffekttransistor wird im Sättigungsgebiet in Sourceschaltung nach Bild **2.64** betrieben. Er hat den Kurzschluß-Drain-Sättigungsstrom $I_{DS0} = 10\,\text{mA}$ und die Schwellspannung $U_{th} = -3\,\text{V}$. Im Arbeitspunkt A ist die Gate-

Source-Spannung $U_{GSA} = -1,5$ V. Wie groß sind bei dem Scheitelwert der sinusförmigen Eingangsspannung $\hat{u}_{gs} = 400$ mV der Draingleichstrom I_{DA} und die Scheitelwerte $\hat{i}_{d1}$, $\hat{i}_{d2}$, $\hat{i}_{d3}$ usw. der Harmonischen des Drainstroms?

Die Übertragungskennlinie $I = f(U)$ bzw. $I_D = f(U_{GS})$ des Sperrschicht-Feldeffekttransistors ist nach Gl. (2.60) und Gl. (2.61)

$$I_D = I_{DS0} \left(1 - \frac{U_{GS}}{U_{th}}\right)^2$$

Daraus folgt der Draingleichstrom

$$I_{DA} = 10 \text{ mA} \left(1 - \frac{-1,5 \text{ V}}{-3 \text{ V}}\right)^2 = 2,5 \text{ mA}$$

im Arbeitspunkt A. Zur Berechnung der anderen Drainstromkomponenten sind die Ableitungen

$$a_1 = \frac{dI_D}{dU_{GS}}\bigg|_A = \frac{2 I_{DS0}}{-U_{th}} \left(1 - \frac{U_{GSA}}{U_{th}}\right) = \frac{2 \cdot 10 \text{ mA}}{3 \text{ V}} \left(1 - \frac{-1,5 \text{ V}}{-3 \text{ V}}\right) = 3,33 \text{ mS}$$

$$a_2 = \frac{d^2 I_D}{dU_{GS}^2}\bigg|_A = \frac{2 I_{DS0}}{U_{th}^2} = \frac{2 \cdot 10 \text{ mA}}{(-3 \text{ V})^2} = 2,22 \frac{\text{mA}}{\text{V}^2}$$

$$a_3 = \frac{d^3 I_D}{dU_{GS}^3}\bigg|_A = 0$$

zu ermitteln. Wie zu erkennen ist, existieren in diesem Fall nur die erste und zweite Ableitung der Übertragungskennlinie.

Mit dem Gleichrichtstrom

$$I_{DR} = \frac{a_2}{4} \hat{u}_{gs}^2 = \frac{2,22 \, (\text{mA/V}^2)}{4} (400 \text{ mV})^2 = 88,8 \text{ μA}$$

nach Gl. (2.226) folgt der Draingleichstrom

$$I_{DA} + I_{DR} = 2,5 \text{ mA} + 88,8 \text{ μA} = 2,588 \text{ mA}$$

bei Aussteuerung. Der Scheitelwert der ersten Harmonischen

$$\hat{i}_{d1} = a_1 \hat{u}_{gs} = 3,33 \text{ mS} \cdot 400 \text{ mV} = 1,332 \text{ mA}$$

errechnet sich nach Gl. (2.227) und der der zweiten

$$\hat{i}_{d2} = \frac{a_2}{4} \hat{u}_{gs}^2 = \frac{2,22 \, (\text{mA/V}^2)}{4} (400 \text{ mV})^2 = 88,8 \text{ μA}$$

ergibt sich nach Gl. (2.228).

2.7.2.2 Klirrfaktor. Wie in Abschn. 2.7.2.1 gezeigt, treten bei einem Verstärker mit nichtlinearem Übertragungsverhalten nichtlineare Verzerrungen auf. Bei einem sinusförmigen Eingangssignal, dem Eintoneingangssignal, der Frequenz f können im Frequenzspektrum des Ausgangssignals zusätzliche Frequenzanteile $2f$ bis nf festgestellt werden. Da bei diesem Betrieb die zusätzlichen Frequenzanteile nur ganzzahlige Verhältnisse zur Grundschwingung haben, nennt man diese Verzerrungen auch harmonische Verzerrungen. Da-

bei wird die Grundschwingung die erste Harmonische und die erste Oberschwingung die zweite Harmonische genannt.

Zur Beurteilung der harmonischen Verzerrungen eines Verstärkers wird der
Klirrfaktor (s. Band I, Teil 1)

$$k = \frac{\text{Effektivwert der Oberschwingungen}}{\text{Gesamteffektivwert}} \tag{2.231}$$

herangezogen. Bewertet werden können sowohl Ströme als auch Spannungen.
Wird wieder, wie im vorangegangenen Abschnitt, der Ausgangsstrom i eines
Verstärkers analysiert, so gilt für den Klirrfaktor

$$k = \sqrt{\frac{\hat{i}_2^2 + \hat{i}_3^2 + \cdots}{\hat{i}_1^2 + \hat{i}_2^2 + \hat{i}_3^2 + \cdots}} \tag{2.232}$$

Bei geringen nichtlinearen Verzerrungen kann die Näherung

$$k \approx \sqrt{\frac{\hat{i}_2^2 + \hat{i}_3^2 + \cdots}{\hat{i}_1^2}} \tag{2.233}$$

für den Klirrfaktor benutzt werden. Darüber hinaus werden Teilklirrfakto-
ren, der quadratische Klirrfaktor

$$k_2 = \hat{i}_2/\hat{i}_1 \tag{2.234}$$

und der kubische Klirrfaktor

$$k_3 = \hat{i}_3/\hat{i}_1 \tag{2.235}$$

definiert.

Werden nur Verzerrungen bis zur dritten Harmonischen betrachtet, ergibt sich
mit Gl. (2.234) und Gl. (2.235) für den Klirrfaktor

$$k = 1 \left/ \sqrt{1 + \frac{1}{k_2^2 + k_3^2}} \right. \tag{2.236}$$

Bei Berücksichtigung der harmonischen Analyse von Abschn. 2.7.2.1 folgt mit
Gl. (2.227) bis Gl. (2.229) für den quadratischen Klirrfaktor

$$k_2 = \frac{\hat{i}_2}{\hat{i}_1} \approx \left| \frac{a_2}{4a_1} \right| \hat{u} \tag{2.237}$$

nach Gl. (2.234) und für den kubischen Klirrfaktor

$$k_3 = \frac{\hat{i}_3}{\hat{i}_1} \approx \left| \frac{a_3}{24a_1} \right| \hat{u}^2 \tag{2.238}$$

nach Gl. (2.235). Hierbei sind jeweils nur die ersten Glieder berücksichtigt, und
$\hat{u}$ ist wieder der Scheitelwert der Eintoneingangsspannung. a_1 bis a_3 sind die
Ableitungen der Übertragungskennlinie $I = \mathrm{f}(U)$.

Beispiel 2.44. Für den nach Beispiel 2.43 betriebenen Sperrschicht-Feldeffekttransistor ist der Scheitelwert $\hat{u}_{gs}$ der Gate-Source-Spannung so zu berechnen, daß der Klirrfaktor $k \leq 1\%$ bleibt.

Da im gegebenen Fall der Drainstrom keine dritte und höhere Harmonische enthält, folgt nach Gl. (2.236) und Gl. (2.237) angenähert für den Klirrfaktor

$$k \approx k_2 = \left| \frac{a_2}{4a_1} \right| \hat{u}_{gs}$$

Mit den Ableitungen a_1 und a_2 der Übertragungskennlinie von Beispiel 2.43 ergibt sich der Klirrfaktor

$$k \approx \frac{\hat{u}_{gs}}{4(U_{GSA} - U_{th})}$$

Daraus folgt die Amplitude

$$\hat{u}_{gs} < 4k(U_{GSA} - U_{th}) = 4 \cdot 0{,}01(-1{,}5\,\text{V} + 3\,\text{V}) = 60\,\text{mV}$$

der Gate-Source-Sinusspannung.

2.7.2.3 Intermodulation. Der Klirrfaktor macht eine Aussage über die nichtlinearen Verzerrungen bei sinusförmiger Ansteuerung des Verstärkers. Sind am Verstärkereingang dagegen zwei additiv überlagerte Sinusschwingungen vorhanden (Zweitonansteuerung), so treten im Ausgangssignal Kombinationsfrequenzen, wie Summen- und Differenzfrequenzen der beiden Eingangsschwingungen auf. Diese Mischung der Frequenzen als unerwünschte nichtlineare Verzerrung wird Intermodulation genannt. Es wird von Intermodulationsverzerrungen gesprochen. Da im Frequenzspektrum des Verstärkerausgangssignals durch Intermodulation unharmonische Frequenzen, wie die Summen- und Differenzfrequenzen der Eingangsfrequenzen, auftreten, werden die durch Intermodulation entstandenen Verzerrungen auch unharmonische oder nichtharmonische Verzerrungen genannt.

Zur Kennzeichnung der Intermodulation wird der Intermodulationsfaktor

$$d_m = \frac{\text{Effektivwert des Intermodulationssignals}}{\text{Effektivwert des Nutzsignals}} \tag{2.239}$$

definiert.

Bestimmt wird der Intermodulationsfaktor d_m wieder mit der Schaltung nach Bild **2.64** und den in Abschn. 2.7.2.1 durchgeführten Berechnungen. Die Zweiton-Eingangsspannung ist die Spannungsänderung

$$\Delta U = u_a + u_b = \hat{u}_a \cos(\omega_a t) + \hat{u}_b \cos(\omega_b t) \tag{2.240}$$

Nach Gl. (2.222) erfolgt die Analyse des Ausgangsstroms $i = f(u)$, wobei die Reihe nur bis zum quadratischen Glied berücksichtigt wird. Für die vorliegende Betrachtung ist es nicht erforderlich, alle Spektralanteile des Ausgangsstroms zu ermitteln. Es wird nur nach dem Nutz- und Intermodulationssignal gesucht.

Bei der mit Gl. (2.240) festgelegten Ansteuerung des Verstärkers ist der mit der Summe $u_a + u_b$ verknüpfte Term des Ausgangsstroms als Nutzsignal zu betrachten. Der mit dem Produkt $u_a u_b$ verknüpfte Term des Ausgangsstroms wird als Intermodulationssignal angesehen, da hierdurch Spektralanteile mit Summen- und Differenzfrequenzen der beiden Eingangsfrequenzen entstehen. Alle weiteren Spektralanteile des Ausgangsstroms bleiben dann unberücksichtigt. Das Nutzsignal im Ausgangsstrom ist nach Gl. (2.222)

$$i_N = a_1 \Delta U = a_1 (u_a + u_b) = a_1 [\hat{u}_a \cos(\omega_a t) + \hat{u}_b \cos(\omega_b t)] \tag{2.241}$$

Das Intermodulationssignal des Ausgangsstroms nach Gl. (2.222) ergibt sich über

$$\frac{a_2}{2} \Delta U^2 = \frac{a_2}{2} (u_a + u_b)^2 = \frac{a_2}{2} (u_a^2 + 2u_a u_b + u_b^2)$$

zu

$$i_I = a_2 u_a u_b = a_2 \hat{u}_a \hat{u}_b \cos(\omega_a t) \cos(\omega_b t)$$

$$= a_2 \frac{\hat{u}_a \hat{u}_b}{2} \{\cos[(\omega_a - \omega_b)t] + \cos[(\omega_a + \omega_b)t]\} \tag{2.242}$$

Damit folgt aus Gl. (2.239) in Verbindung mit Gl. (2.241) der Intermodulationsfaktor

$$d_m = \frac{a_2}{\sqrt{2}\, a_1} \cdot \frac{\hat{u}_a \hat{u}_b}{\sqrt{\hat{u}_a^2 + \hat{u}_b^2}} \tag{2.243}$$

Beispiel 2.45. Der Feldeffekttransistor mit der Schwellspannung $U_{th} = -2{,}5$ V wird in der Schaltung nach Bild **2.64** betrieben. Im Arbeitspunkt ist die Gate-Source-Spannung $U_{GSA} = -0{,}5$ V. Welcher Intermodulationsfaktor d_m ergibt sich, wenn die Amplituden der beiden sinusförmigen Eingangsspannungen $\hat{u}_a = \hat{u}_b = 100$ mV betragen?

Die Ableitungen a_1 und a_2 der Übertragungskennlinie können aus Beispiel 2.43 übernommen oder es kann direkt aus Beispiel 2.44 das Verhältnis

$$a_2/a_1 = 1/(U_{GSA} - U_{th})$$

verwendet werden. Daraus ergibt sich mit Gl. (2.243) der Intermodulationsfaktor

$$d_m = \frac{1}{\sqrt{2}\,(U_{GSA} - U_{th})} \cdot \frac{\hat{u}_a \hat{u}_b}{\sqrt{\hat{u}_a^2 + \hat{u}_b^2}}$$

$$= \frac{1}{\sqrt{2}\,(-0{,}5\text{ V} + 2{,}5\text{ V})} \cdot \frac{100\text{ mV} \cdot 100\text{ mV}}{\sqrt{(100\text{ mV})^2 + (100\text{ mV})^2}} = 0{,}025$$

2.7.2.4 Kreuzmodulation. Mit Kreuzmodulation bezeichnet man die Übernahme der Amplitudenmodulation eines Signals auf ein anderes durch den Verstärker. Sie stört besonders, wenn in einer Empfangsanlage neben dem erwünschten Sendersignal ein starkes Signal eines Ortssenders hinzukommt. Definiert wird die Kreuzmodulation durch die Übernahme der Modulation eines nicht modulierten Signals von einem amplitudenmodulierten.

Die Berechnung der Kreuzmodulation wird anhand der Schaltung von Bild 2.64 durchgeführt. Damit können Ergebnisse der Verzerrungsanalyse von Abschn. 2.7.2.1 übernommen werden.

Als Eingangssignal des Verstärkers wird hier die Spannungsänderung

$$\Delta U = u_1 + u_2 \tag{2.244}$$

mit dem unmodulierten Nutzsignal

$$u_1 = \hat{u}_1 \cos(\omega_1 t) \tag{2.245}$$

und dem amplitudenmodulierten Störsignal

$$u_2 = \hat{u} \cos(\omega_2 t) \tag{2.246}$$

angenommen. Die Amplitude

$$\hat{u} = \hat{u}_2 [1 + m_2 \cos(\omega_\mathrm{m} t)] \tag{2.247}$$

der Spannung u_2 enthält den Modulationsgrad m_2.

Bevor der Ausgangsstrom i analysiert wird, ist zu überlegen, wie der durch Kreuzmodulation hervorgerufene Anteil des Frequenzspektrums des Ausgangsstroms beschaffen ist. Als Ausgangs-Nutzsignal wird entsprechend Gl. (2.245) der Stromanteil $i_1 = \mathrm{f}(\omega_1)$ angesehen. Dieser Strom ist aber durch Kreuzmodulation amplitudenmoduliert. Es wird daher für ihn der **Kreuzmodulationsgrad** m_k eingeführt, so daß der Nutzstrom

$$i_1 = a_1 \hat{u}_1 [1 + m_\mathrm{k} \cos(\omega_\mathrm{m} t)] \cos(\omega_1 t) \tag{2.248}$$

zu erwarten ist. a_1 ist dabei nach Abschn. 2.7.2.1 die erste Ableitung der Übertragungskennlinie.

Nun ist mit der Übertragungskennlinie Gl. (2.222) der Kreuzmodulationsgrad m_k zu berechnen. Aus dem Ausgangsstrom $i = \mathrm{f}(u_1 + u_2)$ wird der Nutzstrom $i_1 = \mathrm{f}(\omega_1)$ herausgesucht. In Gl. (2.222) werden die mit

$$\Delta U = u_1 + u_2$$
$$\Delta U^2 = (u_1 + u_2)^2 = u_1^2 + 2 u_1 u_2 + u_2^2$$

und $\quad \Delta U^3 = (u_1 + u_2)^3 = u_1^3 + 3 u_1^2 u_2 + 3 u_1 u_2^2 + u_2^3$

verknüpften Terme untersucht. Zum Nutzstrom i_1 liefern nur ΔU und ΔU^3 Beiträge. In

$$u_1^3 = \hat{u}_1^3 \cos^3(\omega_1 t) = \frac{3}{4} \hat{u}_1^3 \cos(\omega_1 t) + \frac{\hat{u}_1^3}{4} \cos(3\omega_1 t) \tag{2.249}$$

und $\quad 3 u_1 u_2^2 = 3 \hat{u}_1 \cos(\omega_1 t) \dfrac{\hat{u}^2}{2} [1 + \cos(2\omega_2 t)]$

$$= \frac{3}{2} \hat{u}_1 \hat{u}^2 \cos(\omega_1 t) + \frac{3}{2} \hat{u}_1 \hat{u}^2 \cos(\omega_1 t) \cos(2\omega_2 t) \tag{2.250}$$

sind Anteile vom Nutzstrom i_1 enthalten. In Gl. (2.250) ist noch

$$\hat{u}^2 = \hat{u}_2^2 [1 + m_2 \cos(\omega_m t)]^2$$

$$= \hat{u}_2^2 \left\{ 1 + 2 m_2 \cos(\omega_m t) + \frac{m_2^2}{2} [1 + \cos(2\omega_m t)] \right\} \tag{2.251}$$

zu berücksichtigen. Für eine angenäherte Betrachtung braucht aber nur

$$\hat{u}^2 \approx 2 m_2 \hat{u}_2^2 \cos(\omega_m t) \tag{2.252}$$

verwendet zu werden.

Der Nutzstrom i_1 ergibt sich nach Gl. (2.222) in Verbindung mit Gl. (2.249), Gl. (2.250) und Gl. (2.252) zu

$$i_1 \approx \left[a_1 \hat{u}_1 + \frac{1}{8} a_3 \hat{u}_1^3 + \frac{1}{2} m_2 a_3 \hat{u}_1 \hat{u}_2^2 \cos(\omega_m t) \right] \cos(\omega_1 t)$$

Der mit $\hat{u}_1^3$ verknüpfte Term wird hier ebenfalls vernachlässigt, so daß für den Nutzstrom

$$i_1 \approx a_1 \hat{u}_1 \left[1 + \frac{1}{2} m_2 \frac{a_3}{a_1} \hat{u}_2^2 \cos(\omega_m t) \right] \cos(\omega_1 t) \tag{2.253}$$

näherungsweise gilt.

Ein Vergleich von Gl. (2.248) mit Gl. (2.253) ergibt angenähert den Kreuzmodulationsgrad

$$m_k \approx \frac{1}{2} m_2 \left| \frac{a_3}{a_1} \right| \hat{u}_2^2 = \frac{1}{2} m_2 \left| \frac{\mathrm{d}^3 I / \mathrm{d} U^3}{\mathrm{d} I / \mathrm{d} U} \right| \hat{u}_2^2 \tag{2.254}$$

Kreuzmodulation tritt also immer dann auf, wenn die Übertragungskennlinie mindestens eine dritte Ableitung aufweist. Beim Feldeffekttransistor, der im Sättigungsgebiet eine nahezu quadratische Übertragungskennlinie hat, ist der Kreuzmodulationsgrad sehr gering. Beim Bipolartransistor ist wegen seiner exponentiellen Übertragungskennlinie eine wesentlich stärkere Kreuzmodulation als beim Feldeffekttransistor zu erwarten.

Bei genaueren Analysen des nichtlinearen Verhaltens von Verstärkern sind die Rückwirkungen von seinem Ausgang auf seinen Eingang mit zu berücksichtigen. Bei diesen Betrachtungen reichen aber die hier verwendeten Kennliniengleichungen für Feldeffekt- und Bipolartransistor nicht mehr aus.

In der Praxis wird oft ein zulässiger Kreuzmodulationsgrad m_k eines Verstärkers vorgegeben und die zugehörige Effektivwertspannung

$$U_{2\,\mathrm{eff}} = \hat{u}_2 / \sqrt{2} \tag{2.255}$$

des Störsignals bestimmt. Wird das Störsignal mit dem Modulationsgrad

$m_2 = 100\%$ moduliert und der Kreuzmodulationsgrad $m_k = 1\%$ zugelassen, ist die zulässige Störspannung

$$U_{2\,\text{eff}} = \sqrt{\frac{m_k}{m_2}\left|\frac{a_1}{a_3}\right|} = 0{,}1\sqrt{\left|\frac{a_1}{a_3}\right|} \tag{2.256}$$

Beispiel 2.46. Wie groß ist angenähert der Betrag der dritten Ableitung der Übertragungskennlinie der Ersatzschaltung nach Bild **2.**64, wenn nach dem der Gl. (2.256) zugrunde liegenden Verfahren gearbeitet wird. Bei der Störspannung $U_{2\,\text{eff}} = 300$ mV wurde der Kreuzmodulationsgrad $m_k = 1\%$ festgestellt. Die erste Ableitung der Übertragungskennlinie, die Steilheit, ist $a_1 = S = 10$ mS.

Der Betrag der dritten Ableitung der Übertragungskennlinie (s. Abschn. 2.7.1) folgt mit Gl. (2.256) zu

$$|a_3| = \left|\frac{\mathrm{d}^3 I}{\mathrm{d}U^3}\right| = \frac{S}{100\,U_{2\,\text{eff}}^2} = \frac{10\text{ mS}}{100\,(300\text{ mV})^2} = 1{,}11\,\frac{\text{mS}}{\text{V}^2}$$

2.7.3 Verringerung von Verzerrungen

Durch Wahl der Bauelemente und des Schaltungsaufbaus kann das nichtlineare Verzerrungsverhalten eines Verstärkers erheblich beeinflußt werden.

Beim Feldeffekttransistor sind die im Betrieb auftretenden nichtlinearen Verzerrungen arbeitspunktabhängig (s. Abschn. 2.7.2.2). Darüber hinaus können innere Effekte verzerrungsmindernd wirken. Beispielsweise kann der nichtlineare Kanalleitwert die Harmonischen des Drainstroms vergrößern, verkleinern oder sogar kompensieren.

Beim Bipolartransistor hat der nichtlineare Kollektor-Emitter-Widerstand ähnlich wie beim Feldeffekttransistor einen Einfluß auf die Harmonischen des Kollektorstroms. Hinzu kommt, daß bei Stromansteuerung der Basis ebenfalls Verzerrungsterme des Kollektorstroms kompensiert werden können.

Durch zusätzliche Schaltungsmaßnahmen, wie beispielsweise den Emitterwiderstand beim Emitterverstärker und den Sourcewiderstand beim Sourceverstärker wird die Eingangsgröße mit der Ausgangsgröße vermischt, wodurch das nichtlineare Verzerrungsverhalten stark verändert wird (s. Abschn. 4.5).

Ganz anders geartete Schaltungen, wie beispielsweise Gegentaktstufen (s. Abschn. 8.3), ermöglichen durch Kompensation ebenfalls den Aufbau verzerrungsarmer Verstärker.

3 Verstärkergrundschaltungen

In Abschn. 2.1.1.2 sind die Kleinsignal-Grundschaltungen des Bipolartransistors und in Abschn. 2.1.2.2 die Kleinsignal-Grundschaltungen des Feldeffekttransistors für nicht zu hohe Frequenzen grundsätzlich dargestellt. Es werden dort die Zweitorparameter als Bauelementeparameter (bzw. -kenngrößen) für die Grundschaltungen berechnet und miteinander verglichen. In diesem Abschnitt werden unter Verwendung einfacher Kleinsignal-Ersatzschaltungen wesentliche Schaltungsparameter (bzw. -kenngrößen), nämlich die Kleinsignalspannungsverstärkung V_u, der Kleinsignal-Eingangsleitwert Y_1 und der Kleinsignal-Ausgangsleitwert Y_2, ermittelt. Auf die Probleme der Arbeitspunkteinstellung wird hier nicht gesondert eingegangen; es sei auf Abschn. 2.4 verwiesen.

Eingangsseitig ist der Generator mit dem Innenleitwert Y_i, ausgangsseitig der Lastleitwert Y_L an den Verstärker geschaltet. Daneben wird parallel zum Verstärkereingang ein Widerstand R_1 und zum Verstärkerausgang ein Leitwert Y gelegt, die resultierende Elemente der Arbeitspunkteinstellung sind.

3.1 Grundschaltungen mit Bipolartransistoren

Der Bipolartransistor ist für die Berechnung der Verstärkerschaltungen durch die Hybridparameter (s. Abschn. 1.4.2) der Emitterschaltung, den Kurzschlußeingangswiderstand H_{11e}, die Kurzschlußstromverstärkung $H_{21e} = \beta$ und den Leerlaufausgangsleitwert H_{22e} beschrieben. Die Leerlaufspannungsverstärkung in Rückwärtsrichtung ist $H_{12e} = 0$.

3.1.1 Emitterverstärker

Mit der Sinusstrom-Kleinsignal-Ersatzschaltung des Emitterverstärkers nach Bild 3.1 ist über die Knotengleichung

$$H_{21e} I_b + (H_{22e} + Y + Y_L) U_2 = 0 \tag{3.1}$$

des Knotenpunkts C mit dem Basisstrom

$$I_b = U_1 / H_{11e} \tag{3.2}$$

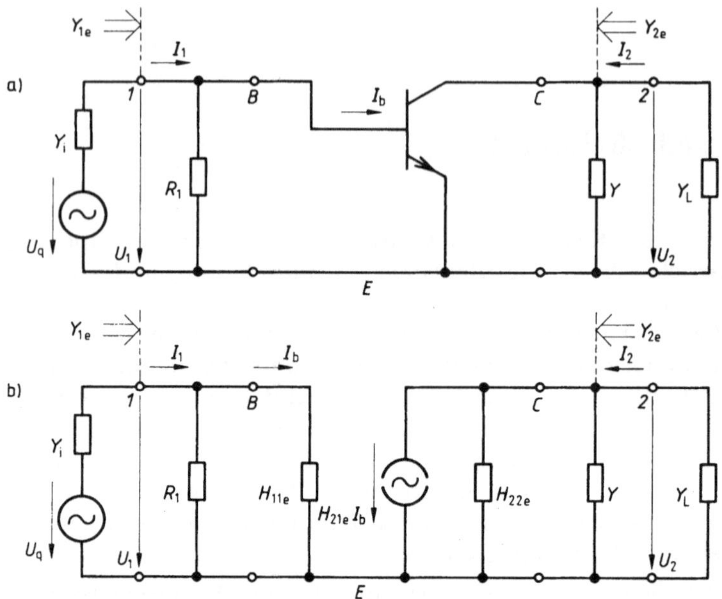

3.1 Sinusstrom-Ersatzschaltung (a) und Sinusstrom-Kleinsignal-Ersatzschaltung (b) des Emitterverstärkers. Widerstand R_1 und Leitwert Y sind resultierende Elemente der Arbeitspunkteinstellung mit dem Lastleitwert Y_L
1 Verstärkereingang, *2* Verstärkerausgang

die Spannungsverstärkung

$$V_{ue} = U_2/U_1 = -H_{21e}/[H_{11e}(H_{22e} + Y + Y_L)] \tag{3.3}$$

Da die Summe der Leitwerte $Y + Y_L$ größer als der Leerlaufausgangsleitwert H_{22e} ist, kann Gl. (3.3) zu

$$V_{ue} \approx \frac{-H_{21e}}{H_{11e}(Y + Y_L)} \tag{3.4}$$

vereinfacht werden. Das Minuszeichen deutet darauf hin, daß die Ausgangsspannung U_2 gegenphasig zur Eingangsspannung U_1 ist. Die Spannungsverstärkung V_{ue} der Emitterschaltung ist neben den Leitwerten Y und Y_L wesentlich abhängig vom Verhältnis der Kurzschlußstromverstärkung H_{21e} zum Kurzschlußeingangswiderstand H_{11e}. Dieses Verhältnis kann durch die Steilheit $S_e = Y_{21e}$ ersetzt werden.

Der Eingangsleitwert des Emitterverstärkers nach Bild **3.**1 ist

$$Y_{1e} = \frac{I_1}{U_1} = \frac{1}{R_1} + \frac{1}{H_{11e}} \tag{3.5}$$

Er ist relativ niederohmig.

Zur Ermittlung des Ausgangsleitwerts des Emitterverstärkers

$$Y_{2e} = I_2/U_2 \big|_{U_q=0} = H_{22e} + Y \tag{3.6}$$

kann von der Generatorspannung $U_q = 0$ ausgegangen werden, wenn der Rechnung das Überlagerungsprinzip zugrunde liegt. Aus der Knotengleichung des Punktes C erhält man mit dem Eingangsstrom $I_1 = 0$ den Ausgangsleitwert. Wegen der fehlenden Rückwirkung ist der Generatorleitwert Y_i ohne Einfluß auf den Ausgangsleitwert Y_{2e}.

Beispiel 3.1. Es sind Spannungsverstärkung V_{ue}, Eingangsleitwert Y_{1e} und Ausgangsleitwert Y_{2e} des Emitterverstärkers von Bild 3.1 zu berechnen. Der Bipolartransistor hat im eingestellten Arbeitspunkt die Kleinsignalparameter Kurzschlußeingangswiderstand $H_{11e} = 1{,}5\ \text{k}\Omega$, Kurzschlußstromverstärkung $H_{21e} = 300$ und Leerlaufausgangsleitwert $H_{22e} = 10\ \mu\text{S}$. Die zur Arbeitspunkteinstellung erforderlichen Elemente, der Widerstand $R_1 = 1\ \text{k}\Omega$ und der Leitwert $Y = 300\ \mu\text{S}$, sind neben dem Lastleitwert $Y_L = 200\ \mu\text{S}$ zu berücksichtigen.

Die Spannungsverstärkung beträgt nach Gl. (3.3)

$$V_{ue} = \frac{-H_{21e}}{H_{11e}(H_{22e}+Y+Y_L)} = \frac{-300}{1{,}5\ \text{k}\Omega\,(10\ \mu\text{S}+300\ \mu\text{S}+200\ \mu\text{S})} = -392{,}16$$

Der Eingangsleitwert des Verstärkers ist nach Gl. (3.5)

$$Y_{1e} = \frac{1}{R_1} + \frac{1}{H_{11e}} = \frac{1}{1\ \text{k}\Omega} + \frac{1}{1{,}5\ \text{k}\Omega} = 1{,}67\ \text{mS}$$

Der Ausgangsleitwert beträgt nach Gl. (3.6)

$$Y_{2e} = H_{22e} + Y = 10\ \mu\text{S} + 300\ \mu\text{S} = 310\ \mu\text{S}$$

3.1.2 Basisverstärker

Die Spannungsverstärkung V_{ub} des Basisverstärkers findet man über die Sinusstrom-Kleinsignal-Ersatzschaltung von Bild 3.2 und die Knotengleichung

$$-Y_L U_2 - Y U_2 - H_{21e} I_b + (U_1 - U_2) H_{22e} = 0 \tag{3.7}$$

des Knotenpunkts C in Verbindung mit dem Basisstrom

$$I_b = -U_1/H_{11e} \tag{3.8}$$

zu

$$V_{ub} = \frac{U_2}{U_1} = \frac{(H_{21e}/H_{11e}) + H_{22e}}{H_{22e} + Y + Y_L} \tag{3.9}$$

Da die Steilheit $Y_{21e} = H_{21e}/H_{11e}$ beim Bipolartransistor wesentlich größer als der Leerlaufausgangsleitwert H_{22e} ist und weiterhin $Y + Y_L \gg H_{22e}$ gilt, kann

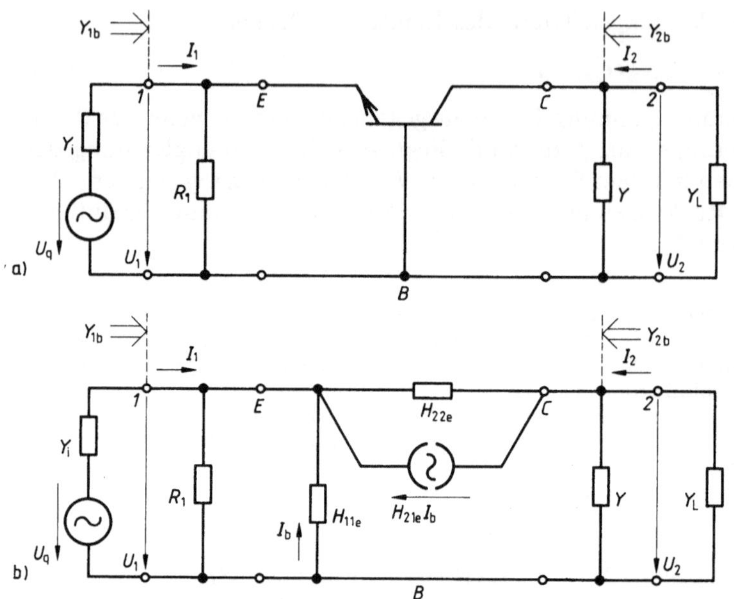

3.2 Sinusstrom-Ersatzschaltung (a) und Sinusstrom-Kleinsignal-Ersatzschaltung (b) des Basisverstärkers. Widerstand R_1 und Leitwert Y sind resultierende Elemente der Arbeitspunkteinstellung mit dem Lastleitwert Y_L
1 Verstärkereingang, *2* Verstärkerausgang

man Gl. (3.9) vereinfachen

$$V_{ub} \approx \frac{H_{21e}}{H_{11e}(Y+Y_L)} \tag{3.10}$$

Damit entspricht, bis auf das Vorzeichen, die Spannungsverstärkung V_{ub} des Basisverstärkers der Spannungsverstärkung V_{ue} des Emitterverstärkers. Aus Gl. (3.10) geht hervor, daß die Ausgangsspannung U_2 gleichphasig zur Eingangsspannung U_1 ist.

Der Eingangsleitwert Y_{1b} des Basisverstärkers errechnet sich über die Knotengleichung

$$I_1 - (U_1/R_1) + I_b + H_{21e}I_b - (U_1 - U_2)H_{22e} = 0 \tag{3.11}$$

des Knotenpunkts E. Mit Gl. (3.8) und (3.9) und $H_{21e} \gg 1$ findet man den Eingangsleitwert

$$Y_{1b} = \frac{I_1}{U_1} = \frac{1}{R_1} + \frac{H_{21e}}{H_{11e}} + H_{22e}(1 - V_{ub}) \tag{3.12}$$

Hierin ist die Steilheit $Y_{21e} = H_{21e}/H_{11e}$ entscheidend. Der Ausgangsleitwert Y_{2b} des Basisverstärkers wird nach dem Überlagerungsprinzip für die Generatorspannung $U_q = 0$ berechnet. Mit der Knotengleichung

$$I_2 - Y U_2 - H_{21e} I_b + (U_1 - U_2) H_{22e} = 0 \tag{3.13}$$

des Knotenpunkts C, der Eingangsspannung

$$U_1 = \frac{I_2 - Y U_2}{Y_i + (1/R_1) + (1/H_{11e})} \tag{3.14}$$

und dem Basisstrom

$$I_b = - U_1/H_{11e} \tag{3.15}$$

folgt der Ausgangsleitwert

$$Y_{2b} = \frac{I_2}{U_2}\bigg|_{U_q = 0} = Y + \frac{H_{22e}}{1 + \dfrac{(H_{21e}/H_{11e}) + H_{22e}}{Y_i + (1/R_1) + (1/H_{11e})}} \tag{3.16}$$

Beispiel 3.2. Der Bipolartransistor wird nach Bild **3.**2 als Basisverstärker im Arbeitspunkt entsprechend Beispiel 3.1 betrieben. Alle Schaltungsgrößen können von Beispiel 3.1 übernommen werden. Der Innenleitwert des Generators beträgt $Y_i = 1{,}67$ mS. Zu berechnen sind Spannungsverstärkung V_{ub}, Eingangsleitwert Y_{1b} und Ausgangsleitwert Y_{2b} des Basisverstärkers.

Die Spannungsverstärkung des Basisverstärkers beträgt nach Gl. (3.9)

$$V_{ub} = \frac{(H_{21e}/H_{11e}) + H_{22e}}{H_{22e} + Y + Y_L} = \frac{[300/(1{,}5 \text{ k}\Omega)] + 10 \text{ μS}}{10 \text{ μS} + 300 \text{ μS} + 200 \text{ μS}} = 392{,}18$$

Sein Eingangsleitwert ist nach Gl. (3.12)

$$Y_{1b} = \frac{1}{R_1} + \frac{H_{21e}}{H_{11e}} + H_{22e}(1 - V_{ub})$$

$$= \frac{1}{1 \text{ k}\Omega} + \frac{300}{1{,}5 \text{ k}\Omega} + 10 \text{ μS}(1 - 392{,}18) = 197{,}09 \text{ mS}$$

Mit Gl. (3.16) erhält man den Ausgangsleitwert

$$Y_{2b} = Y + \frac{H_{22e}}{1 + \dfrac{(H_{21e}/H_{11e}) + H_{22e}}{Y_i + (1/R_1) + (1/H_{11e})}}$$

$$= 300 \text{ μS} + \frac{10 \text{ μS}}{1 + \dfrac{[300/(1{,}5 \text{ k}\Omega)] + 10 \text{ μS}}{1{,}67 \text{ mS} + [1/(1 \text{ k}\Omega)] + [1/(1{,}5 \text{ k}\Omega)]}} = 300{,}16 \text{ μS} \approx Y$$

3.1.3 Kollektorverstärker

Mit der Sinusstrom-Kleinsignal-Ersatzschaltung von Bild **3.**3 kann man die Spannungsverstärkung V_{uc} des Kollektorverstärkers über die Knotengleichung

$$I_b + H_{21e} I_b - (H_{22e} + Y + Y_L) U_2 = 0 \qquad (3.17)$$

des Knotenpunkts E, den Basisstrom

$$I_b = (U_1 - U_2)/H_{11e} \qquad (3.18)$$

und der Ungleichung $H_{21e} \gg 1$

$$V_{uc} = \frac{U_2}{U_1} = \frac{H_{21e}}{H_{11e}[(H_{21e}/H_{11e}) + H_{22e} + Y + Y_L]} \qquad (3.19)$$

berechnen.

Diese Spannungsverstärkung liegt nahe bei eins. Ausgangsspannung U_2 und Eingangsspannung U_1 sind gleichphasig.

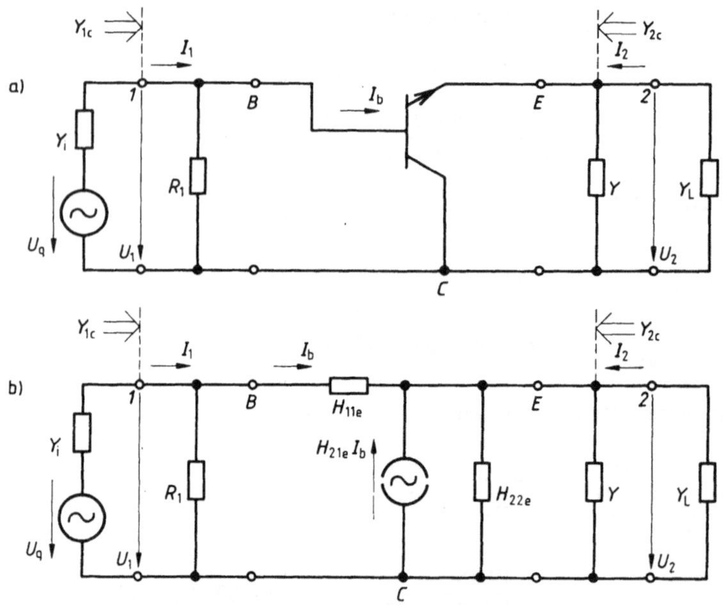

3.3 Sinusstrom-Ersatzschaltung (a) und Sinusstrom-Kleinsignal-Ersatzschaltung (b) des Kollektorverstärkers. Widerstand R_1 und Leitwert Y sind resultierende Elemente der Arbeitspunkteinstellung mit dem Lastleitwert Y_L
1 Verstärkereingang,
2 Verstärkerausgang

Den Eingangsleitwert Y_{1c} des Kollektorverstärkers erhält man mit der Knotengleichung

$$I_1 - (U_1/R_1) - I_b = 0 \qquad (3.20)$$

des Knotenpunkts B und dem Basisstrom

$$I_b = (U_1 - U_2)/H_{11e} = U_1(1 - V_{uc})/H_{11e} \qquad (3.21)$$

zu

$$Y_{1c} = \frac{I_1}{U_1} = \frac{1}{R_1} + \frac{1 - V_{uc}}{H_{11e}} \qquad (3.22)$$

Wegen der Spannungsverstärkung $V_{uc} \approx 1$ gilt für ihn angenähert $Y_{1c} \approx 1/R_1$.
Der Ausgangsleitwert Y_{2c} des Kollektorverstärkers wird nach dem Überlagerungsprinzip für die Generatorspannung $U_q = 0$ ermittelt. Er folgt über die Knotengleichung

$$I_2 - U_2(H_{22e} + Y) + I_b H_{21e} + I_b = 0 \qquad (3.23)$$

des Knotenpunkts E mit dem Basisstrom

$$I_b = \frac{-U_2}{H_{11e} + \dfrac{1}{Y_i + (1/R_1)}} \qquad (3.24)$$

des Spannungsteilers H_{11e}, Y_i parallel R_1 sowie der Ungleichung $H_{21e} \gg 1$ zu

$$Y_{2c} = \frac{I_2}{U_2}\bigg|_{U_q = 0} = H_{22e} + Y + \frac{H_{21e}}{H_{11e} + \dfrac{1}{Y_i + (1/R_1)}} \qquad (3.25)$$

In grober Näherung gilt für den Ausgangsleitwert $Y_{2c} \approx H_{21e}/H_{11e}$.
Da der Kollektorverstärker einen niedrigen Eingangsleitwert Y_{1c}, eine Spannungsverstärkung V_{uc} nahe bei eins und einen großen Ausgangsleitwert Y_{2c} hat, wird dieser Verstärker auch **Impedanzwandler** genannt.

Beispiel 3.3. Der Kollektorverstärker hat die Ersatzschaltung von Bild **3**.3 mit den Hybridparametern und Bauelementen von Beispiel 3.1 und Beispiel 3.2. Spannungsverstärkung V_{uc}, Eingangsleitwert Y_{1c} und Ausgangsleitwert Y_{2c} sind zu berechnen.
Die Spannungsverstärkung ist nach Gl. (3.19)

$$\begin{aligned}
V_{uc} &= \frac{H_{21e}}{H_{11e}[(H_{21e}/H_{11e}) + H_{22e} + Y + Y_L]} \\
&= \frac{300}{1{,}5\ \text{k}\Omega\{[300/(1{,}5\ \text{k}\Omega)] + 10\ \mu\text{S} + 300\ \mu\text{S} + 200\ \mu\text{S}\}} = 0{,}997
\end{aligned}$$

Der Eingangsleitwert beträgt nach Gl. (3.22)

$$Y_{1c} = \frac{1}{R_1} + \frac{1 - V_{uc}}{H_{11e}} \approx \frac{1}{R_1} = \frac{1}{1\ \text{k}\Omega} = 1\ \text{mS}$$

Der Eingangsleitwert Y_{1c} ist damit hauptsächlich abhängig vom Widerstand R_1. Den Ausgangsleitwert findet man mit Gl. (3.25)

$$Y_{2c} = H_{22e} + Y + \frac{H_{21e}}{H_{11e} + \dfrac{1}{Y_i + (1/R_1)}}$$

$$= 10\ \mu\text{S} + 300\ \mu\text{S} + \frac{300}{1{,}5\ \text{k}\Omega + \dfrac{1}{1{,}67\ \text{mS} + [1/(1\ \text{k}\Omega)]}} = 160{,}35\ \text{mS}$$

3.2 Grundschaltungen mit Feldeffekttransistoren

Für die Berechnung der Verstärkergrundschaltungen ist der Feldeffekttransistor durch die Leitwertparameter (s. Abschn. 2.1.2.2) der Sourceschaltung, den Kurzschlußeingangsleitwert $Y_{11s} = 0$, die Kurzschlußsteilheit in Rückwärtsrichtung $Y_{12s} = 0$, die Kurzschlußsteilheit (Steilheit) $Y_{21s} = S$ und den Kurzschlußausgangsleitwert $Y_{22s} = g_{ds}$, beschrieben.

3.2.1 Sourceverstärker

Mit der Sinusstrom-Kleinsignal-Ersatzschaltung des Sourceverstärkers von Bild **3.4** erhält man die Spannungsverstärkung V_{us} über die Knotengleichung

$$Y_{21s} U_1 + (Y_{22s} + Y + Y_L) U_2 = 0 \tag{3.26}$$

des Knotenpunkts D

$$V_{us} = U_2/U_1 = -Y_{21s}/(Y_{22s} + Y + Y_L) \tag{3.27}$$

Damit stimmt Gl. (3.27) mit Gl. (3.3) für die Spannungsverstärkung der Emitterschaltung überein (s. Abschn. 3.1.1). Es ist aber zu berücksichtigen, daß die Steilheit der meisten Feldeffekttransistoren kleiner als die der Bipolartransistoren ist.

Der Eingangsleitwert des Sourceverstärkers nach Bild **3.4**

$$Y_{1s} = I_1/U_1 = 1/R_1 \tag{3.28}$$

wird nur durch den Widerstand R_1 bestimmt. Er wird groß, etwa 1 MΩ bis 20 MΩ, gewählt.

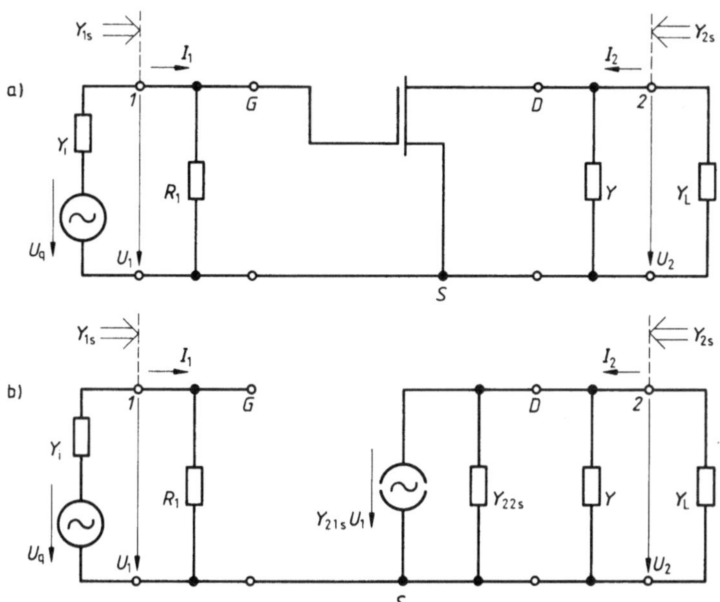

3.4 Sinusstrom-Ersatzschaltung (a) und Sinusstrom-Kleinsignal-Ersatzschaltung (b) des Sourceverstärkers. Widerstand R_1 und Leitwert Y sind resultierende Elemente der Arbeitspunkteinstellung mit dem Lastleitwert Y_L
1 Verstärkereingang, *2* Verstärkerausgang

Der Ausgangsleitwert Y_{2s} des Sourceverstärkers nach Bild **3.4** wird nach dem Überlagerungsprinzip für die Generatorspannung $U_q = 0$ berechnet. Er läßt sich aus der Schaltung zu

$$Y_{2s} = I_2/U_2 |_{U_q=0} = Y_{22s} + Y \tag{3.29}$$

ablesen.

Beispiel 3.4. Für einen Sourceverstärker mit der Ersatzschaltung von Bild **3.4** sind Spannungsverstärkung V_{us}, Eingangsleitwert Y_{1s} und Ausgangsleitwert Y_{2s} zu berechnen. Die Leitwertparameter im eingestellten Arbeitspunkt sind Steilheit $Y_{21s} = 8$ mS und Kurzschlußausgangsleitwert $Y_{22s} = 20$ µS. Die weiteren Kennwerte des Verstärkers sind $R_1 = 1$ MΩ, $Y_i = 0,1$ mS, $Y = 0,1$ mS und $Y_L = 0,1$ mS.
Die Spannungsverstärkung des Sourceverstärkers beträgt nach Gl. (3.27)

$$V_{us} = \frac{-Y_{21s}}{Y_{22s} + Y + Y_L} = \frac{-8 \text{ mS}}{20 \text{ µS} + 0,1 \text{ mS} + 0,1 \text{ mS}} = -36,36$$

Der Eingangsleitwert ist nach Gl. (3.28)

$$Y_{1s} = 1/R_1 = 1/(1 \text{ MΩ}) = 1 \text{ µS}$$

Den Ausgangsleitwert des Sourceverstärkers erhält man über Gl. (3.29)

$$Y_{2s} = Y_{22s} + Y = 20 \text{ µS} + 0,1 \text{ mS} = 0,12 \text{ mS}$$

3.2.2 Gateverstärker

Die Spannungsverstärkung V_{ug} des Gateverstärkers läßt sich mit der Sinusstrom-Kleinsignal-Ersatzschaltung von Bild **3.5** über die Knotengleichung

$$Y_{22s}(U_1 - U_2) + Y_{21s} U_1 - (Y + Y_L) U_2 = 0 \tag{3.30}$$

des Knotenpunkts D zu

$$V_{ug} = U_2/U_1 = (Y_{22s} + Y_{21s})/(Y_{22s} + Y + Y_L) \tag{3.31}$$

berechnen. Der Kurzschlußausgangsleitwert Y_{22s} kann meist vernachlässigt werden.

Der Eingangsleitwert Y_{1g} des Gateverstärkers läßt sich über die Knotengleichung

$$I_1 - (U_1/R_1) - Y_{22s}(U_1 - U_2) - Y_{21s} U_1 = 0 \tag{3.32}$$

des Knotenpunkts S zu

$$Y_{1g} = I_1/U_1 = (1/R_1) + Y_{21s} + Y_{22s}(1 - V_{ug}) \tag{3.33}$$

ermitteln. Den wesentlichen Beitrag in Gl. (3.33) liefert die Steilheit Y_{21s}.

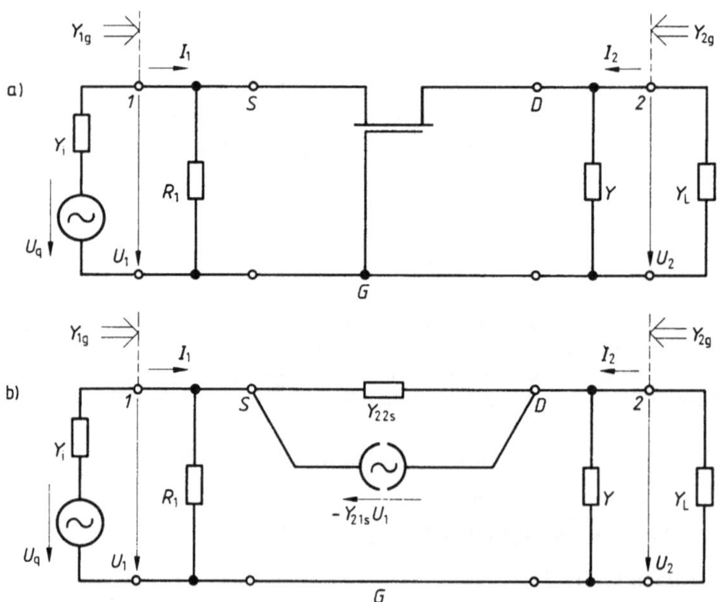

3.5 Sinusstrom-Ersatzschaltung (a) und Sinusstrom-Kleinsignal-Ersatzschaltung (b) des Gateverstärkers. Widerstand R_1 und Leitwert Y sind resultierende Elemente der Arbeitspunkteinstellung mit dem Lastwiderstand Y_L
1 Verstärkereingang, *2* Verstärkerausgang

Der Ausgangsleitwert Y_{2g} des Gateverstärkers wird wieder nach dem Überlagerungsprinzip für die Generatorspannung $U_q = 0$ berechnet. Mit der Knotengleichung

$$I_2 - Y U_2 + Y_{22s}(U_1 - U_2) + Y_{21s} U_1 = 0 \tag{3.34}$$

des Knotenpunkts D und der Eingangsspannung

$$U_1 = \frac{I_2 - Y U_2}{Y_i + (1/R_1)} \tag{3.35}$$

folgt der Ausgangsleitwert

$$Y_{2g} = \left. \frac{I_2}{U_2} \right|_{U_q = 0} = Y + \frac{Y_{22s}}{1 + \dfrac{Y_{22s} + Y_{21s}}{Y_i + (1/R_1)}} \tag{3.36}$$

Er ist hauptsächlich vom Leitwert Y abhängig.

Beispiel 3.5. Mit der Sinusstrom-Kleinsignal-Ersatzschaltung des Gateverstärkers von Bild 3.5 sollen Spannungsverstärkung V_{ug}, Eingangsleitwert Y_{1g} und Ausgangsleitwert Y_{2g} berechnet werden. Alle Kenngrößen der Schaltung sind von Beispiel 3.4 zu übernehmen.

Die Spannungsverstärkung des Gateverstärkers beträgt nach Gl. (3.31)

$$V_{ug} = \frac{Y_{22s} + Y_{21s}}{Y_{22s} + Y + Y_L} = \frac{20\ \mu S + 8\ mS}{20\ \mu S + 0,1\ mS + 0,1\ mS} = 36,45$$

Der Eingangsleitwert des Gateverstärkers ist nach Gl. (3.33)

$$Y_{1g} = (1/R_1) + Y_{21s} + Y_{22s}(1 - V_{ug})$$
$$= [1/(1\ M\Omega)] + 8\ mS + 20\ \mu S\,(1 - 36,45) = 7,29\ mS \approx Y_{21s}$$

Den Ausgangsleitwert des Gateverstärkers findet man über Gl. (3.36)

$$Y_{2g} = Y + \frac{Y_{22s}}{1 + \dfrac{Y_{22s} + Y_{21s}}{Y_i + (1/R_1)}} = 0,1\ mS + \frac{20\ \mu S}{1 + \dfrac{20\ \mu S + 8\ mS}{0,1\ mS + [1/(1\ M\Omega)]}} \approx 0,1\ mS$$

3.2.3 Drainverstärker

Die Sinusstrom-Kleinsignal-Ersatzschaltung des Drainverstärkers ist in Bild 3.6 dargestellt. Die Spannungsverstärkung ergibt sich mit der Knotengleichung

$$Y_{21s}(U_1 - U_2) - (Y_{22s} + Y + Y_L) U_2 = 0 \tag{3.37}$$

des Knotenpunkts S

$$V_{ud} = U_2/U_1 = Y_{21s}/(Y_{21s} + Y_{22s} + Y + Y_L) \tag{3.38}$$

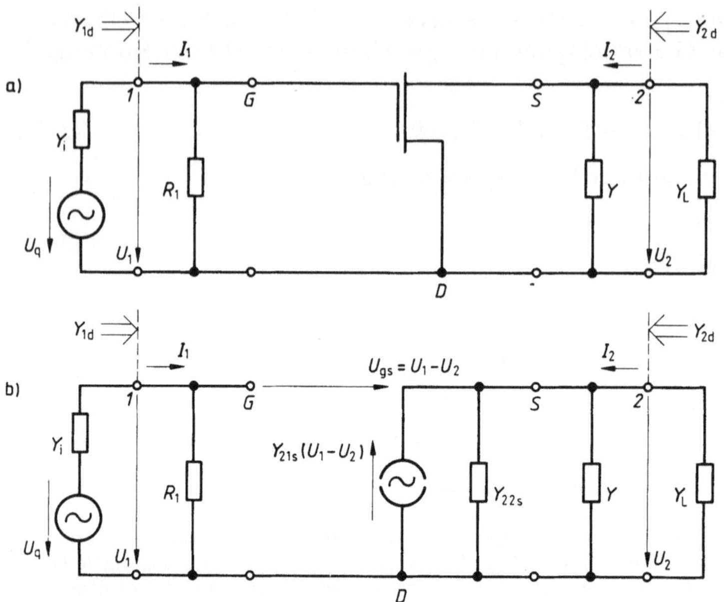

3.6 Sinusstrom-Ersatzschaltung (a) und Sinusstrom-Kleinsignal-Ersatzschaltung (b) des Drainverstärkers. Widerstand R_1 und Leitwert Y sind resultierende Elemente der Arbeitspunkteinstellung mit dem Lastleitwert Y_L
1 Verstärkereingang,
2 Verstärkerausgang

Damit ist beim Drain- und Kollektorverstärker (s. Abschn. 3.1.3) die Spannungsverstärkung $V_{ud} < 1$.

Der Eingangsleitwert

$$Y_{1d} = I_1 / U_1 = 1/R_1 \tag{3.39}$$

ist wegen der fehlenden Rückwirkung Y_{12s} zwischen Ausgang und Eingang des Verstärkers nur durch den Widerstand R_1 bestimmt.

Der Ausgangsleitwert Y_{2d} des Drainverstärkers wird über die Knotengleichung

$$- Y_{21s} U_2 + I_2 - (Y_{22s} + Y) U_2 = 0 \tag{3.40}$$

des Knotenpunkts S nach dem Überlagerungsprinzip für die Generatorspannung $U_q = 0$

$$Y_{2d} = I_2 / U_2 \big|_{U_q = 0} = Y_{21s} + Y_{22s} + Y \tag{3.41}$$

berechnet.

Beispiel 3.6. Für den Drainverstärker nach Bild **3.**6 sind Spannungsverstärkung V_{ud}, Eingangsleitwert Y_{1d} und Ausgangsleitwert Y_{2d} zu berechnen. Alle Kenngrößen von Beispiel 3.4 sind zu übernehmen.

Die Spannungsverstärkung des Drainverstärkers findet man mit Gl. (3.38)

$$V_{ud} = \frac{Y_{21s}}{Y_{21s} + Y_{22s} + Y + Y_L} = \frac{8 \text{ mS}}{8 \text{ mS} + 20 \,\mu\text{S} + 0{,}1 \text{ mS} + 0{,}1 \text{ mS}} = 0{,}97$$

Der Eingangsleitwert des Drainverstärkers beträgt nach Gl. (3.39)

$$Y_{1d} = 1/R_1 = 1/(1 \text{ M}\Omega) = 1 \,\mu\text{S}$$

Der Ausgangsleitwert des Drainverstärkers ist nach Gl. (3.41)

$$Y_{2d} = Y_{21s} + Y_{22s} + Y = 8 \text{ mS} + 20 \,\mu\text{S} + 0{,}1 \text{ mS} = 8{,}12 \text{ mS}$$

4 Rückkopplungen

Unter Rückkopplung wird bei einem Verstärker die Rückführung einer Ausgangsgröße – das kann eine Spannung oder ein Strom sein – auf den Eingang verstanden. Dort können Eingangsspannung oder Eingangsstrom beeinflußt werden. Weiterhin ist zwischen einer phasenrichtigen Rückkopplung, der Mitkopplung, und einer gegenphasigen Rückkopplung, der Gegenkopplung, zu unterscheiden. Neben gezielten Rückkopplungen, die bestimmte Verstärkereigenschaften bewirken sollen, sind unerwünschte Rückführungen zu beachten. Unerwünschte oder parasitäre Rückkopplungen durch die Schaltung können auch durch die Verstärkerbauelemente selbst verursacht werden. Bei Mitkopplung sind Begrenzungen und Schwingungsanfachungen möglich.

4.1 Verstärker mit Rückkopplung

In Bild **4.**1 ist das Blockschaltbild eines Spannungsverstärkers mit Rückkopplung dargestellt, die zwischen dem Verstärkerausgang *2* (Verzweigungspunkt) und dem Verstärkereingang *1* (Summenpunkt) geschaltet ist. Die Übertragungskenngröße des Verstärkers ist die Spannungsverstärkung V. Ohne Rückkopplung wird die Eingangsspannung U_1 in die Ausgangsspannung

$$U_2 = V U_1 \big|_{\text{ohne Rückkopplung}} \tag{4.1}$$

überführt. Die Rückkopplung ist durch den **Rückkopplungsfaktor** k gekennzeichnet. Die Eingangsspannung der Rückkopplung ist die Ausgangsspannung U_2 des Verstärkers. Die Ausgangsspannung der Rückkopplung ist damit $k U_2$. Diese Spannung wird additiv am Verstärkereingang wirksam. In Bild **4.**1 sind am Summenpunkt die Eingangsspannung U_1 und auch die Ausgangsspannung $k U_2$ positiv gekennzeichnet.

Mit Rückkopplung ist die Ausgangsspannung

$$U_2 = \frac{V}{1 - k V} U_1 \tag{4.2}$$

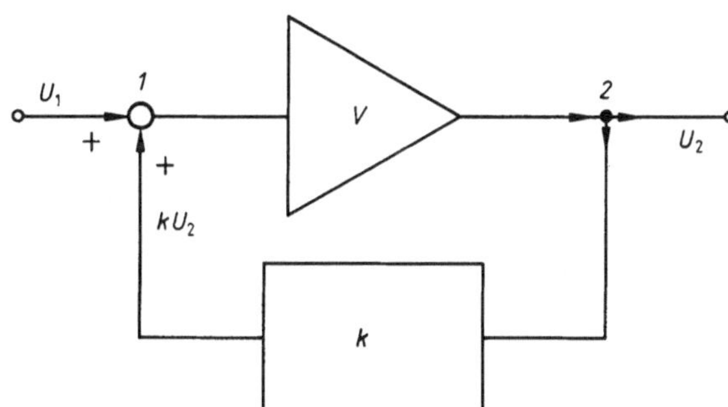

4.1
Blockschaltbild eines rückgekoppelten Spannungsverstärkers mit der Verstärkung V und dem Rückkopplungsfaktor k
1 Eingang (Summenpunkt), *2* Ausgang (Verzweigungspunkt)

Daraus folgt die Übertragungsgröße der Gesamtschaltung, die Betriebsspannungsverstärkung

$$V_\mathrm{B} = \frac{U_2}{U_1} = \frac{V}{1-kV} \tag{4.3}$$

Die Ausgangsspannung U_2 und damit auch die Betriebsspannungsverstärkung V_B wird durch das Produkt kV wesentlich beeinflußt, da es den Signalring Verstärker/Rückkopplung beschreibt.

Das Verhalten des Signalrings wird erfaßt, indem die Eingangsspannung $U_1 = 0$ gesetzt wird, an irgendeiner Stelle der Schaltung ein Schnitt gedacht und dann das Verhältnis von Ausgangsspannung und Eingangsspannung an dieser Stelle gebildet wird. Dieses Verhältnis nennt man Ring- oder Schleifenverstärkung

$$V_\mathrm{R} = kV \tag{4.4}$$

Damit kann für die Betriebsspannungsverstärkung

$$V_\mathrm{B} = \frac{U_2}{U_1} = \frac{V}{1-V_\mathrm{R}} \tag{4.5}$$

geschrieben werden.

Der Einfluß, den die Rückkopplung auf die Betriebsverstärkung V_B ausübt, wird mit Gl. (4.5) über die Ringverstärkung V_R diskutiert (Bild **4.2**).

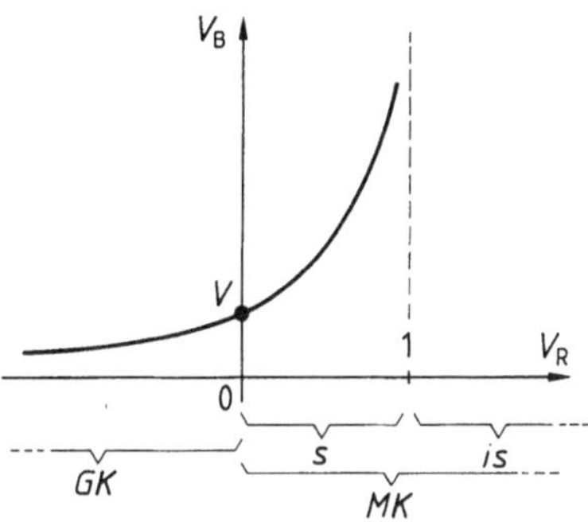

4.2
Abhängigkeit der Betriebsverstärkung V_B von der Ringverstärkung V_R nach Gl. (4.5) eines rückgekoppelten Verstärkers
GK Gegenkopplung, *MK* Mitkopplung, *s* stabiler und *is* instabiler Bereich der Mitkopplung

Ist die Ringverstärkung $V_R < 0$, wird die Betriebsverstärkung $|V_B| < |V|$; es liegt Gegenkopplung vor. Bei der Ringverstärkung $V_R > 0$ wird die Betriebsverstärkung $|V_B| > |V|$; es liegt Mitkopplung vor. Wie Gl. (4.5) zu entnehmen ist, wird bei der Ringverstärkung $V_R \to 1$ die Betriebsverstärkung $V_B \to \infty$. Dies bedeutet Instabilität. Der Verstärker wird in die Begrenzung gesteuert oder er wird zu Schwingungen angeregt. Der gegengekoppelte Verstärker ist damit nur für Ringverstärkungen $V_R < 1$ stabil.

Da bei Gegenkopplung die Betriebsverstärkung $|V_B| < |V|$ ist, werden durch die Verstärkung V bedingte Störungen reduziert (s. Abschn. 4.2). Schwankungen des Rückkopplungsfaktors k dagegen bleiben erhalten. Bei Mitkopplung werden Schwankungen der Verstärkung V auch verstärkt. Mitkopplungen, auch wenn sie noch im stabilen Bereich liegen, sollten deshalb möglichst vermieden werden. Die instabile Mitkopplung wird nutzbringend in Oszillatoren (s. Abschn. 9) angewendet.

Das für den Spannungsverstärker nach Bild **4.**1 diskutierte Rückkopplungsverfahren gilt auch für andere Schaltungen. Behandelt wird hier die spannungsgesteuerte Spannungsrückkopplung. Es können aber auch spannungsgesteuerte Stromrückkopplungen, stromgesteuerte Stromrückkopplungen oder stromgesteuerte Spannungsrückkopplungen vorliegen.

Die Abhängigkeit der Betriebsverstärkung V_B vom Nenner $(1 - V_R)$ in Gl. (4.5) bleibt bei allen Schaltungen erhalten, wobei aber die Verstärkung $V \gtrless 0$ und auch der Rückkopplungsfaktor $k \lessgtr 0$ sein können. Damit kann auch die Ringverstärkung abhängig von der Schaltung $V_R = \pm k\,V$ sein. Für das Zusammenwirken von Eingangs- und Rückkopplungssignal gibt es ebenfalls andere Möglichkeiten.

Beispiel 4.1. Ein nach Bild **4.**1 rückgekoppelter Verstärker hat die Verstärkung $V = 100$. Die Bereiche der Betriebsverstärkung V_B und die des Rückkopplungsfaktors k sind für Gegenkopplung sowie stabile und instabile Mitkopplung anzugeben.

Gegenkopplung liegt nach Bild **4.**2 bei der Ringverstärkung $V_R < 0$ vor. Mit Gl. (4.5) folgt für die Betriebsspannungsverstärkung $V_B < V$, wobei mit Gl. (4.4) der Rückkopplungsfaktor $k < 0$ sein muß.

Stabile Mitkopplung besteht nach Bild **4.**2, wenn die Ringverstärkung im Bereich $0 < V_R < 1$ liegt. Hierbei ist die Betriebsspannungsverstärkung $V_B > V$. Der Bereich des Rückkopplungsfaktors für stabile Mitkopplung $0 < k < 0{,}01$ ergibt sich über die gegebene Verstärkung $V = 100$ und Gl. (4.4).

Instabile Mitkopplung liegt nach Bild **4.**2 vor, wenn die Ringverstärkung $V_R \geq 1$ wird. Mit Gl. (4.5) folgt die zugehörige Betriebsverstärkung $V_B \to \infty$. Diese Betriebsverstärkung bewirkt bereits durch die kleinste Eingangsspannung eine unendlich große Ausgangsspannung, falls der Verstärker keine Aussteuergrenzen hätte. Zur Ringverstärkung $V_R \geq 1$ gehört nach Gl. (4.4) der Rückkopplungsfaktor $k \geq 0{,}01$.

4.2 Stabilisierung durch Gegenkopplung

Für den rückgekoppelten Verstärker nach Bild **4.**1 soll die relative Änderung der Betriebsverstärkung $dV_B/V_B \approx \Delta V_B/V_B$ berechnet werden, wenn die relative Änderung der Verstärkung $dV/V \approx \Delta V/V$ ohne Rückkopplung vorgegeben ist. Über den Differentialquotient

$$\frac{dV_B}{dV} = \frac{1}{(1-kV)^2} = \frac{1}{(1-V_R)^2} \tag{4.6}$$

von Gl. (4.3) folgt die relative Änderung der Betriebsverstärkung

$$\frac{dV_B}{V_B} = \frac{dV}{V} \cdot \frac{1}{1-V_R} \tag{4.7}$$

Hiernach gilt bei einer Gegenkopplung, d.h., wenn die Ringverstärkung $V_R < 0$ ist (s. Bild **4.**2), für die relative Änderung der Betriebsverstärkung $|dV_B/V_B| < |dV/V|$. Dieses Verhalten wird Stabilisierung durch Gegenkopplung genannt.

Liegt dagegen eine Mitkopplung (Bild **4.**2) im Bereich $0 < V_R < 1$ vor, so ist zwar der Verstärker noch stabil, für die relative Änderung der Betriebsverstärkung gilt aber $|dV_B/V_B| > |dV/V|$. Die Mitkopplung verschlechtert somit die Eigenschaften eines Verstärkers.

Beispiel 4.2. Ein rückgekoppelter Verstärker nach Bild **4.**1 hat die Verstärkung $V = 100$ und den Rückkopplungsfaktor $k = -0,1$. Wie groß ist die Betriebsverstärkung V_B? Aufgrund von Temperaturänderungen ist mit einer Schwankung der Verstärkung V um 20% zu rechnen. Welche prozentuale Änderung der Betriebsverstärkung tritt auf?
Die Betriebsverstärkung beträgt nach Gl. (4.3)

$$V_B = \frac{V}{1-kV} = \frac{100}{1+0,1\cdot100} = 9,09$$

Die relative Änderung der Betriebsverstärkung

$$\frac{\Delta V_B}{V_B} = \frac{\Delta V}{V} \cdot \frac{1}{1-kV} = 20\% \frac{1}{1+0,1\cdot100} = 1,82\%$$

ergibt sich mit Gl. (4.7).

4.3 Einfluß der Gegenkopplung auf Verstärkerkenngrößen

Nach Abschn. 4.1 kann durch Gegenkopplung die Übertragungsgröße des Verstärkers, die Verstärkung, beeinflußt werden. Die Gegenkopplung verändert ebenfalls andere Verstärkerkenngrößen wie den Eingangs- und den Ausgangsleitwert.

4.3.1 Eingangsleitwert

Der Einfluß des Rückkopplungsleitwerts Y auf den Eingangsleitwert Y_1 des Verstärkers nach Bild **4.**3 soll untersucht werden. Der Verstärker selbst hat einen zu vernachlässigenden Eingangsleitwert und Ausgangswiderstand. Seine Spannungsverstärkung ist $V_u = U_2/U_1$.

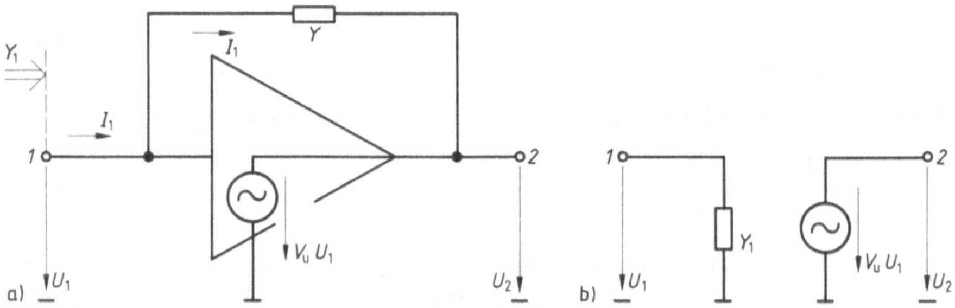

4.3 Rückgekoppelter Spannungsverstärker (a) mit Ersatzschaltung (b)
   1 Eingang, *2* Ausgang, *Y* Rückkopplungsleitwert

Der Eingangsleitwert der Gesamtschaltung ergibt sich aus dem Eingangsstrom

$$I_1 = Y(U_1 - U_2) = YU_1(1 - V_u) \tag{4.8}$$

zu

$$Y_1 = I_1/U_1 = Y(1 - V_u) \tag{4.9}$$

Er wird auch effektiver Eingangsleitwert Y_{eff} genannt. Wie Gl. (4.9) zu entnehmen ist, erscheint der Rückwirkungsleitwert Y mit der Verstärkung $-V_u$ multipliziert am Verstärkereingang. Dies nennt man **Millereffekt**. Nach diesem Prinzip ist auch eine kapazitive Rückwirkung, wie sie bei Verstärkerbauelementen stets auftritt, verstärkt am Eingang wirksam und kann die Ursache für Instabilitäten sein.

Je nach Vorzeichen der Spannungsverstärkung V_u sind zwei Fälle zu unterscheiden:

a) Im Bereich $V_u < 0$ der Spannungsverstärkung ist der Eingangsleitwert $Y_1 > Y$. Dies trifft beispielsweise für Emitter- und Sourceverstärker zu.

b) Im Bereich $V_u > 0$ der Spannungsverstärkung gilt für den Eingangsleitwert $Y_1 < Y$. Hierbei ist zu unterscheiden zwischen dem Bereich $0 < V_u < 1$, bei dem noch $Y_1 > 0$ ist, und dem Bereich $V_u > 1$ mit $Y_1 < 0$, wenn $Y > 0$ angenommen wird. Der Bereich $0 < V_u < 1$ ist beispielsweise bei Kollektor- und Drainverstärkern vorhanden. Diese Erniedrigung des Eingangsleitwerts eines Verstärkers durch Rückkopplung nennt man **Bootstrap** (s. Band III). Bei $V_u > 1$ erhält man einen negativen Eingangsleitwert Y_1.

Wie das Bootstrap-Prinzip beim Drainverstärker zur Erniedrigung des Eingangsleitwerts benutzt werden kann, wird anhand von Bild 4.4 dargestellt. Da die Gateelektrode des Feldeffekttransistors mit einem mehr oder weniger großen Widerstand R_G (s. Abschn. 2.4.3) beschaltet werden muß, bestimmt dieser Widerstand bei einfachem Schaltungsaufbau den Eingangsleitwert des Drainverstärkers. Die Eigenschaften des Feldeffekttransistors werden in Bild 4.4 im Kleinsignalbetrieb durch die Steilheit S beschrieben. Die Koppelkondensatoren C können im Betriebsfrequenzbereich als Kurzschlüsse aufgefaßt werden. Die Reihenschaltung der Widerstände R_1 und R_2 ergibt den Arbeitswiderstand des Drainverstärkers. Über den Gate-Widerstand $(R_G > 1\,\mathrm{M}\Omega)$ wird ein Teil der Ausgangsspannung U_2 auf den Eingang des Feldeffekttransistors zurückgeführt.

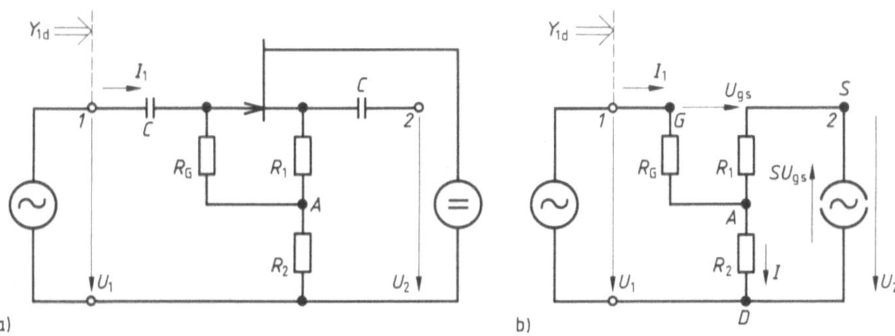

4.4 Drainverstärker (a) mit Bootstrap zur Verringerung des Kleinsignaleingangsleitwerts Y_{1d}. Die Koppelkondensatoren C sind in der Kleinsignal-Ersatzschaltung (b) als Kurzschlüsse aufgefaßt

Der Eingangsleitwert Y_{1d} des Drainverstärkers nach Bild 4.4 errechnet sich über die Maschengleichung

$$U_1 - R_G I_1 - R_2 I = 0 \tag{4.10}$$

sowie über die Ungleichung $R_G \gg R_1 + R_2$ mit dem Strom

$$I = S U_{gs} = S(U_1 - U_2) = S[U_1 - (R_1 + R_2)I]$$

$$I = \frac{S U_1}{1 + S(R_1 + R_2)} \tag{4.11}$$

zu

$$Y_{1d} = \frac{I_1}{U_1} = \frac{1}{R_G}\left[1 - \frac{S R_2}{1 + S(R_1 + R_2)}\right] \tag{4.12}$$

Hierbei ist mit dem Widerstand $R_2 \gg R_1$ und der Spannungsverstärkung

$$V_u = \frac{U_2}{U_1} = \frac{S(R_1 + R_2)}{1 + S(R_1 + R_2)} \approx \frac{S R_2}{1 + S R_2} \tag{4.13}$$

der Eingangsleitwert

$$Y_{1d} \approx \frac{1}{R_G}\left[1 - \frac{SR_2}{1+SR_2}\right] \approx \frac{1-V_u}{R_G} \tag{4.14}$$

für $1/R_G = Y$ mit Gl. (4.9) identisch.

Wird für die Spannungsverstärkung $V_u \approx 0{,}9$ gesetzt, so wird mit Gl. (4.14) der Eingangsleitwert $Y_1 \approx 0{,}1/R_G$. Er wird also kleiner, und damit ist der Eingangswiderstand dieses Drainverstärkers etwa $10R_G$.

Beispiel 4.3. Der Verstärker nach Bild **4.**3 hat zwischen Ausgang und Eingang den Kondensator C anstelle des Leitwerts Y. Die Spannungsverstärkung ohne Rückkopplung beträgt $V_u = -100$. Wie groß ist der komplexe Eingangsleitwert $\underline{Y}_1$ der Gesamtanordnung? Tritt hier Millereffekt oder Bootstrap auf?

Den komplexen Eingangsleitwert

$$\underline{Y}_1 = \underline{Y}(1-V_u) = j\omega C(1-V_u) = j\omega C(1+100) = j\omega C \cdot 101$$

findet man über Gl. (4.9), wobei für den Rückkopplungsleitwert $\underline{Y} = j\omega C$ zu berücksichtigen ist. Es liegt hier eine Vergrößerung des Eingangsleitwerts durch Gegenkopplung, also der Millereffekt, vor. Die effektive Eingangskapazität $C_{eff} = C(1-V_u) = 101\,C$ nennt man Millerkapazität

4.3.2 Ausgangsleitwert

Ein Spannungsverstärker nach Bild **4.**5 mit niedrigem Eingangsleitwert bzw. großem Eingangswiderstand ohne Rückkopplung hat die Spannungsverstärkung V_u und den Ausgangswiderstand R_a. Es soll nun untersucht werden, wie der Ausgangsleitwert Y_2 vom Rückkopplungswiderstand R abhängt.

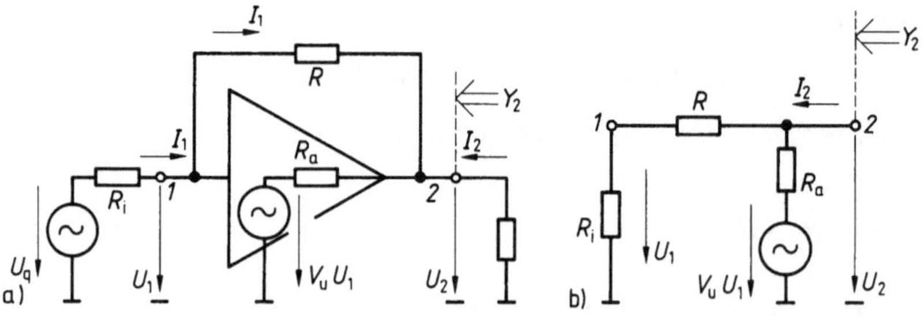

4.5 Sinusstrom-Prinzipschaltung eines rückgekoppelten Spannungsverstärkers (a) mit Ersatzschaltung (b) zur Bestimmung des Ausgangsleitwerts Y_2

Die Berechnung des Ausgangsleitwerts Y_2 geht von der Ersatzschaltung in Bild **4.**5b aus, wobei wegen des Überlagerungsprinzips die am Verstärkereingang liegende Spannung $U_q = 0$ gesetzt wird.

Über die Knotengleichung

$$I_2 + \frac{V_\mathrm{u} U_1 - U_2}{R_\mathrm{a}} + \frac{U_1 - U_2}{R} = 0 \tag{4.15}$$

des Ausgangs *2* und über die Eingangsspannung

$$U_1 = \frac{R_\mathrm{i}}{R_\mathrm{i} + R}\, U_2 \tag{4.16}$$

ergibt sich der Ausgangsleitwert

$$Y_2 = \left.\frac{I_2}{U_2}\right|_{U_\mathrm{q}=0} = \frac{1}{R_\mathrm{a}}\left[\frac{R_\mathrm{a} + R + R_\mathrm{i}(1 - V_\mathrm{u})}{R_\mathrm{i} + R}\right] \tag{4.17}$$

Ohne den Rückkopplungswiderstand R ist der Ausgangsleitwert

$$Y_2|_{R\to\infty} = 1/R_\mathrm{a} \tag{4.18}$$

des Verstärkers von Bild **4**.5. Mit dem Rückkopplungswiderstand R gilt für den Ausgangsleitwert Gl. (4.17). Wird für die Spannungsverstärkung $V_\mathrm{u} \ll -1$ angenommen, so ist mit dem Widerstand $R_\mathrm{i} \gg R$ und $-V_\mathrm{u} R_\mathrm{i} \gg R_\mathrm{a}$ angenähert

$$Y_2 \approx -V_\mathrm{u}/R_\mathrm{a} \tag{4.19}$$

Damit wird der Ausgangsleitwert durch den Rückkopplungswiderstand R bei der Spannungsverstärkung $V_\mathrm{u} \ll -1$ extrem groß, d. h. der Ausgangswiderstand ist extrem klein.

Beispiel 4.4. Für den Spannungsverstärker nach Bild **4**.5 mit dem Rückkopplungswiderstand $R = 1\,\mathrm{k}\Omega$ ist der Ausgangsleitwert Y_2 zu berechnen. Der Verstärker hat die Spannungsverstärkung $V_\mathrm{u} = -1000$ und den Ausgangswiderstand $R_\mathrm{a} = 10\,\mathrm{k}\Omega$ ohne Rückkopplungswiderstand. Der Innenwiderstand des Generators beträgt $R_\mathrm{i} = 600\,\Omega$. Den Ausgangsleitwert des Verstärkers erhält man mit Gl. (4.17)

$$Y_2 = \frac{1}{R_\mathrm{a}}\left[\frac{R_\mathrm{a} + R + R_\mathrm{i}(1 - V_\mathrm{u})}{R_\mathrm{i} + R}\right] = \frac{1}{10\,\mathrm{k}\Omega}\left[\frac{10\,\mathrm{k}\Omega + 1\,\mathrm{k}\Omega + 600\,\Omega(1 + 1000)}{600\,\Omega + 1\,\mathrm{k}\Omega}\right]$$
$$= 38{,}23\,\mathrm{mS}$$

Damit erhöht sich der Ausgangsleitwert des Verstärkers durch den Rückkopplungswiderstand R von $1/R_\mathrm{a} = 0{,}1\,\mathrm{mS}$ auf $38{,}23\,\mathrm{mS}$.

4.4 Gegenkopplung beim Operationsverstärker

Der Operationsverstärker kann wegen seiner großen Spannungsverstärkung ohne Gegenkopplung nicht stabil arbeiten. Durch einen Widerstand, der zwischen Ausgang und nichtinvertierendem Eingang des Operationsverstärkers geschaltet wird, erreicht man eine Gegenkopplung, die seinen stabilen Betrieb gewährleistet. Ein instabiles Ansteigen der Ausgangsspannung wird durch den Gegenkopplungswiderstand R verhindert. Benutzt wird der ideale Operationsverstärker (s. Abschn. 2.1.3).

4.4.1 Strom-Spannungs-Wandler

In Bild **4.**6 ist das Grundprinzip eines gegengekoppelten Operationsverstärkers mit dem Rückkopplungswiderstand R dargestellt. Der invertierende Eingang des Operationsverstärkers, durch ein Minuszeichen gekennzeichnet, ist der Verstärkereingang *1*. Der nichtinvertierende Eingang, durch ein Pluszeichen gekennzeichnet, liegt auf Bezugspotential, der Masse.

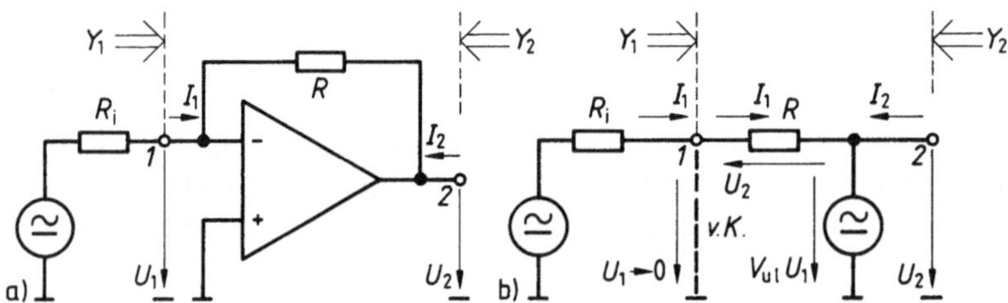

4.6 Operationsverstärker mit Gegenkopplungswiderstand R
(a) Strom-Spannungs-Wandler und Ersatzschaltung (b) mit idealem Operationsverstärker
1 Eingang, *2* Ausgang, *v. K.* virtueller Kurzschluß

Wird der Operationsverstärker als ideal angesehen, so kann die Ersatzschaltung nach Abschn. 2.1.3, Bild **2.**8 benutzt werden. Wegen der Leerlaufspannungsverstärkung $V_{ul} \to -\infty$ des Operationsverstärkers gilt für die Eingangsspannung $U_1 \to 0$. Man kann sich deshalb zwischen Klemme *1* und Masse einen Kurzschluß vorstellen. Dies ist aber kein wirklicher Kurzschluß, da über ihn kein Strom fließen kann. Es wird vom virtuellen (nicht wirklichen) Kurzschluß (*v. K.*) gesprochen.

Wegen des virtuellen Kurzschlusses am Verstärkereingang liegt über dem Rückkopplungswiderstand R die Ausgangsspannung U_2. Der Eingangsstrom I_1, die Eingangsgröße, ist über den Widerstand R mit der Ausgangsspannung U_2, der Ausgangsgröße, verknüpft.

Die Ausgangsspannung als Funktion des Eingangsstroms ist nach der Ersatzschaltung in Bild **4.**6b

$$U_2 = -R I_1 \tag{4.20}$$

Der Eingangsstrom I_1 wird über den Widerstand R in die Ausgangsspannung U_2 umgesetzt, also gewandelt. Wegen des Minuszeichens in Gl. (4.20) ist dies eine Invertierung (Vorzeichenumkehr) des Signals.

Die Schaltung in Bild **4.**6 nennt man wegen der idealen Beziehung zwischen Eingangsstrom I_1 und Ausgangsspannung U_2 Strom-Spannungs-Wandler. Sie stellt die Grundschaltung für die Schaltungstechnik mit Operationsverstärkern dar.

Der Eingangsleitwert des Strom-Spannungs-Wandlers ist mit der Spannung $U_1 \to 0$ (virtueller Kurzschluß)

$$Y_1 = (I_1/U_1) \to \infty \qquad (4.21)$$

Über den Eingangsstrom $I_1 = 0$ erhält man nach dem Überlagerungsprinzip den Ausgangsleitwert

$$Y_2 = (I_2/U_2)\big|_{I_1=0} \to \infty \qquad (4.22)$$

Beispiel 4.5. Für den mit dem Widerstand $R = 1\,\mathrm{k}\Omega$ nach Bild **4.**6 rückgekoppelten Operationsverstärker ist die Wandlerbeziehung $U_2 = \mathrm{f}(I_1)$ zu berechnen.
Die Wandlerbeziehung dieses Strom-Spannungs-Wandlers folgt mit Gl. (4.20) über

$$U_2 = -R\,I_1 = -1\,\mathrm{k}\Omega\,I_1 = -1\,(\mathrm{V/mA})\,I_1$$

zu

$$U_2/\mathrm{V} = -I_1/\mathrm{mA}$$

-1 mA Eingangsstrom entspricht also 1 V Ausgangsspannung.

4.4.2 Invertierender Spannungsverstärker

Soll eine Spannung die Eingangsgröße einer Schaltung mit einem Operationsverstärker sein, so muß diese Spannung in einen ihr proportionalen Strom umgeformt werden. Mit einem Widerstand, der dem Strom-Spannungs-Wandler vorgeschaltet wird (Bild **4.**7), ist dies zu erreichen. Dieser Widerstand R_a liegt virtuell auf Masse, damit ist die Spannung über ihm die Eingangsspannung U_1.

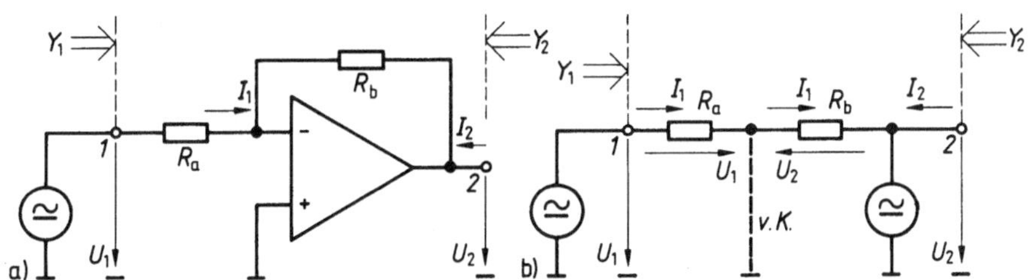

4.7 Invertierender Spannungsverstärker (a) und Ersatzschaltung (b)
   mit idealem Operationsverstärker
   1 Eingang, *2* Ausgang, *v. K.* virtueller Kurzschluß

Ausgehend von der Ersatzschaltung in Bild **4.**7 erhält man über den Strom

$$I_1 = U_1/R_a = - U_2/R_b \tag{4.23}$$

die Betriebsspannungsverstärkung

$$V_{uB} = U_2/U_1 = - R_b/R_a \tag{4.24}$$

Die Betriebsspannungsverstärkung ist nur eine Funktion der hinzugeschalteten Widerstände R_a und R_b. Damit haben die angenommenen idealen Kenngrößen des Operationsverstärkers keinen Einfluß auf das Ergebnis. Wegen der Vorzeichenumkehr der Ausgangsspannung gegenüber der Eingangsspannung wird dieser Verstärker **invertierender Spannungsverstärker** genannt.

Der Eingangsleitwert des invertierenden Spannungsverstärkers ist durch den virtuellen Kurzschluß am Eingang des Operationsverstärkers

$$Y_1 = I_1/U_1 = 1/R_a \tag{4.25}$$

Der Ausgangsleitwert stimmt mit dem des Strom-Spannungs-Wandlers von Gl. (4.22) überein, ist also $Y_2 \to \infty$.

Beispiel 4.6. Mit dem invertierenden Spannungsverstärker von Bild **4.**7 ist beim Rückkopplungswiderstand $R_b = 10\,\text{k}\Omega$ die Betriebsspannungsverstärkung $V_{uB} = -10$ einzustellen. Wie groß muß der Widerstand R_a gewählt werden? Welchen Eingangsleitwert Y_1 hat dieser Verstärker?

Mit Gl. (4.24) ergibt sich der Widerstand

$$R_a = - R_b/V_{uB} = - 10\,\text{k}\Omega/(-10) = 1\,\text{k}\Omega$$

Der Eingangsleitwert des invertierenden Spannungsverstärkers ist nach Gl. (4.25)

$$Y_1 = 1/R_a = 1/(1\,\text{k}\Omega) = 1\,\text{mS}$$

4.4.3 Nichtinvertierender Spannungsverstärker

Wird beim Operationsverstärker der nichtinvertierende Eingang (Pluszeichen) als Verstärkereingang gewählt, so kann erreicht werden, daß zwischen dem Eingangssignal und dem Ausgangssignal des Verstärkers keine Vorzeichenumkehr eintritt. Auf den Gegenkopplungswiderstand zwischen Ausgang und invertierendem Eingang darf aber nicht verzichtet werden. In Bild **4.**8 ist dargestellt, wie ein **nichtinvertierender Spannungsverstärker** aufzubauen ist. Wird wieder ein idealer Operationsverstärker vorausgesetzt, so liegt die Eingangsspannung U_1, bedingt durch den virtuellen Kurzschluß $v.K.$, über dem Widerstand R_a. Im Gegensatz zum invertierenden Spannungsverstärker, bei dem durch den virtuellen Kurzschluß Ein- und Ausgang entkoppelt sind, tritt beim nichtinvertierenden Spannungsverstärker über den Rückkopplungswiderstand R_b eine Kopplung zwischen Ein- und Ausgang auf. Am Widerstand R_b liegt die Spannungsdifferenz $U_2 - U_1$.

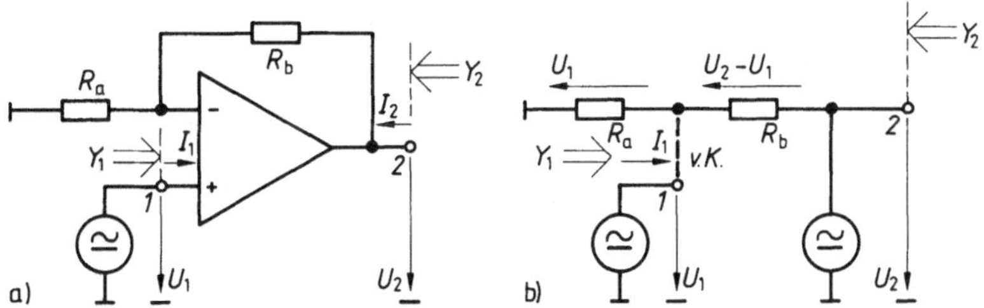

4.8 Nichtinvertierender Spannungsverstärker (a) und Ersatzschaltung (b)
mit idealem Operationsverstärker
1 Eingang, *2* Ausgang, *v. K.* virtueller Kurzschluß

Die Betriebsspannungsverstärkung V_{uB} des nichtinvertierenden Spannungsverstärkers findet man aus Bild **4.8** b über

$$U_1/R_a = (U_2 - U_1)/R_b$$

zu

$$V_{uB} = \frac{U_2}{U_1} = \frac{R_b}{R_a} + 1 \qquad (4.26)$$

Die Ausgangsspannung U_2 erfährt also gegenüber der Eingangsspannung U_1 keine Vorzeichenumkehr. Weiterhin sind durch das Widerstandsverhältnis R_b/R_a nur Spannungsverstärkungen $V_{uB} \geq 1$ einstellbar.

Der Eingangsleitwert des nichtinvertierenden Spannungsverstärkers ist sehr niedrig, wenn mit dem idealen Operationsverstärker gerechnet wird. Da dann der Eingangsstrom $I_1 = 0$ ist, gilt für ihn $Y_1 = I_1/U_1 = 0$. Der Ausgangsleitwert Y_2 dieses Verstärkers strebt nach Gl. (4.22) gegen unendlich.

Beispiel 4.7. Der nichtinvertierende Spannungsverstärker von Bild **4.**8 hat die Widerstände $R_a = R_b = 10$ kΩ. Welche Betriebsspannungsverstärkung V_{uB} stellt sich ein?
Die Betriebsspannungsverstärkung des nichtinvertierenden Spannungsverstärkers beträgt nach Gl. (4.26)

$$V_{uB} = \frac{R_b}{R_a} + 1 = \frac{10\ \text{k}\Omega}{10\ \text{k}\Omega} + 1 = 2$$

4.4.4 Spannungsfolger

Die Betriebsspannungsverstärkung $V_{uB} = 1$ wird beim nichtinvertierenden Spannungsverstärker von Bild **4.**8 für den Widerstand $R_a \rightarrow \infty$ erreicht, wobei der Rückkopplungswiderstand R_b unterschiedlich groß gewählt werden kann. Durch den Widerstand R_b fließt dann kein Strom, so daß für die Ausgangsspannung $U_2 = U_1$ gilt. Die Ausgangsspannung U_2 folgt der Eingangsspannung U_1. Diese Schaltung wird deshalb Spannungsfolger genannt. In Bild **4.**9 ist die einfachste Beschaltung eines Operationsverstärkers als Spannungsfolger darge-

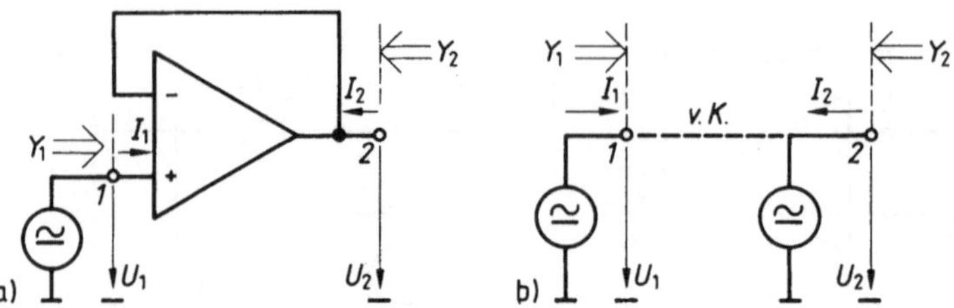

4.9 Spannungsfolger (a) und Ersatzschaltung (b) mit idealem
Operationsverstärker
1 Eingang, *2* Ausgang, *v. K.* virtueller Kurzschluß

stellt. Wird der ideale Operationsverstärker vorausgesetzt, so ist leicht zu erkennen, daß die Ausgangsspannung U_2 gleich der Eingangsspannung U_1 sein
muß. Der Eingangsleitwert ist $Y_1 = 0$ und der Ausgangsleitwert $Y_2 \rightarrow \infty$.

4.5 Einfluß der Gegenkopplung auf das nichtlineare Verzerrungs-
verhalten

Anhand des Feldeffekttransistors mit Sourcewiderstand R, der als stromgesteuerte Spannungsgegenkopplung wirkt (Bild **4.**10), soll das Verzerrungsverhalten
eines gegengekoppelten Verstärkers diskutiert werden.

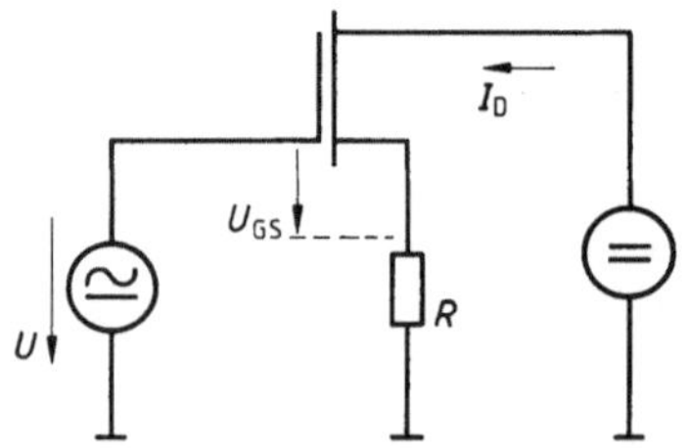

4.10
Feldeffekttransistor mit stromgesteuerter Spannungsgegenkopplung durch den Sourcewiderstand R

Bei diesem Verstärker nach Bild **4.**10 ist die Eingangsgröße die Spannung U
und die Ausgangsgröße der Drainstrom I_D. Das nichtlineare Verzerrungsverhalten dieser Schaltung wird mit der Übertragungskennlinie $I_D = f(U)$ nach
Abschn. 2.7.2.1 analysiert. Wird für den Feldeffekttransistor die Kennliniengleichung

$$I_D = \frac{\beta}{2} (U_{GS} - U_{th})^2$$

nach Abschn. 2.2.3.1 angenommen, so läßt sich über die Maschengleichung

$$U - I_D R - U_{GS} = 0$$

die inverse Übertragungskennlinie

$$U = F(I_\mathrm{D}) = \sqrt{\frac{2I_\mathrm{D}}{\beta}} + R I_\mathrm{D} + U_\mathrm{th} \qquad (4.27)$$

angeben. Die Ableitungen a_1, a_2 und a_3 der Übertragungskennlinie $I_\mathrm{D} = \mathrm{f}(U)$ von Gl. (2.222) werden über die Ableitungen b_1, b_2 und b_3 der inversen Übertragungskennlinie $U = F(I_\mathrm{D})$ ermittelt.

Mit der ersten Ableitung

$$b_1 = \frac{\mathrm{d}U}{\mathrm{d}I_\mathrm{D}} = \frac{1}{\sqrt{2\beta I_\mathrm{D}}} + R = \frac{1}{S} + R = \frac{1+SR}{S} \qquad (4.28)$$

der zweiten Ableitung

$$b_2 = \frac{\mathrm{d}^2 U}{\mathrm{d}I_\mathrm{D}^2} = \frac{-\beta}{(2\beta I_\mathrm{D})^{3/2}} = \frac{-\beta}{S^3} \qquad (4.29)$$

und der dritten Ableitung

$$b_3 = \frac{\mathrm{d}^3 U}{\mathrm{d}I_\mathrm{D}^3} = \frac{3\beta^2}{(2\beta I_\mathrm{D})^{5/2}} = \frac{3\beta^2}{S^5} \qquad (4.30)$$

der inversen Übertragungskennlinie Gl. (4.27) folgt die erste Ableitung

$$a_1 = \frac{\mathrm{d}I_\mathrm{D}}{\mathrm{d}U} = \frac{1}{b_1} = \frac{S}{1+SR} \qquad (4.31)$$

die zweite Ableitung

$$a_2 = \frac{\mathrm{d}^2 I_\mathrm{D}}{\mathrm{d}U^2} = \frac{-b_2}{b_1^3} = \frac{\beta}{(1+SR)^3} \qquad (4.32)$$

und die dritte Ableitung

$$a_3 = \frac{\mathrm{d}^3 I_\mathrm{D}}{\mathrm{d}U^3} = \frac{-b_1 b_3 + 3 b_2^2}{b_1^5} = \frac{-3R\beta^2}{(1+SR)^5} \qquad (4.33)$$

der Übertragungskennlinie $I_\mathrm{D} = \mathrm{f}(U)$. Hierin wird die Steilheit $S = \sqrt{2\beta I_\mathrm{D}}$ von Gl. (2.62) des Arbeitspunkts eingesetzt.

Mit den errechneten Ableitungen a_1, a_2 und a_3 werden dann die nichtlinearen Verzerrungen nach Abschn. 2.7.2.1 ermittelt. In Tafel **4.**1 sind die Ergebnisse zusammengestellt und denen für $R = 0$, d. h. ohne Gegenkopplung, gegenübergestellt, wobei jeweils nur die ersten Glieder berücksichtigt sind. Dies ist damit nur eine recht grobe Betrachtung der tatsächlichen Verhältnisse.

Die Scheitelwerte $\hat{\imath}_\mathrm{d1}$, $\hat{\imath}_\mathrm{d2}$ und $\hat{\imath}_\mathrm{d3}$ der Harmonischen des Drainstroms folgen aus Gl. (2.227) bis Gl. (2.229). Der quadratische Klirrfaktor k_2 ergibt sich aus Gl. (2.237) und der kubische Klirrfaktor k_3 aus Gl. (2.238). Der Intermodulationsfaktor d_m läßt sich nach Gl. (2.243) und der Kreuzmodulationsgrad m_K nach Gl. (2.254) ermitteln.

Tafel **4.**1 Nichtlineare Verzerrungen des Feldeffekttransistors abhängig vom Sourcewiderstand R

	$\hat{\imath}_{d1}$	$\hat{\imath}_{d2}$	$\hat{\imath}_{d3}$	k_2	k_3	d_m	m_K
$R=0$	$S\hat{u}$	$\dfrac{\beta\hat{u}^2}{4}$	0	$\dfrac{\beta\hat{u}}{4S}$	0	$\dfrac{\beta}{\sqrt{2}\,S}\cdot\dfrac{\hat{u}_a\hat{u}_b}{\sqrt{\hat{u}_a^2+\hat{u}_b^2}}$	0
$R\neq0$	$\dfrac{S\hat{u}}{1+SR}$	$\dfrac{\beta\hat{u}^2}{4(1+SR)^3}$	$\dfrac{R\beta^2\hat{u}^3}{8(1+SR)^5}$	$\dfrac{\beta\hat{u}}{4S(1+SR)^2}$	$\dfrac{R\beta^2\hat{u}^2}{8S(1+SR)^4}$	$\dfrac{\beta}{\sqrt{2}\,S(1+SR)^2}\cdot\dfrac{\hat{u}_a\hat{u}_b}{\sqrt{\hat{u}_a^2+\hat{u}_b^2}}$	$\dfrac{3R\beta^2 m_2\hat{u}_2^2}{2S(1+SR)^4}$

$S=\mathrm{d}I_\mathrm{D}/\mathrm{d}U_\mathrm{GS}$ Steilheit, β FET-Parameter, $\hat{u}$ Scheitelwert des Einton-Eingangssignals, $\hat{u}_a$, $\hat{u}_b$ Scheitelwerte des Zweiton-Eingangssignals, $\hat{u}_2$ Trägeramplitude des Störsignals, m_2 Modulationsgrad des Störsignals.

In Tafel **4.**1 ist besonders auffällig, daß durch den Gegenkopplungswiderstand R die dritte Harmonische im Drainstrom hervorgerufen wird. Hierdurch entsteht der kubische Klirrfaktor k_3 und der Kreuzmodulationsgrad m_k. Der quadratische Klirrfaktor k_2 und damit auch der Intermodulationsfaktor d_m werden durch den Gegenkopplungswiderstand R reduziert.

Allgemein kann man festhalten: Die Gegenkopplung verringert nicht nur entsprechend Gl. (4.5) die Verstärkung, sondern auch den Klirrfaktor $k\approx k_2$. Durch Gegenkopplung können aber auch zusätzliche Harmonische oder Mischungen auftreten, die verstärkte nichtlineare Verzerrungen höherer Ordnung, wie beispielsweise die Kreuzmodulation, hervorrufen.

4.6 Frequenzverhalten bei Gegenkopplung

Die Gegenkopplung beeinflußt auch das Frequenzverhalten des Verstärkers. Beispielsweise wird durch Gegenkopplung die obere Grenzfrequenz (s. Abschn. 4.6.1) erhöht. Der Rückkopplungsleitwert von Bipolar- und Feldeffekttransistor kann im Zusammenhang mit der äußeren Beschaltung zur Schwingungsanfachung (Instabilität) führen. Schaltungsmaßnahmen zur Kompensation der Rückwirkung beim Bipolar- und Feldeffekttransistor werden Neutralisation (s. Abschn. 4.6.2) genannt.

4.6.1 Grenzfrequenz des gegengekoppelten Verstärkers

Am Beispiel des invertierenden Spannungsverstärkers mit einem Operationsverstärker (s. Abschn. 4.4.2) soll der Einfluß der Gegenkopplung auf die obere Grenzfrequenz untersucht werden.

Die komplexe Betriebsspannungsverstärkung $\underline{V}_\mathrm{uB}$ des invertierenden Spannungsverstärkers von Bild **4.**11 wird bestimmt und aus ihr die obere Grenzfre-

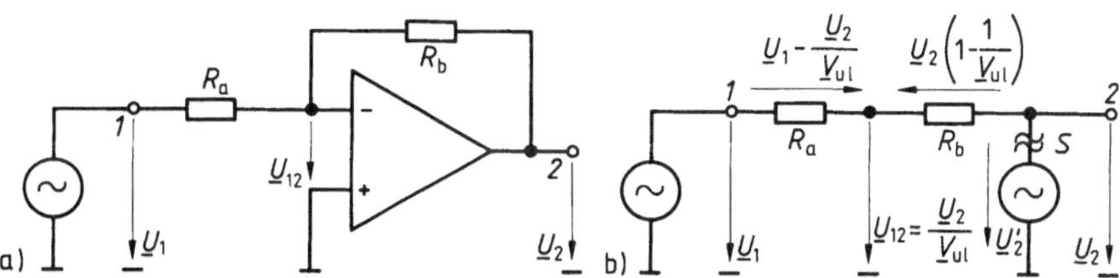

4.11 Invertierender Spannungsverstärker (a) mit Ersatzschaltung (b) zur Bestimmung
der Frequenzabhängigkeit der Betriebsspannungsverstärkung
1 Eingang, *2* Ausgang, *S* Schnittstelle

quenz f_o ermittelt. Es wird die komplexe Leerlaufspannungsverstärkung

$$\underline{V}_{ul} = \frac{V_{ulm}}{1+j(f/f_{E1})}$$

nach Gl. (2.183) benutzt. Die komplexe Betriebsspannungsverstärkung erhält
man aus Bild **4.11** über

$$\frac{\underline{U}_1 - (\underline{U}_2/\underline{V}_{ul})}{R_a} + \frac{\underline{U}_2 - (\underline{U}_2/\underline{V}_{ul})}{R_b} = 0 \tag{4.34}$$

zu

$$\underline{V}_{uB} = \frac{\underline{U}_2}{\underline{U}_1} = \frac{R_b}{R_a + R_b} \cdot \frac{\underline{V}_{ul}}{1 - \dfrac{R_a}{R_a + R_b}\underline{V}_{ul}} \tag{4.35}$$

Bei tiefen Frequenzen ergibt sich die von Gl. (4.24) her bekannte Betriebsspannungsverstärkung des invertierenden Spannungsverstärkers

$$\underline{V}_{uB}\big|_{V_{ulm}\to-\infty} = -R_b/R_a \tag{4.36}$$

Da es sich hier um einen gegengekoppelten Verstärker handelt, müssen im
Prinzip die Aussagen von Abschn. 4.1 auch bei diesem Verstärker Gültigkeit
haben. Dies soll untersucht werden.

Der Rückkopplungsfaktor

$$k = \frac{U_{12}}{U_2}\bigg|_{U_1=0} = \frac{R_a}{R_a + R_b} \tag{4.37}$$

dieser Schaltung (Bild **4.11**) ergibt sich, wenn die aus den Widerständen R_a und
R_b bestehende Rückkopplungsschaltung ohne Operationsverstärker bei der
Eingangsspannung $U_1 = 0$ betrachtet wird.

Die komplexe Ringspannungsverstärkung

$$\underline{V}_{uR} = \frac{\underline{U}_2'}{\underline{U}_2}\bigg|_{\underline{U}_1=0} = \frac{R_a}{R_a + R_b}\underline{V}_{ul} = k\underline{V}_{ul} = \frac{k\,V_{ulm}}{1+j(f/f_{E1})} \tag{4.38}$$

ist das Verhältnis der Spannungen $\underline{U}_2'$ und $\underline{U}_2$ an der Schnittstelle S (s. Bild **4.**11 b). Die Ringspannungsverstärkung bei tiefen Frequenzen ist dann

$$\underline{V}_{uR}\big|_{f\ll f_{E1}} = V_{uRm} = k\,V_{ulm} \tag{4.39}$$

Bis auf den Faktor $R_b/(R_a+R_b)$ stimmt Gl. (4.35) mit Gl. (4.5) im Prinzip überein. Dieser Faktor kommt dadurch zustande, daß in Bild **4.**11 Eingangsspannung und Rückkopplung nicht auf einen gemeinsamen Summenpunkt wirken. In Bild **4.**12 ist dargestellt, wie man durch Transformation der Eingangsspannung den gemeinsamen Summenpunkt i erhält. Hierfür wird der Transformationsfaktor

$$c = \frac{\underline{U}_{12}}{\underline{U}_1}\bigg|_{\underline{U}_2=0} = \frac{R_b}{R_a+R_b} \tag{4.40}$$

definiert, der sich aus der Reihenschaltung der beiden Widerstände R_a und R_b ergibt, wenn der Operationsverstärker abgetrennt und die Ausgangsspannung $U_2=0$ gesetzt wird. Die Spannung $c\,\underline{U}_1$ liegt am Summenpunkt i an.

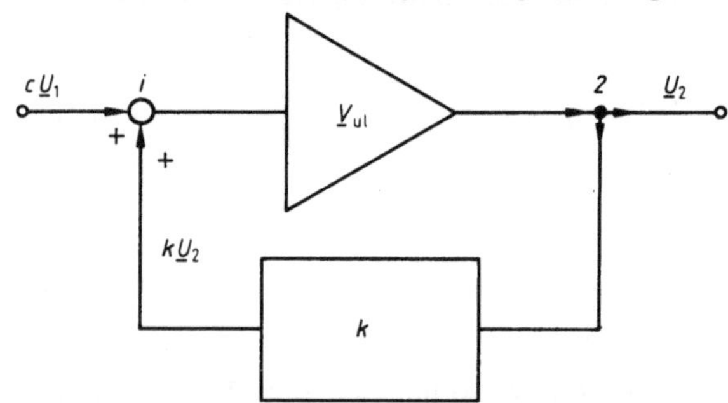

4.12
Blockschaltung des invertierenden Spannungsverstärkers von Bild **4.**11 mit gemeinsamen Summenpunkt i für die Eingangsgröße und den Rückkopplungsausgang

Hieraus folgt dann nach Bild **4.**12 die komplexe Betriebsspannungsverstärkung

$$\underline{V}_{uB} = \frac{\underline{U}_2}{\underline{U}_1} = c\,\frac{\underline{V}_{ul}}{1-k\underline{V}_{ul}} = c\,\frac{\underline{V}_{ul}}{1-\underline{V}_{uR}} \tag{4.41}$$

die sich aber auch aus Gl. (4.35) ergibt, wenn Transformationsfaktor c mit Gl. (4.40) und komplexe Ringspannungsverstärkung $\underline{V}_{uR}$ mit Gl. (4.38) berücksichtigt werden.

Wird in Gl. (4.41) das Frequenzverhalten der komplexen Leerlaufspannungsverstärkung eingeführt, so folgt

$$\underline{V}_{uB} = \frac{\underline{U}_2}{\underline{U}_1} = c\,\frac{V_{ulm}}{1-V_{uRm}}\;\frac{1}{1+\mathrm{j}\,\dfrac{f}{f_{E1}(1-V_{uRm})}} = \frac{V_{uBm}}{1+\mathrm{j}(f/f_o)} \tag{4.42}$$

aus Gl. (4.41) und Gl. (4.38) mit der Betriebsspannungsverstärkung

$$\underline{V}_{uB}\big|_{f\ll f_o} = V_{uBm} = c\,\frac{V_{ulm}}{1-V_{uRm}} \approx -\frac{R_b}{R_a} \tag{4.43}$$

bei tiefen Frequenzen und der oberen Grenzfrequenz

$$f_{o} = f_{E1}(1 - V_{uRm}) = f_{E1}(1 - k\,V_{ulm}) = f_{E1}\left(1 - \frac{R_a}{R_a + R_b}\,V_{ulm}\right) \qquad (4.44)$$

Da für die Ringspannungsverstärkung $-V_{uRm} \gg 1$ angenommen werden kann, ergibt sich angenähert die obere Grenzfrequenz f_o dieses invertierenden Spannungsverstärkers, indem die Eckfrequenz f_{E1} mit dem Betrag $|V_{uRm}|$ der Ringspannungsverstärkung bei tiefen Frequenzen multipliziert wird.

Dieses Ergebnis läßt sich im Verstärkungsgang (Bild **4**.13) des Bodediagramms darstellen. Ist die Eckfrequenz f_{E1} der Leerlaufspannungsverstärkung bekannt, so ergibt sich mit Gl. (4.44) im Bodediagramm für die obere Grenzfrequenz angenähert

$$\lg(f_o/\mathrm{Hz}) \approx \lg(f_{E1}/\mathrm{Hz}) + \lg|V_{uRm}| \qquad (4.45)$$

Der Betrag der Betriebsspannungsverstärkung bei tiefen Frequenzen ist in diesem Diagramm mit Gl. (4.43) angenähert

$$\lg|V_{uBm}| \approx \lg|V_{ulm}| - \lg|V_{uRm}| \qquad (4.46)$$

wenn $|V_{uRm}| \gg 1$ und $c \approx 1$ sind.

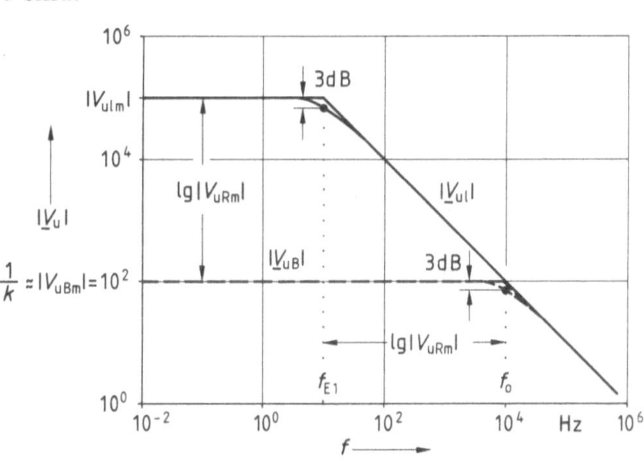

4.13
Verstärkungsgang
$|\underline{V}_u| = f(f)$ des invertierenden Spannungsverstärkers von Bild **4**.11 (Bodediagramm)
$|\underline{V}_{ul}|$ Leerlaufspannungsverstärkung des Operationsverstärkers,
$|\underline{V}_{uB}|$ Betriebsspannungsverstärkung, f_{E1} Eckfrequenz, f_o obere Grenzfrequenz

Beispiel 4.8. Die obere Grenzfrequenz f_o der Betriebsspannungsverstärkung des invertierenden Spannungsverstärkers nach Bild **4**.11 mit den Beschaltungswiderständen $R_a = 1\ \mathrm{k\Omega}$ und $R_b = 100\ \mathrm{k\Omega}$ ist zu bestimmen. Der Operationsverstärker hat die Leerlaufspannungsverstärkung $V_{ulm} = -10^5$ und die Eckfrequenz $f_{E1} = 10\ \mathrm{Hz}$.
Nach Gl. (4.44) erhält man die obere Grenzfrequenz

$$f_o = f_{E1}\left(1 - \frac{R_a V_{ulm}}{R_a + R_b}\right) = 10\ \mathrm{Hz}\left[1 - \frac{1\ \mathrm{k\Omega}(-10^5)}{1\ \mathrm{k\Omega} + 100\ \mathrm{k\Omega}}\right] \approx 10^4\ \mathrm{Hz}$$

Dieses Ergebnis kann auch dem Bodediagramm in Bild **4**.13 unmittelbar entnommen werden.

4.6.2 Neutralisation der Rückwirkung

Bei den Verstärkerbauelementen Bipolar- und Feldeffekttransistor wird mit steigender Frequenz die Rückwirkung (bauelementebedingte Rückkopplung vom Ausgang auf den Eingang), wie die komplexe Spannungsverstärkung $\underline{H}_{12}$ bei leerlaufendem Eingang in Rückwärtsrichtung oder die komplexe Steilheit $\underline{Y}_{12}$ bei kurzgeschlossenem Eingang in Rückwärtsrichtung, zunehmend wirksam (s. Band III).

Beim Feldeffekttransistor in Sourceschaltung beispielsweise wird die bauelementebedingte Rückkopplung durch die Kapazität C_{gd} zwischen Gate und Drain hervorgerufen. Anhand einer Verstärkerteilschaltung wird gezeigt, wie mit einem Kondensator C_N in einer Brückenanordnung die Rückwirkungskapazität C_{gd} neutralisiert (kompensiert) werden kann. Mit einer solchen Schaltungsmaßnahme ist in einem gewissen Frequenzbereich Rückwirkungsfreiheit zu erreichen. Durch Neutralisation kann aber ein Verstärker nicht generell rückwirkungsfrei gemacht werden.

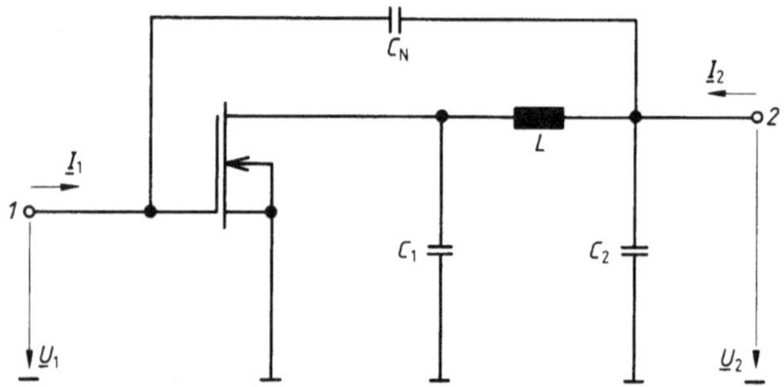

4.14
Sinusstrom-Teilschaltung eines neutralisierten Hochfrequenz-Verstärkers mit Feldeffekttransistor in Sourceschaltung
1 Eingang, *2* Ausgang, C_N Neutralisationskondensator

Zur Beschreibung des Sourceverstärkers mit Neutralisation nach Bild **4.**14 wird die Kleinsignal-Ersatzschaltung des Feldeffekttransistors nach Bild **4.**15 gewählt, die für Frequenzen bis 300 MHz geeignet ist. Die Ersatzschaltung ist stark vereinfacht. Die Rückwirkung vom Ausgang (Drain) auf den Eingang (Gate) wird durch die Gate-Drain-Kapazität C_{gd} hervorgerufen. Mit Hilfe der Leitwertparameter läßt sich der Einfluß dieser Kapazität gut beschreiben.

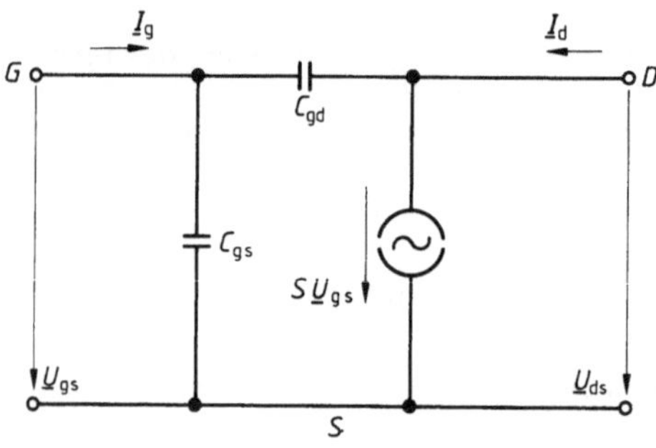

4.15
Vereinfachte Hochfrequenz-Kleinsignal-Ersatzschaltung des Feldeffekttransistors in Sourceschaltung

In allen vier komplexen Leitwertparametern $\underline{Y}_{11s}$, $\underline{Y}_{12s}$, $\underline{Y}_{21s}$ und $\underline{Y}_{22s}$ des Zweitors nach Bild **4.**15 bestimmt die Gate-Drain-Kapazität C_{gd} das Frequenzverhalten wesentlich. Im Kurzschlußeingangsleitwert

$$\underline{Y}_{11s}=\underline{I}_g/\underline{U}_{gs}\big|_{\underline{U}_{ds}=0}=j\omega\,(C_{gs}+C_{gd}) \tag{4.47}$$

erhöht die Rückwirkungskapazität C_{gd} die Eingangskapazität des Sourceverstärkers. Die Kurzschlußsteilheit in Rückwärtsrichtung

$$\underline{Y}_{12s}=\underline{I}_g/\underline{U}_{ds}\big|_{\underline{U}_{gs}=0}=-j\omega\,C_{gd} \tag{4.48}$$

wird nur von dieser Kapazität C_{gd} bestimmt. Die Frequenzabhängigkeit der Kurzschlußsteilheit

$$\underline{Y}_{21s}=\underline{I}_d/\underline{U}_{gs}\big|_{\underline{U}_{ds}=0}=S-j\omega\,C_{gd} \tag{4.49}$$

wird durch die Rückwirkungskapazität C_{gd} hervorgerufen. Bei dieser vereinfachten Ersatzschaltung ist der Kurzschlußausgangsleitwert

$$\underline{Y}_{22s}=\underline{I}_d/\underline{U}_{ds}\big|_{\underline{U}_{gs}=0}=j\omega\,C_{gd} \tag{4.50}$$

nur durch die Gate-Drain-Kapazität gegeben.

Zur Beschreibung der Neutralisation des Sourceverstärkers durch den Kondensator C_N wird die Kleinsignal-Ersatzschaltung nach Bild **4.**16 benutzt. Die beiden Brückenzweige werden von der Rückwirkungskapazität C_{gd} des Feldeffekttransistors, der Neutralisationskapazität C_N und den beiden Kondensatoren C_1 und C_2 gebildet. Die Induktivität L ist in Resonanz mit der Kapazität C_1, wobei $C_1 \ll C_2$ gilt.

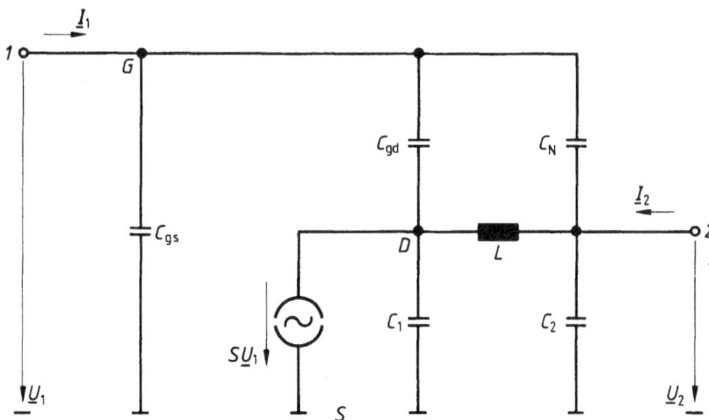

4.16
Kleinsignal-Ersatzschaltung des neutralisierten Hochfrequenz-Verstärkers von Bild **4.**14
1 Eingang, *2* Ausgang

Neutralisation ist erreicht, wenn der Rückwirkungsleitwert $\underline{Y}_{12}=0$ ist. Mit dem Eingangsstrom $\underline{I}_1=0$ nach Bild **4.**17 ist dies bei der Eingangsspannung $\underline{U}_1=0$ gegeben. Daraus folgt für die Neutralisationskapazität

$$C_N=-C_{gd}\underline{U}_{ds}/\underline{U}_2\big|_{\underline{I}_1=0} \tag{4.51}$$

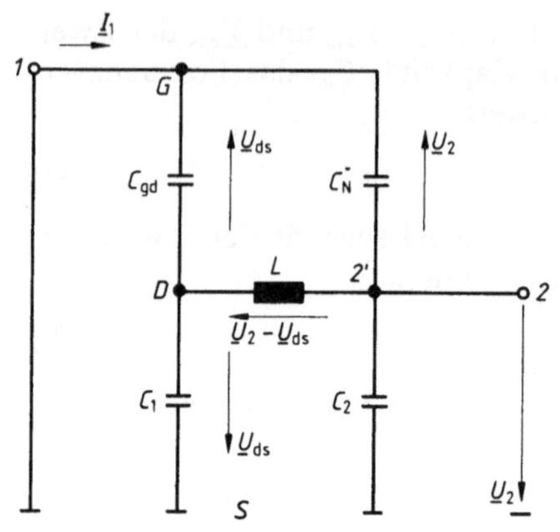

4.17
Teilschaltung der Ersatzschaltung von Bild
4.16 zur Bestimmung der Neutralisationskapazität C_N

Das Spannungsverhältnis $\underline{U}_\mathrm{ds}/\underline{U}_2$ läßt sich über die Knotengleichung

$$\frac{\underline{U}_2-\underline{U}_\mathrm{ds}}{\mathrm{j}\omega L} + \mathrm{j}\omega\, C_2\underline{U}_2 + \mathrm{j}\omega\, C_\mathrm{N}\underline{U}_2 = 0 \tag{4.52}$$

des Punktes *2'* zu

$$\underline{U}_\mathrm{ds}/\underline{U}_2 = 1 - \omega^2 L\,(C_2 + C_\mathrm{N}) \tag{4.53}$$

berechnen. Dieses Spannungsverhältnis in Gl. (4.51) eingesetzt ergibt die Neutralisationskapazität

$$C_\mathrm{N} = C_\mathrm{gd}\,\frac{\omega^2 L\, C_2 - 1}{1 - \omega^2 L\, C_\mathrm{gd}} \tag{4.54}$$

Wegen der für die Induktivität geltenden Resonanzbedingung

$$L = 1/(\omega^2 C_1) \tag{4.55}$$

erhält man die Neutralisationskapazität

$$C_\mathrm{N} = C_\mathrm{gd}\,\frac{\dfrac{C_2}{C_1} - 1}{1 - \dfrac{C_\mathrm{gd}}{C_1}} \tag{4.56}$$

Bei der Dimensionierung $C_2 \gg C_1 \gg C_\mathrm{gd}$ der Kondensatoren gilt angenähert für den Neutralisations-Kondensator

$$C_\mathrm{N} \approx C_\mathrm{gd}\, C_2/C_1 \tag{4.57}$$

Durch die Resonanzbedingung von Gl. (4.55) ist auch der Kondensator C_1 vorgegeben. Über die Knotengleichung

$$\mathrm{j}\omega\, C_\mathrm{gd}\underline{U}_\mathrm{ds} + \mathrm{j}\omega\, C_1\underline{U}_\mathrm{ds} - \frac{\underline{U}_2-\underline{U}_\mathrm{ds}}{\mathrm{j}\omega L} = 0 \tag{4.58}$$

des Punktes D folgt in Verbindung mit Gl. (4.51) und Gl. (4.55) die Kapazität

$$C_1 = C_N \qquad\qquad (4.59)$$

Damit gilt anstelle von Gl. (4.57) für die Neutralisationskapazität

$$C_N \approx \sqrt{C_{gd} C_2} \qquad\qquad (4.60)$$

Beispiel 4.9. Ein Verstärker mit einem Feldeffekttransistor in Sourceschaltung soll für die Frequenz $f = 200$ MHz nach Bild **4**.14 neutralisiert werden. Das Verhalten des Feldeffekttransistors kann mit der Kleinsignal-Ersatzschaltung von Bild **4**.15 beschrieben werden, wobei die Rückwirkungskapazität $C_{gd} = 0{,}2$ pF beträgt. Zu bestimmen sind für die Kapazität $C_2 = 33$ pF die Neutralisationskapazität C_N und die Induktivität L. Es soll ferner für die Kondensatoren $C_2 \gg C_1 \gg C_{gd}$ angenommen werden.

Die Neutralisationskapazität beträgt nach Gl. (4.60)

$$C_N \approx \sqrt{C_{gd} C_2} = \sqrt{0{,}2\ \text{pF} \cdot 33\ \text{pF}} = 2{,}57\ \text{pF}$$

Die Induktivität ist

$$L = 1/(\omega^2 C_N) = 1/[(2\pi f)^2 C_N] = 1/[(2\pi \cdot 200\ \text{MHz})^2\ 2{,}57\ \text{pF}] = 246{,}4\ \text{nH}$$

5 Transistor-Verbundschaltungen

Die als Verstärkerbauelemente benutzten Bipolar- und Feldeffekttransistoren genügen mit ihren Kenngrößen nicht immer den Anforderungen des Schaltungsentwicklers. Durch Zusammenschalten von zwei Transistoren zu einem Dreipol bzw. Zweitor können einige Zweitorparameter in erstrebter Richtung verändert werden. Andere Zweitorparameter hingegen können hierbei eine unerwünschte Tendenz erfahren. Der aus der Zusammenschaltung von zwei Transistoren entstandene Dreipol ist wie ein Transistor behandelbar, wenn auf Koppelkondensatoren und Transformatoren verzichtet wird. Die in diesem Sinne zusammengeschalteten Transistorpaare werden Transistor-Verbundschaltungen (composite transistors oder transistor compounds) genannt. Auch sind die Bezeichnungen Kaskade oder Kaskode gebräuchlich (s. Band III).

Eine Transistor-Verbundschaltung kann entsprechend dem Einzeltransistor in drei Verstärkergrundschaltungen betrieben werden. Besteht das Transistorpaar aus einem Feldeffekt- und einem Bipolartransistor, so sind die Bezeichnungen Hybrid-Verbundschaltung oder Hybrid-Verstärker üblich. Die bekannteste Transistor-Verbundschaltung ist der Darlington-Verstärker, der aus zwei Bipolartransistoren besteht und eine große Kurzschlußstromverstärkung H_{21} aufweist.

5.1 Darlington-Verstärker

Bei der Transistor-Verbundschaltung nach Bild **5.**1 sind zwei Bipolartransistoren vom NPN-Typ so zusammengeschaltet, daß der Emitter des Transistors T_1 die Basis des Transistors T_2 steuert. Die beiden Kollektoren sind zusammengelegt und stellen bei der Grundschaltung den Ausgang dar, wenn auf diese Verbundschaltung die gleiche Schaltungstechnik wie bei einem einzelnen Transistor angewendet wird. Weiterhin ist bei dieser Grundschaltung dann der Emitter des zweiten Transistors die gemeinsame Elektrode für den Ein- und Ausgang. Die Schaltung in Bild **5.**1 nennt man dann auch Emitter-Verbundverstärker. Ebenfalls sind die beiden anderen Grundschaltungen, die Basis- und die Kollektorschaltung, mit dieser Transistor-Verbundschaltung möglich.

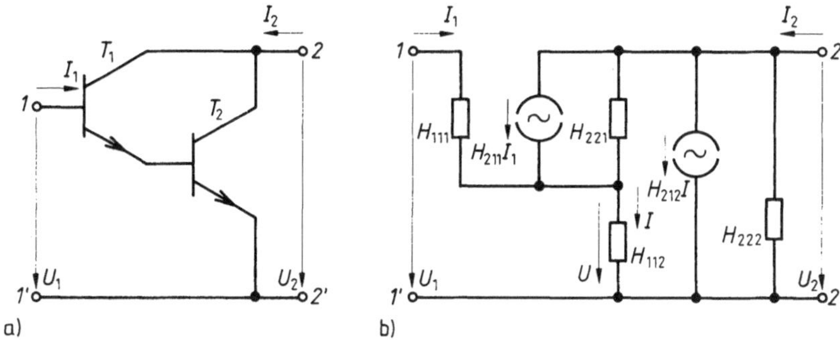

5.1 Darlington-Verstärker (a) mit Kleinsignal-Ersatzschaltung (b)
  1 Eingang,
  2 Ausgang

Nach dem Erfinder wird diese Transistor-Verbundschaltung Darlington-Verstärker oder -Schaltung genannt. Bei dieser Transistor-Verbundschaltung arbeitet der Transistor T_1 als Kollektorverstärker, wobei die Basis-Emitter-Strecke des Transistors T_2 als Emitterwiderstand des Kollektor-Verstärkers zu deuten ist. Damit zeigt dieser Darlington-Verstärker einen großen Kleinsignal-Eingangswiderstand und eine große Kurzschlußstromverstärkung.

Zur Berechnung des Darlington-Verstärkers nach Bild **5.**1 ist der Bipolartransistor T_1 durch die Hybrid-Parameter H_{111}, $H_{121} = 0$, H_{211} und H_{221} sowie der Bipolartransistor T_2 durch die Hybrid-Parameter H_{112}, $H_{122} = 0$, H_{212} und H_{222} beschrieben. Wegen der Gleichstrom-Kopplung zwischen dem Emitter des ersten Transistors und der Basis des zweiten Transistors gilt angenähert mit den Gleichströmen $I_{C1} = I_{B2}$ und der Temperaturspannung U_T zwischen den Hybrid-Parametern die Beziehung

$$H_{211}/H_{111} \approx I_{C1}/U_T = I_{B2}/U_T \approx 1/H_{112} \tag{5.1}$$

Damit können bei diesem Darlington-Verstärker die Hybrid-Parameter der beiden Bipolartransistoren nicht unabhängig voneinander gewählt werden.

Mit der Festlegung der Kleinsignal-Ersatzschaltung des Darlington-Verstärkers in Bild **5.**1 b werden Kurzschlußeingangswiderstand H_{11D}, Kurzschlußstromverstärkung H_{21D} und Leerlaufausgangsleitwert H_{22D} berechnet. Die Rechnung läßt sich wesentlich vereinfachen, wenn für die Transistoren T_1 und T_2 die Kurzschlußstromverstärkungen $H_{211} \gg 1$ und $H_{212} \gg 1$ berücksichtigt werden. Weiterhin ist der Kehrwert des Kurzschlußeingangswiderstands des Transistors T_2 erheblich größer als der Leerlaufausgangsleitwert des Transistors T_1; somit ist $1/H_{112} \gg H_{221}$.

Da für den Kurzschlußeingangswiderstand H_{11D} und für die Kurzschlußstromverstärkung H_{21D} als Nebenbedingung für die Ausgangsspannung $U_2 = 0$ gilt,

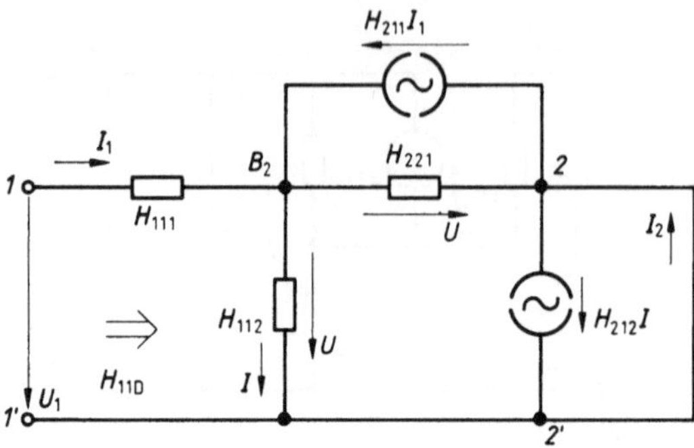

5.2
Teil-Ersatzschaltung des Darlington-Verstärkers von Bild 5.1 zur Bestimmung des Kurzschlußeingangswiderstands $H_{11\mathrm{D}}$ und der Kurzschlußstromverstärkung $H_{21\mathrm{D}}$

kann die Ersatzschaltung des Darlington-Verstärkers vereinfacht werden (Bild 5.2). Zur Ermittlung von $H_{11\mathrm{D}}$ und $H_{21\mathrm{D}}$ wird die Funktion $U = \mathrm{f}(I_1)$ benötigt; sie folgt aus der Knotengleichung

$$I + H_{221}\,U - H_{211}\,I_1 - I_1 = 0 \tag{5.2}$$

des Punktes B_2 in Verbindung mit der Spannung

$$U = H_{112}\,I \tag{5.3}$$

und lautet mit $H_{211} \gg 1$

$$U = \frac{H_{112}\,H_{211}}{1 + H_{112}\,H_{221}}\,I_1 \tag{5.4}$$

Wegen $1/H_{112} \gg H_{221}$ gilt angenähert

$$U \approx H_{112}\,H_{211}\,I_1 \tag{5.5}$$

Über die Maschengleichung

$$U_1 - H_{111}\,I_1 - U = 0 \tag{5.6}$$

in Verbindung mit Gl. (5.5) erhält man aus

$$U_1 - H_{111}\,I_1 - H_{112}\,H_{211}\,I_1 = 0$$

den Kurzschlußeingangswiderstand

$$H_{11\mathrm{D}} = \left.\frac{U_1}{I_1}\right|_{U_2=0} = H_{111}\left(1 + \frac{H_{112}\,H_{211}}{H_{111}}\right) \tag{5.7}$$

Mit Gl. (5.1) kann man Gl. (5.7) umschreiben in

$$H_{11\mathrm{D}} \approx 2\,H_{111} \tag{5.8}$$

Damit ist der Kurzschlußeingangswiderstand des Darlington-Verstärkers doppelt so groß wie der Kurzschlußeingangswiderstand des Transistors T_1.

Die Kurzschlußstromverstärkung H_{21D} findet man mit der Knotengleichung

$$I_2 - H_{212}\,I + H_{221}\,U - H_{211}\,I_1 = 0 \tag{5.9}$$

des Knotens *2*. In Verbindung mit Gl. (5.3) folgt für den Strom

$$I_2 = \left(\frac{H_{212}}{H_{112}} - H_{221}\right) U + H_{211}\,I_1 \tag{5.10}$$

Wegen $H_{212}/H_{112} \gg H_{221}$ gilt für Gl. (5.10) angenähert

$$I_2 \approx (H_{212}/H_{112})\,U + H_{211}\,I_1 \tag{5.11}$$

Mit Gl. (5.5) ergibt sich aus Gl. (5.11) die Kurzschlußstromverstärkung

$$H_{21D} = I_2/I_1\,|_{U_2=0} = H_{211}\,(H_{212}+1) \tag{5.12}$$

Wegen der Kurzschlußstromverstärkung $H_{212} \gg 1$ des Transistors T_2 gilt für Gl. (5.12) angenähert

$$H_{21D} \approx H_{211}\,H_{212} \tag{5.13}$$

Daher ist die Kurzschlußstromverstärkung des Darlington-Verstärkers gleich dem Produkt der Kurzschlußstromverstärkungen der beiden Transistoren.

Zur Berechnung des Leerlaufausgangsleitwerts H_{22D} ist die Ersatzschaltung des Darlington-Verstärkers für den Eingangsstrom $I_1 = 0$ in Bild **5.**3 dargestellt.

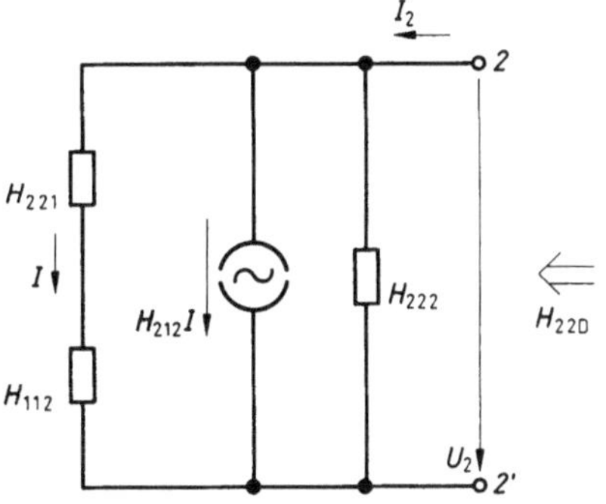

5.3
Teil-Ersatzschaltung des Darlington-Verstärkers von Bild **5.**1 zur Bestimmung des Kurzschlußausgangsleitwerts H_{22D}

Der Strom I_2 läßt sich aus der Knotengleichung

$$I_2 - H_{222}\,U_2 - (H_{212}+1)\,I = 0 \tag{5.14}$$

des Punktes *2* ermitteln. Mit $H_{212} \gg 1$ gilt für den Strom

$$I_2 \approx H_{222}\,U_2 + H_{212}\,I \tag{5.15}$$

Der Strom

$$I \approx H_{221}\,U_2 \tag{5.16}$$

ergibt sich mit $H_{112} \ll 1/H_{221}$ aus Bild **5.**3. Mit ihm sowie Gl. (5.15) und

Gl. (5.16) folgt der Leerlaufausgangsleitwert

$$H_{22D} = I_2/U_2\big|_{I_1=0} = H_{222} + H_{212}H_{221} \tag{5.17}$$

Damit ist der Leerlaufausgangsleitwert des Darlington-Verstärkers größer als der der einzelnen Bipolartransistoren.

Beispiel 5.1. Für den Darlington-Verstärker nach Bild 5.1 sind die Hybrid-Parameter H_{11D}, H_{21D} und H_{22D} zu berechnen. Der Transistor T_1 ist durch den Kurzschlußeingangswiderstand $H_{111} = 6$ kΩ, die Leerlaufspannungsverstärkung $H_{121} = 0$ in Rückwärtsrichtung, die Kurzschlußstromverstärkung $H_{211} = 60$ und den Leerlaufausgangsleitwert $H_{221} = 10$ μS beschrieben. Für die entsprechenden Hybrid-Parameter des Transistors T_2 gilt $H_{122} = 0$, $H_{212} = 50$ und $H_{222} = 20$ μS. Der Parameter H_{112} des Transistors T_2 ist durch Schaltungszwang vorgegeben.

Der Kurzschlußeingangswiderstand des Darlington-Verstärkers beträgt nach Gl. (5.8)

$$H_{11D} \approx 2H_{111} = 2 \cdot 6 \text{ k}\Omega = 12 \text{ k}\Omega$$

Die Kurzschlußstromverstärkung

$$H_{21D} \approx H_{211}H_{212} = 60 \cdot 50 = 3000$$

ergibt sich mit Gl. (5.13).
Der Leerlaufausgangsleitwert ist mit Gl. (5.17)

$$H_{22D} = H_{222} + H_{212}H_{221} = 20 \text{ μS} + 50 \cdot 10 \text{ μS} = 520 \text{ μS}$$

5.2 Hybridverstärker

Eine Hybrid-Verbundschaltung besteht aus der Zusammenschaltung eines Feldeffekttransistors mit einem Bipolartransistor. Eine Verstärkerschaltung mit einer Hybrid-Verbundschaltung wird Hybridverstärker genannt. Der Feldeffekttransistor liegt meist auf der Eingangsseite des Hybridverstärkers und bewirkt einen großen Eingangswiderstand. Die eigentliche Verstärkung wird dann mit dem nachgeschalteten Bipolartransistor erreicht.

In Bild 5.4 ist ein Hybridverstärker dargestellt, dessen Bipolartransistor in Kollektorschaltung (Emitterfolger) arbeitet. Dieser Hybridverstärker wird deshalb als Hybridfolger bezeichnet.

Die Kondensatoren C_1, C_2 und C_3 sind Koppelkondensatoren und können im Betriebsfrequenzbereich als wechselstrommäßige Kurzschlüsse aufgefaßt werden. Durch den Feldeffekttransistor T_1 erhält der Verstärker einen großen Eingangswiderstand. Der Bipolartransistor T_2 mit seiner großen Kurzschlußstromverstärkung H_{212} bewirkt in Kollektorschaltung einen großen Ausgangsleitwert des Verstärkers. Die Widerstände R_2, R_3 und R_4 dienen zur Arbeitspunkteinstellung des Feldeffekttransistors und des Bipolartransistors. Das Gate liegt über dem Widerstand R_1 auf dem Ausgang 2. Zusätzlich ist die

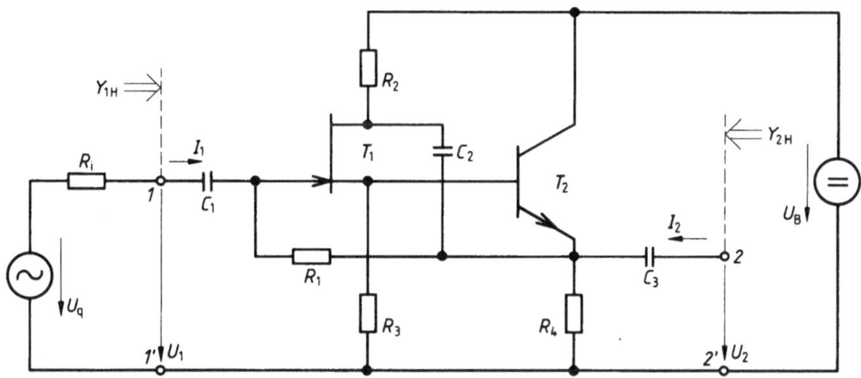

5.4 Hybridverstärker mit Bootstrap zur Erniedrigung des Eingangsleitwerts Y_{1H}
1 Eingang, *2* Ausgang

Drainelektrode wechselstrommäßig über den Kondensator C_2 ebenfalls auf die Ausgangsklemme geschaltet. Diese Beschaltung erniedrigt den Eingangsleitwert Y_{1H} des Verstärkers nach dem Bootstrap-Prinzip (s. Abschn. 4.3.1).

Vom unbelasteten Hybridverstärker sollen die Kleinsignal-Kenngrößen, die Spannungsverstärkung V_{uH}, der Eingangsleitwert Y_{1H} und der Ausgangsleitwert Y_{2H} für Frequenzen berechnet werden, bei denen kapazitive Einflüsse der Transistoren vernachlässigt bleiben können. Dabei ist der Feldeffekttransistor durch die Leitwert-Parameter der Sourceschaltung $Y_{11s}=0$, $Y_{12s}=0$, $Y_{21s}=S$ und $Y_{22s}=g_{ds}=0$ und der Bipolartransistor durch die Hybrid-Parameter der Emitterschaltung H_{11e}, $H_{12e}=0$, $H_{21e}=\beta$ und $H_{22e}=0$ beschrieben. Damit die Rechnung übersichtlich bleibt, werden zusätzliche Vereinfachungen während der Ableitung eingeführt. Mit der Festlegung der Beschreibung der Transistoren läßt sich die Kleinsignal-Ersatzschaltung des Hybridverstärkers in Bild **5.5** zeichnen.

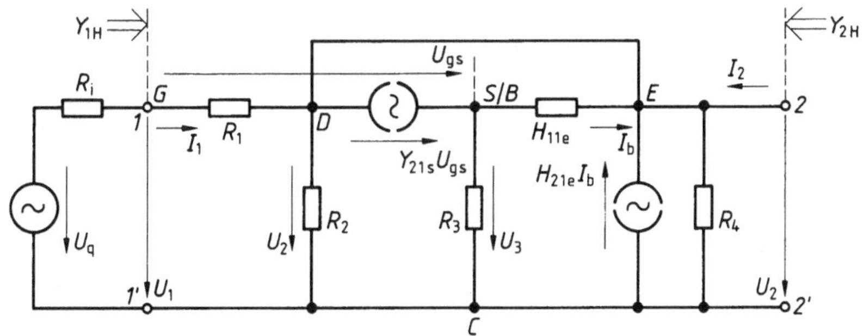

5.5 Kleinsignal-Ersatzschaltung des Hybridverstärkers von Bild **5.4** im Betriebsfrequenzbereich

Die Spannungsverstärkung V_{uH} kann mit Hilfe der Knotengleichung

$$I_1 - (U_2/R_2) - Y_{21s} U_{gs} + (1 + H_{21e}) I_b - (U_2/R_4) = 0 |_{I_2 = 0} \qquad (5.18)$$

des Verbindungspunkts D/E abgeleitet werden. Der Eingangsstrom I_1, die Gate-Source-Spannung U_{gs} und der Basisstrom I_b sind so anzugeben, daß Gl. (5.18) nur noch die Spannungen U_1 und U_2 enthält. Gl. (5.18) läßt sich vereinfachen, wenn $H_{21e} \gg 1$ und $R_2 \gg R_4$ angenommen werden. Für Gl. (5.18) gilt dann angenähert

$$I_1 - Y_{21s} U_{gs} + H_{21e} I_b - (U_2/R_4) \approx 0 \qquad (5.19)$$

Der Eingangsstrom

$$I_1 = (U_1 - U_2)/R_1 \qquad (5.20)$$

folgt aus Bild **5.5**. Weiterhin gilt für die Gate-Source-Spannung

$$U_{gs} = U_1 - U_3 \qquad (5.21)$$

und für den Basisstrom

$$I_b = (U_3 - U_2)/H_{11e} \qquad (5.22)$$

Die Spannung U_3 ergibt sich aus der Knotengleichung des Knotens S/B

$$Y_{21s} U_{gs} - (U_3/R_3) - I_b = 0 \qquad (5.23)$$

Mit der Wahl der Widerstände $R_1 \gg R_4$, $R_1 \gg 1/Y_{21s}$, $R_3 \gg 1/Y_{21s}$ sowie $1/R_4 \ll H_{21e}/H_{11e}$ und Berücksichtigung der Ungleichung $H_{21e}/H_{11e} \gg Y_{21s}$ folgt aus Gl. (5.18) bis Gl. (5.23) die Spannungsverstärkung

$$V_{uH} = \frac{U_2}{U_1} \approx \frac{Y_{21s}\left(\dfrac{H_{21e}}{1 + Y_{21s} H_{11e}} - 1\right)}{\dfrac{H_{21e}}{H_{11e}}\left(1 - \dfrac{1}{1 + Y_{21s} H_{11e}}\right)} \qquad (5.24)$$

Somit hat der Hybridverstärker nach Bild **5.4** die Spannungsverstärkung $V_{uH} \leq 1$. Er wird deshalb Hybridfolger genannt, da die Ausgangsspannung U_2 der Eingangsspannung U_1 folgt. Die Spannungsverstärkung $V_u \approx 1$ stellt sich für $H_{21e}/(1 + Y_{21s} H_{11e}) \gg 1$ ein.

Der Eingangsleitwert Y_{1H} dieses Verstärkers läßt sich mit Gl. (5.20) und der Spannungsverstärkung V_{uH} von Gl. (5.24) angeben

$$Y_{1H} = I_1/U_1 = (1 - V_{uH})/R_1 \qquad (5.25)$$

Da die Spannungsverstärkung nahe bei eins liegt, ist ein gegen Null strebender Wert für den Eingangsleitwert des Hybridfolgers zu erwarten.

Der Ausgangsleitwert Y_{2H} wird nach dem Überlagerungsprinzip für $U_q = 0$ mit der Knotengleichung des Punktes E

$$I_2 - (U_2/R_4) + (H_{21e} + 1) I_b - Y_{21s} U_{gs} - (U_2/R_2) - [U_2/(R_1 + R_i)] = 0 \tag{5.26}$$

bestimmt. Zu den bei der Berechnung der Spannungsverstärkung benutzten Ungleichungen kommen hier noch $R_i \ll R_1$, $R_2 \gg R_4$ und $H_{21e} \gg 1$ hinzu.

Aus Gl. (5.26) und mit der Gate-Source-Spannung $U_{gs} \approx -U_3$ und dem Basisstrom $I_b \approx -Y_{21s} U_3$ ist der Ausgangsleitwert

$$Y_{2H} = \left. \frac{I_2}{U_2} \right|_{U_q = 0} \approx \frac{1}{R_4} + \frac{Y_{21s} H_{21e}}{1 + Y_{21s} H_{11e}} \tag{5.27}$$

Bei großer Steilheit Y_{2is} des Feldeffekttransistors und großer Kurzschlußsteilheit H_{21e} des Bipolartransistors gilt für den Ausgangsleitwert angenähert $Y_{2H} \approx H_{21e}/H_{11e}$.

Beispiel 5.2. Vom Hybridverstärker nach Bild **5.**4 sind seine Kleinsignal-Spannungsverstärkung V_{uH}, sein Kleinsignal-Eingangsleitwert Y_{1H} und sein Kleinsignal-Ausgangsleitwert Y_{2H} ohne ausgangsseitige Last zu berechnen. Die Koppelkondensatoren C_1, C_2 und C_3 können in dem hier betrachteten Betriebsfrequenzbereich des Verstärkers als wechselstrommäßige Kurzschlüsse aufgefaßt werden. Der Feldeffekttransistor ist durch die Leitwert-Parameter $Y_{11s} = 0$, $Y_{12s} = 0$, $Y_{21s} = S = 1\ \text{mS}$ und $Y_{22s} = 0$ beschrieben. Der Bipolartransistor ist durch die Hybrid-Parameter $H_{11e} = 1\ \text{k}\Omega$, $H_{12e} = 0$, $H_{21e} = \beta = 100$ und $H_{22e} = 0$ bestimmt. Die Widerstände des Verstärkers betragen $R_1 = 10\ \text{M}\Omega$, $R_2 = 22\ \text{k}\Omega$, $R_3 = 22\ \text{k}\Omega$ und $R_4 = 1\ \text{k}\Omega$. Weiterhin ist der Generatorinnenwiderstand $R_i \ll R_1$.

Zunächst wird überprüft, ob die Spannungsverstärkung V_{uH} nach Gl. (5.24), der Eingangsleitwert Y_{1H} nach Gl. (5.25) und der Ausgangsleitwert Y_{2H} nach Gl. (5.27) ermittelt werden können. Die Annahmen $R_1 \gg R_4$, $R_1 \gg 1/Y_{21s}$, $1/R_4 \ll H_{21e}/H_{11e}$, $H_{21e}/H_{11e} \gg Y_{21s}$, $R_i \ll R_1$, $R_2 \gg R_4$, $R_3 \gg 1/Y_{21s}$ und $H_{22e} \gg 1$ sind auch hier erfüllt.

Nach Gl. (5.24) beträgt die Spannungsverstärkung

$$V_{uH} \approx \frac{Y_{21s}\left(\dfrac{H_{21e}}{1 + Y_{21s} H_{11e}} - 1\right)}{\dfrac{H_{21e}}{H_{11e}}\left(1 - \dfrac{1}{1 + Y_{21s} H_{11e}}\right)} = \frac{1\ \text{mS}\left(\dfrac{100}{1 + 1\ \text{mS} \cdot 1\ \text{k}\Omega} - 1\right)}{\dfrac{100}{1\ \text{k}\Omega}\left(1 - \dfrac{1}{1 + 1\ \text{mS} \cdot 1\ \text{k}\Omega}\right)} = 0{,}98$$

Der Eingangsleitwert

$$Y_{1H} = (1 - V_u)/R_1 = (1 - 0{,}98)/(10\ \text{M}\Omega) = 2\ \text{nS}$$

ergibt sich aus Gl. (5.25). Für den Ausgangsleitwert folgt mit Gl. (5.27)

$$Y_{2H} \approx \frac{1}{R_4} + \frac{Y_{21s} H_{21e}}{1 + Y_{21s} H_{11e}} = \frac{1}{1\ \text{k}\Omega} + \frac{1\ \text{mS} \cdot 100}{1 + 1\ \text{mS} \cdot 1\ \text{k}\Omega} = 51\ \text{mS}$$

5.3 Kaskodeverstärker

Die Zusammenschaltung von zwei Feldeffekttransistoren zu einer Transistor-Verbundschaltung, von denen der eingangsseitige Transistor in Sourceschaltung und der nachgeschaltete Transistor in Gateschaltung betrieben wird, hat besondere Vorteile wegen der geringen Rückwirkung vom Ausgang auf den Eingang als Hochfrequenzverstärker. Diese Verstärkerschaltung wird auch als Kaskodeverstärker bezeichnet. Ein Kaskodeverstärker läßt sich leicht mit einem Dual-Gate-MOSFET, der monolithisch integrierten Struktur von zwei Feldeffekttransistoren mit isolierter Steuerelektrode, realisieren. In Bild 5.6 ist die Sinusstrom-Ersatzschaltung eines Kaskodeverstärkers mit einem Dual-Gate-MOSFET ohne Arbeitspunkteinstellung dargestellt. Der Transistor T_1 arbeitet in Sourceschaltung, während der Transistor T_2 in Gateschaltung betrieben wird.

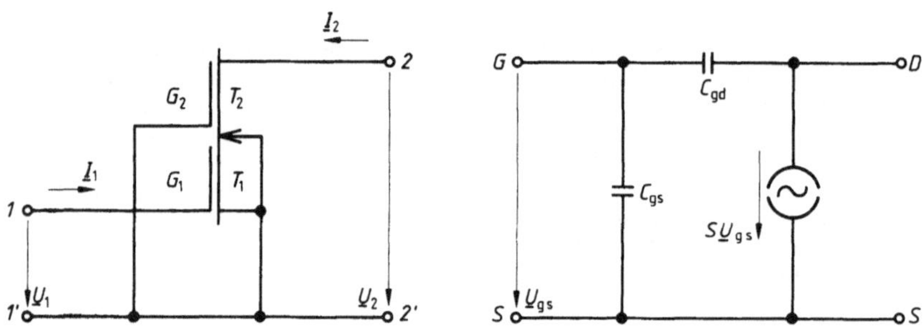

5.6 Dual-Gate-MOSFET als Kaskodeverstärker (a) mit Ersatzschaltung der
   Transistoren T_1 und T_2 (b)
   1 Eingang, *2* Ausgang, T_1 arbeitet in Sourceschaltung und T_2 in Gateschaltung

Vom Kaskodeverstärker werden nachfolgend die komplexen Leitwertparameter $\underline{Y}_{11K}$, $\underline{Y}_{12K}$, $\underline{Y}_{21K}$ und $\underline{Y}_{22K}$ berechnet, wenn angenommen wird, daß beide Transistoren durch die gleiche Hochfrequenz-Kleinsignal-Ersatzschaltung Bild 5.6b beschrieben sind. Die Elemente der Kleinsignal-Ersatzschaltung eines Transistors sind Steilheit S, Gate-Source-Kapazität C_{gs} und Gate-Drain-Kapazität C_{gd}. Mit den errechneten Leitwertparametern wird dann je eine resultierende Ersatzschaltung des Kaskodeverstärkers für niedrige und hohe Frequenzen angegeben. Die Berechnung der komplexen Leitwertparameter $\underline{Y}_{11K}$ bis $\underline{Y}_{22K}$ erfolgt mit der Ersatzschaltung des Kaskodeverstärkers in Bild 5.7.

Zur Bestimmung des komplexen Kurzschlußeingangsleitwerts $\underline{Y}_{11K}$ und der komplexen Kurzschlußsteilheit $\underline{Y}_{21K}$ ist die Nebenbedingung $U_2 = 0$ zu berücksichtigen. Damit verändert sich auch die Ersatzschaltung von Bild 5.7 nach Bild 5.8.

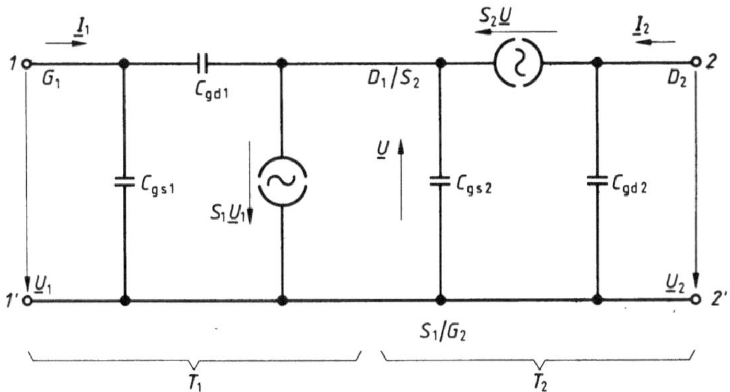

5.7 Kleinsignal-Ersatzschaltung des Kaskodeverstärkers nach Bild **5.6**
T_1 Transistor in Sourceschaltung, T_2 Transistor in Gateschaltung

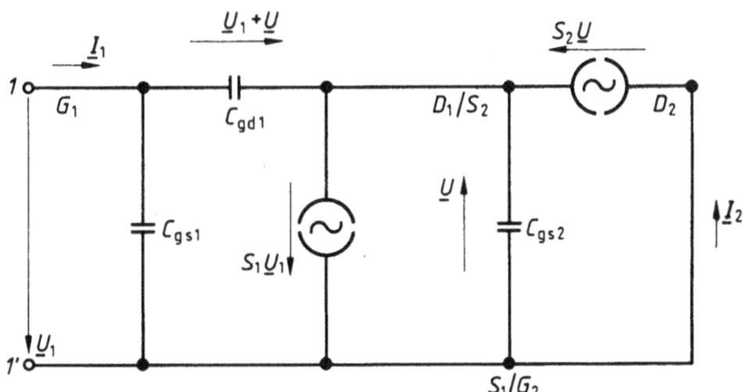

5.8 Teilschaltung von Bild **5.7** zur Bestimmung des komplexen Kurzschlußeingangsleitwerts $\underline{Y}_{11K}$ und der komplexen Kurzschlußsteilheit $\underline{Y}_{21K}$ des Kaskodeverstärkers nach Bild **5.6**

Aus der Knotengleichung

$$\underline{I}_1 - j\omega\, C_{gs1}\,\underline{U}_1 - j\omega\, C_{gd1}\,(\underline{U}_1 + \underline{U}) = 0 \tag{5.28}$$

des Punktes G_1 in Bild **5.**8 in Verbindung mit der Knotengleichung

$$j\omega\, C_{gd1}\,(\underline{U}_1 + \underline{U}) - S_1\underline{U}_1 + (S_2 + j\omega\, C_{gs2})\,\underline{U} = 0 \tag{5.29}$$

des Punktes D_1/S_2 folgt der komplexe Kurzschlußeingangsleitwert

$$\underline{Y}_{11K} = \frac{\underline{I}_1}{\underline{U}_1}\bigg|_{\underline{U}_2=0} = j\omega\,(C_{gs1} + C_{gd1}) + j\omega\, C_{gd1}\,\frac{S_1 - j\omega\, C_{gd1}}{S_2 + j\omega\,(C_{gd1} + C_{gs2})} \tag{5.30}$$

Im Frequenzbereich, in dem kapazitive Einflüsse des Dual-Gate-MOSFET vernachlässigt bleiben können (NF, Niederfrequenz), ist der Kurzschlußeingangsleitwert

$$\underline{Y}_{11K}\big|_{NF} = 0 \tag{5.31}$$

Bei höheren Frequenzen (HF, Hochfrequenz) kann in grober Näherung der Bruch in Gl. (5.30) eins gesetzt werden, so daß für den komplexen Kurzschlußeingangsleitwert

$$\underline{Y}_{11\text{K}}\big|_{\text{HF}} \approx \mathrm{j}\,\omega\,(C_{\text{gs}1} + 2\,C_{\text{gd}1}) \tag{5.32}$$

geschrieben werden kann.

Die Kurzschlußsteilheit folgt aus Gl. (5.29) in Verbindung mit dem Strom

$$\underline{I}_2 = S_2\,\underline{U} \tag{5.33}$$

zu

$$\underline{Y}_{21\text{K}} = \frac{\underline{I}_2}{\underline{U}_1}\bigg|_{\underline{U}_2=0} = \frac{S_1 - \mathrm{j}\,\omega\,C_{\text{gd}1}}{1 + \mathrm{j}\,\omega\,\dfrac{C_{\text{gd}1} + C_{\text{gs}2}}{S_2}} \tag{5.34}$$

Bei niedrigen Frequenzen ist die komplexe Kurzschlußsteilheit angenähert

$$\underline{Y}_{21\text{K}}\big|_{\text{NF}} \approx S_1 \approx \underline{Y}_{21\text{K}}\big|_{\text{HF}} \tag{5.35}$$

und ebenso auch bei hohen Frequenzen bis etwa zur Frequenz $f \ll S_1/(2\,\pi\,C_{\text{gd}1})$.

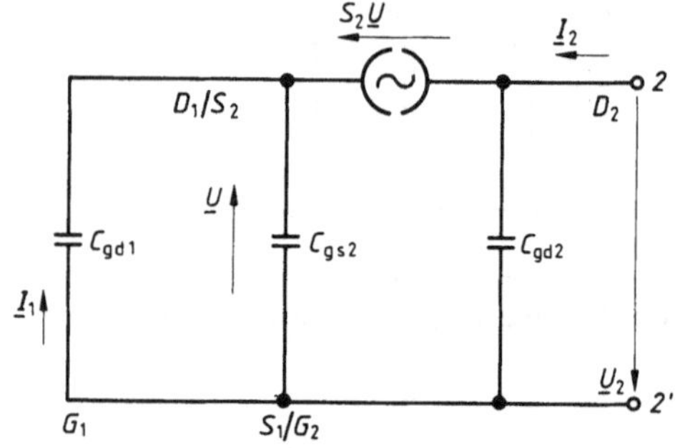

5.9
Teilschaltung von Bild **5.7** zur Bestimmung der komplexen Kurzschlußsteilheit $\underline{Y}_{12\text{K}}$ in Rückwärtsrichtung und des komplexen Kurzschlußausgangsleitwerts $\underline{Y}_{22\text{K}}$ des Kaskodeverstärkers nach Bild **5.6**

Für die komplexe Kurzschlußsteilheit $\underline{Y}_{12\text{K}}$ in Rückwärtsrichtung und den komplexen Kurzschlußausgangsleitwert $\underline{Y}_{22\text{K}}$ gilt als Nebenbedingung $\underline{U}_1 = 0$. Zur Bestimmung dieser komplexen Leitwertparameter wird $\underline{U}_1 = 0$ in der Ersatzschaltung nach Bild **5.9** berücksichtigt. Hier ist zu entnehmen, daß, auch wenn die Ausgangsspannung $\underline{U}_2 \neq 0$ ist, die Spannung $\underline{U}$ und ebenso der Strom $\underline{I}_1 = 0$ sind. Damit gilt für die Kurzschlußsteilheit in Rückwärtsrichtung

$$\underline{Y}_{12\text{K}} = \underline{I}_1/\underline{U}_2\big|_{\underline{U}_1=0} = 0 \tag{5.36}$$

Der komplexe Kurzschlußausgangsleitwert

$$\underline{Y}_{22\text{K}} = \underline{I}_2/\underline{U}_2\big|_{\underline{U}_1=0} = \mathrm{j}\,\omega\,C_{\text{gd}2} \tag{5.37}$$

folgt ebenso aus dieser Überlegung. Für niedrige Frequenzen ist

$$\underline{Y}_{22\text{K}}\big|_{\text{NF}} = 0 \tag{5.38}$$

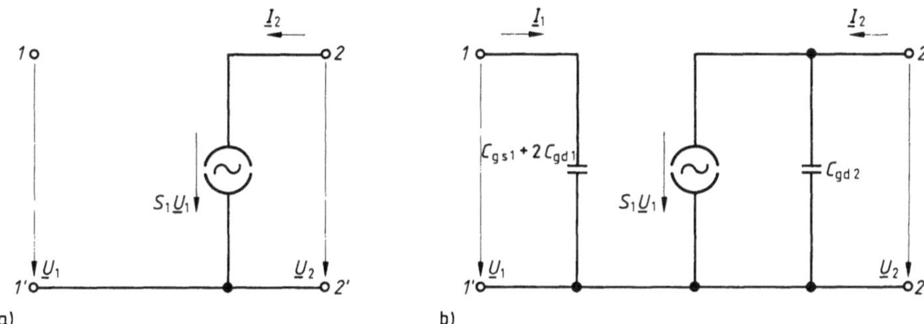

5.10 Resultierende Ersatzschaltungen des Dual-Gate-MOSFET als Kaskodeverstärker von Bild 5.6 für tiefe (a) und hohe (b) Frequenzen

Mit den errechneten Leitwertparametern lassen sich für den Kaskodeverstärker getrennt nach Frequenzbereichen zwei Ersatzschaltungen angeben. In Bild 5.10a ist die für niedrige Frequenzen und in Bild 5.10b die für hohe Frequenzen dargestellt. Man kann aus diesen Ersatzschaltungen ablesen, daß bei niedrigen Frequenzen zunächst kein wesentlicher Unterschied zum einzelnen Transistor besteht. Zu beachten ist aber die Möglichkeit, über das zweite Gate mit einer Gleichspannung die Steilheit S_1 zu steuern. Für hohe Frequenzen ist ein wesentlicher Vorteil des Kaskodeverstärkers gegenüber dem Sourceverstärker zu erkennen. Bei der vorgegebenen Ersatzschaltung und unter Berücksichtigung der während der Rechnung getroffenen Vereinfachungen ist keine Rückwirkung vom Ausgang auf den Eingang vorhanden. Auch bei hohen Frequenzen kann über das zweite Gate die Steilheit und damit die Spannungsverstärkung des Kaskodeverstärkers beeinflußt werden.

Beispiel 5.3. Der Kaskodeverstärker nach Bild **5.6** hat gleiche Parameter, die Steilheit $S = 6\,\text{mS}$, die Gate-Source-Kapazität $C_{gs} = 3\,\text{pF}$ und die Gate-Drain-Kapazität $C_{gd} = 1\,\text{pF}$ der beiden Transistoren. Zu ermitteln sind für die Frequenz $f = 20\,\text{MHz}$ die komplexen Leitwertparameter $\underline{Y}_{11K}$ bis $\underline{Y}_{22K}$ dieses Verstärkers.
Der komplexe Kurzschlußeingangsleitwert beträgt nach Gl. (5.32)

$$\underline{Y}_{11K} \approx j\,2\,\pi\,f(C_{gs} + 2\,C_{gd}) = j\,2\,\pi\,20\,\text{MHz}(3\,\text{pF} + 2 \cdot 1\,\text{pF}) = j\,0{,}63\,\text{mS}$$

Die Kurzschlußsteilheit in Rückwärtsrichtung ist $\underline{Y}_{12K} = 0$, d. h., es ist keine Rückwirkung vorhanden.
Die Kurzschlußsteilheit

$$\underline{Y}_{21K} \approx S = 6\,\text{mS}$$

folgt aus Gl. (5.35). Mit Gl. (5.37) erhält man den komplexen Kurzschlußausgangsleitwert

$$\underline{Y}_{22K} = j\,2\,\pi\,f\,C_{gd} = j\,2\,\pi \cdot 20\,\text{MHz} \cdot 1\,\text{pF} = j\,0{,}126\,\text{mS}$$

6 Gleichspannungsverstärker

6.1 Schaltungsunterschiede zum Wechselspannungsverstärker

Beim Wechselspannungsverstärker wird durch einen Koppelkondensator (s. Abschn. 2.5.1.1) die Signalquelle vom eigentlichen Verstärker, z. B. vom Emitterverstärker, ferngehalten, damit der Arbeitspunkt durch die Signalquelle nicht verändert wird. Dagegen sind beim Gleichspannungsverstärker Koppelelemente, wie Kondensatoren und Übertrager, nicht zugelassen.

Mit einem Gleichspannungsverstärker können auch Wechselspannungen verstärkt werden, weshalb der Verstärker mit Gleichstromkopplung auch als Breitbandverstärker bezeichnet wird. Je nach Anwendung dieses Verstärkertyps sind die Anforderungen an die Grenzfrequenz unterschiedlich.

Die Gleichstromkopplung wirft beim Bipolartransistor wegen der unterschiedlichen Gleichspannungen zwischen Basis und Emitter einerseits und Kollektor und Emitter andererseits Probleme auf. Beispielsweise können zwei gleiche einfache Emitterstufen bedingt durch die Spannungen $|U_{CE}| \gg |U_{BE}|$ für eine sinnvolle Arbeitspunkteinstellung nicht unmittelbar gleichstrommäßig gekoppelt werden. Dagegen können Sourceverstärker mit selbstsperrenden Feldeffekttransistoren direkt verbunden sein, da für einen brauchbaren Arbeitspunkt die Gate-Source-Spannung gleich der Drain-Source-Spannung gewählt werden kann.

Der Arbeitspunkt von Gleichspannungsverstärkern liegt meistens im Nullpunkt ihrer Übertragungskennlinien, damit bei der Eingangsspannung Null auch die Ausgangsspannung Null sein kann. Dies erfordert aber die Versorgung des Gleichspannungsverstärkers mit einer positiven und einer negativen Gleichspannungsquelle, wie sie beim Operationsverstärker üblich ist. Der Operationsverstärker ist daher als typischer Verstärkerbaustein des Gleichspannungsverstärkers anzusehen.

Neben der Arbeitspunkteinstellung ist bei Gleichspannungsverstärkern der Änderung des Arbeitspunkts mit der Temperatur (Drift des Arbeitspunkts) besondere Aufmerksamkeit zu schenken. Die Drift des Arbeitspunkts wird vom Nutzsignal nicht unterschieden und mit verstärkt (s. Abschn. 7).

6.2 Differenzverstärker

In Schaltungen von Gleichspannungsverstärkern sind häufig Verstärkerstufen zu finden, die die Differenz von zwei Eingangsspannungen verstärken. Solche Verstärker nennt man Differenzverstärker.

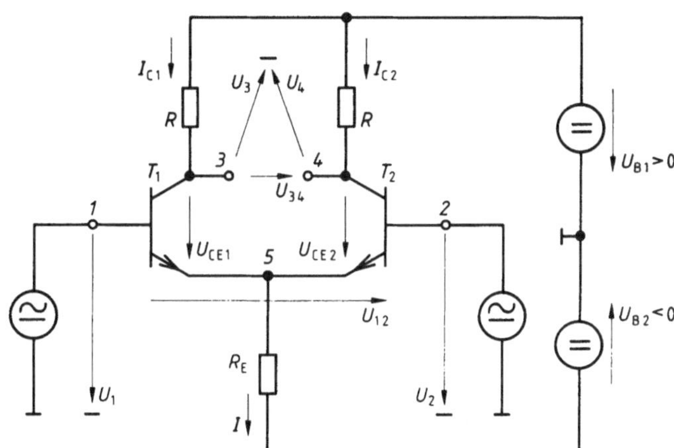

6.1
Differenzverstärker
mit zwei NPN-
Transistoren in
Emitterschaltung
1, 2 Eingänge;
3, 4 Ausgänge

Der Differenzverstärker besteht im einfachsten Fall nach Bild **6.**1 aus zwei Emitterverstärkern, die über den gemeinsamen Emitterwiderstand R_E zusammengeschaltet sind. Die beiden Klemmen *1* und *2* sind die beiden Eingänge mit den beiden Eingangsspannungen U_1 und U_2 gegen Masse. Bei völlig symmetrisch aufgebautem Verstärker, d.h. gleiche Bipolartransistoren und Widerstände R, wird vorwiegend die Spannungsdifferenz

$$U_{12} = U_1 - U_2 \tag{6.1}$$

verstärkt. Die beiden Klemmen *3* und *4* bilden den Ausgang des Differenzverstärkers mit den Spannungen U_3 und U_4 gegen Masse. Die eigentliche Ausgangsspannung ist aber die Spannungsdifferenz

$$U_{34} = U_3 - U_4 \tag{6.2}$$

Zur Erklärung der Wirkungsweise des Differenzverstärkers nach Bild **6.**1 wird der Strom I durch den Emitterwiderstand R_E betrachtet. Er ist, wie in Bild **6.**2 dargestellt, bei einem sehr großen Emitterwiderstand R_E unabhängig von der Differenzeingangsspannung U_{12}. Bei gleicher Änderung der Eingangsspannungen $\Delta U_1 = \Delta U_2$ ist nach Gl. (6.1) die Änderung der Differenzeingangsspannung $\Delta U_{12} = 0$. Es ändern sich dabei die Kollektor-Emitter-Spannungen U_{CE1} und U_{CE2}, nicht aber wegen $R_E \rightarrow \infty$ die Kollektorströme I_{C1} und I_{C2}. Bei Vernachlässigung der Basisströme gilt für den Punkt *5* die Knotengleichung

$$I - I_{C1} - I_{C2} = 0 \tag{6.3}$$

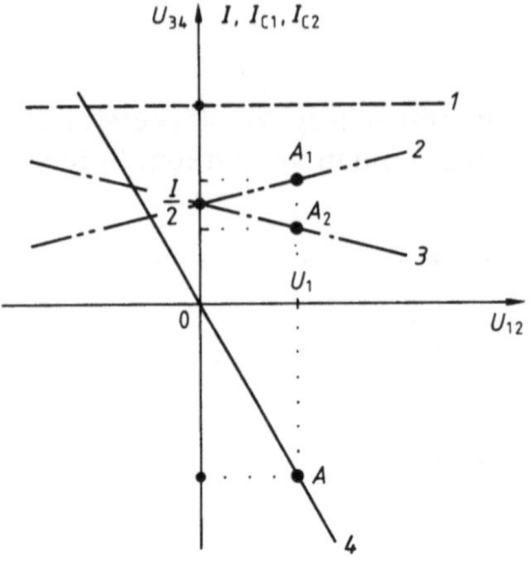

6.2
Aussteuerungsverhältnisse des Differenzverstärkers nach Bild **6.**1 mit sehr großem
Emitterwiderstand R_E
1 $I = f(U_{12})$, *2* $I_{C1} = f(U_{12})$, *3* $I_{C2} = f(U_{12})$,
4 $U_{34} = f(U_{12})$, A, A_1 und A_2 Arbeitspunkte
bei der Differenzeingangsspannung $U_{12} = U_1$

so daß in diesem Fall $I_{C1} = I_{C2} = I/2$ gelten muß. Daraus folgen die Ausgangsspannungen $U_3 = U_4$ den Eingangsspannungen $U_1 = U_2$. Damit ist bei der Differenzeingangsspannung $\Delta U_{12} = 0$ auch die Differenzausgangsspannung
$\Delta U_{34} = 0$.

Werden dagegen die beiden Eingangsspannungen unterschiedlich angenommen, etwa $U_1 \neq 0$ und $U_2 = 0$, so ist mit Gl. (6.1) die Differenzeingangsspannung
$U_{12} = U_1$. Daher stellen sich auch unterschiedliche Kollektorströme $I_{C1} \neq I_{C2}$
nach Bild **6.**2 ein, wobei aber weiterhin Gl. (6.3) maßgebend bleibt. Ist die Eingangsspannung $U_1 > 0$, gilt für die Kollektor-Emitter-Spannungen $U_{CE1} < U_{CE2}$,
so daß für die Kollektorströme $I_{C1} > I_{C2}$ gelten muß. Hieraus folgt für die Ausgangsspannungen $U_3 < U_4$. Nach Gl. (6.2) ist dann die Differenzausgangsspannung $U_{34} < 0$ geworden, d.h., die Differenzausgangsspannung U_{34} ist gegenphasig zur Differenzeingangsspannung U_{12}, wie dies in Bild **6.**2 dargestellt
ist.

Aus dieser kurzen Darstellung der Wirkungsweise des Differenzverstärkers
wird schon deutlich, daß Veränderungen der Kenndaten der Bipolartransistoren, wenn sie gleich sind, nicht als Störspannung am Differenzausgang erschei-
nen. Der Differenzverstärker hat nicht nur die in Bild **6.**1 angegebene einfache
Form, sondern bildet, wenn auch in abgewandelter Ausführung, die Eingangsstufe des Operationsverstärkers. Ebenso wie mit zwei Bipolartransistoren läßt
sich auch ein Differenzverstärker mit Feldeffekttransistoren nach Bild **6.**3 aufbauen. Die N-Kanal-Sperrschicht-Feldeffekttransistoren arbeiten in Sourceschaltung. Sie sind über den relativ großen Sourcewiderstand R_S gekoppelt, so
daß von dem nahezu konstanten Strom I ausgegangen werden kann. Die Eingangsklemmen sind auch hier *1* und *2*, während *3* und *4* die Ausgangsklemmen
des Differenzverstärkers sind. Die Differenzausgangsspannung U_{34} ist wieder
nur eine Funktion der Differenzeingangsspannung U_{12}.

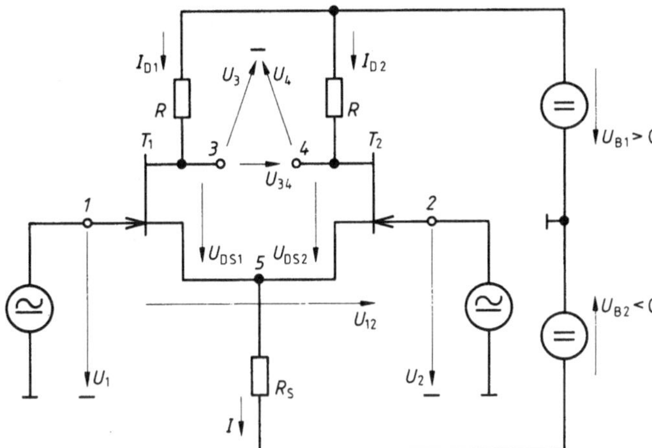

6.3
Differenzverstärker
mit zwei N-Kanal-
Sperrschicht-Feld-
effekttransistoren
in Sourceschaltung
1, 2 Eingänge;
3, 4 Ausgänge

Für den Differenzverstärker nach Bild **6.**3 werden zunächst die Gleichstromverhältnisse geklärt; anschließend wird kleinsignalmäßig sein Verstärkungsverhalten diskutiert.

6.2.1 Gleichstromverhältnisse

Grundlage der Berechnung der Gleichstromverhältnisse des Differenzverstärkers mit Feldeffekttransistoren bildet die in Bild **6.**4 dargestellte Schaltung.

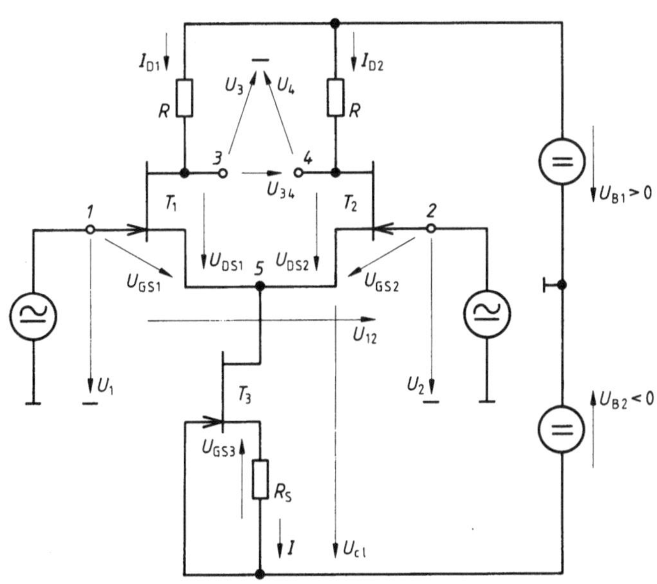

6.4
Differenzverstärker
nach Bild **6.**3, aber
mit Konstantstromquelle (Transistor
T_3 und Widerstand
R_S)

Um zu gewährleisten, daß der Strom I konstant bleibt, ist bei diesem Differenzverstärker der Sourcewiderstand R_S von Bild **6**.3 durch die Konstantstromquelle, bestehend aus dem Feldeffekttransistor T_3 und dem Widerstand R_S, ersetzt. Mit dem Widerstand R_S kann der Strom I eingestellt werden. Für die Rechnung haben die Feldeffekttransistoren gleiche Parameter, nämlich den Kurzschluß-Drain-Sättigungsstrom I_{DS0} und die Schwellspannung U_{th}. Die beiden Versorgungsgleichspannungen U_{B1} und U_{B2} sind betragsmäßig gleich. Häufig sind die Gleichspannungen $U_{B1} = 15$ V und $U_{B2} = -15$ V zu finden.

Werden einmal gleiche Eingangsspannungen $U_1 = U_2$ angenommen, so gilt entsprechend Gl. (6.3) für die Drainströme

$$I_{D1} = I_{D2} = I/2 \big|_{U_1 = U_2} \tag{6.4}$$

Wird die Kennliniengleichung

$$I_D = I_{DS0}\left(1 - \frac{U_{GS}}{U_{th}}\right)^2$$

angenommen, dann gilt für die Gate-Source-Spannungen

$$U_{GS1} = U_{GS2} = U_{th}\left(1 - \sqrt{\frac{I}{2\,I_{DS0}}}\right)\Bigg|_{U_1 = U_2} \tag{6.5}$$

Für die Drain-Source-Spannungen ergibt sich

$$U_{DS1} = U_{DS2} = U_{B1} - U_{B2} - \frac{R\,I}{2} - U_{cl}\Bigg|_{U_1 = U_2} \tag{6.6}$$

und für die Eingangsspannungen

$$U_1 = U_2 = U_{cl} + U_{B2} + U_{th}\left(1 - \sqrt{\frac{I}{2\,I_{DS0}}}\right) \tag{6.7}$$

Die Aussteuergrenzen dieses Verstärkers sind durch die Aussteuergrenzen (s. Abschn. 2.3.3) der Transistoren T_1 bis T_3 bestimmt, d.h., diese Transistoren sollten stets im Sättigungsgebiet arbeiten, und die Gate-Dioden sollten in Sperrrichtung betrieben werden. Dabei sind neben gleichen Eingangsspannungen $U_1 = U_2$ auch ungleiche Eingangsspannungen $U_1 \neq U_2$ zu berücksichtigen.

Nun ist noch der Widerstand R_S der Konstantstromquelle zu berechnen. Mit der Kennliniengleichung des Feldeffekttransistors ist die Gate-Source-Spannung

$$U_{GS3} = U_{th}\left(1 - \sqrt{\frac{I}{I_{DS0}}}\right) \tag{6.8}$$

des Transistors T_3. Daraus ergibt sich der Widerstand

$$R_S = - U_{GS3}/I \tag{6.9}$$

Beispiel 6.1. Der Differenzverstärker mit Feldeffekttransistoren in Bild **6**.4 wird mit den Versorgungsgleichspannungen $U_{B1} = 15$ V und $U_{B2} = -15$ V betrieben. Alle drei Feldeffekttransistoren sind gleich und durch die Schwellspannung $U_{th} = -3$ V und den Kurzschluß-Drain-Sättigungsstrom $I_{DS0} = 10$ mA beschrieben. Die beiden Eingangsspannungen U_1 und U_2 sind gleich. Für den Strom $I = 1$ mA sind die Gate-Source-Spannungen U_{GS1} und U_{GS2} zu bestimmen. Welche Spannung U_{cl} der Konstantstromquelle und welche Drain-Source-Spannungen U_{DS1} und U_{DS2} sind minimal und maximal zu erwarten, wenn für die Eingangsspannungen $U_{1\,min} = U_{2\,min} = -5$ V und $U_{1\,max} = U_{2\,max} = 5$ V vorgesehen ist? Die Widerstände betragen $R = 10$ kΩ.

Wegen der Eingangsspannungen $U_1 = U_2$ erhält man mit Gl. (6.5) die Gate-Source-Spannungen

$$U_{GS1} = U_{GS2} = U_{th}\left(1 - \sqrt{\frac{I}{2\,I_{DS0}}}\right) = -3\text{ V}\left(1 - \sqrt{\frac{1\text{ mA}}{2\cdot 10\text{ mA}}}\right) = -2{,}33\text{ V}$$

Die Eingangsspannungen $U_{1\,min} = U_{2\,min} = -5$ V führen mit Gl. (6.7) zur minimalen Spannung

$$U_{cl\,min} = U_{1\,min} - U_{B2} - U_{GS1} = -5\text{ V} + 15\text{ V} + 2{,}33\text{ V} = 12{,}33\text{ V}$$

und die Eingangsspannungen $U_{1\,max} = U_{2\,max} = 5$ V zur maximalen Spannung

$$U_{cl\,max} = U_{1\,max} - U_{B2} - U_{GS1} = 5\text{ V} + 15\text{ V} + 2{,}33\text{ V} = 22{,}33\text{ V}$$

über der Konstantstromquelle. Die minimalen Drain-Source-Spannungen folgen aus Gl. (6.6)

$$U_{DS1\,min} = U_{DS2\,min} = U_{B1} - U_{B2} - \frac{R\,I}{2} - U_{cl\,max}$$

$$= 15\text{ V} + 15\text{ V} - \frac{10\text{ kΩ}\cdot 1\text{ mA}}{2} - 22{,}33\text{ V} = 2{,}67\text{ V}$$

und die maximalen betragen

$$U_{DS1\,max} = U_{DS2\,max} = U_{B1} - U_{B2} - \frac{R\,I}{2} - U_{cl\,min}$$

$$= 15\text{ V} + 15\text{ V} - \frac{10\text{ kΩ}\cdot 1\text{ mA}}{2} - 12{,}33\text{ V} = 12{,}67\text{ V}$$

6.2.2 Spannungsverstärkungen

Die gewünschte Spannungsverstärkung

$$V_u = \Delta U_{34}/\Delta U_{12} \tag{6.10}$$

des Differenzverstärkers von Bild **6**.4 ist durch das Verhältnis der Änderung der Differenzausgangsspannung $\Delta U_{34} = \Delta U_3 - \Delta U_4$ zur Änderung der Differenzeingangsspannung $\Delta U_{12} = \Delta U_1 - \Delta U_2$ gegeben. Die Nutzspannungsverstärkung V_u wird auch als Differenz- oder Gegentaktverstärkung bezeichnet.

Neben der erwünschten Verstärkung der Differenzspannung wird ebenfalls die Summe der Eingangsspannungen U_1 und U_2 auf die Ausgangsklemmen *3* und *4* übertragen, die aber als Störung empfunden wird. Diese Eigenschaft des Differenzverstärkers wird durch die Summen- oder Gleichtaktspannungsverstärkung

$$V_{\mathrm{us}} = (\Delta U_3 + \Delta U_4)/(\Delta U_1 + \Delta U_2) \tag{6.11}$$

beschrieben.

Zur Berechnung der Differenz- wie auch der Summenspannungsverstärkung wird von der Kleinsignal-Ersatzschaltung nach Bild **6.5** des Differenzverstärkers von Bild **6.4** ausgegangen. Da nur die Änderungen betrachtet werden, können die Versorgungsgleichspannungsquellen als Kurzschlüsse aufgefaßt werden. Die Feldeffekttransistoren haben die Steilheiten $S_1 = S_2 = S_3 = S$. Die differentiellen Kanalleitwerte g_{ds} der Transistoren T_1 und T_2 bleiben unberücksichtigt. Von der Konstantstromquelle wird nur der differentielle Widerstand R_{cl} (s. Band III, Teil 2) erfaßt.

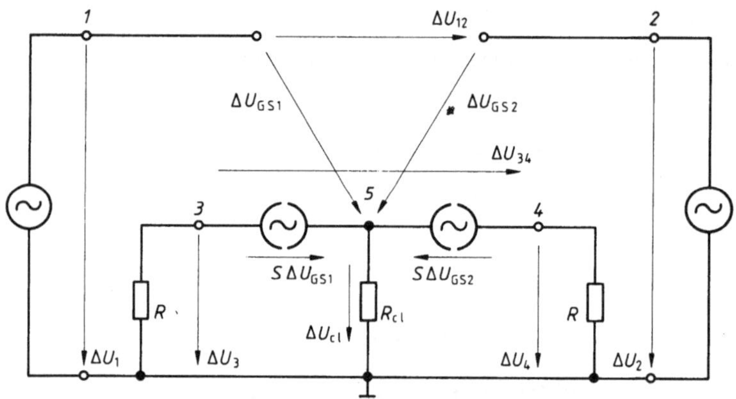

6.5 Kleinsignal-Ersatzschaltung des Differenzverstärkers nach Bild **6.**4

Die Differenzspannungsverstärkung V_{u} erhält man mit den Gate-Source-Spannungen

$$\Delta U_{\mathrm{GS1}} = -\Delta U_3/(S\,R) \tag{6.12}$$

und

$$\Delta U_{\mathrm{GS2}} = -\Delta U_4/(S\,R) \tag{6.13}$$

und der Differenzeingangsspannung

$$\Delta U_{12} = \Delta U_1 - \Delta U_2 = \Delta U_{\mathrm{GS1}} - \Delta U_{\mathrm{GS2}} \tag{6.14}$$

zu

$$V_{\mathrm{u}} = \Delta U_{34}/\Delta U_{12} = -S\,R \tag{6.15}$$

Die Differenzspannungsverstärkung des Differenzverstärkers ist somit bei gleicher Steilheit der Transistoren T_1 und T_2 nur abhängig von der Steilheit S und den Widerständen R. Das Minuszeichen in Gl. (6.15) deutet auf die Gegenphasigkeit von Differenzausgangsspannung zur Differenzeingangsspannung hin.

Die Summenspannungsverstärkung V_{us} folgt aus der Summe der Ausgangsspannungen

$$\Delta U_3 + \Delta U_4 = -S R \,\Delta U_{GS1} - S R \,\Delta U_{GS2} = -S R (\Delta U_{GS1} + \Delta U_{GS2}) \quad (6.16)$$

und der Summe der Eingangsspannungen

$$\Delta U_1 + \Delta U_2 = \Delta U_{GS1} + \Delta U_{GS2} + 2\Delta U_{cl} = (\Delta U_{GS1} + \Delta U_{GS2})(1 + 2 S R_{cl})$$

zu
$$\qquad\qquad\qquad\qquad\qquad\qquad\qquad\qquad\qquad\qquad\qquad\qquad (6.17)$$

$$V_{us} = \frac{\Delta U_3 + \Delta U_4}{\Delta U_1 + \Delta U_2} = \frac{-S R}{1 + 2 S R_{cl}} \quad (6.18)$$

Da für den differentiellen Widerstand der Konstantstromquelle stets die Bedingung $R_{cl} \gg 1/(2S)$ erfüllt ist, kann man für die Summenspannungsverstärkung

$$V_{us} \approx -R/(2 R_{cl}) \quad (6.19)$$

als Näherung angeben.

Die unerwünschte Summenspannungsverstärkung des Differenzverstärkers ist um so kleiner, je größer der Kleinsignalwiderstand R_{cl} der Konstantstromquelle ist. Die Summenspannungsverstärkung V_{us} gibt allein noch keine ausreichende Auskunft über das Verhalten des Differenzverstärkers, da die Verstärkung der Summenspannung nur dann stört, wenn die Differenzspannungsverstärkung V_u klein ist. Eine bessere Aussage über das Verhalten des Differenzverstärkers erlaubt das Verhältnis von Differenz- zur Summenspannungsverstärkung, die Gleichtaktunterdrückung

$$G = V_u / V_{us} \quad (6.20)$$

Sie ist eine Kenngröße des Differenzverstärkers und wird meist in Dezibel, also als

$$g = 20 \ \mathrm{dB} \ \lg (V_u / V_{us}) \quad (6.21)$$

angegeben.

Beispiel 6.2. Für den Differenzverstärker mit Feldeffekttransistoren nach Bild **6**.4 gilt die Kleinsignal-Ersatzschaltung von Bild **6**.5. Die Konstantstromquelle hat den differentiellen Widerstand $R_{cl} = 200 \ \mathrm{k\Omega}$. Differenz-, Summenspannungsverstärkung und Gleichtaktunterdrückung sind unter Berücksichtigung der Angaben in Beispiel 6.1 zu ermitteln.

Die für die Berechnung des Differenzverstärkers benötigte Steilheit

$$S = \frac{\mathrm{d}I_D}{\mathrm{d}U_{GS}} = \frac{2 I_{DS0}}{U_{th}^2} (U_{GS} - U_{th}) = \frac{2 \cdot 10 \ \mathrm{mA}}{(-3 \ \mathrm{V})^2} (-2{,}33 \ \mathrm{V} + 3 \ \mathrm{V}) = 1{,}49 \ \mathrm{mS}$$

ergibt sich aus der Kennliniengleichung des Feldeffekttransistors. Nach Gl. (6.15) folgt dann die Differenzspannungsverstärkung

$$V_\mathrm{u} = \Delta U_{34}/\Delta U_{12} = -S\,R = -1{,}49 \text{ mS} \cdot 10 \text{ k}\Omega = -14{,}9$$

Die Summenspannungsverstärkung ergibt sich mit Gl. (6.19)

$$V_\mathrm{us} \approx -R/(2\,R_\mathrm{cl}) = -10 \text{ k}\Omega/(2 \cdot 200 \text{ k}\Omega) = -0{,}025$$

Die Differenzspannungsverstärkung V_u ist also betragsmäßig wesentlich größer als die Summenspannungsverstärkung V_us. Dies gibt deutlich die Gleichtaktunterdrückung

$$G = V_\mathrm{u}/V_\mathrm{us} = -14{,}9/(-0{,}025) = 596$$

nach Gl. (6.20). Es gilt dann nach Gl. (6.21)

$$g = 20 \text{ dB } \lg(V_\mathrm{u}/V_\mathrm{us}) = 20 \text{ dB } \lg 596 = 55{,}5 \text{ dB}$$

6.2.3 Unsymmetrischer Ausgang

Differenzverstärker, die in der einfachen Form nach Bild **6.**1 aufgebaut sind, dürfen ausgangsseitig gegen Masse (unsymmetrisch) nicht stark belastet werden, da sonst die Symmetrie der Schaltung nicht mehr gegeben ist. In Bild **6.**6 ist dargestellt, wie mit einem PNP-Transistor ein Ausgangs- oder Trennverstärker aufgebaut werden kann, der dem Differenzverstärker nachgeschaltet ist. Dieser Trennverstärker beeinflußt die Symmetrie der Schaltung nur unwesentlich. Die Verwendung des PNP-Transistors hat den Vorteil, daß die Spannung über dem Widerstand R die Basis-Emitter-Spannung des Transistors T_3 liefert.

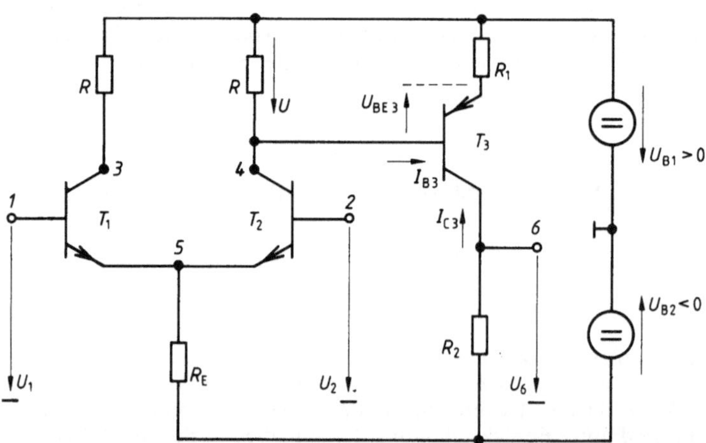

6.6 Differenzverstärker mit NPN-Transistoren T_1 und T_2 von Bild **6.**1 und ausgangsseitigem Trennverstärker, bestehend aus dem PNP-Transistor T_3 und den beiden Widerständen R_1 und R_2
1, 2 Eingänge; *3, 4* Ausgänge des Differenzverstärkers, *6* Ausgang des Trennverstärkers

Über den Widerstand R_1, der gleichzeitig als Gegenkopplungswiderstand wirkt, kann der gewünschte Arbeitspunkt eingestellt werden. Der Widerstand R_2 ist der Arbeitswiderstand des Trennverstärkers.

Für die Ausgangsspannung $U_6 = 0$ lassen sich die Widerstände R_1 und R_2 leicht berechnen. Wird von der Spannung U über dem Widerstand R ausgegangen und gilt für die Stromverstärkung $B_3 \gg 1$ des Transistors T_3, so ergibt sich mit der Basis-Emitter-Spannung U_{BE3} der Widerstand

$$R_1 = -(U + U_{BE3})/I_{C3} \tag{6.22}$$

Da über dem Widerstand R_2 bei der Ausgangsspannung $U_6 = 0$ die Versorgungsgleichspannung U_{B2} liegt, ist dieser Widerstand

$$R_2 = U_{B2}/I_{C3} \tag{6.23}$$

Beispiel 6.3. Vom Differenzverstärker mit Trennverstärker nach Bild **6**.6 sind die beiden Widerstände R_1 und R_2 für die Ausgangsspannung $U_6 = 0$ zu berechnen. Bekannt sind die Spannung über dem Widerstand $U = 5$ V, der Kollektorstrom des Transistors T_3 $I_{C3} = -10$ mA und die Basis-Emitter-Spannung $U_{BE3} = -0,7$ V.
Nach Gl. (6.22) folgt der Widerstand

$$R_1 = -(U + U_{BE3})/I_{C3} = -(5 \text{ V} - 0,7 \text{ V})/(-10 \text{ mA}) = 430\ \Omega$$

und nach Gl. (6.23) der Widerstand

$$R_2 = U_{B2}/I_{C3} = -15 \text{ V}/(-10 \text{ mA}) = 1,5 \text{ k}\Omega$$

6.3 Differenzverstärker in integrierten Schaltungen

Differenzverstärker nach Abschn. 6.2 werden nicht unmittelbar in integrierten Schaltungen verwirklicht. In Bild **6**.7 ist in einer Teilschaltung dargestellt, wie ein Differenzverstärker nur mit Bipolartransistoren aufgebaut werden kann.

In dieser Schaltung ersetzen nicht nur die Transistoren T_3 und T_4 die Widerstände R (vgl. Bild **6**.1), sondern durch die besondere Beschaltung wird verhindert, daß der Ausgangsstrom I_o eine ungleiche Stromverteilung in den Transistoren T_1 und T_2 bewirkt. Zudem wird der Gleichspannungsbedarf herabgesetzt, denn für die Transistoren T_3 und T_4 wird nur die Spannung $U_{BE3} = U_{BE4} \approx -0,7$ V benötigt.

Der als D i o d e geschaltete Transistor T_3 steuert den als S t r o m q u e l l e arbeitenden Transistor T_4. Da diese Transistoren durch Schaltungszwang gleiche Basis-Emitter-Spannungen haben, sind bei gleichen Transistoren und großen Stromverstärkungen B und damit zu vernachlässigenden Basisströmen die Kollektorströme der Transistoren T_3 und T_4 gleich, d. h., es gilt $I_{C3} \approx I_{C4}$. Daher wird diese Schaltung S t r o m s p i e g e l s c h a l t u n g genannt.

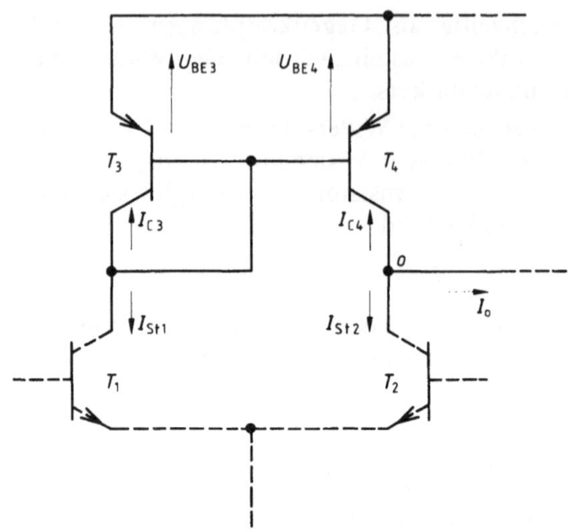

6.7
Integrierte Teilschaltung eines Differenzverstärkers mit Stromspiegelschaltung (Transistoren T_3 und T_4). o Ausgang

Der Kollektorstrom des Transistors T_1 wird als Steuerstrom I_{St1} und der des Transistors T_2 als Steuerstrom I_{St2} bezeichnet. Unter Vernachlässigung der Basisströme gilt für den Steuerstrom $I_{St1} \approx -I_{C3}$.

Mit diesen Voraussetzungen läßt sich der Ausgangsstrom I_o als Funktion der Steuerströme I_{St1} und I_{St2} berechnen. Über die Knotengleichung des Punktes o

$$I_o + I_{St2} + I_{C4} = 0 \tag{6.24}$$

folgt der Ausgangsstrom

$$I_o = I_{St1} - I_{St2} \tag{6.25}$$

Er stellt also die Differenz der Steuerströme dar, ohne aber wesentlich die Symmetrie des Differenzverstärkers zu beeinflussen.

6.4 Steilheitsgesteuerter Differenzverstärker

Eine weitere wichtige Variante des Differenzverstärkers sowohl für den diskreten als auch für den integrierten Aufbau stellt der steilheitsgesteuerte Differenzverstärker gemäß Bild **6.8** dar. Neben den beiden Eingängen *1* und *2* hat dieser Differenzverstärker einen weiteren Eingang, der mit M bezeichnet ist. Da der Eingang *2* auf Masse liegt, beeinflussen die beiden Eingangsspannungen U_1 und U_M die Differenzausgangsspannung U_{34}.

Die Änderung der Differenzausgangsspannung ΔU_{34} kann analog zu Abschn. 6.2.2 berechnet werden. Da durch Schaltungszwang für die Eingangsspannung

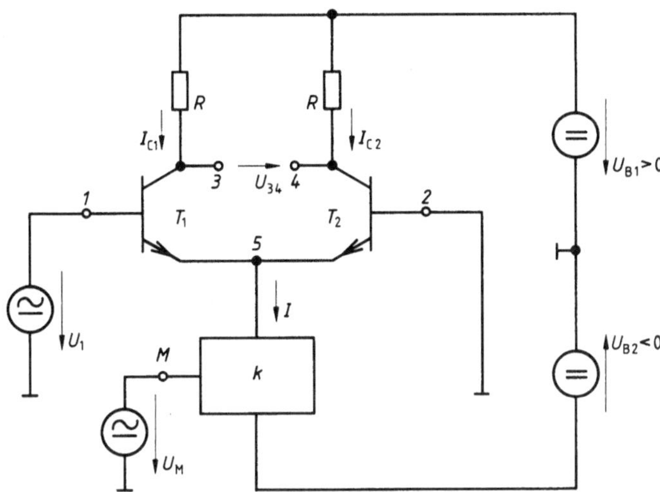

6.8 Steilheitsgesteuerter Differenzverstärker
1, 2 Eingänge; *3, 4* Ausgänge des Differenzverstärkers,
k spannungsgesteuerte Stromquelle mit Eingang *M*

$U_2 = 0$ und damit für die Änderung der Differenzeingangsspannung

$$\Delta U_{12} = \Delta U_1 \tag{6.26}$$

gilt, folgt mit Gl. (6.15) für die Änderung der Differenzausgangsspannung

$$\Delta U_{34} = -S R \Delta U_1 \tag{6.27}$$

Hierbei ist S die Steilheit der Bipolartransistoren T_1 und T_2 des völlig symmetrisch aufgebauten Differenzverstärkers. Die Steilheit S läßt sich als Funktion des Kollektorstroms bzw. des Gesamtstroms I angeben, wenn berücksichtigt wird, daß die Steilheit dem Leitwertparameter Y_{21e} entspricht. Für die Abhängigkeit der Steilheit vom Kollektorstrom (s. Abschn. 2.1.1.2 und 2.2.2.1) gilt

$$S = Y_{21e} = H_{21e}/H_{11e} = I_C/U_T = I/(2\,U_T)$$

Wird nun der Strom I verändert, so verändert sich proportional auch der Kollektorstrom I_C und damit die Steilheit S. Der Strom I kann dadurch geändert werden, daß, wie in Bild **6.**8 angedeutet, die Stromquelle spannungsgesteuert ausgeführt wird. Die Eingangsspannung U_M bewirkt den Strom

$$I = k\,U_M \tag{6.28}$$

mit der Schaltungskonstanten k. Die Differenzausgangsspannung läßt sich damit als Funktion der beiden Eingangsspannungen angeben

$$U_{34} = -S R U_1 = -I R U_1/(2\,U_T) = -k R U_1 U_M/(2\,U_T) \tag{6.29}$$

Wird die Konstante

$$C = -kR/(2\,U_\mathrm{T}) \tag{6.30}$$

eingeführt, so gilt für die Differenzausgangsspannung

$$U_{34} = C\,U_1\,U_\mathrm{M} \tag{6.31}$$

Diesem Ergebnis ist zu entnehmen, daß bei steilheitsgesteuerten Differenzverstärkern die Änderung der Differenzausgangsspannung dem Produkt der Änderungen der beiden Eingangsspannungen proportional ist. Diese Schaltung hat eine große praktische Bedeutung als Analogmultiplizierer in den verschiedensten integrierten Schaltungen.

Beispiel 6.4. Vom steilheitsgesteuerten Differenzverstärker (Bild **6.**8) ist die Schaltungskonstante C zu berechnen. Die Konstante der Stromquelle beträgt $k = 1$ mS, der Widerstand ist $R = 1\,\mathrm{k\Omega}$ für beide Verstärkerteile. Die Temperaturspannung beträgt $U_\mathrm{T} = 25$ mV.

Die Schaltungskonstante des steilheitsgesteuerten Differenzverstärkers ergibt sich mit Gl. (6.30) zu

$$C = -kR/(2\,U_\mathrm{T}) = -1\,\mathrm{mS} \cdot 1\,\mathrm{k\Omega}/(2 \cdot 25\,\mathrm{mV}) = -20/\mathrm{V}$$

7 Operationsverstärker

In Abschn. 2 und 4 werden der ideale Operationsverstärker, sein Ausgangsspannungsbereich, der Frequenzgang der Leerlaufspannungsverstärkung und
Grundsätzliches über den gegengekoppelten Operationsverstärker behandelt.
Hier werden neben der näheren Darstellung des realen Operationsverstärkers
sein Stabilitätsverhalten und weitere Anwendungen betrachtet.

7.1 Gleichstrom-Ersatzschaltung

Der reale Operationsverstärker hat als Eingangsstufe einen Differenzverstärker (s. Abschn. 6.2) und einen nachgeschalteten Verstärker mit niederohmigem unsymmetrischem Ausgang. Auf besondere Schaltungsrealisierungen
der monolithisch integrierten Schaltungstechnik soll in diesem Grundlagenbuch nicht näher eingegangen werden. Das vom idealen Operationsverstärker abweichende reale Gleichstromverhalten wird durch eine Ersatzschaltung nach Bild 7.1 beschrieben. Begrenzungen, etwa die der Ausgangsspannung (s. Abschn. 2.2.4), sind in dieser Ersatzschaltung nicht berücksichtigt.
Der Operationsverstärker wird mit den symmetrischen, bipolaren Gleichspannungen $U_{B1} = - U_{B2}$ versorgt.

In die Eingänge des realen Operationsverstärkers fließen die Eingangsströme, in die Klemme *1* der Eingangsstrom I_1 und in die Klemme *2* der Eingangsstrom I_2. In der Ersatzschaltung von Bild 7.1 werden diese Eingangsströme von Stromsenken aufgenommen. Die Stromsenke der
Klemme *1* besteht aus dem Widerstand R_1 und dem Strom I_{O1}, analog die
Stromsenke der Klemme *2* aus dem Widerstand R_2 und dem Strom I_{O2}. Neben den Widerständen R_1 und R_2, die als Gleichtakt-Eingangswiderstände bezeichnet werden, ist der Widerstand R_{12}, der Differenz- oder Gegentakt-Eingangswiderstand genannt wird, zwischen den Klemmen *1* und
2 zu berücksichtigen.

Beim integrierten Operationsverstärker ist der Widerstand $R_{12} > 250$ kΩ,
während die Widerstände R_1 und R_2 den zehn- bis hundertfachen Wert des Widerstandes R_{12} haben. Die Ströme I_{O1} und I_{O2} liegen bei Operationsverstärkern
mit Bipolartransistoren zwischen 2 nA und 500 nA, wobei die beiden Ströme
I_{O1} und I_{O2} um 10% voneinander abweichen können.

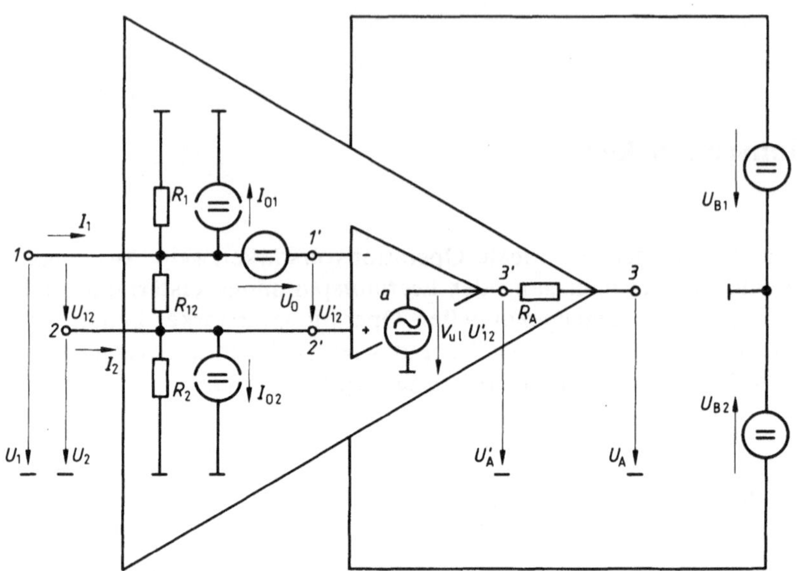

7.1 Gleichstrom-Ersatzschaltung des realen Operationsverstärkers mit den Eingängen *1* und *2* sowie dem Ausgang *3*
a idealer Operationsverstärker mit den Eingängen *1'* und *2'* sowie dem Ausgang *3'*

Oft werden nicht die Ströme I_{O1} und I_{O2} angegeben, sondern der mit I_B bezeichnete lineare Mittelwert

$$I_B = (I_{O1} + I_{O2})/2 \tag{7.1}$$

ist als Kenngröße des Operationsverstärkers gebräuchlich. Eine weitere Kenngröße des Operationsverstärkers ist die Differenz der Ströme I_{O1} und I_{O2}, der Eingangs-Offsetstrom

$$I_O = I_{O1} - I_{O2} \tag{7.2}$$

Die Temperaturabhängigkeit der Ströme I_{O1} und I_{O2} wird als Stromdrift bezeichnet. Sie liegt für beide Ströme im Bereich $1\ \mathrm{pA/K} < |\Delta I_{O1}/\Delta T| < 5\ \mathrm{nA/K}$.

Sind die Eingänge des Operationsverstärkers mit Widerständen beschaltet, die kleiner als seine Eingangswiderstände sind, so können die Widerstände R_1, R_2 und R_{12} vernachlässigt werden.

Neben den Eingangsströmen des Operationsverstärkers ist die Unsymmetrie des Schaltungsaufbaus in der Gleichstrom-Ersatzschaltung zu berücksichtigen. Beim idealen Operationsverstärker (s. Abschn. 2) ist bei den Eingangsspannungen Null auch die Ausgangsspannung $U_A = 0$. Beim realen Operationsverstärker kann dagegen auch bei symmetrischen Versorgungsgleichspannungen $U_{B1} = -U_{B2}$ die Ausgangsspannung $U_A \neq 0$ sein. Sie ist eine Offsetspannung (Fehlspannung) und kann positiv oder negativ werden. In der Gleichstrom-Ersatzschaltung von Bild 7.1 wird die Fehlspannung als **Eingangs-Offsetspannung** U_O symbolisiert und als Ersatzspannungsquelle in Reihe zum invertierenden Eingang (Klemme *1*) und der internen Klemme *1'* dargestellt. Die Eingangs-Offsetspannung liegt im Bereich $10\ \mu\mathrm{V} < |U_\mathrm{O}| < 10\ \mathrm{mV}$, wobei mit einer **Temperaturabhängigkeit** $10\ \mathrm{nV/K} < |\Delta U_\mathrm{O}/\Delta T| < 100\ \mu\mathrm{V/K}$ positiv oder negativ zu rechnen ist.

Das Ersatznetzwerk, das zwischen den beiden Eingangsklemmen *1* und *2* einerseits und den beiden internen Ersatzklemmen *1'* und *2'* andererseits in Bild 7.1 dargestellt ist, erfaßt die Eingangsströme und die Unsymmetrien des Operationsverstärkers. Der diesem Netzwerk nachgeschaltete **Ersatz-Operationsverstärker** *a* ist bis auf die Leerlaufspannungsverstärkung V_ul (s. Abschn. 2.1.3) als ideal anzusehen. Die Differenzeingangsspannung des idealen Operationsverstärkers ist die Spannung U'_{12}. Die Ausgangsspannung wird zwischen der Klemme *3'* und Masse abgegriffen. Für diese Ausgangsspannung gilt

$$U'_\mathrm{A} = V_\mathrm{ul}\, U'_{12} \tag{7.3}$$

Der **Ausgangswiderstand** R_A (**Innen- oder Quellenwiderstand**) des Operationsverstärkers liegt in der Ersatzschaltung zwischen den Klemmen *3'* und *3*. Die Klemme *3* ist der unsymmetrische Ausgang des Operationsverstärkers mit der Ausgangsspannung U_A. Die meisten integrierten Operationsverstärker haben einen Ausgangswiderstand von weniger als $100\ \Omega$.

Um das wesentliche **Gleichstromverhalten** des Operationsverstärkers zu erfassen, genügt die in Bild 7.2 gegenüber Bild 7.1 stark vereinfacht dargestellte Ersatzschaltung. Hierbei sind die Widerstände R_1, R_2, R_{12} und R_A vernachlässigt. Die **Leerlaufspannungsverstärkung** V_ul geht gegen $-\infty$, so daß für die **innere Differenzeingangsspannung** $U'_{12} \to 0$ gilt. Zwischen den Klemmen *1'* und *2'* besteht somit ein **virtueller Kurzschluß** *v.K.* (s. Abschn. 4.4.1).

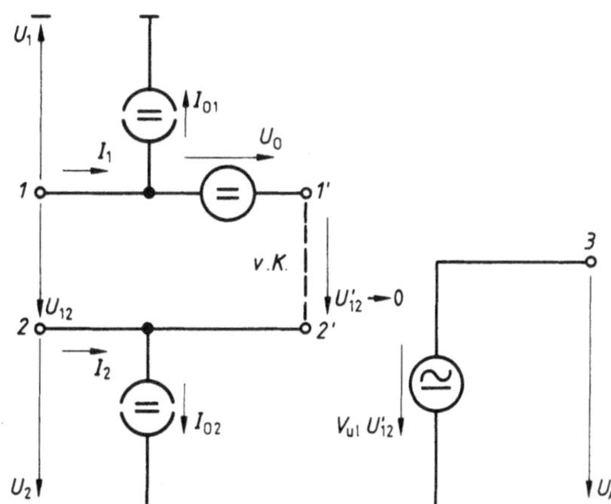

7.2
Stark vereinfachte Gleichstrom-Ersatzschaltung des realen Operationsverstärkers von Bild 7.1
1, 1' invertierende Eingänge, *2, 2'* nichtinvertierende Eingänge, *3* Ausgang, *v.K.* virtueller Kurzschluß

Mit der Gleichstrom-Ersatzschaltung in Bild 7.2 soll die Ausgangsspannung U_A eines mit einem Widerstand R gegengekoppelten Operationsverstärkers nach Bild 7.3 ermittelt werden. Zunächst ist die Ersatzschaltung des gegengekoppelten Operationsverstärkers zu zeichnen (Bild 7.3b). Da der nichtinvertierende Eingang (Klemme *2*) auf Masse liegt, kann der Strom I_{O2} keinen Einfluß auf die Ausgangsspannung U_A haben. Wegen des virtuellen Kurzschlusses *v.K.* zwischen den Klemmen *1'* und *2'* gilt für die Differenzeingangsspannung

$$U_{12} = U_O \tag{7.4}$$

Da durch den Widerstand R der Strom I_{O1} fließt, erhält man über die Maschengleichung

$$U_{12} - U_A + I_{O1} R = 0 \tag{7.5}$$

in Verbindung mit Gl. (7.4) die Ausgangsspannung

$$U_A = U_O + I_{O1} R \tag{7.6}$$

Sie ist bei dieser Schaltung also abhängig von der Eingangs-Offsetspannung U_O und vom Senkenstrom I_{O1} in Verbindung mit dem Widerstand R.

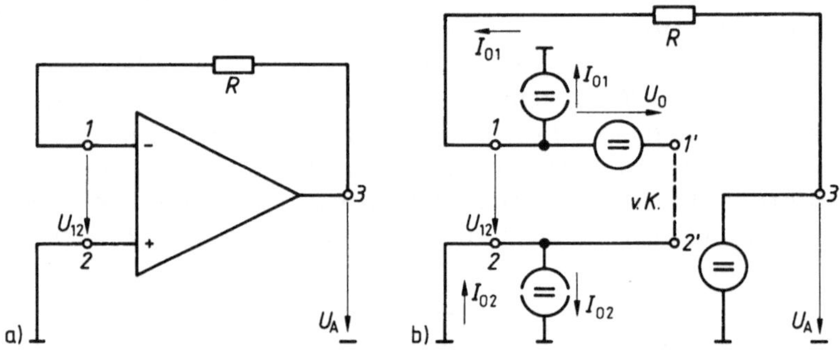

7.3 Mit dem Widerstand R gegengekoppelter Operationsverstärker (a)
und seine Gleichstrom-Ersatzschaltung (b) nach Bild 7.2
v.K. virtueller Kurzschluß

Beispiel 7.1. Welche Ausgangsspannung U_A stellt sich bei dem gegengekoppelten Operationsverstärker nach Bild 7.3 ein, wenn die Eingangs-Offsetspannung $U_O = 500\ \mu V$, der Senkenstrom $I_{O1} = 50\ nA$ und der Gegenkopplungswiderstand $R = 100\ k\Omega$ betragen?

Mit Gl. (7.6) folgt für die Ausgangsspannung

$$U_A = U_O + I_{O1} R = 500\ \mu V + 50\ nA \cdot 100\ k\Omega = 5,5\ mV$$

Daher ist bei großem Gegenkopplungswiderstand R der Einfluß des Senkenstroms I_{O1} auf die Ausgangsspannung stärker als der der Eingangs-Offsetspannung U_O.

7.2 Abgleich der Eingangs-Offsetspannung

Durch Schaltungsmaßnahmen kann die Eingangs-Offsetspannung U_O abgeglichen werden. Bei einigen Operationsverstärkertypen sind hierfür besondere Klemmen vorgesehen. Durch Beschalten dieser Klemmen nach Bild 7.4 mit einem Potentiometer R_P kann die Eingangs-Offsetspannung U_O abgeglichen werden. Mit diesem Potentiometer, dessen Schleifer beispielsweise an der negativen Versorgungsgleichspannung U_{B2} liegt, wird die Symmetrie der Differenzeingangsstufe des Operationsverstärkers beeinflußt.

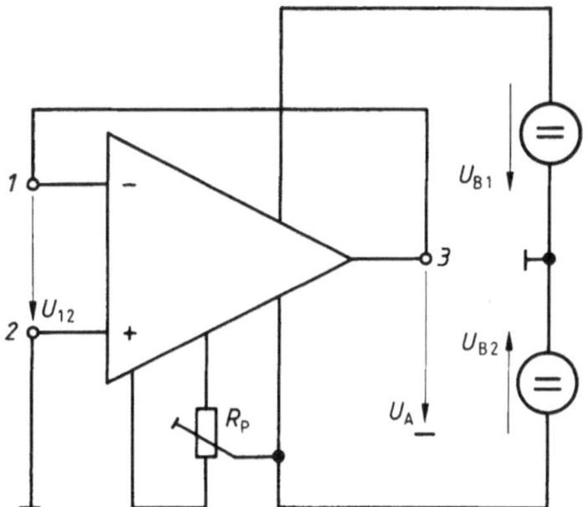

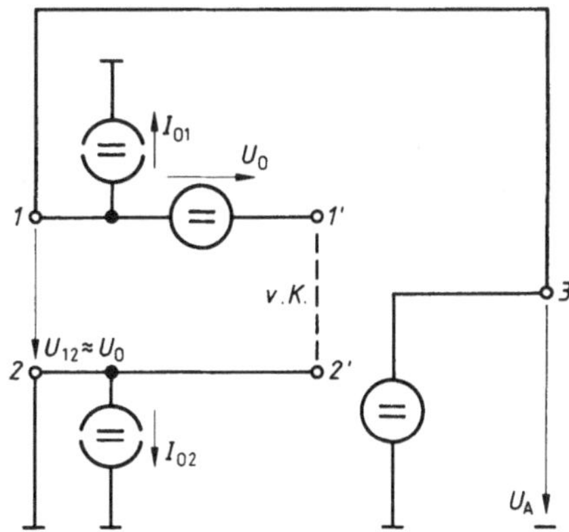

7.4 Schaltung zum Abgleich der Eingangs-Offsetspannung mit dem Potentiometer R_P

7.5 Gleichstrom-Ersatzschaltung der Schaltung von Bild 7.4
1, *1'* invertierende Eingänge, *2*, *2'* nichtinvertierende Eingänge, *3* Ausgang, *v. K.* virtueller Kurzschluß

Der Abgleich der Eingangs-Offsetspannung U_O mit dem Potentiometer R_P ist beim gegengekoppelten Operationsverstärker vorzunehmen, da sonst kein stabiler Analogbetrieb gegeben ist. Weiterhin ist die Beschaltung so auszuführen, daß die Senkenströme I_{O1} und I_{O2} nach Bild 7.2 den Abgleich nicht verfälschen. In Bild 7.4 ist dargestellt, wie dies erreicht werden kann. Sind die Klemmen *1* und *3* verbunden und liegt die Klemme *2* auf Masse, so haben die Senkenströme (Eingangsströme) I_{O1} und I_{O2} keinen Einfluß auf die Ausgangsspannung U_A. Wie sich mit Hilfe der Gleichstrom-Ersatzschaltung von Bild 7.5 zeigen läßt, gilt für die Ausgangsspannung

$$U_A = U_{12} = U_O \tag{7.7}$$

Die Eingangs-Offsetspannung U_O ist dann abgeglichen, wenn durch Verstellen des Potentiometers R_P die Ausgangsspannung U_A auf Null gebracht ist. Im abgeglichenen Zustand ist in der Gleichstrom-Ersatzschaltung $U_O = 0$ zu berücksichtigen, so daß die die Eingangs-Offsetspannung erfassende Ersatzspannungsquelle durch einen Kurzschluß zu ersetzen ist.

Bei Operationsverstärkern, bei denen keine separaten Klemmen zum Abgleich der Eingangs-Offsetspannung vorhanden sind, können andere Schaltungsmaßnahmen zum Ziel führen.

7.3 Kompensation der Eingangsströme

Die Eingangsströme I_1 und I_2 bzw. die Senkenströme I_{O1} und I_{O2} des Operationsverstärkers von Bild 7.2 haben je nach Beschaltung einen unterschiedlichen Einfluß auf die Ausgangsspannung U_A. Ist die Eingangs-Offsetspannung abgeglichen (s. Abschn. 7.2), so können nur die Senkenströme I_{O1} und I_{O2} abhängig von der Beschaltung des Operationsverstärkers die Ausgangsspannung U_A beeinflussen.

Anhand des invertierenden Spannungsverstärkers (s. Abschn. 4.4.2) soll die Kompensation der Eingangsströme (Senkenströme) des Operationsverstärkers betrachtet werden. In Bild 7.6a ist ein solcher Spannungsverstärker mit der Eingangsspannung U und der Ausgangsspannung U_A dargestellt. Die Versorgungsgleichspannungsquellen sind nicht eingezeichnet. Durch Hinzuschalten des Widerstands R zwischen Eingangsklemme 2 (nichtinvertierender Eingang) und Masse gelingt es, den Einfluß des Senkenstroms I_{O1} auf die Ausgangsspannung U_A zu kompensieren. Um die Kompensation zu beschreiben, sei die Eingangsspannung $U = 0$ angenommen (Bild 7.6b). Die Aus-

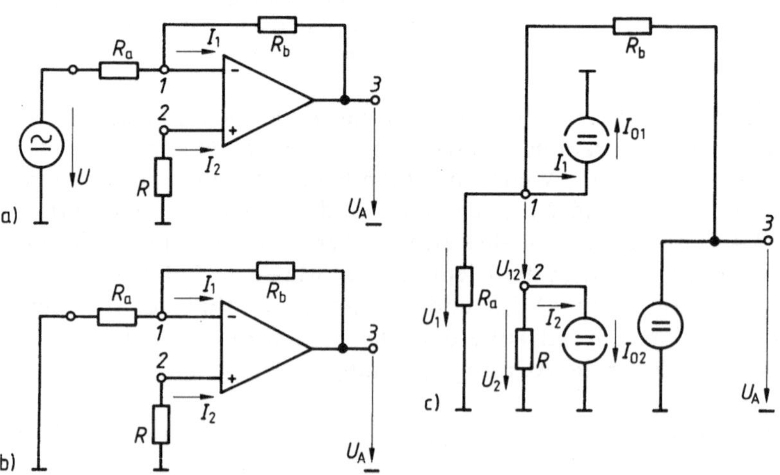

7.6 Invertierender Spannungsverstärker (a) mit Eingangsspannung U und Ausgangsspannung U_A sowie Teilschaltung (b) mit Gleichstrom-Ersatzschaltung (c)

gangsspannung ist dann nur noch eine Funktion der Eingangsströme des Operationsverstärkers. Nach dem Überlagerungsprinzip ist diese Aufspaltung auch zulässig. Der Anteil der Ausgangsspannung $U_A = -U R_b/R_a$, der von der Eingangsspannung U herrührt, ist nach wie vor durch Gl. (4.24) gegeben.

Nun wird die Ersatzschaltung Bild 7.6b näher untersucht. Da die Eingangs-Offsetspannung U_O abgeglichen ist, bleiben von den eingangsseitigen Störgrößen nur die Senkenströme I_{O1} und I_{O2} übrig. Damit folgt für die Schaltung in Bild 7.6a in Verbindung mit Bild 7.2 die Ersatzschaltung Bild 7.6c. Mit ihr läßt sich die Kompensation der Eingangsströme beschreiben. Sie sind dann kompensiert, wenn der Operationsverstärker so beschaltet ist, daß die Ausgangsspannung $U_A = 0$ ist. Dies ist trotz der Widerstände R_a und R_b zu erreichen, wenn die Differenzeingangsspannung $U_{12} = 0$ ist. Da der Senkenstrom I_{O1} über die Widerstände R_a und R_b die Spannung U_1 bewirkt, ist die Differenzeingangsspannung U_{12} nur dann Null, wenn die zwischen den Klemmen 2 und Masse liegende Spannung

$$U_2 = U_1 \tag{7.8}$$

ist. Die Spannung

$$U_2 = -R I_{O2} \tag{7.9}$$

wird durch den Senkenstrom I_{O2} hervorgerufen. Die Spannung

$$U_1 = -I_{O1} R_a R_b/(R_a + R_b) \tag{7.10}$$

läßt sich für den kompensierten Zustand ($U_A = 0$) berechnen. Wegen der Ausgangsspannung $U_A = 0$ wirken die beiden Widerstände R_a und R_b so, als ob sie parallel geschaltet wären. Mit Gl. (7.8) bis Gl. (7.10) ergibt sich für den Widerstand

$$R = \frac{I_{O1}}{I_{O2}} \cdot \frac{R_a R_b}{R_a + R_b} \tag{7.11}$$

Sind die Senkenströme gleich groß, so sind für den Widerstand

$$R = R_a R_b/(R_a + R_b) \tag{7.12}$$

die Eingangsströme des Operationsverstärkers kompensiert.

Bei der Wahl des Widerstands R nach Gl. (7.11) sind nicht nur die Eingangs- bzw. Senkenströme kompensiert, sondern auch deren Temperaturdrift. Wird für die Temperaturdrift der Senkenströme $\Delta I_{O1}/\Delta T$ und $\Delta I_{O2}/\Delta T$ geschrieben, kann Gl. (7.11) in

$$R = \frac{\Delta I_{O1}/\Delta T}{\Delta I_{O2}/\Delta T} \cdot \frac{R_a R_b}{R_a + R_b} \tag{7.13}$$

überführt werden. Eine Kompensation bei unterschiedlichen Temperaturen ist aber nur dann erfüllt, wenn die beiden Senkenströme gleiche Temperaturabhängigkeit aufweisen.

Beispiel 7.2. Für einen invertierenden Spannungsverstärker mit einem Operationsverstärker gilt bezüglich der Eingangsströme die Ersatzschaltung gemäß Bild 7.6c. Welche Ausgangsspannung U_A stellt sich ein, wenn der Widerstand $R = 0$ ist und zwischen den Differenzeingangsklemmen *1* und *2* ein virtueller Kurzschluß angenommen werden kann? Der Senkenstrom der Klemme *1* beträgt $I_{O1} = 100$ nA und der Widerstand $R_b = 150$ kΩ.

Wegen des virtuellen Kurzschlusses zwischen den Klemmen *1* und *2* und wegen des Widerstands $R = 0$ liegt über dem Widerstand R_a die Spannung $U_1 = 0$. Daher fließt der Senkenstrom I_{O1} nur durch den Widerstand R_b. Die Spannung über dem Widerstand R_b ist gleich der Ausgangsspannung

$$U_A = I_{O1} R_b = 100 \text{ nA} \cdot 150 \text{ k}\Omega = 15 \text{ mV}$$

Beispiel 7.3. Ein Operationsverstärker, der nach Bild 7.6a als invertierender Spannungsverstärker mit den Widerständen $R_a = 15$ kΩ und $R_b = 100$ kΩ beschaltet ist, hat gleiche Eingangsströme $I_1 = I_2$. Wie groß ist bei abgeglichener Eingangs-Offsetspannung der Widerstand R zu wählen, damit die Ausgangsspannung U_A keine Funktion der Eingangsströme I_1 und I_2 ist?

Da beide Eingangsströme des Operationsverstärkers gleich sind, zeigt die Ausgangsspannung U_A keine Abhängigkeit von den Eingangsströmen, wenn der Widerstand nach Gl. (7.12)

$$R = R_a R_b / (R_a + R_b) = 15 \text{ k}\Omega \cdot 100 \text{ k}\Omega / (15 \text{ k}\Omega + 100 \text{ k}\Omega) = 13,04 \text{ k}\Omega$$

beträgt.

7.4 Gleichtaktunterdrückung

Wie von der Behandlung des Differenzverstärkers bekannt (s. Abschn. 6.2.2), ist die Ausgangsspannung U_A eines Operationsverstärkers zwar vorwiegend abhängig von der Differenzeingangsspannung U_{12}, aber auch die Summen- oder Gleichtakt-Eingangsspannung

$$U_s = (U_1 + U_2)/2 \tag{7.14}$$

hat einen Einfluß auf die Ausgangsspannung. U_1 und U_2 sind die beiden Eingangsspannungen des Operationsverstärkers der Differenzeingangsklemmen gegen Masse. Die Abhängigkeit der Ausgangsspannung des realen Operationsverstärkers von der Differenz- und von der Summeneingangsspannung kann durch das totale Differential

$$dU_A = \frac{\partial U_A}{\partial U_{12}} dU_{12} + \frac{\partial U_A}{\partial U_s} dU_s \tag{7.15}$$

beschrieben werden. In dieser Gleichung ist

$$\partial U_A / \partial U_{12} = V_{ul} \tag{7.16}$$

die Leerlaufspannungsverstärkung (s. Abschn. 2.1.3) und

$$\partial U_A / \partial U_s = V_{us} \tag{7.17}$$

die Summen- oder Gleichtaktspannungsverstärkung des realen Operationsverstärkers.

In der Ersatzschaltung des realen Operationsverstärkers läßt sich Gl. (7.15) durch zwei spannungsgesteuerte Spannungsquellen nach Bild 7.7 erfassen. Da die Versorgungsgleichspannungen zu $U_{B1} = -U_{B2}$ angenommen sind, liegt der Arbeitspunkt des Operationsverstärkers im Nullpunkt (s. Abschn. 2.2.4). Werden außerdem die Spannungsverstärkungen V_{ul} und V_{us} als aussteuerungsunabhängig angenommen, so kann mit Gl. (7.14) bis Gl. (7.17) für die Ausgangsspannung

$$U_A = V_{ul} U_{12} + V_{us}(U_1 + U_2)/2 \qquad (7.18)$$

geschrieben werden.

Die Gleichtaktunterdrückung (s. Abschn. 6.2.2)

$$G = 20 \text{ dB } \lg |V_{ul}/V_{us}|$$

des leerlaufenden Operationsverstärkers ist der Logarithmus des Verhältnisses von Leerlaufspannungsverstärkung zur Summenspannungsverstärkung in dB.

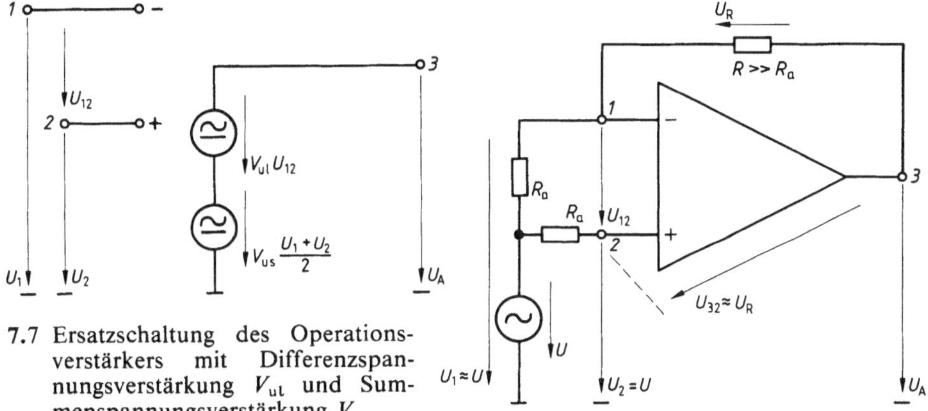

7.7 Ersatzschaltung des Operationsverstärkers mit Differenzspannungsverstärkung V_{ul} und Summenspannungsverstärkung V_{us}
1 invertierender, 2 nichtinvertierender Eingang, 3 Ausgang

7.8 Meßschaltung zur Bestimmung der Gleichtaktunterdrückung G

In Bild 7.8 ist eine Meßschaltung zur experimentellen Bestimmung der Gleichtaktunterdrückung eines Operationsverstärkers angegeben. Die Eingangsspannung U wird über die beiden niederohmigen Widerstände $R_a = 100 \, \Omega$ an die Klemmen 1 und 2 des Operationsverstärkers gelegt. Die Widerstände R_a haben zwei Aufgaben zu erfüllen: Es sollen die Eingangsströme des Operationsverstärkers keinen Einfluß auf die Ausgangsspannung haben. Weiterhin wird durch den Widerstand R_a, der an der Klemme 1 liegt, in Verbindung mit dem Gegenkopplungswiderstand $R \gg R_a$ die Differenzeingangsspannung U_{12} eingestellt.

Wegen des Gegenkopplungswiderstands $R \gg R_a$ gilt für die Eingangsspannungen gegen Masse

$$U_1 \approx U_2 = U \tag{7.19}$$

Die Gleichtaktunterdrückung G wird mit der Ersatzschaltung in Bild 7.9 und der Meßschaltung von Bild 7.8 berechnet, wobei die Spannung

$$U = (U_1 + U_2)/2 = U_s \tag{7.20}$$

vorgegeben ist. Gemessen wird die Spannung

$$U_{32} \approx U_R \approx U_A - U \tag{7.21}$$

die sich zwischen den Klemmen *3* und *2* einstellt.

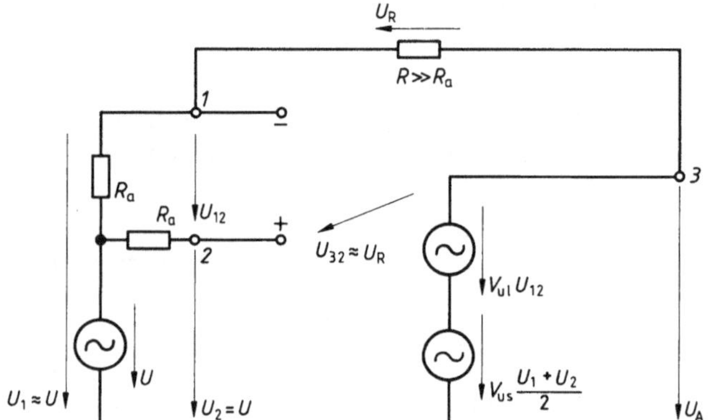

7.9
Ersatzschaltung der Meß-schaltung von Bild 7.8 zur Bestimmung der Gleichtaktunterdrückung G

Zur Bestimmung der Gleichtaktunterdrückung wird das Verhältnis der Spannungsverstärkungen V_{ul}/V_{us} als Funktion der Spannung U und der Spannung U_{32} berechnet.

Aus Gl. (7.18) in Verbindung mit Gl. (7.20) folgt die Summenspannungsverstärkung

$$V_{us} = (U_A - V_{ul} U_{12})/U \tag{7.22}$$

Hierin ist über

$$U_{12}/R_a = U_R/R \approx U_{32}/R$$

die Differenzeingangsspannung

$$U_{12} \approx U_{32} R_a/R \tag{7.23}$$

zu berücksichtigen. Gl. (7.23) in Gl. (7.22) eingesetzt führt zur Spannungsverstärkung

$$V_{us} = \frac{U_A - (V_{ul} U_{32} R_a/R)}{U} \tag{7.24}$$

Damit läßt sich das Verhältnis der Spannungsverstärkungen

$$\frac{V_{ul}}{V_{us}} = \frac{V_{ul}\,U}{U_A - (V_{ul}\,U_{32}\,R_a/R)} \tag{7.25}$$

angeben.

Damit ist die Gleichtaktunterdrückung des Operationsverstärkers

$$G = 20\ \mathrm{dB}\ \lg\left|\frac{V_{ul}}{V_{us}}\right| = 20\ \mathrm{dB}\ \lg\left|\frac{U}{(U_A/V_{ul}) - (U_{32}\,R_a/R)}\right|$$

$$\approx 20\ \mathrm{dB}\ \lg(U/U_{32}) + 20\ \mathrm{dB}\ \lg(R/R_a) \tag{7.26}$$

Der Term U_A/V_{ul} kann, wie sich in Beispiel 7.4 zeigen wird, vernachlässigt werden.

Da bei der Berechnung der Gleichtaktunterdrückung bereits beim Ansatz keine Frequenzabhängigkeit berücksichtigt ist, muß die Frequenz der Eingangsspannung U, wenn sie als Sinusspannung gewählt wird, kleiner als die erste Eckfrequenz (s. Abschn. 2.5.2.3) des Operationsverstärkers sein.

Beispiel 7.4. Mit der Meßschaltung in Bild 7.8 soll die Gleichtaktunterdrückung g eines Operationsverstärkers bestimmt werden. Bei der Eingangsspannung $U = 10$ V wird eine Spannung zwischen dem Ausgang und dem nichtinvertierenden Eingang $U_{32} = 1$ V bei den Widerständen $R_a = 100\ \Omega$ und $R = 100\ \mathrm{k}\Omega$ gemessen. Die Leerlaufspannungsverstärkung beträgt $V_{ul} = -10^6$.
Nach Gl. (7.26) und Gl. (7.21) beträgt die Gleichtaktunterdrückung

$$g = 20\ \lg\left|\frac{U}{[(U + U_{32})/V_{ul}] - (U_{32}\,R_a/R)}\right|\ \mathrm{dB}$$

$$= 20\ \lg\left|\frac{10\ \mathrm{V}}{[(10\ \mathrm{V} + 1\ \mathrm{V})/(-10^6)] - 1\ \mathrm{V}\cdot 100\ \Omega/(100\ \mathrm{k}\Omega)}\right|\ \mathrm{dB} \approx 80\ \mathrm{dB}$$

Daher kann die angenäherte Beziehung in Gl. (7.26) auch zur Berechnung der Gleichtaktunterdrückung benutzt werden.

7.5 Stabiler Betrieb

Ein stabiler Betrieb (s. Abschn. 4.1) eines Operationsverstärkers ist immer dann gegeben, wenn die Gegenkopplung größer als die Mitkopplung ist. Bei Gleichstrom ist eine Gegenkopplung stets dann vorhanden, wenn zwischen dem Ausgang und dem invertierenden Eingang eine Verbindung besteht. Durch die Phasendrehung der Leerlaufspannungsverstärkung (s. Abschn. 2.5.2.3) besteht bei höheren Frequenzen durchaus die Möglichkeit, daß je nach Beschaltung aus der Gegenkopplung ab einer bestimmten Frequenz eine

Mitkopplung werden kann. Auch wenn keine Eingangsspannung oder nur eine Gleichspannung am Eingang des beschalteten Operationsverstärkers liegt, besteht die Gefahr der Instabilität für höhere Frequenzen.

7.5.1 Stabilität bei Gegenkopplung

Um konkret zeigen zu können, unter welchen Bedingungen der Operationsverstärker zur Selbsterregung bzw. Instabilität neigt, wird vom Bodediagramm der Leerlaufspannungsverstärkung (s. Abschn. 2.5.2.3) ausgegangen. In diesem Diagramm ist die Leerlaufspannungsverstärkung $\underline{V}_{ul} = |\underline{V}_{ul}| e^{j\varphi}$ nach Betrag (Verstärkungsgang) und Phasenwinkel (Phasengang) im doppeltlogarithmischen Maßstab als Funktion der Frequenz aufgetragen (Bodediagramm). Mit dieser Darstellung der Leerlaufspannungsverstärkung des Operationsverstärkers läßt sich eine Aussage über die Stabilität des Operationsverstärkers treffen. Er ist im Betrieb als gegengekoppelter Verstärker, beispielsweise als invertierender Spannungsverstärker nach Bild **4.**7, stets stabil, wenn für den Realteil der Leerlaufspannungsverstärkung

$$\mathrm{Re}\{\underline{V}_{ul}\} < 0 \tag{7.27}$$

gilt. Für den beschalteten Operationsverstärker ist die Ringspannungsverstärkung (s. Abschn. 4.1)

$$|\underline{V}_{uR}| = |\underline{k}\,\underline{V}_{ul}| < 1 \tag{7.28}$$

zu erfüllen. Hierbei sind dann auch die Eingangs- und Lastkapazitäten im komplexen Rückkopplungsfaktor $\underline{k}$ zu berücksichtigen.

In Bild **7.**10 ist das Bodediagramm der Leerlaufspannungsverstärkung eines Operationsverstärkers mit drei Eckfrequenzen f_{E1}, f_{E2} und f_{E3} (s. Abschn. 2.5.2.3) dargestellt. Für tiefe Frequenzen $f \ll f_{E1}$ hat die Ausgangsspannung $\underline{U}_A$ gegenüber der Differenzeingangsspannung $\underline{U}_{12}$ den Phasenwinkel $\varphi = -180°$, d.h., eine Verbindung zwischen Ausgang und invertierendem Eingang bewirkt eine Gegenkopplung des Operationsverstärkers.

Bei der Eckfrequenz f_{E1} wird durch das Tiefpaßverhalten (s. Band I, Teil 1 und Band XI) des Operationsverstärkers die zusätzliche Phasenverschiebung $-45°$ hervorgerufen. Bei der zweiten Eckfrequenz f_{E2} liegt bereits die zusätzliche Phasenverschiebung $-90° + (-45°)$ vor, wodurch sich der Phasenwinkel $\varphi = -315°$ zwischen der Ausgangsspannung und der Differenzeingangsspannung des Operationsverstärkers einstellt. Da beim Phasenwinkel $\varphi = -360°$ die Klemme *1* des Operationsverstärkers nicht mehr als invertierender Eingang wirkt, besteht bei der Eckfrequenz f_{E2} die Phasenreserve $360° - 315° = 45°$. Der Operationsverstärker arbeitet bis zur Eckfrequenz f_{E2} stabil, wenn bei reellem Rückkopplungsfaktor k die Ringspannungsverstärkung gemäß Gl. (7.30) $|\underline{V}_{uR}| = |k\,\underline{V}_{ul}| < 1$ bleibt. Diese Bedingung kann erfüllt werden, wenn der Rückkopplungsfaktor so gewählt wird, daß bei der

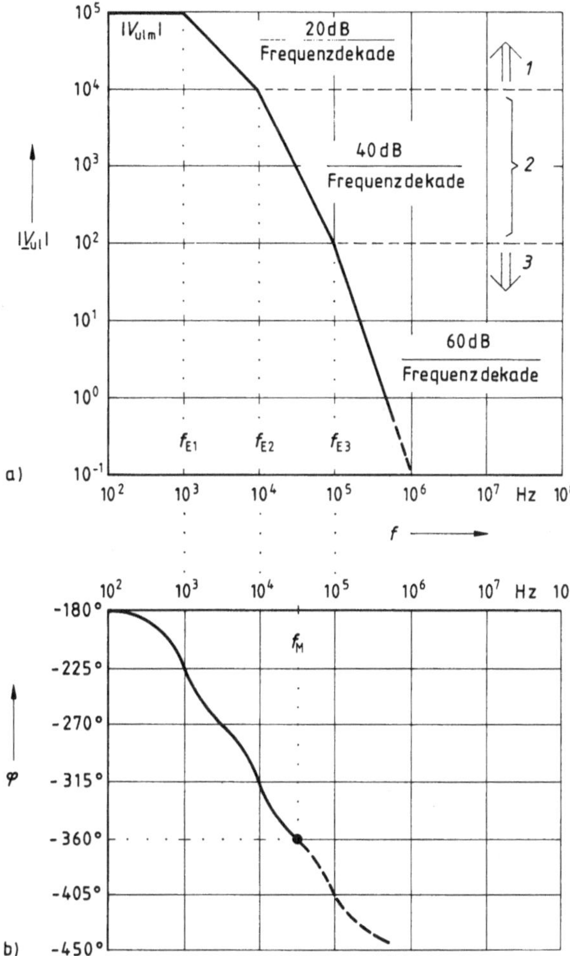

7.10
Verstärkungsgang (a) und Phasengang (b) (Bodediagramm eines Operationsverstärkers mit den Eckfrequenzen f_{E1}, f_{E2} und f_{E3})
$|\underline{V}_{ul}|$ Leerlaufspannungsverstärkung, $|V_{ulm}|$ Leerlaufspannungsverstärkung bei tiefen Frequenzen
1 stabiler Bereich, *2* bedingt stabiler Bereich, *3* instabiler Bereich

Frequenz $f = f_{E1}$ der Betrag der Ringspannungsverstärkung kleiner eins bleibt. Vom Prinzip her würde bis zur zweiten Eckfrequenz f_{E2} der Operationsverstärker stabil arbeiten können. Da aber der Rückkopplungsfaktor k durch die vorgegebene Betriebsspannungsverstärkung festgelegt ist, sind zusätzliche Schaltungsmaßnahmen notwendig, um bei vorgegebenem Rückkopplungsfaktor die Schaltung stabil zu halten.

Schaltungsmaßnahmen, die den Zweck verfolgen, einen f r e q u e n z s t a b i l e n A n a l o g b e t r i e b d e s O p e r a t i o n s v e r s t ä r k e r s zu gewährleisten, sind unter dem Begriff der F r e q u e n z g a n g k o m p e n s a t i o n zusammengefaßt. Vielfach wird durch Hinzuschalten von Kondensatoren oder RC-Gliedern die erste Eckfrequenz der Leerlaufspannungsverstärkung herabgesetzt. Auf die Frequenzgangkompensation wird in Abschn. 7.5.2 näher eingegangen.

Zunächst soll geklärt werden, ob für Frequenzen $f > f_{E2}$ der Operationsverstärker stabil arbeiten kann (Bild 7.10). Liegt die Frequenz, bei der die Ringspannungsverstärkung $|\underline{V}_{uR}| < 1$ erreicht wird, im Frequenzbereich $f_{E2} < f < f_{E3}$, so ist die Schaltung **bedingt stabil**, da bei der Frequenz f_M der Phasenwinkel $\varphi = -360°$ auftritt, bei dem die Leerlaufspannungsverstärkung $|\underline{V}_{ul}| \geqslant 1$ ist. Oberhalb der dritten Eckfrequenz f_{E3} ist der Operationsverstärker instabil, da Gl. (7.28) ohne Kompensationsmaßnahmen kaum erfüllt werden kann.

Bild 7.11 zeigt, wie durch einen gegenüber Bild 7.10 **korrigierten Phasengang** die **Stabilitätsgrenze** des Operationsverstärkers wesentlich heraufgesetzt werden kann. Der Operationsverstärker bleibt bei **Gegenkopplungsbetrieb** stabil, weil die Leerlaufspannungsverstärkung $|\underline{V}_{ul}| = 1$ erreicht ist, bevor der Phasenwinkel $\varphi = -360°$ wird. Die Phasenwinkeldifferenz $\Delta\varphi$, die zwischen dem Phasenwinkel bei der Leerlaufspannungsverstärkung $|\underline{V}_{ul}| = 1$ und

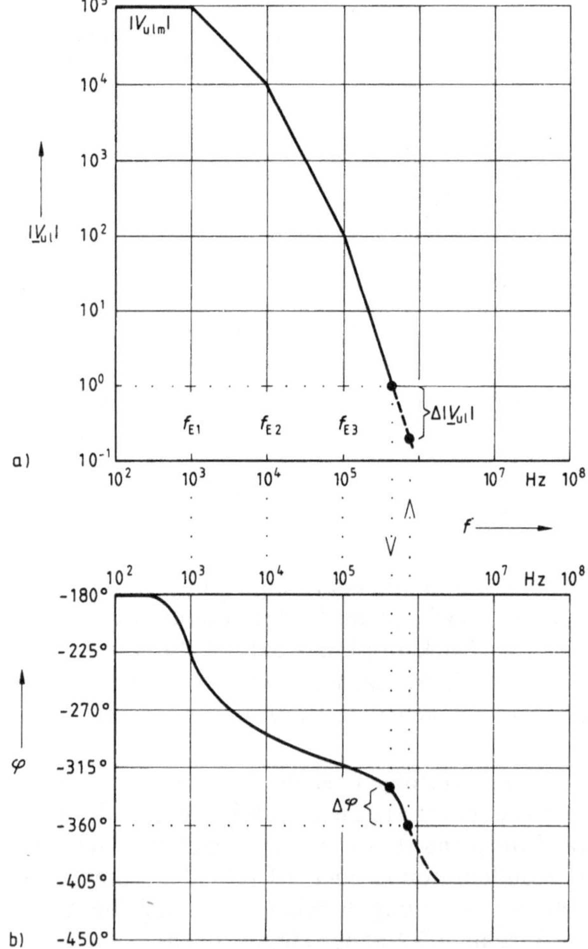

7.11
Verstärkungsgang (a) eines Operationsverstärkers mit gegenüber Bild 7.10 geändertem Phasengang (b)
$\Delta\varphi$ Phasenrand,
$\Delta|\underline{V}_{ul}|$ Verstärkungsrand

$-360°$ auftritt, wird **Phasenrand** genannt, und andererseits heißt die Leerlaufspannungsverstärkung $\Delta |\underline{V}_{ul}|$, die zwischen der Leerlaufspannungsverstärkung beim Phasenwinkel $-360°$ und der Leerlaufspannungsverstärkung $|\underline{V}_{ul}| = 1$ besteht, **Verstärkungsrand**. Anzumerken ist, daß bei den meisten Kompensationsmaßnahmen Amplituden- und Phasengang nicht unabhängig voneinander verändert werden.

7.5.2 Frequenzgangkompensation

Eine konkrete Schaltungsmaßnahme, die zu einer Frequenzgangkompensation der Leerlaufspannungsverstärkung führt, auch innere Frequenzkompensation genannt, besteht darin, daß eine zusätzliche Tiefpaßkapazität C_K die erste Eckfrequenz f_{E1} nach Bild 7.12 des Operationsverstärkers herabsetzt. Liegt die zweite Eckfrequenz des frequenzkompensierten Operationsverstärkers bei der Leerlaufspannungsverstärkung $|\underline{V}_{ul}| \approx 1$, so ist der Operationsverstärker bei reellem gegengekoppeltem Betrieb stabil.

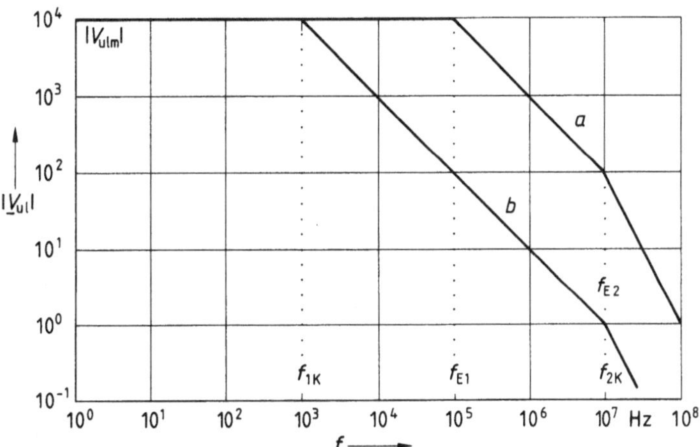

7.12 Verstärkungsgang eines Operationsverstärkers ohne (a) und
mit (b) Kompensationskapazität C_K

Wie die Kapazität C_K wirkt, läßt sich mit der Ersatzschaltung des Operationsverstärkers mit zwei Eckfrequenzen darstellen (s. Abschn. 2.5.2.3). Die Kompensationskapazität C_K, die die in Bild 7.12 dargestellte Frequenzkompensation bewirkt, liegt in der Ersatzschaltung von Bild 7.13 parallel zur Tiefpaßkapazität C_1. Ohne Kompensationskapazität hat der Operationsverstärker bis etwa zur zweiten Eckfrequenz f_{E2} die komplexe Leerlaufspannungsverstärkung (s. Abschn. 2.5.2.3)

$$\underline{V}_{ul} = \frac{V_{ulm}}{1 + j\,(f/f_{E1})}$$

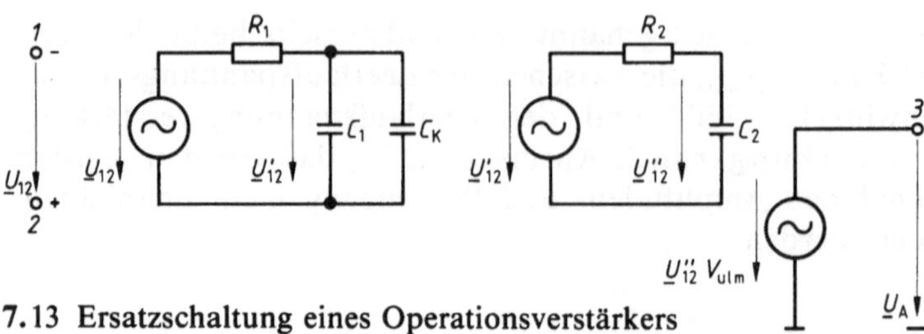

7.13 Ersatzschaltung eines Operationsverstärkers
mit zwei Eckfrequenzen und Kompensationskapazität C_K
1 invertierender, *2* nichtinvertierender Eingang, *3* Ausgang

mit der ersten Eckfrequenz $f_{E1} = 1/(2\pi R_1 C_1)$. Die Kompensationskapazität C_K führt bis zur zweiten Eckfrequenz $f_{E2} \approx f_{2K}$ zur komplexen Leerlaufspannungsverstärkung

$$\underline{V}_{ul} = \frac{V_{ulm}}{1 + j(f/f_{1K})} \tag{7.29}$$

mit der neuen ersten Eckfrequenz

$$f_{1K} = \frac{1}{2\pi R_1 (C_1 + C_K)} \tag{7.30}$$

Wird die Kompensationskapazität C_K so gewählt, daß bei der zweiten Eckfrequenz gerade der Betrag der Leerlaufspannungsverstärkung $|\underline{V}_{ul}| = 1$ wird, ist bei reellem Gegenkopplungsfaktor k der Operationsverstärker stets stabil. Diese Methode der Frequenzgangkompensation wird bei Operationsverstärkern mit integriertem Kompensationskondensator angewandt. Solche Operationsverstärkertypen benötigen daher keine zusätzliche Frequenzgangkompensationsmaßnahmen.

Wird nur ein Kompensationskondensator C_K benutzt, so kann der Operationsverstärker stabil arbeiten, gleichzeitig wird aber die obere Grenzfrequenz (Bandbreite) stark herabgesetzt. Deshalb führt man bei vielen Operationsverstärkertypen die Frequenzgangkompensation an verschiedenen Stellen der Schaltung durch. In Bild 7.14 ist symbolisch dargestellt, wo die Frequenzgangkompensationen vorgenommen werden können. Die Klemmen k liegen in der Nähe des Eingangsdifferenzverstärkers. An sie wird im allgemeinen nicht nur ein Kondensator geschaltet, sondern zusätzlich ein Widerstand R_K in Reihe zum Kondensator C_K. Hierdurch wird die obere Grenzfrequenz um etwa eine Dekade angehoben. Darüber hinaus wird die Eingangsklemme M der Ausgangsstufe herausgeführt, wodurch es möglich wird, einen Millerkondensator C_M (Millereffekt s. Abschn. 4.3.1), d.h. einen Rückkopplungskondensator, zwischenzuschalten. Hat die Ausgangsstufe die Spannungsverstärkung $V_u < -1$, so wirkt der Millerkondensator C_M am Verstärkereingang als Kapazität $(1 - V_u)C_M$. Diese Kapazität arbeitet zusammen mit den Widerständen der Schaltung als Tiefpaß.

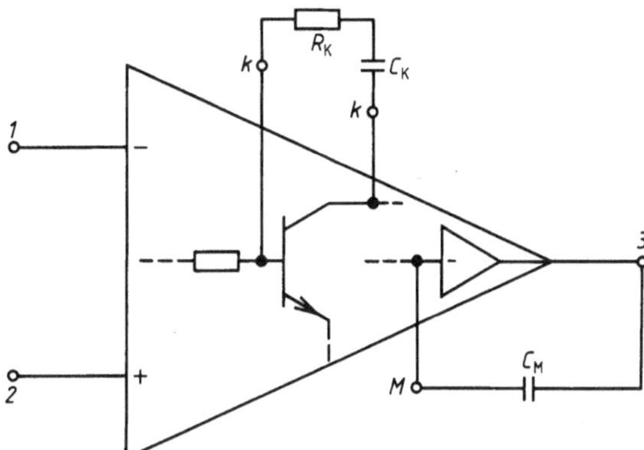

7.14
Prinzipschaltung des Operationsverstärkers mit herausgeführten Klemmen k und M zur Frequenzgangkompensation

Welche Elemente R_K, C_K und C_M zur Frequenzgangkompensation in einem bestimmten Anwendungsfall benötigt werden, kann ohne genaue Kenntnis der inneren Schaltung des Operationsverstärkers nicht berechnet werden. Hinweise in Datenblättern der Hersteller reichen in vielen Fällen aus, um eine geeignete Frequenzgangkompensation durchführen zu können.

Ursache für das instabile Verhalten einer gegengekoppelten Schaltung mit einem Operationsverstärker kann der komplexe Rückkopplungsfaktor $\underline{k}$ sein, da er gemäß Gl. (7.28) in die Ringverstärkung mit eingeht. So können sich beispielsweise Eingangs- oder Lastkapazitäten ebenfalls störend oder vorteilhaft auf das Stabilitätsverhalten auswirken. Stabilisierende Wirkung hat daher auch ein Kondensator parallel zum Rückkopplungswiderstand (Millerkapazität).

Beispiel 7.5. Ein Operationsverstärker wird mit dem Kondensator C_K nach Bild 7.13 beschaltet. Die zweite Eckfrequenz des Operationsverstärkers beträgt 10^7 Hz und die Leerlaufspannungsverstärkung bei niedrigen Frequenzen $V_{u\mathrm{l}m} = -10^4$. Bei welcher Eckfrequenz f_{1K} ist der Operationsverstärker stabil, wenn er mit reeller Gegenkopplung betrieben wird?
Stabiler Betrieb wird bei reellem Gegenkopplungsfaktor stets erreicht, wenn bei der zweiten Eckfrequenz für den Betrag der Leerlaufspannungsverstärkung $|\underline{V}_{u\mathrm{l}}| = 1$ gilt. Mit Hilfe des Bildes 7.12 läßt sich die Eckfrequenz $f_{1K} = 10^3$ Hz ablesen. Der Betrag der Leerlaufspannungsverstärkung fällt, bedingt durch den Kondensator C_K, im Frequenzbereich $f_{1K} < f < f_{E2}$ mit 20 dB/Frequenzdekade von der Leerlaufspannungsverstärkung $|\underline{V}_{u\mathrm{l}}| \approx 10^4$ auf $|\underline{V}_{u\mathrm{l}}| \approx 1$ ab. Hierbei wird der zusätzliche Phasenwinkel von etwa $-90°$ erreicht. Der Operationsverstärker wird somit noch nicht mitgekoppelt.

7.6 Spezielle Schaltungen

Von der Vielzahl spezieller Anwendungsmöglichkeiten des Operationsverstärkers sind einige wesentliche nachfolgend behandelt. Es wird vom idealen Operationsverstärker ausgegangen.

7.6.1 Differenzverstärker

Die Kombination des invertierenden mit dem nichtinvertierenden Spannungsverstärker (s. Abschn. 4.4) ermöglicht es, die Differenz von zwei Spannungen zu bilden. Ein solcher Subtrahierverstärker wird deshalb auch Differenzverstärker genannt. In Bild 7.15 ist ein einfacher Differenzverstärker dargestellt.

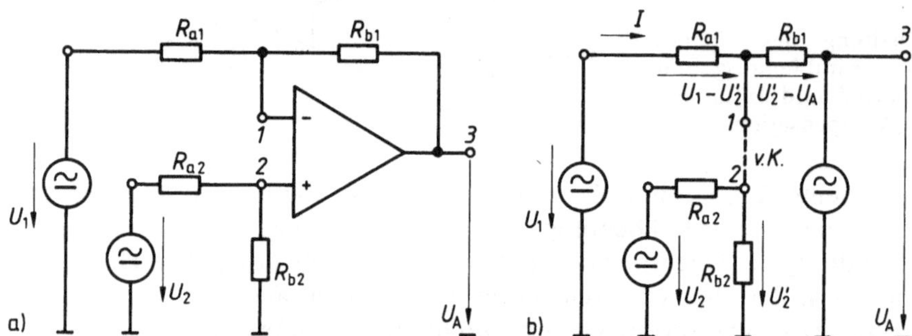

7.15 Differenzverstärker (a) mit Ersatzschaltung (b)
U_1, U_2 Eingangsspannungen, U_A Ausgangsspannung, $v.K.$ virtueller Kurzschluß

Der invertierende Eingang des Operationsverstärkers ist mit den Widerständen R_{a1} und R_{b1}, der Gegenkopplung, beschaltet. Die Eingangsspannung U_1 erscheint für $U_2 = 0$ invertiert am Verstärkerausgang. Am nichtinvertierenden Eingang des Operationsverstärkers liegt über dem Spannungsteiler R_{a2} und R_{b2} die Eingangsspannung U_2. Sie erscheint für $U_1 = 0$ nichtinvertiert am Verstärkerausgang. Somit ist die Ausgangsspannung U_A eine Funktion der Differenz der Eingangsspannungen. Eine Mitkopplung besitzt dieser Differenzverstärker nicht, da keine Verbindung zwischen dem Ausgang und dem nichtinvertierenden Eingang besteht.

Mit Hilfe des idealen Operationsverstärkers (s. Abschn. 2.2.4) läßt sich die Ersatzschaltung des Differenzverstärkers gemäß Bild 7.15b zeichnen. Die Berechnung der Ausgangsspannung U_A in Abhängigkeit von den beiden Eingangsspannungen U_1 und U_2 geht vom Strom I aus. Er fließt nur durch die Widerstände des invertierenden Zweiges, also durch die Widerstände R_{a1} und R_{b1}. An der Klemme 2 des Operationsverstärkers liegt die Teilspannung

$$U_2' = U_2 R_{b2}/(R_{a2} + R_{b2}) \tag{7.31}$$

die mit der Eingangsspannung U_1 die Spannung über dem Widerstand R_{a1} und mit der Ausgangsspannung U_A die Spannung über dem Widerstand R_{b1} bestimmt. Damit folgt für den Strom

$$I = (U_1 - U_2')/R_{a1} = (U_2' - U_A)/R_{b1} \tag{7.32}$$

Daraus läßt sich die Ausgangsspannung

$$U_A = U_2'[(R_{a1} + R_{b1})/R_{a1}] - U_1[R_{b1}/R_{a1}] \qquad (7.33)$$

angeben. Wird in Gl. (7.33) noch die Spannung U_2' durch Gl. (7.31) ersetzt, so gilt für die Ausgangsspannung U_A als Funktion der Eingangsspannungen U_1 und U_2

$$U_A = U_2 \frac{R_{b2}}{R_{a2} + R_{b2}} \cdot \frac{R_{a1} + R_{b1}}{R_{a1}} - \frac{R_{b1}}{R_{a1}} U_1 \qquad (7.34)$$

Nun ist die Frage zu stellen, ob es möglich ist, eine echte Differenzbildung der beiden Eingangsspannungen U_1 und U_2 zu erlangen. Zunächst kann der bei der Spannung U_1 stehende Term R_{b1}/R_{a1} in Gl. (7.34) ausgeklammert werden. Für die Ausgangsspannung folgt dann

$$U_A = - \frac{R_{b1}}{R_{a1}} \left[U_1 - \frac{R_{b2}}{R_{a2} + R_{b2}} \cdot \frac{R_{a1} + R_{b1}}{R_{b1}} U_2 \right]$$

Das gesteckte Ziel ist erreicht, wenn für den Term vor der Spannung U_2

$$\frac{R_{b2}}{R_{a2} + R_{b2}} \cdot \frac{R_{a1} + R_{b1}}{R_{b1}} = 1$$

geschrieben wird. Daher läßt sich die Differenz der beiden Eingangsspannungen bei den Widerstandsverhältnissen

$$R_{a1}/R_{b1} = R_{a2}/R_{b2} \qquad (7.35)$$

erreichen. Damit folgt dann für die Ausgangsspannung

$$U_A = -(R_{b1}/R_{a1})(U_1 - U_2) \qquad (7.36)$$

Das Widerstandsverhältnis R_{b1}/R_{a1} kann eine Verstärkung oder eine Abschwächung bedeuten, wobei aber Gl. (7.35) zu berücksichtigen ist.

Beispiel 7.6. Beim Differenzverstärker nach Bild 7.15 soll für die Ausgangsspannung $U_A = U_2 - U_1$ gelten. Der Widerstand $R_{b2} = 10\,\text{k}\Omega$ ist vorgegeben. Wie groß sind die Widerstände R_{a1}, R_{b1} und R_{a2} zu wählen, wenn der Operationsverstärker ideal ist?
Die Ausgangsspannung $U_A = U_2 - U_1$ stellt sich ein, wenn entsprechend Gl. (7.35) und Gl. (7.36) $R_{a1}/R_{b1} = R_{a2}/R_{b2} = 1$ erfüllt ist. Damit sind alle Widerstände gleich groß, also $R_{a1} = R_{b1} = R_{a2} = R_{b2} = 10\,\text{k}\Omega$.

7.6.2 Addierverstärker

Man kann zwei Spannungen addieren, wenn beim invertierenden Spannungsverstärker (s. Bild **4**.7) nicht nur ein Strom in den Knoten *1* fließt, sondern entsprechend Bild **7**.16 zwei Ströme vorhanden sind. Wird wieder der ideale Operationsverstärker zugrunde gelegt, so entkoppelt der virtuelle Kurz-

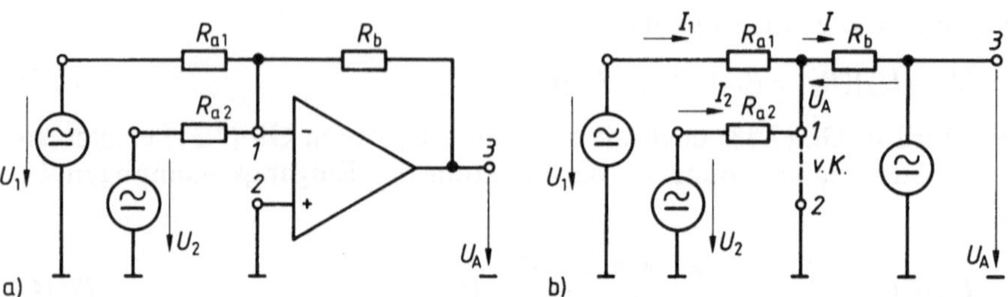

7.16 Addierverstärker (a) mit Ersatzschaltung (b)
U_1, U_2 Eingangsspannungen, U_A Ausgangsspannung, $v.\,K.$ virtueller Kurzschluß

schluß $v.\,K.$ an den Klemmen *1* und *2* die Eingangsbeschaltung vom **Strom-Spannungs-Wandler**, bestehend aus dem Widerstand R_b in Verbindung mit dem Operationsverstärker. Daher lassen sich die Eingangsspannungen U_1 und U_2 mit den Widerständen R_{a1} und R_{a2} in die Ströme

$$I_1 = U_1/R_{a1} \tag{7.37}$$

und

$$I_2 = U_2/R_{a2} \tag{7.38}$$

umsetzen. Wegen des virtuellen Kurzschlusses $v.\,K.$ zwischen den Eingangsklemmen *1* und *2* des Operationsverstärkers liegt über dem Gegenkopplungswiderstand R_b die Ausgangsspannung U_A. Die Knotengleichung des Punktes *1*

$$I - I_1 - I_2 = 0 \tag{7.39}$$

in Verbindung mit dem Strom

$$I = -U_A/R_b \tag{7.40}$$

ergibt die Ausgangsspannung

$$U_A = -\frac{R_b}{R_{a1}}\left(U_1 + \frac{R_{a1}}{R_{a2}}\,U_2\right) \tag{7.41}$$

Werden die Widerstände $R_{a1} = R_{a2} = R_a$ gewählt, so folgt mit Gl. (7.41) für die Ausgangsspannung

$$U_A = -(R_b/R_a)(U_1 + U_2) \tag{7.42}$$

Der Term R_b/R_a in Gl. (7.42) ist der **Verstärkungs- oder Abschwächungsfaktor**. Sind alle Widerstände des Addierverstärkers gleich, so gilt mit $R_{a1} = R_{a2} = R_b$ für die Ausgangsspannung

$$U_A = -(U_1 + U_2) \tag{7.43}$$

wobei aber das Minuszeichen bei der Summenbildung der beiden Eingangsspannungen zu berücksichtigen ist.

Beispiel 7.7. Die Ausgangsspannung U_A des Addierverstärkers nach Bild 7.16 soll die Abhängigkeit $U_A = -(U_1 + 10\,U_2)$ von den beiden Eingangsspannungen U_1 und U_2 haben. Bei Annahme des idealen Operationsverstärkers sind die Widerstände R_{a2} und R_b zu bestimmen, wenn der Widerstand $R_{a1} = 100$ kΩ beträgt.

Die Ausgangsspannung des Addierverstärkers nach Bild 7.16 errechnet sich mit Gl. (7.41). Die Widerstände folgen dann zu

$$R_{a2} = R_{a1}/10 = 100 \text{ k}\Omega/10 = 10 \text{ k}\Omega$$

und

$$R_b = R_{a1} = 100 \text{ k}\Omega$$

7.6.3 Negativ-Impedanz-Konverter

Eingangswiderstände von Ein- und Mehrtoren haben positive Werte, wenn sie Verbraucher sind. Bei Ein- und Mehrtoren, die Verstärker enthalten, lassen sich dagegen auch negative Widerstandswerte einstellen. Negative Widerstandswerte bedeuten aber eine Entdämpfung, d. h. Ausgleich von Verlusten. Sie können daher Schwingungen anfachen oder zumindest den Verstärker in die Begrenzung steuern. Solche Schaltungen lassen sich daher nur in einem begrenzten Bereich stabil betreiben.

Der negative Widerstand läßt sich auf zwei Arten realisieren: entweder erhält die Spannung durch den Verstärker ein negatives Vorzeichen oder entsprechend der Strom. Diese Vorzeichenumkehr wird Konversion genannt. Im ersten Fall wird deshalb vom U-NIK und im zweiten Fall vom I-NIK gesprochen (NIK: Negativ-Impedanz-Konverter).

Negative Widerstände werden beispielsweise zur Kompensation des Innenwiderstands von Spannungsquellen benötigt. Die Negativ-Impedanz-Konverter (NIK) sind in die Gruppe der Übersetzerzweitore einzuordnen. Ein Transformator ist beispielsweise auch ein Übersetzerzweitor.

Wird berücksichtigt, daß durch Rückkopplungen (s. Abschn. 4) sich die Ein- bzw. Ausgangswiderstände von Verstärkern beeinflussen lassen, läßt sich leicht entsprechend Bild 7.17 ein I-NIK mit einem Operationsverstärker aufbauen. Die Widerstände R und R_b bilden den Gegenkopplungszweig, da sie am invertierenden Eingang (Klemme *1*) des Operationsverstärkers liegen. Der Innenwiderstand R_i der zugeschalteten Spannungsquelle bewirkt in Verbindung mit dem Widerstand R_a den Mitkopplungszweig, da beide Widerstände an den nichtinvertierenden Eingang (Klemme *2*) des Operationsverstärkers geschaltet sind. Die Klemme *a* ist der Eingang und die Klemme *b* der Ausgang des I-NIK.

Nun ist sofort zu erkennen, daß bei Annahme des idealen Operationsverstärkers durch den virtuellen Kurzschluß *v. K.* zwischen den Klemmen *1* und *2* die

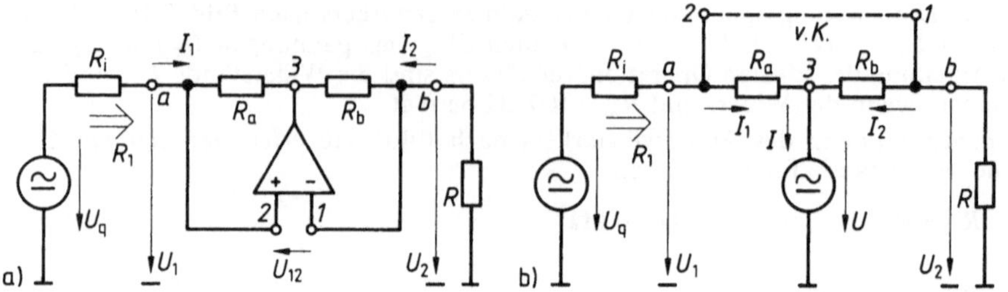

7.17 Negativ-Impedanz-Konverter (a) mit Konversion des Stromes I (I-NIK) und Ersatzschaltung (b)
a Eingang, b Ausgang, $v.K.$ virtueller Kurzschluß

Ausgangsspannung U_2 gleich der Eingangsspannung U_1 sein muß. Da das Vorzeichen der Ausgangsspannung U_2 gleich dem Vorzeichen der Spannung U_1 ist, kann bei dieser Schaltung nur das Vorzeichen der Ströme umgekehrt werden, weshalb die Bezeichnung I-NIK gerechtfertigt ist. Da in der Schaltung von Bild 7.17 der Eingangsstrom I_1 und der Ausgangsstrom I_2 in den I-NIK hineinfließen, muß der Strom $I_2 > 0$ sein, wenn auch der Strom $I_1 > 0$ ist und umgekehrt.

Der Ausgangsstrom I_2 als Funktion des Eingangsstroms I_1 soll nun berechnet werden. Der Eingangsstrom

$$I_1 = (U_1 - U)/R_a \qquad (7.44)$$

ergibt sich aus der Eingangsspannung U_1 und der Ausgangsspannung U des Operationsverstärkers. Entsprechend folgt der Ausgangsstrom

$$I_2 = (U_2 - U)/R_b \qquad (7.45)$$

aus der Ausgangsspannung U_2 des NIK und der Ausgangsspannung U des Operationsverstärkers.

Damit läßt sich der Ausgangsstrom I_2 als Funktion des Eingangsstroms I_1 darstellen, wenn unter Berücksichtigung von Gl. (7.44) die Ausgangsspannung

$$U_2 = U_1 = U + I_1 R_a \qquad (7.46)$$

des NIK in Gl. (7.45) eingesetzt wird. Für den Ausgangsstrom gilt dann

$$I_2 = (U + I_1 R_a - U)/R_b = (R_a/R_b) I_1 \qquad (7.47)$$

Wegen des virtuellen Kurzschlusses $v.K.$ läßt sich dieses Ergebnis auch direkt Bild 7.17b entnehmen.

Bei Berücksichtigung der Zählpfeile in Bild 7.17 ist damit zu erkennen, daß der Ausgangsstrom I_2 gleiches Vorzeichen wie der Eingangsstrom I_1 haben muß. Da für die Klemme 3 die Knotengleichung

$$I_1 + I_2 - I = 0 \qquad (7.48)$$

gilt, wird die Stromdifferenz zwischen Ein- und Ausgangsstrom vom Ausgang des Operationsverstärkers geliefert oder aufgenommen.

Der in Gl. (7.47) vor dem Strom I_1 stehende Faktor

$$k_K = R_a/R_b \tag{7.49}$$

wird **Konversionsfaktor** genannt.

Da der NIK ein Zweitor ist, läßt er sich allgemein in Hybriddarstellung unter Berücksichtigung der Zählpfeile des Bildes 7.17 beschreiben. Hieraus folgen die Hybridparameter des I-NIK (Bild 7.17), der Kurzschlußeingangswiderstand

$$H_{11} = U_1/I_1 \big|_{U_2=0} = 0 \tag{7.50}$$

die Leerlaufspannungsverstärkung in Rückwärtsrichtung

$$H_{12} = U_1/U_2 \big|_{I_1=0} = 1 \tag{7.51}$$

die Kurzschlußstromverstärkung

$$H_{21} = I_2/I_1 \big|_{U_2=0} = R_a/R_b = k_K \tag{7.52}$$

und der Leerlaufausgangsleitwert

$$H_{22} = I_2/U_2 \big|_{I_1=0} = 0 \tag{7.53}$$

In dieser Darstellung ist somit die Kurzschlußstromverstärkung der Hybriddarstellung H_{21} gleich dem Konversionsfaktor k_K des I-NIK.

Von Interesse ist nun, welcher Eingangswiderstand R_1 sich an der Eingangsklemme a des mit dem Widerstand R am Ausgang b beschalteten I-NIK einstellt. Er folgt aus Gl. (7.48), Gl. (7.49) und Gl. (7.44) zu

$$R_1 = U_1/I_1 = k_K\, U_2/I_2 \tag{7.54}$$

Wird hierin der Ausgangsstrom

$$I_2 = -U_2/R \tag{7.55}$$

berücksichtigt (das Minuszeichen in Gl. (7.55) ergibt sich durch die Zählpfeile in Bild 7.17), so folgt anstelle von Gl. (7.54) für den Eingangswiderstand

$$R_1 = -k_K R = -(R_a/R_b)R \tag{7.56}$$

Mit dem Konversionsfaktor $k_K = 1$, d. h. für die Widerstände $R_a = R_b$ gilt daher $R_1 = -R$. Der Eingangswiderstand R_1 ist somit negativ ($R_1 < 0$).

Die Widerstände R_i, R_a, R_b und R des I-NIK können nur in Grenzen frei gewählt werden, da wegen der Mitkopplung durch die Widerstände R_i und R_a die Schaltung instabil werden kann. Für stabilen Betrieb muß am Eingang des Operationsverstärkers der Spannungsanteil der Gegenkopplung betragsmäßig größer sein als der der Mitkopplung. Die Frage, bei welchen Widerständen der I-NIK stabil bleibt, kann man durch Anwendung des Überlagerungsprinzips lösen. Zur Bestimmung der Stabilitätsgrenze wird die Schaltung für die Quellenspannung $U_q = 0$ untersucht.

Die Differenzeingangsspannung U_{12} besteht aus dem **Mitkopplungsanteil**

$$U_1 = U R_i / (R_i + R_a) \tag{7.57}$$

und dem **Gegenkopplungsanteil**

$$U_2 = U R / (R + R_b) \tag{7.58}$$

Der **I-NIK** ist stabil, wenn für die Spannungen $|U_1| < |U_2|$ gilt. Aus Gl. (7.57) und Gl. (7.58) folgt dann

$$|U| R_i / (R_i + R_a) < |U| R / (R + R_b)$$

und daraus

$$R_b / R < R_a / R_i \tag{7.59}$$

Mit dem Konversionsfaktor k_K muß daher für die Widerstände

$$k_K = R_a / R_b > R_i / R \tag{7.60}$$

eingehalten werden.

Beispiel 7.8. Der I-NIK gemäß Bild 7.17 hat den Konversionsfaktor $k_K = 1$. Für welche Widerstände R ist die Schaltung stabil, wenn der Innenwiderstand der Quelle $R_i = 1 \text{ k}\Omega$ beträgt?
Der I-NIK arbeitet stabil, wenn Gl. (7.60) erfüllt ist. Wegen der Forderung $k_K = 1 > R_i / R$ folgt für den Widerstand $R > R_i = 1 \text{ k}\Omega$.

7.6.4 Steilheitsgesteuerter Operationsverstärker

Bei den übrigen in Abschn. 7 behandelten Operationsverstärkern ist der Ausgangswiderstand klein, weshalb in der Ersatzschaltung eine von der Differenzeingangsspannung gesteuerte Spannungsquelle benutzt wird. Darüber hinaus gibt es noch einen anderen Operationsverstärkertyp, bei dem der Ausgangswiderstand sehr groß ist. Bei solchen Operationsverstärkern wird dann in der Ersatzschaltung von Bild 7.18 eine von der Differenzeingangsspannung gesteu-

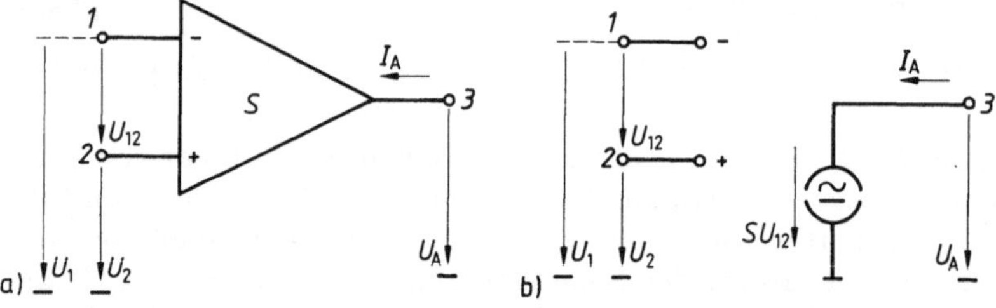

7.18 Steilheitsgesteuerter Operationsverstärker (OTA) (a) und Ersatzschaltung (b)
    1 invertierender, *2* nichtinvertierender Eingang, *3* Ausgang, *S* Steilheit

erte Stromquelle verwendet, die durch die Steilheit $S = \Delta I_\mathrm{A}/\Delta U_{12}$ gekennzeichnet ist. Im Idealfall ist der Innenleitwert des Operationsverstärkers dann Null. Es besteht durch externe Beschaltung die Möglichkeit, die Steilheit zu steuern. Solche steilheitsgesteuerten Operationsverstärker sind unter der Abkürzung OTA (operational transductance amplifier) bekannt.

7.6.4.1 Reaktanzschaltung. In Bild 7.19 ist eine Reaktanzschaltung mit einem steilheitsgesteuerten Operationsverstärker dargestellt. Die Funktion dieser Schaltung läßt sich erkennen, wenn der komplexe Widerstand

$$\underline{Z} = \underline{U}/\underline{I} \tag{7.61}$$

in Abhängigkeit der komplexen Widerstände $\underline{Z}_1$ und $\underline{Z}_2$ berechnet wird.

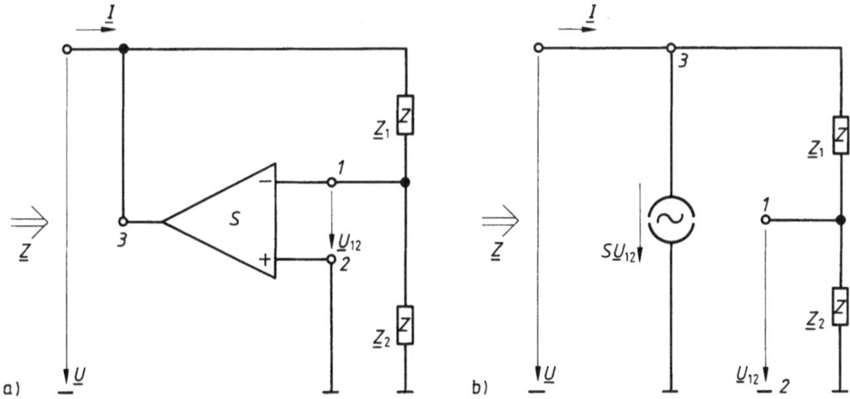

7.19 Reaktanzschaltung (a) mit steilheitsgesteuertem Operationsverstärker S und Ersatzschaltung (b)

Für die Ersatzschaltung von Bild 7.19b gilt die Knotengleichung des Punktes *3*

$$\underline{I} - S\,\underline{U}_{12} - [\underline{U}/(\underline{Z}_1 + \underline{Z}_2)] = 0 \tag{7.62}$$

Die Differenzeingangsspannung $\underline{U}_{12}$ folgt aus dem Spannungsteiler, bestehend aus den komplexen Widerständen $\underline{Z}_1$ und $\underline{Z}_2$, zu

$$\underline{U}_{12} = \underline{U}\,\underline{Z}_2/(\underline{Z}_1 + \underline{Z}_2) \tag{7.63}$$

Die Differenzeingangsspannung $\underline{U}_{12}$ in Gl. (7.62) eingesetzt ergibt mit Gl. (7.61) den komplexen Widerstand

$$\underline{Z} = \underline{U}/\underline{I} = (\underline{Z}_1 + \underline{Z}_2)/(S\underline{Z}_2 + 1) \tag{7.64}$$

Bei der Dimensionierung kann für den komplexen Widerstand anstelle von Gl. (7.64) wegen $|\underline{Z}_1| \gg |\underline{Z}_2|$ und $S|\underline{Z}_2| \gg 1$ angenähert

$$\underline{Z} \approx \underline{Z}_1/(S\underline{Z}_2) \tag{7.65}$$

gesetzt werden.

Wird für den komplexen Widerstand

$$\underline{Z}_1 = 1/(j\omega C) \tag{7.66}$$

und für den komplexen Widerstand

$$\underline{Z}_2 = R \tag{7.67}$$

gewählt, so liegt mit Gl. (7.65) die **Reaktanz** (Blindwiderstand)

$$\underline{Z} \approx 1/(j\omega S R C) \tag{7.68}$$

vor. Die am Eingang der Schaltung wirkende Ersatzkapazität

$$C_{\mathrm{ers}} \approx S R C \tag{7.69}$$

ist über die Steilheit S bzw. den Widerstand R steuerbar.

Beispiel 7.9. Für die Schaltung in Bild **7**.19 gilt für die komplexen Widerstände angenähert $\underline{Z}_1 = 1/(j\omega\,10\,\mathrm{nF})$ und $\underline{Z}_2 = 10\,\mathrm{k\Omega}$. Wie groß ist für niedrige Frequenzen die am Eingang der Schaltung wirksame Ersatzkapazität bei der Steilheit $S = 10\,\mathrm{mS}$ des steilheitsgesteuerten Operationsverstärkers?
Die am Eingang der Schaltung von Bild **7**.19 wirksame Ersatzkapazität

$$C_{\mathrm{ers}} \approx S R C = 10\,\mathrm{mS} \cdot 10\,\mathrm{k\Omega} \cdot 10\,\mathrm{nF} = 1\,\mu\mathrm{F}$$

erhält man über Gl. (7.69).

Auf Offseteinflüsse und auf Stabilitätsprobleme, die auch bei der Anwendung des steilheitsgesteuerten Operationsverstärkers (OTA) zu berücksichtigen sind, wird hier nicht eingegangen.

7.6.4.2 Gyrator. Ein Übersetzerzweitor, mit dem die Inversion einer Impedanz gebildet werden kann, wird Gyrator genannt (Bild 7.20). Was unter Gyrator schaltungstechnisch zu verstehen ist, wird schnell klar, wenn die in Bild 7.20 angegebene Schaltung berechnet wird. Anwendung findet der Gyrator als elektronischer Spulenersatz.
Zunächst soll der Gyrator mit Bild 7.20 näher beschrieben werden. Die Zweitor-Ersatzschaltung des Gyrators besteht im einfachsten Fall aus zwei spannungsgesteuerten Stromquellen, wobei die ausgangsseitige Strom-

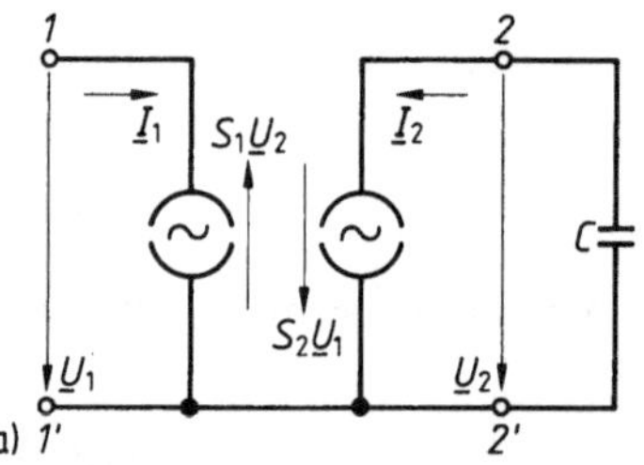
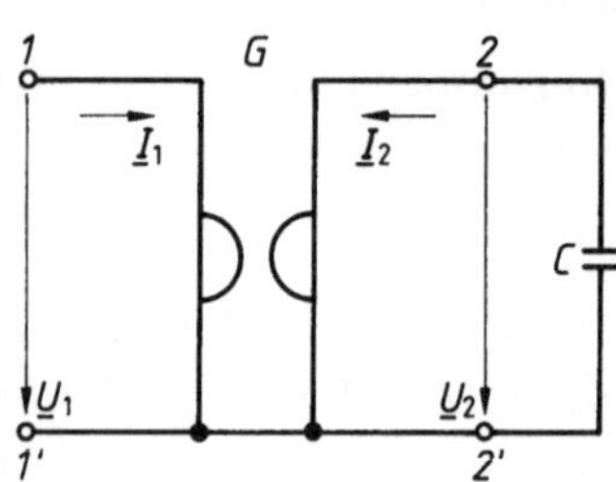

7.20 Mit Stromquellen dargestellter Gyrator (a) und Symbol (b)
    1, 1' Eingang, *2, 2'* Ausgang, *G* Gyrationsleitwert

quelle von der Eingangsspannung U_1 und die eingangsseitige Stromquelle von der Ausgangsspannung U_2 gesteuert wird. Die Stromquellen sind dabei durch die Steilheiten S_1 und S_2 charakterisiert. Wegen der in der Ersatzschaltung verwendeten gesteuerten Stromquellen eignet sich zur allgemeinen Beschreibung des Gyrators die Leitwertdarstellung.

Die Leitwertparameter lassen sich über Bild 7.20 berechnen, wobei die Steilheiten

$$S = S_1 = S_2 \tag{7.70}$$

angenommen sind.

Es ergibt sich der Kurzschlußeingangsleitwert

$$Y_{11} = I_1/U_1 \big|_{U_2=0} = 0 \tag{7.71}$$

die Kurzschlußsteilheit in Rückwärtsrichtung

$$Y_{12} = I_1/U_2 \big|_{U_1=0} = -S_1 = -S \tag{7.72}$$

die Kurzschlußsteilheit

$$Y_{21} = I_2/U_1 \big|_{U_2=0} = S_2 = S \tag{7.73}$$

und der Kurzschlußausgangsleitwert

$$Y_{22} = I_2/U_2 \big|_{U_1=0} = 0 \tag{7.74}$$

Die Steilheit S ist die wesentliche Kenngröße. Sie wird auch Gyrationsleitwert G genannt.

Aus Bild 7.20 findet man für den komplexen Eingangswiderstand

$$\underline{Z} = \frac{\underline{U}_1}{\underline{I}_1} = \frac{\underline{I}_2/S_2}{-S_1\underline{U}_2} = \frac{-\underline{I}_2}{S_1 S_2 \underline{U}_2} = \frac{j\omega C}{S_1 S_2} \tag{7.75}$$

An den Klemmen des Gyrators kann daher die Ersatzinduktivität

$$L_{\mathrm{ers}} = C/(S_1 S_2) \tag{7.76}$$

gemessen werden.

Ein Gyrator läßt sich mit steilheitsgesteuerten Operationsverstärkern leicht aufbauen (Bild 7.21), da sie nahezu ideale spannungsgesteuerte Stromquellen darstellen. Im Gegensatz zu Bild 7.20 kann jedoch an den Differenzeingang des steilheitsgesteuerten Operationsverstärkers nicht die gesamte Ein- bzw. Ausgangsspannung gelegt werden. Aus diesem Grunde sind die beiden Spannungsteiler mit den Widerständen $R_\mathrm{a} \ll R_\mathrm{b}$ den Operationsverstärkern vorgeschaltet.

Beispiel 7.10. Der Gyrator, der mit zwei steilheitsgesteuerten Operationsverstärkern gemäß Bild 7.21 aufgebaut ist, hat die beiden Spannungsteiler mit den Widerständen $R_\mathrm{a} = 10\ \mathrm{k\Omega}$ und $R_\mathrm{b} = 1\ \mathrm{M\Omega}$. Die Steilheiten beider Operationsverstärker sind gleich und betragen $S = 5\ \mathrm{mS}$. Zu bestimmen sind die Leitwert-Parameter Y_{11} bis Y_{22}.

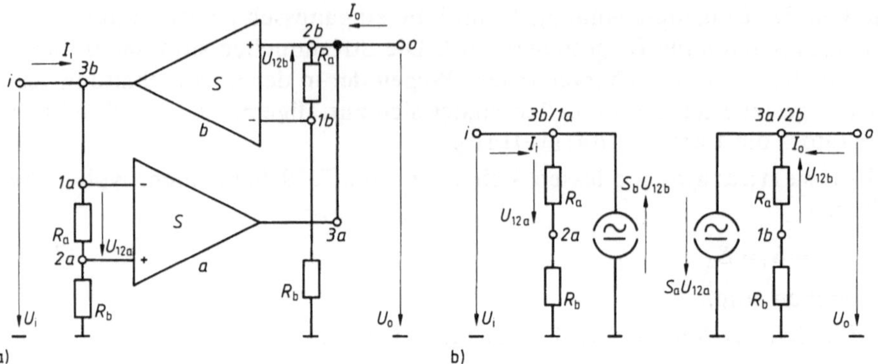

7.21 Gyratorschaltung (a) mit zwei steilheitsgesteuerten Operationsverstärkern $S\ a$ und
b sowie Ersatzschaltung (b)
i Eingang, o Ausgang

Die Leitwertparameter des Gyrators in Bild 7.21 erhält man mit Gl. (7.71) bis Gl. (7.74).
Es ergibt sich der Kurzschlußeingangsleitwert

$$Y_{11} = I_i/U_i\big|_{U_o=0} = 1/(R_a + R_b) \approx 1/R_b = 1/(1\ \text{M}\Omega) = 1\ \mu\text{S}$$

die Kurzschlußsteilheit in Rückwärtsrichtung

$$Y_{12} = I_i/U_o\big|_{U_i=0} = S\,U_{12b}/U_o = -S\,R_a/(R_a + R_b)$$
$$= -5\ \text{mS} \cdot 10\ \text{k}\Omega/(10\ \text{k}\Omega + 1\ \text{M}\Omega) \approx -50\ \mu\text{S}$$

die Kurzschlußsteilheit

$$Y_{21} = I_o/U_i\big|_{U_o=0} = S\,R_a/(R_a + R_b) = -Y_{12} \approx 50\ \mu\text{S}$$

und der Kurzschlußausgangsleitwert

$$Y_{22} = I_o/U_o\big|_{U_i=0} = 1/(R_a + R_b) = Y_{11} \approx 1\ \mu\text{S}$$

Der Gyrationsleitwert G entspricht der Kurzschlußsteilheit Y_{21}. Somit gilt hier für den
Gyrationsleitwert $G = Y_{21} \approx 50\ \mu\text{S}$. Im Gegensatz zum Gyrator von Bild 7.20, der wegen
der Leitwerte $Y_{11} = Y_{22} = 0$ nach Gl. (7.71) und Gl. (7.74) als ideal angesehen werden
kann, ist dieser Gyrator von Bild 7.21 wegen der endlichen Leitwerte Y_{11} und Y_{22} nicht
ideal.

7.7 Aktive Filter

Torschaltungen mit frequenzabhängigen Widerständen, wie Kondensatoren
und Spulen, in Verbindung mit Wirkwiderständen haben ein frequenzab-
hängiges Übertragungsverhalten. Diese Schaltungen können als Filter,
auch Siebschaltungen genannt, eingesetzt werden. Die einfachen RC-Schaltungen, wie in Abschn. 2.5 dargestellt, sind ebenfalls als Filter anzusehen. Bild
2.44 zeigt einen RC-Tiefpaß, da Eingangsspannungen der Frequenz, die kleiner als die Eckfrequenz (obere Grenzfrequenz) ist, ungedämpft passie-

ren können. Oberhalb der Grenzfrequenz wird die Eingangsspannung mit 20 dB/Frequenzdekade gedämpft. Dieser RC-Tiefpaß wird Tiefpaß erster Ordnung genannt. Durch das Hintereinanderschalten mehrerer RC-Glieder können RC-Schaltungen höherer Ordnung erreicht werden. Ein Beispiel dafür ist der Operationsverstärker (Bild **2.**55 und Bild **7.**10). Einen einfachen RC-Hochpaß zeigt die Schaltung nach Bild **2.**45. Hier können nur Spannungen ungedämpft passieren, deren Frequenzen oberhalb der Grenzfrequenz liegen.

Sind Filter mit passiven Bauelementen aufgebaut, so werden zur Erlangung bestimmter Übertragungseigenschaften neben Kapazitäten auch Induktivitäten erforderlich (s. Band I, VII und XI). Induktivitäten bereiten aber für Betriebsfrequenzen unter 1 kHz Herstellungsschwierigkeiten, weshalb in diesem Frequenzbereich RC-Filterschaltungen mit Operationsverstärkern, aktive Filter genannt, bevorzugt werden. Aktive RC-Filter werden auch in einem weit höheren Frequenzbereich eingesetzt.

Aktive Filter haben noch den Vorzug, daß durch sie gleichzeitig eine Verstärkung des Signals möglich ist. Wegen des niederohmigen Ausgangs und des virtuellen Kurzschlusses $v.K.$ am Eingang des Operationsverstärkers sind Entkopplungen zwischen Filterausgang und -eingang leicht zu realisieren. Mit Operationsverstärkern lassen sich auch RC-Schaltungen aufbauen, wie sie sonst nur mit LC-Schwingkreisen möglich sind.

Von der Vielzahl der aktiven Filter sind hier nur einige grundsätzliche Schaltungen herausgegriffen.

7.7.1 RC-Tiefpaßfilter

Ein einfaches aktives RC-Tiefpaßfilter läßt sich mit dem invertierenden Spannungsverstärker (s. Abschn. 4.4.2) aufbauen, wenn zum Gegenkopplungswiderstand R_b ein Kondensator C parallel geschaltet wird (Bild 7.22).

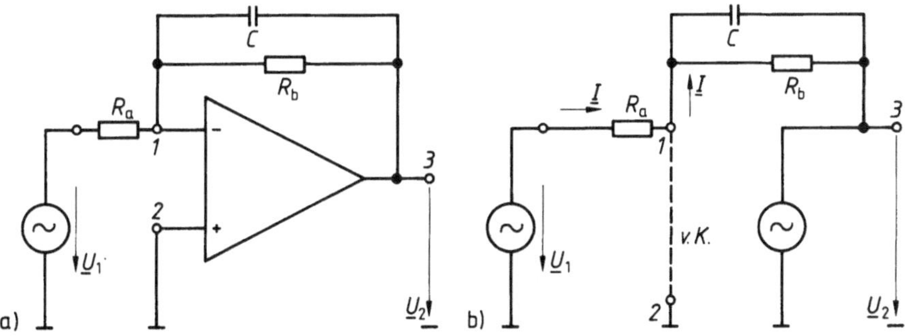

7.22 Einfaches aktives RC-Tiefpaßfilter (a) mit einem Operationsverstärker und Ersatzschaltung (b)
   $v.K.$ virtueller Kurzschluß

Wie die Ersatzschaltung zeigt, liegt der Kondensator C virtuell einseitig auf Masse und bewirkt daher zu hohen Frequenzen hin eine Verringerung der Ausgangsspannung. Bei niedrigen Frequenzen hat der Kondensator C keinen Einfluß auf das Übertragungsverhalten der Schaltung. Die Ausgangsspannung $\underline{U}_2 = -\underline{U}_1 R_b/R_a$ ist dann wie beim invertierenden Spannungsverstärker durch das Widerstandsverhältnis R_b/R_a gegeben.

Das Verhalten eines Filters wird durch den komplexen Übertragungsfaktor $\underline{T} = \underline{U}_2/\underline{U}_1$ charakterisiert und wird im Bodediagramm (Verstärkungs- oder Amplitudengang und Phasengang) oder als Ortskurve dargestellt. Im allgemeinen genügt der Amplitudengang, um die Grenzfrequenz (Eckfrequenz) und den Amplitudenabfall als Funktion der Frequenz zu erhalten.

Mit der Ersatzschaltung von Bild 7.22b soll der komplexe Übertragungsfaktor $\underline{T}$ berechnet werden. Über den Strom

$$\underline{I} = \underline{U}_1/R_a = -\underline{U}_2(1+j2\pi f R_b C)/R_b \qquad (7.77)$$

findet man

$$\underline{T} = \frac{\underline{U}_2}{\underline{U}_1} = -\frac{R_b}{R_a} \cdot \frac{1}{1+j2\pi f R_b C} \qquad (7.78)$$

Es ist zu erkennen, daß Gl. (7.78) bis auf den Faktor $-R_b/R_a$ die gleiche Struktur wie Gl. (2.115) hat.

Die Grenzfrequenz des aktiven RC-Tiefpaßfilters nach Bild 7.22 und Bild 7.23 ist

$$f_g = 1/(2\pi R_b C) \qquad (7.79)$$

Für Frequenzen unterhalb der Grenzfrequenz, dem Durchlaßbereich, hat der Übertragungsfaktor die Form

$$\underline{T}\big|_{f<f_g} = T_m = -R_b/R_a \qquad (7.80)$$

so daß für den komplexen Übertragungsfaktor nach Gl. (7.78)

$$\underline{T} = \frac{T_m}{1+j(f/f_g)} \qquad (7.81)$$

geschrieben werden kann.

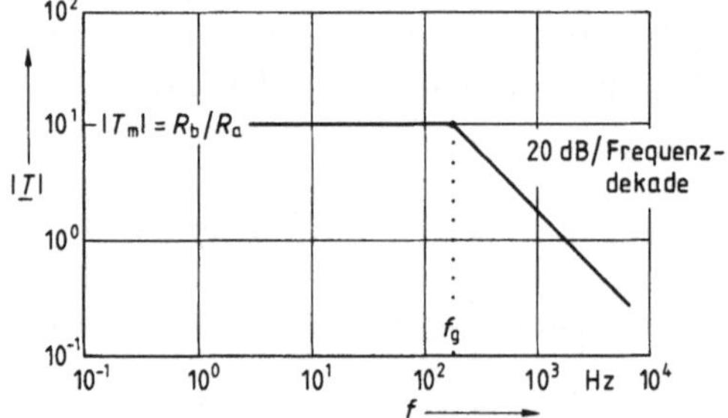

7.23 Amplitudengang des aktiven RC-Tiefpaßfilters nach Bild 7.22

Da es sich bei dieser Schaltung um ein Filter erster Ordnung handelt, fällt der Betrag des komplexen Übertragungsfaktors bei hohen Frequenzen ($f \gg f_g$) mit 20 dB/Frequenzdekade ab (Bild 7.23). Beim Filter zweiter Ordnung ist dagegen mit einem Abfall des Betrags des komplexen Übertragungsfaktors von 40 dB/Frequenzdekade zu rechnen.

Beispiel 7.11. Das aktive RC-Tiefpaßfilter von Bild 7.22 ist mit den Widerständen $R_a = 10$ kΩ und $R_b = 100$ kΩ sowie mit dem Kondensator $C = 10$ nF beschaltet. Wie groß ist der Übertragungsfaktor T_m und die Grenzfrequenz f_g, wenn der Operationsverstärker als ideal angenommen werden kann?

Wie beim invertierenden Spannungsverstärker ist der Übertragungsfaktor T_m gemäß Gl. (7.80)

$$T_m = -R_b/R_a = -100 \text{ k}\Omega/(10 \text{ k}\Omega) = -10$$

Eingangsspannungen mit der Frequenz $f \ll f_g$ werden mit dem Faktor $T_m = -10$ verstärkt.

Die Grenzfrequenz f_g ist nach Gl. (7.79)

$$f_g = 1/(2\pi R_b C) = 1/(2\cdot\pi\cdot 100 \text{ k}\Omega\cdot 10 \text{ nF}) = 159 \text{ Hz}$$

7.7.2 RC-Hochpaßfilter

Ein einfaches aktives RC-Hochpaßfilter ergibt sich, wenn in Reihe zum Eingang des invertierenden Spannungsverstärkers (Bild 7.24) ein Kondensator C geschaltet wird. Eingangsspannungen mit niedrigen Frequenzen, insbesondere eine Eingangs-Gleichspannung, werden bedingt durch den Kondensator

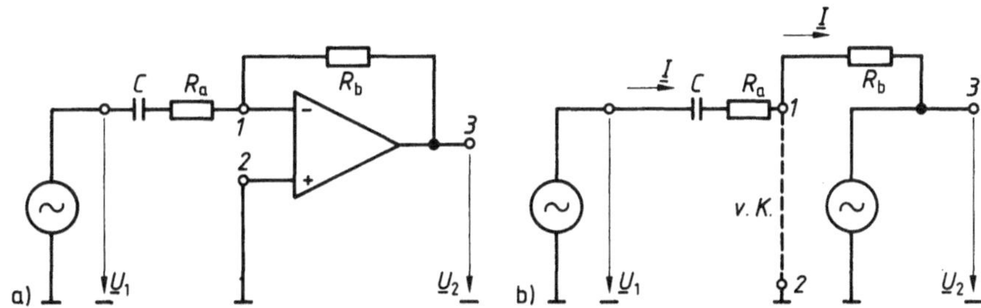

7.24 Einfaches aktives RC-Hochpaßfilter (a) mit einem Operationsverstärker und Ersatzschaltung (b), $v.K.$ virtueller Kurzschluß

von der Schaltung nicht übertragen. Bei höheren Frequenzen kann der Kondensator C als Kurzschluß betrachtet werden, so daß der Übertragungsfaktor im Durchlaßbereich dann

$$\underline{T}|_{f\to\infty} = T_m = -R_b/R_a \qquad (7.82)$$

ist. Eingangsspannungen mit Frequenzen, die oberhalb der Grenzfrequenz f_g (Eckfrequenz) liegen (Bild 7.25), können das Filter passieren, während Eingangsspannungen mit Frequenzen unterhalb der Grenzfrequenz nicht mit dem Faktor T_m verstärkt werden.

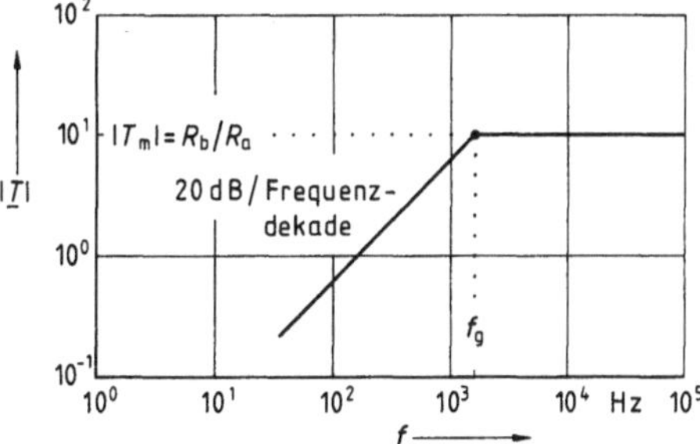

7.25 Amplitudengang des aktiven RC-Hochpaßfilters nach Bild 7.24

Auch für dieses Filter soll der komplexe Übertragungsfaktor $\underline{T}=\underline{U}_2/\underline{U}_1$ allgemein anhand der Ersatzschaltung Bild 7.24b berechnet werden. Über den komplexen Strom

$$\underline{I} = \frac{\underline{U}_1}{R_a+(1/j2\pi f C)} = \frac{-\underline{U}_2}{R_b} \tag{7.83}$$

ergibt sich der komplexe Übertragungsfaktor

$$\underline{T} = \frac{\underline{U}_2}{\underline{U}_1} = -\frac{R_b}{R_a}\cdot\frac{1}{1+[1/(j2\pi f R_a C)]} = -\frac{R_b}{R_a}\cdot\frac{1}{1-[j/(2\pi f R_a C)]} \tag{7.84}$$

Eine Gegenüberstellung dieses Hochpaßfilters mit der RC-Schaltung in Bild 2.45 zeigt, daß Gl. (7.84) die gleiche Struktur wie Gl. (2.124) hat. Damit ist seine Grenzfrequenz

$$f_g = 1/(2\pi R_a C) \tag{7.85}$$

Der allgemeine Ausdruck des komplexen Übertragungsfaktors ergibt sich mit Gl. (7.84), Gl. (7.82) und Gl. (7.85) zu

$$\underline{T} = \frac{T_m}{1-j(f_g/f)} \tag{7.86}$$

Ist für Frequenzen $f<f_g$ ein stärkerer Abfall des Betrags des Übertragungsfaktors gewünscht, so ist ein Filter höherer Ordnung zu verwenden.

Beispiel 7.12. Das aktive RC-Hochpaßfilter nach Bild 7.24 enthält die Widerstände $R_a=10\text{ k}\Omega$ und $R_b=100\text{ k}\Omega$ und die Kapazität $C=10\text{ nF}$. Wie groß ist der Betrag des Übertragungsfaktors für Frequenzen $f\gg f_g$, wenn der Operationsverstärker als ideal angesehen werden kann? Welchen Wert hat die Grenzfrequenz?

Der Betrag des komplexen Übertragungsfaktors für hohe Frequenzen errechnet sich mit Gl. (7.82) zu

$$|T_m| = R_b/R_a = 100\text{ k}\Omega/(10\text{ k}\Omega) = 10$$

Die Grenzfrequenz (untere Grenzfrequenz) des Hochpasses folgt mit Gl. (7.85) zu

$$f_g = 1/(2\pi R_a C) = 1/(2\cdot\pi\cdot 10\text{ k}\Omega\cdot 10\text{ nF}) = 1{,}59\text{ kHz}$$

In diesem Beispiel wird nicht das Tiefpaßverhalten des Operationsverstärkers berücksichtigt. Bei realen Schaltungen wird jedoch je nach Operationsverstärkertyp zu hohen Frequenzen hin der Betrag des Übertragungsfaktors nicht konstant bleiben, so daß das Hochpaßverhalten nur in einem eingeengten Frequenzbereich gegeben ist.

7.7.3 Selektives RC-Filter

Ein selektives Filter stellt beispielsweise der LGC-Schwingkreis von Bild 7.26 dar. Bei der Resonanzfrequenz f_ϱ ist nur der Leitwert G_p zwischen

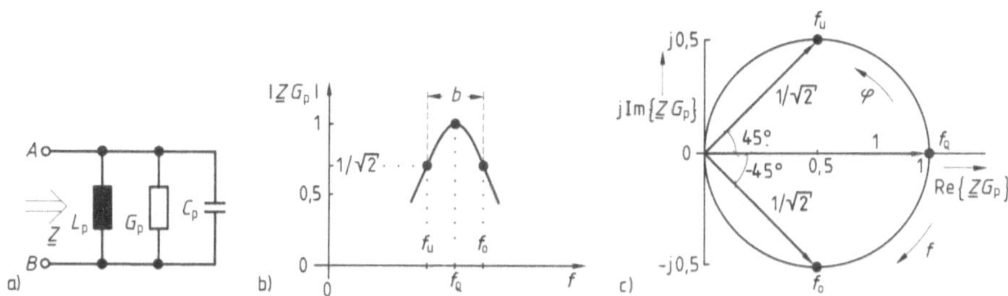

7.26 LGC-Parallelschwingkreis (a) mit der Abhängigkeit des normierten Widerstands $|\underline{Z}\,G_\mathrm{p}|$ von der Frequenz (b) und seine Ortskurve (c)

den Punkten A und B meßbar, da für die **Blindleitwerte**

$$2\pi f_\varrho\, C_\mathrm{p} = 1/(2\pi f_\varrho\, L_\mathrm{p}) \tag{7.87}$$

gilt. Im Frequenzbereich $f \ll f_\varrho$ stellt die **Induktivität** L_p und im Frequenzbereich $f \gg f_\varrho$ stellt die **Kapazität** C_p nahezu einen Kurzschluß zwischen den Klemmen A und B her. Daher ist der komplexe Widerstand $\underline{Z}$ zwischen den Klemmen A und B bei **Resonanz** am größten.

Beim **aktiven selektiven RC-Filter** nach Bild **7.27** ist die **Induktivität** durch eine **RC-Schaltung** in Verbindung mit dem Operationsverstärker ersetzt. Der Operationsverstärker ist durch den Spannungsteiler mit den Widerständen R_a und R_b gegengekoppelt, wobei mit dem Faktor $x = R_\mathrm{a}/(R_\mathrm{a}+R_\mathrm{b})$ die **Gegenkopplung** eingestellt werden kann. Neben der Gegenkopplung hat der Operationsverstärker eine **Mitkopplung**, da der Widerstand R zwischen dem Ausgang 3 und dem nichtinvertierenden Eingang (Knoten K) liegt. Bevor jedoch der komplexe Übertragungsfaktor $\underline{T} = \underline{U}_2/\underline{U}_1$ dieses **aktiven selektiven Filters** berechnet wird, sollen kurz die **charakteristischen Eigenschaften** des **Parallelschwingkreises** (Bild **7.26**) herausgestellt werden. Es fällt dann leichter, den komplexen Übertragungsfaktor des **aktiven Filters** zu diskutieren.

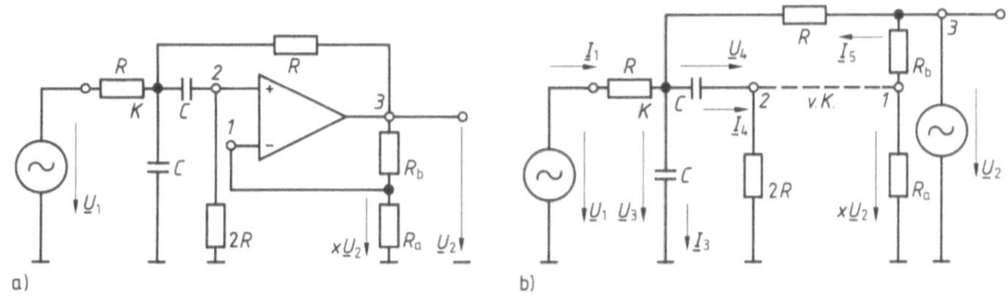

7.27 Aktives selektives RC-Filter (a) mit einem Operationsverstärker und Ersatzschaltung (b)
$v.\,K.$ virtueller Kurzschluß

Das typische Verhalten des **LGC-Parallelschwingkreises** (s. Band I, Teil 1) von Bild 7.26 läßt sich mit dem komplexen Widerstand

$$\underline{Z} = \frac{1}{G_\mathrm{p}+\mathrm{j}\{2\pi f C_\mathrm{p}-[1/(2\pi f L_\mathrm{p})]\}} \tag{7.88}$$

erfassen. Bei der **Resonanzfrequenz** f_ϱ gilt für den Widerstand

$$\underline{Z}\big|_{f=f_\varrho}=1/G_\mathrm{p} \tag{7.89}$$

Wird nun der komplexe Widerstand nach Gl. (7.88) auf den Widerstand [Gl. (7.89)] bei Resonanz normiert, so entsteht die Beziehung

$$\underline{Z}\,G_\mathrm{p} = \frac{1}{1+\mathrm{j}\{2\pi f C_\mathrm{p}-[1/(2\pi f L_\mathrm{p})]\}/G_\mathrm{p}} \tag{7.90}$$

die sich leicht diskutieren läßt. Hierbei ist mit Gl. (7.87) die **Resonanzfrequenz**

$$f_\varrho = \frac{1}{2\pi\sqrt{L_\mathrm{p}C_\mathrm{p}}} \tag{7.91}$$

in Gl. (7.90) zu berücksichtigen. Weiterhin wird der **Resonanzblindleitwert**

$$B_\varrho = 2\pi f_\varrho C_\mathrm{p}=1/(2\pi f_\varrho L_\mathrm{p})=\sqrt{C_\mathrm{p}/L_\mathrm{p}} \tag{7.92}$$

eingeführt. Damit läßt sich für Gl. (7.90)

$$\underline{Z}\,G_\mathrm{p} = \frac{1}{1+\mathrm{j}(B_\varrho/G_\mathrm{p})[(f/f_\varrho)-(f_\varrho/f)]} \tag{7.93}$$

schreiben. In der Umgebung der **Resonanzfrequenz** $f=f_\varrho$ ist die Näherung

$$(f/f_\varrho)-(f_\varrho/f)\approx 2(f-f_\varrho)/f_\varrho=2\Delta f/f_\varrho \tag{7.94}$$

möglich. Weiterhin wird mit der oberen Grenzfrequenz f_o und der unteren Grenzfrequenz f_u die Bandbreite (Bild 7.26)

$$b=f_\mathrm{o}-f_\mathrm{u}\approx 2(f_\mathrm{o}-f_\varrho)\approx 2(f_\varrho-f_\mathrm{u}) \tag{7.95}$$

benutzt. Für die Näherungen ist $G_\mathrm{p}\gg B_\varrho$ zu berücksichtigen. Wie weit die beiden Grenzfrequenzen voneinander entfernt sind, kann durch den **Gütefaktor**

$$Q = \frac{B_\varrho}{G_\mathrm{p}}=\frac{f_\varrho}{b}\approx\frac{f_\varrho}{2(f_\mathrm{o}-f_\varrho)}\approx\frac{f_\varrho}{2(f_\varrho-f_\mathrm{u})} \tag{7.96}$$

angegeben werden (s. a. Band I, Teil 1).

Mit diesen Definitionen lautet dann der **normierte komplexe Widerstand** nach Gl. (7.93)

$$\underline{Z}\,G_\mathrm{p} = \cfrac{1}{1+\mathrm{j}Q\left(\dfrac{f}{f_\varrho}-\dfrac{f_\varrho}{f}\right)} \approx \cfrac{1}{1+\mathrm{j}2Q\dfrac{\Delta f}{f_\varrho}} = \cfrac{1}{1+\mathrm{j}\dfrac{2\Delta f}{b}} \approx 1-\mathrm{j}\frac{2\Delta f}{b} \qquad (7.97)$$

In Bild 7.26 ist die Ortskurve des normierten komplexen Widerstands des LGC-Parallelschwingkreises dargestellt. Bei der Resonanzfrequenz f_ϱ ist $\mathrm{Im}\{\underline{Z}\,G_\mathrm{p}\}=0$ und $\mathrm{Re}\{\underline{Z}\,G_\mathrm{p}\}=1$. Sowohl für die untere als auch für die obere Grenzfrequenz gilt $|\underline{Z}\,G_\mathrm{p}|=1/\sqrt{2}$.

Für das aktive selektive RC-Filter nach Bild 7.27 läßt sich für den komplexen Übertragungsfaktor $\underline{T}=\underline{U}_2/\underline{U}_1$ durch Vergleich mit Gl. (7.90) die charakteristische Gleichung

$$\underline{T} = \frac{\underline{U}_2}{\underline{U}_1} = \frac{T_\varrho}{1+\mathrm{j}(1/G_\mathrm{p}^*)\{2\pi f C_\mathrm{p}^* - [1/(2\pi f L_\mathrm{p}^*)]\}} \qquad (7.98)$$

angeben, mit dem Übertragungsfaktor T_ϱ bei der Resonanzfrequenz f_ϱ, dem Parallel-Ersatzleitwert G_p^*, der Parallel-Ersatzkapazität C_p^* und der Parallel-Ersatzinduktivität L_p^*. Gütefaktor Q und Bandbreite b lassen sich entsprechend dem LGC-Parallelschwingkreis definieren.

Nun soll anhand der Ersatzschaltung in Bild 7.27 der komplexe Übertragungsfaktor $\underline{T}$ des aktiven selektiven RC-Filters berechnet und in die Form von Gl. (7.98) gebracht werden.

Die Berechnung geht von der Knotengleichung des Punktes K

$$\underline{I}_1-\underline{I}_3-\underline{I}_4+\underline{I}_5=0 \qquad (7.99)$$

aus. Für die komplexen Ströme gilt

$$\underline{I}_1=(\underline{U}_1-\underline{U}_3)/R \qquad (7.100)$$

$$\underline{I}_3=\mathrm{j}2\pi f C\,\underline{U}_3 \qquad (7.101)$$

$$\underline{I}_4=x\,\underline{U}_2/(2R) \qquad (7.102)$$

und

$$\underline{I}_5=(\underline{U}_2-\underline{U}_3)/R \qquad (7.103)$$

Außerdem erhält man die komplexe Spannung

$$\underline{U}_3=\underline{U}_4+x\,\underline{U}_2=[x\,\underline{U}_2/(\mathrm{j}2\pi f 2RC)]+x\,\underline{U}_2$$
$$=x\,\underline{U}_2\{1+[1/(\mathrm{j}2\pi f 2RC)]\} \qquad (7.104)$$

Wird Gl. (7.100) bis Gl. (7.104) in Gl. (7.99) eingesetzt, läßt sich der komplexe Übertragungsfaktor

$$\underline{T} = \frac{\underline{U}_2}{\underline{U}_1} = \cfrac{\dfrac{1}{3x-1}}{1+\mathrm{j}\dfrac{xR}{3x-1}\left[2\pi f C - \dfrac{1}{2\pi f C R^2}\right]} \qquad (7.105)$$

angeben. Durch Vergleich mit Gl. (7.98) ergibt sich für den Übertragungs-faktor bei Resonanz

$$T_\varrho = 1/(3x - 1) \qquad (7.106)$$

für den Parallel-Ersatzleitwert

$$G_\mathrm{p}^* = (3x - 1)/(xR) = [3 - (1/x)]/R \qquad (7.107)$$

für die Parallel-Ersatzkapazität

$$C_\mathrm{p}^* = C \qquad (7.108)$$

und für die Parallel-Ersatzinduktivität

$$L_\mathrm{p}^* = CR^2 \qquad (7.109)$$

Dieses Filter hat dann die Resonanzfrequenz

$$f_\varrho = 1/(2\pi\sqrt{L_\mathrm{p}^* C_\mathrm{p}^*}) = 1/(2\pi RC) \qquad (7.110)$$

und den Gütefaktor

$$Q = 2\pi f_\varrho C_\mathrm{p}^*/G_\mathrm{p}^* = 1/[3 - (1/x)] \qquad (7.111)$$

Die Resonanzfrequenz f_ϱ ist also unabhängig von der Gegenkopplung. Dagegen ist der Gütefaktor Q wie auch der Übertragungsfaktor bei Resonanz T_ϱ vom Faktor $x = R_\mathrm{a}/(R_\mathrm{a} - R_\mathrm{b})$ abhängig. Mit abnehmendem x wird der Übertragungsfaktor bei Resonanz T_ϱ [Gl. (7.106)] und der Gütefaktor Q [Gl. (7.111)] größer. Beim Faktor $x = 1/3$ strebt $T_\varrho \to \infty$, so daß die Schaltung instabil wird. Der Gütefaktor Q ist dann ebenfalls, wie Gl. (7.111) zu entnehmen ist, unendlich groß, d.h., der Parallel-Ersatzleitwert G_p^* ist gleich Null [Gl. (7.107)]. In Bild 7.28 ist die Ortskurve des aktiven selektiven RC-Filters dargestellt.

Mit dem Spannungsteiler, bestehend aus den Widerständen R_a und R_b (Bild 7.27), läßt sich über den Faktor $x = R_\mathrm{a}/(R_\mathrm{a} + R_\mathrm{b})$ mit dem Bereich $1/3 < x \leq 1$ der Übertragungsfaktor bei Resonanz $0{,}5 \leq T_\varrho < \infty$ und der Gütefaktor $0{,}5 \leq Q < \infty$ einstellen.

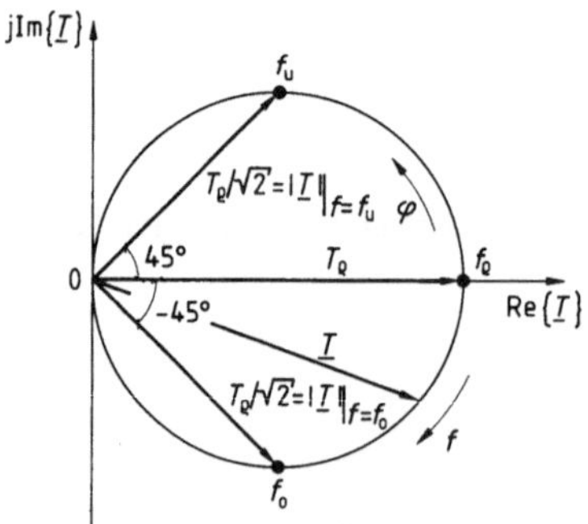

7.28
Ortskurve des komplexen Übertragungsfaktors $\underline{T}$ des selektiven RC-Filters von Bild 7.27

Beispiel 7.13. Beim aktiven selektiven RC-Filter nach Bild 7.27 ist über den Faktor x der Übertragungsfaktor bei Resonanz $T_\varrho = 30$ eingestellt. Wie groß ist der Gütefaktor Q des Filters?

Der Gütefaktor Q errechnet sich bei vorgegebenem Übertragungsfaktor bei Resonanz T_ϱ mit Gl. (7.111) in Verbindung mit Gl. (7.106) zu

$$Q = (1 + T_\varrho)/3 = (1 + 30)/3 = 10{,}33$$

7.8 Nichtlineare analoge Schaltungen

Neben den linearen analogen Verstärkern, bei denen die Ausgangsgröße weitgehend linear von der Eingangsgröße abhängt, gibt es Verstärker, die ein gezielt nichtlineares Übertragungsverhalten haben. Es kann beispielsweise exponentiell oder quadratisch sein. Die nichtlinearen Kennlinien werden durch Bauelemente, wie Bipolar- oder Feldeffekttransistor in Verbindung mit Operationsverstärkern, erreicht.

7.8.1 Log-Verstärker

Wird ein Bipolartransistor entsprechend Bild 7.29 in den Gegenkopplungszweig eines Operationsverstärkers geschaltet, d.h. zwischen den Ausgang *3* und den invertierenden Eingang *1*, so ist, wie anschließend gezeigt wird, die Ausgangsspannung U_2 logarithmisch abhängig vom Eingangsstrom I_1. Über den Widerstand R läßt sich leicht ein linearer Zusammenhang zwi-

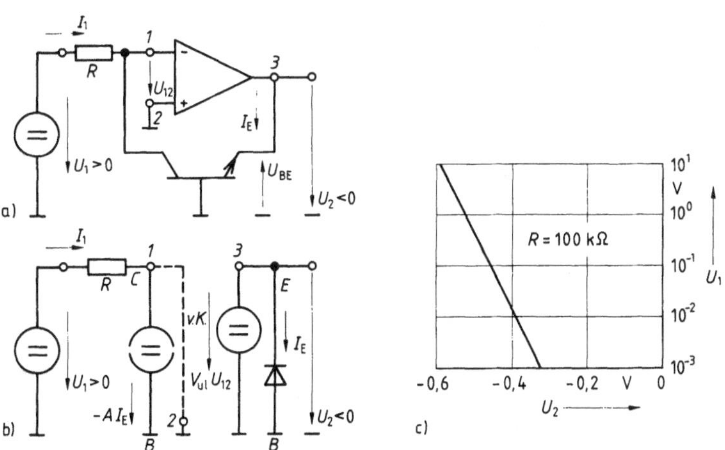

7.29 Verstärker mit logarithmischem Übertragungsverhalten (Log-Verstärker) (a), Ersatzschaltung (b) und Zusammenhang zwischen Ausgangsspannung U_2 und Eingangsspannung U_1 (c)
  v. K. virtueller Kurzschluß

schen dem Eingangsstrom I_1 und der Eingangsspannung U_1 gemäß

$$U_1 = R\,I_1 \tag{7.112}$$

herstellen, da der Eingang des Operationsverstärkers virtuell auf Masse liegt. Ein solcher Verstärker wird als **Log-Verstärker** bezeichnet.

Die Ausgangsspannung U_2 als Funktion der Eingangsspannung U_1 des Log-Verstärkers nach Bild 7.29 läßt sich mit der **Großsignal-Ersatzschaltung des Bipolartransistors in Basisschaltung** (s. Abschn. 2.2.2.1) berechnen. Für den **Emitterstrom** gilt

$$I_E = -I_{Ek}\,(e^{-U_2/U_T} - 1) \tag{7.113}$$

wobei nach Gl. (2.45) der Reststrom $I_{Ek} > 0$ zu berücksichtigen ist. Über den **Stromverteilungsfaktor** A folgt der Eingangsstrom

$$I_1 = -A\,I_E = A\,I_{Ek}\,(e^{-U_2/U_T} - 1) \approx A\,I_{Ek}\,e^{-U_2/U_T}\big|_{-U_2 \gg U_T} \tag{7.114}$$

Für die Ausgangsspannung gilt

$$-U_2 = U_{BE} \gg U_T \tag{7.115}$$

mit der Temperaturspannung U_T.

Durch Umstellung von Gl. (7.114) ergibt sich die Ausgangsspannung

$$U_2 \approx -U_T \ln[I_1/(A\,I_{Ek})]\big|_{I_1 > 0} \tag{7.116}$$

Die Abhängigkeit der Ausgangsspannung U_2 von der Eingangsspannung U_1 erfolgt dann mit Gl. (7.112) zu

$$U_2 \approx -U_T \ln[U_1/(R\,A\,I_{Ek})]\big|_{U_1 > 0} \tag{7.117}$$

Für eine allgemeine Darstellung können die beiden Konstanten

$$k_1 = -U_T \tag{7.118}$$

und

$$k_2 = R\,A\,I_{Ek} \tag{7.119}$$

eingeführt werden, so daß für die Ausgangsspannung dann

$$U_2 \approx k_1 \ln(U_1/k_2)\big|_{U_1 > 0} \tag{7.120}$$

gilt.

In Bild 7.29c ist die Übertragungskennlinie $U_2 = f(U_1)$ des Log-Verstärkers für den Widerstand $R = 100\,\text{k}\Omega$ dargestellt. Die Polarität der Eingangs- und der Ausgangsspannung ist durch den Bipolartransistor vorgegeben. Dabei ist der Wertebereich der Ausgangsspannung durch die Basis-Emitter-Diode festgelegt. Kritisch bei praktischen Schaltungen sind Temperatur- und Offseteinfluß. Hierfür sind Kompensationsmaßnahmen (s. Abschn. 7.2 und 7.3) notwendig.

Beispiel 7.14. Ein Verstärker mit logarithmischem Übertragungsverhalten ist gemäß Bild 7.29 aufgebaut. Bei der Temperaturspannung $U_T = 30$ mV sind die Konstanten k_1 und k_2 zu bestimmen.

Die Konstante k_1 ist mit Gl. (7.118) zu $k_1 = -U_T = -30$ mV gegeben. Aus Gl. (7.120) und einem Punkt der Übertragungskennlinie in Bild 7.29 c läßt sich die Konstante k_2 errechnen. Hierfür wird der Punkt der Kennlinie ($U_1 = 10$ mV, $U_2 \approx -0{,}39$ V) gewählt, und es ergibt sich die Konstante

$$k_2 \approx U_1/e^{U_2/k_1} = 10 \text{ mV}/e^{-390 \text{ mV}/(-30 \text{ mV})} = 22{,}6 \text{ nV}$$

Mit den beiden Konstanten k_1 und k_2 in Verbindung mit Gl. (7.120) ist die Übertragungskennlinie $U_2 = f(U_1)$ des Log-Verstärkers beschrieben.

7.8.2 Antilog-Verstärker

Ein Verstärker mit exponentieller Übertragungskennlinie, auch Antilog-Verstärker (Bild 7.30) genannt, ergibt sich, wenn beim Log-Verstärker nach Bild 7.29 der Widerstand R mit dem Bipolartransistor vertauscht wird. Der Bipolartransistor arbeitet wieder in Basisschaltung und bewirkt zwischen der Eingangsspannung U_1 und dem Emitterstrom I_E den exponentiellen Zusammenhang. Der Operationsverstärker in Verbindung mit dem Widerstand R arbeitet als Strom-Spannungs-Wandler, so daß die Ausgangsspannung U_2 exponentiell von der Eingangsspannung U_1 abhängt.

Anhand der Ersatzschaltung (Bild 7.30b) wird die Abhängigkeit der Ausgangsspannung U_2 von der Eingangsspannung U_1 berechnet. Der Emitterstrom (s. Abschn. 2.2.2.1) ergibt sich mit dem Reststrom $I_{Ek} > 0$ zu

$$I_E = -I_{Ek}(e^{-U_1/U_T} - 1) \approx -I_{Ek}\, e^{-U_1/U_T} \tag{7.121}$$

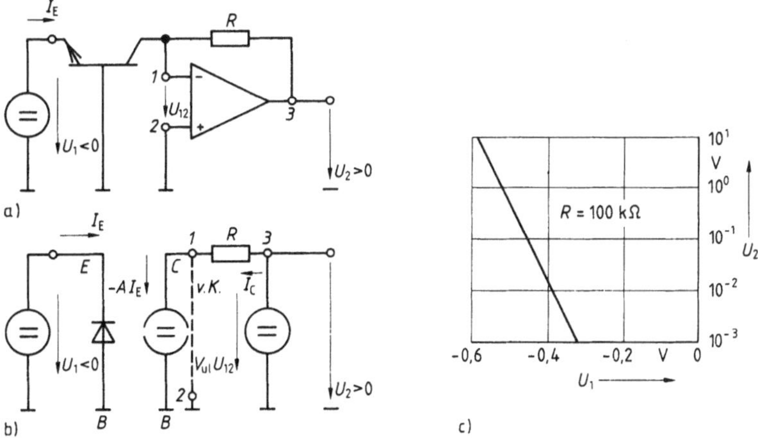

7.30 Verstärker mit exponentiellem Übertragungsverhalten (Antilog-Verstärker) (a), Ersatzschaltung (b) und Zusammenhang zwischen Ausgangsspannung U_2 und Eingangsspannung U_1 (c), $v.\,K.$ virtueller Kurzschluß für die Eingangsspannung

$$-U_1 = U_{BE} \gg U_T \qquad (7.122)$$

Der Emitterstrom I_E ist noch mit der Ausgangsspannung U_2 in Verbindung zu bringen. Über den Kollektorstrom

$$I_C = -I_E A \qquad (7.123)$$

ergibt sich für die Ausgangsspannung

$$U_2 = R I_C \qquad (7.124)$$

Aus Gl. (7.121) bis Gl. (7.124) folgt dann die Abhängigkeit der Ausgangsspannung U_2 von der Eingangsspannung U_1 zu

$$U_2 \approx R A I_{Ek} \, e^{-U_1/U_T} \big|_{U_1 < 0} \qquad (7.125)$$

Die Konstanten k_1 nach Gl. (7.118) und k_2 nach Gl. (7.119) können auch hier eingeführt werden. Für Gl. (7.125) kann dann die allgemeine Beziehung für die Ausgangsspannung

$$U_2 \approx k_2 \, e^{U_1/k_1} \big|_{U_1 < 0} \qquad (7.126)$$

geschrieben werden.

7.8.3 Multifunktionsverstärker

Mit der logarithmischen Rechnung kann man eine Multiplikation durch Summenbildung und entsprechend eine Division durch Differenzbildung ersetzen. Nach diesem Prinzip läßt sich ein Multifunktionsverstärker nach Bild 7.31 aufbauen. Dieser Multifunktionsverstärker, auch Multifunktionsmodul genannt, enthält drei Log-Verstärker a bis c, einen Differenzverstärker d, einen Summierer e und einen Antilog-Verstärker f.

U_1 bis U_3 sind die Eingangsspannungen des Multifunktionsverstärkers und U_5 ist die Ausgangsspannung. Die Eingangsspannungen werden mit den Log-Verstärkern gemäß Gl. (7.120) in die Spannungen

$$U_{11} = k_1 \ln(U_1/k_2) \qquad (7.127)$$

$$U_{21} = k_1 \ln(U_2/k_2) \qquad (7.128)$$

und $\qquad U_{31} = k_1 \ln(U_3/k_2) \qquad (7.129)$

überführt. Die Spannungen U_{11} und U_{21} sind die Eingangsspannungen des Differenzverstärkers d mit der Konstanten k_3, so daß sich die Spannung

$$U_{41} = k_3(U_{11} - U_{21}) = k_3[k_1 \ln(U_1/k_2) - k_1 \ln(U_2/k_2)]$$
$$= k_1 k_3 \ln(U_1/U_2) = k_1 \ln(U_1/U_2)^{k_3} \qquad (7.130)$$

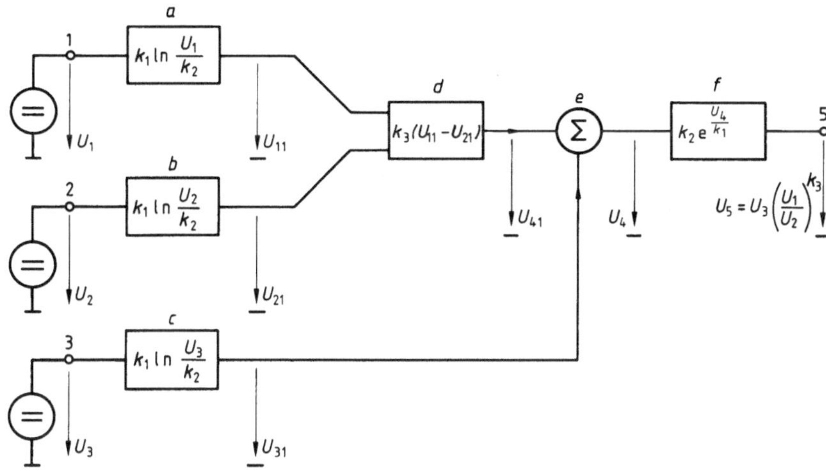

7.31 Multifunktionsverstärker mit Log-Verstärkern *a* bis *c*, Differenzverstärker *d*, Summierer *e* und Antilog-Verstärker *f*
k_1 bis k_3 Konstanten, *1* bis *3* Eingänge, *5* Ausgang

ergibt. Diese Spannung und die Spannung U_{31} werden auf den Summierer *e* in Bild 7.31 gegeben, der die Spannung

$$U_4 = U_{41} + U_{31} = k_1 \ln(U_1/U_2)^{k_3} + k_1 \ln(U_3/k_2)$$
$$= k_1 \ln[(U_3/k_2)(U_1/U_2)^{k_3}] \tag{7.131}$$

liefert. Dem Summierer ist ein Antilog-Verstärker (s. Abschn. 7.8.2) nachgeschaltet. Die Ausgangsspannung ergibt sich dann mit Gl. (7.126) zu

$$U_5 = k_2 \, \mathrm{e}^{U_4/k_1} = k_2 \, \mathrm{e}^{\{(k_1/k_1)\,\ln[(U_3/k_2)(U_1/U_2)^{k_3}]\}} = k_2 \, \mathrm{e}^{\ln[(U_3/k_2)(U_1/U_2)^{k_3}]}$$
$$= k_2 (U_3/k_2)(U_1/U_2)^{k_3} = U_3 (U_1/U_2)^{k_3} \tag{7.132}$$

Die Konstante k_3 des Differenzverstärkers, also der Exponent in Gl. (7.132) läßt sich leicht durch die Wahl geeigneter Widerstandsverhältnisse (s. Abschn. 7.6.1) einstellen. Bei der Konstanten $k_3 = 1$ sind die beiden Eingangsspannungen U_1 und U_3 miteinander multiplikativ verknüpft, während dieses Produkt durch die Eingangsspannung U_2 dividiert wird. Wird die Spannung U_2 konstant gehalten, so liegt ein Multiplizierer vor. Bei konstanter Spannung U_1 oder U_3 handelt es sich um einen Dividierer. Die zulässigen Polaritäten der Eingangsspannungen der Multifunktionseinheit sind durch die der Log-Verstärker (s. Abschn. 7.8.1) vorgegeben.

7.9 Konstantspannungsquellen

Konstantspannungsquellen sind Gleichspannungsquellen mit sehr geringem Innenwiderstand; sie werden beispielsweise zur Spannungsversorgung der Verstärker benötigt. Mit Operationsverstärkern, insbesondere durch die Verwendung von speziell als Spannungsregler ausgelegten integrierten Schaltungen, lassen sich schaltungstechnisch einfach Konstantspannungsquellen mit gegen Null gehendem Innenwiderstand aufbauen.

7.9.1 Operationsverstärker in Konstantspannungsquellen

Ein Operationsverstärker läßt sich als Konstantspannungsquelle verwenden (Bild 7.32a), wenn die unstabilisierte Gleichspannung U_{un} als Versorgungsspannung dient, der Ausgang *3* mit dem invertierenden Eingang *1* verbunden und an den nichtinvertierenden Eingang *2* die Referenzspannung U_{ref} gelegt wird. Wegen des virtuellen Kurzschlusses zwischen den Eingangsklemmen des Operationsverstärkers gilt für die Ausgangsspannung

$$U = U_{ref} \tag{7.133}$$

auch bei unterschiedlicher Stromentnahme und Schwankungen der unstabilisierten Spannung U_{un}.

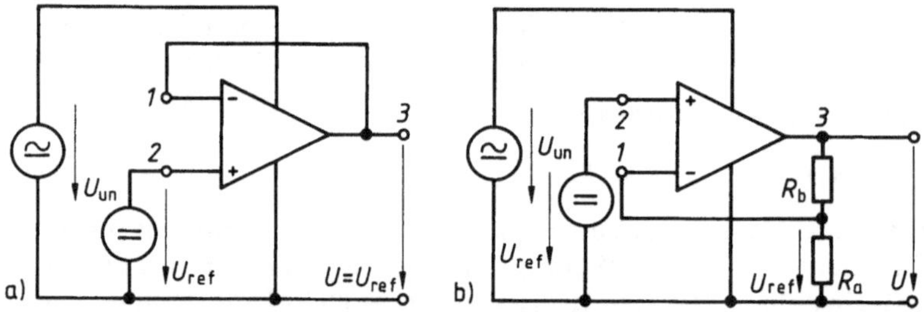

7.32 Konstantspannungsquelle mit einem Spannungsfolger (a) und einem nichtinvertierenden Verstärker (b)
U_{un} unstabilisierte Eingangsspannung, U_{ref} Referenzspannung, U Ausgangsspannung

Der Operationsverstärker wird in dieser Schaltung als Spannungsfolger (s. Abschn. 4.4.4) betrieben. Er hat einen gegen Null gehenden ausgangsseitigen Innenwiderstand (Klemme *3*). Die Ausgangsspannung U bleibt solange konstant, wie der Aussteuerbereich des Operationsverstärkers (s. Abschn. 2.2.4) nicht verlassen wird. Zur Erzeugung der Referenzspannung U_{ref} wird keine eigene Spannungsquelle benötigt. Sie kann vielmehr mit einer Z-Diode aus der unstabilisierten Spannung U_{un} gewonnen werden.

Die in Bild 7.32a angegebene Schaltung stellt das Grundprinzip für die Anwendung des Operationsverstärkers in Konstantspannungsquellen dar. Viele Varianten dieser Schaltung sind möglich. Eine Variante ist die, daß sie mit Hilfe des Spannungsteilers, bestehend aus den Widerständen R_a und R_b, zu einem nichtinvertierenden Spannungsverstärker erweitert wird, wodurch die Ausgangsspannung

$$U = \left(1 + \frac{R_b}{R_a}\right) U_{ref} \tag{7.134}$$

eingestellt werden kann (Bild 7.32b).

Der maximale Strom, der dieser Konstantspannungsquelle entnommen werden kann, ist abhängig vom Operationsverstärker. Bei Kleinleistungs-Operationsverstärkern liegt die Stromgrenze bei etwa 20 mA. Soll die Konstantspannungsquelle größere Ströme liefern, sind Schaltungserweiterungen notwendig. Auf solche Schaltungen wird hier nicht näher eingegangen, da es kurzschlußfeste integrierte Regler im Ampere-Bereich gibt.

Beispiel 7.15. Eine Konstantspannungsquelle ist gemäß Bild 7.32b aufgebaut und hat eine Referenzspannung $U_{ref} = 7$ V. Wie groß ist der Widerstand R_b zu wählen, damit sich beim Widerstand $R_a = 10$ kΩ die Ausgangsspannung $U = 15$ V einstellt?
Mit Gl. (7.134) ergibt sich der Widerstand

$$R_b = R_a[(U/U_{ref}) - 1] = 10 \text{ kΩ} [(15 \text{ V}/7 \text{ V}) - 1] = 11,43 \text{ kΩ}$$

7.9.2 Drei-Klemmen-Spannungsregler

In einem integrierten Drei-Klemmen-Spannungsregler sind neben dem Operationsverstärker auch die Elemente enthalten, die zu einem praktischen Aufbau einer Konstantspannungsquelle gehören. Am Beispiel des integrierten Drei-Klemmen-Spannungsreglers nach Bild 7.33a ist sein

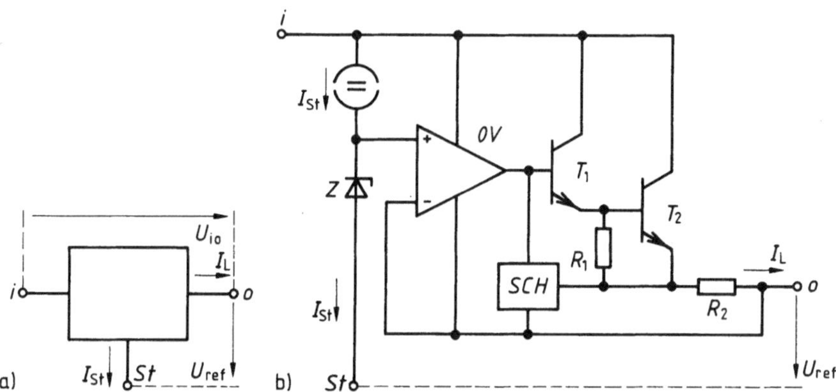

7.33 Integrierter Drei-Klemmen-Spannungsregler (a) mit Innenschaltung (b)
  i Eingang, o Ausgang, St Steuerklemme, OV Operationsverstärker, SCH Schutzschaltung

grundsätzlicher Aufbau dargestellt. Solche Schaltungen sind stark typenbezogen und können nicht verallgemeinert werden.

Die für jeden Spannungsregler notwendige Referenzspannung U_{ref}, hier etwa 1,2 V, wird mit Hilfe der Z-Diode und der Konstantstromquelle, die den Strom $I_{\text{St}} \approx 50\,\mu\text{A}$ liefert, erzeugt. Neben dem Eingang i des Reglers, an den die unstabilisierte Spannung $U_{\text{un}} > 0$ gelegt wird, ist die Anode der Z-Diode als Klemme St herausgeführt. Zwischen dem Ausgang o und dem Steuerausgang St kann wegen des virtuellen Kurzschlusses am Eingang des Operationsverstärkers die Referenzspannung U_{ref} abgegriffen werden. Dem Operationsverstärker sind die Bipolartransistoren T_1 und T_2 nachgeschaltet, die in Verbindung mit dem Widerstand R_1 als Darlington-Schaltung (s. Abschn. 5.1) wirken. Hierdurch ist es möglich, einen maximalen Laststrom $I_{\text{L max}} \approx 2,2$ A dem Regler zu entnehmen. Für den betriebssicheren Einsatz des Reglers ist es unbedingt erforderlich, eine Begrenzung des Laststroms vorzunehmen. Mit Hilfe des Widerstands R_2 (Bild 7.33 b) wird eine dem Laststrom I_{L} proportionale Spannung auf eine Schutzschaltung SCH gegeben, die den zulässigen Basisstrom des Transistors T_1 und damit den Laststrom I_{L} begrenzt. Ohne auf schaltungstechnische Einzelheiten einzugehen, sei darauf hingewiesen, daß ein zusätzlicher Überlastschutz, der bei der Chip-Temperatur von etwa 170°C anspricht, ebenfalls den Laststrom begrenzt. Der maximale Laststrom von 2 A bis 2,2 A ist damit nur dann dem Regler entnehmbar, wenn die Verlustleistung niedrig gehalten wird oder gute Kühlung vorhanden ist.

Der Regler ist so ausgelegt, daß er im Spannungsbereich $2\,\text{V} < U_{\text{io}} < 40\,\text{V}$ zuverlässig arbeitet, wobei der minimale, der Klemme o entnommene Strom bei 10 mA liegen soll.

In Bild **7.34** ist dargestellt, wie mit dem Drei-Klemmen-Spannungsregler eine Konstantspannungsquelle aufgebaut werden kann. Mit dem Spannungsteiler, bestehend aus den Widerständen R_1 und R_2, stellt sich die Ausgangsspannung

$$U = U_{\text{ref}}[1 + (R_2/R_1)] + R_2 I_{\text{St}} \tag{7.135}$$

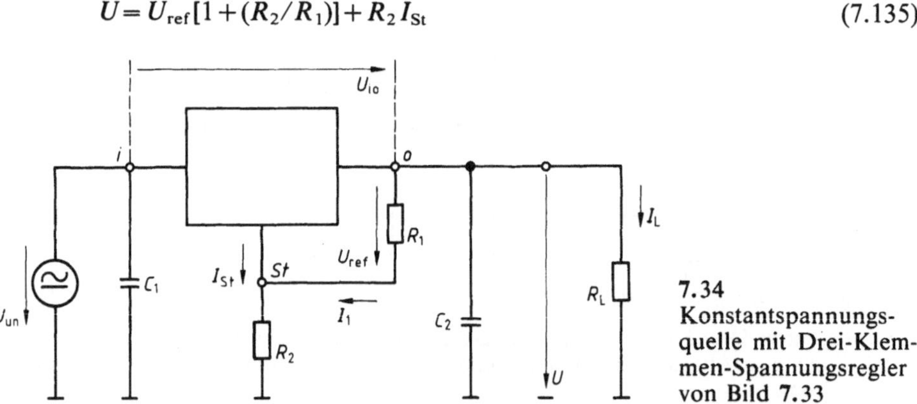

7.34
Konstantspannungs-
quelle mit Drei-Klem-
men-Spannungsregler
von Bild **7.33**

ein. Der Strom durch den Spannungsteiler sollte etwa $I_1 = 10$ mA betragen, so daß dann auch bei abgetrennter Last ein sicherer Betrieb der Konstantspannungsquelle gewährleistet ist. Die Kondensatoren C_1 und C_2 haben die Aufgabe, eine Selbsterregung der Schaltung zu verhindern. Außerdem wird dadurch das Einschwingverhalten der Konstantspannungsquelle verbessert.

Beispiel 7.16. Die Konstantspannungsquelle von Bild 7.34 soll eine Ausgangsspannung $U = 15$ V liefern. Wie groß sind die Widerstände R_1 und R_2 zu wählen?

Bei der Berechnung des Widerstands R_1 wird vom Strom $I_1 = 10$ mA (Bild 7.34) ausgegangen. Damit ist die für einen sicheren Betrieb der Konstantspannungsquelle notwendige Vorlast stets gegeben. Weiterhin wird die Referenzspannung $U_{\mathrm{ref}} = 1{,}2$ V und der Strom $I_{\mathrm{St}} = 50$ µA angenommen. Es folgt für den Widerstand

$$R_1 = U_{\mathrm{ref}}/I_1 = 1{,}2 \ \mathrm{V}/(10 \ \mathrm{mA}) = 120 \ \Omega$$

Der Widerstand R_2 ist dann mit Gl. (7.135) unter Berücksichtigung der Ströme $I_{\mathrm{St}} \ll I_1$

$$R_2 \approx R_1 \left(\frac{U}{U_{\mathrm{ref}}} - 1 \right) = 120 \ \Omega \left(\frac{15 \ \mathrm{V}}{1{,}2 \ \mathrm{V}} - 1 \right) = 1{,}38 \ \mathrm{k}\Omega$$

7.10 Konstantstromquelle

Eine Konstantstromquelle läßt sich mit einem Drei-Klemmen-Spannungsregler (s. Abschn. 7.9.2) nach Bild 7.35 aufbauen. Der Strom I_L wird konstant gehalten, weil über dem Widerstand R, der zwischen dem Regler und dem Lastwiderstand geschaltet ist, die als konstant anzusehende Referenzspannung U_{ref} liegt. Wird der Strom I_{St} des Steuerausgangs St als klein gegenüber dem Laststrom I_L angesehen, ist der Laststrom bei vorgegebenem Widerstand R

$$I_L \approx U_{\mathrm{ref}}/R \big|_{I_L \gg I_{\mathrm{St}}} \tag{7.136}$$

Wegen des minimal zulässigen Laststroms von 10 mA, ist diese Konstantstromquelle nur für Ströme > 10 mA geeignet. Weiterhin ist zu beachten, daß die Spannung U_{io} über dem Regler nur im Bereich $2 \ \mathrm{V} < U_{\mathrm{io}} < 40 \ \mathrm{V}$ zu-

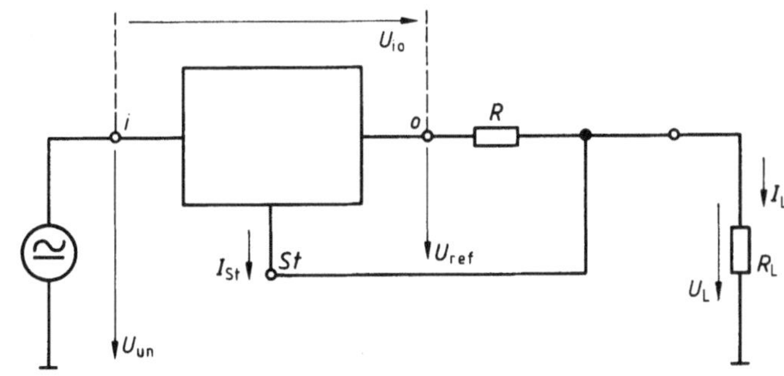

7.35
Konstantstromquelle
mit Drei-Klemmen-
Spannungsregler von
Bild 7.33

gelassen ist. Wird beispielsweise die minimale unstabilisierte Gleichspannung $U_{\text{un min}}$ bei konstantem Widerstand R vorgegeben, so ist der maximal zulässige Lastwiderstand

$$R_{\text{L max}} = R\left(\frac{U_{\text{un min}} - U_{\text{io min}}}{U_{\text{ref}}} - 1\right) \tag{7.137}$$

Bei größerem Lastwiderstand R_{L} liegt dann eine zu kleine Spannung U_{io} über dem Regler, wodurch dieser nicht mehr einwandfrei arbeiten kann.

Beispiel 7.17. Mit einem Drei-Klemmen-Spannungsregler ist gemäß Bild **7.**35 eine Konstantstromquelle realisiert. Wie groß ist der Widerstand R zu wählen, damit sich ein Strom $I_{\text{L}} = 100$ mA einstellt? Welcher maximale Widerstand $R_{\text{L max}}$ darf bei der minimalen unstabilisierten Gleichspannung $U_{\text{un min}} = 30$ V auftreten?
Der Widerstand beträgt nach Gl. (7.136)

$$R = U_{\text{ref}}/I_{\text{L}} = 1{,}2 \text{ V}/(100 \text{ mA}) = 12 \ \Omega$$

Der maximal zulässige Lastwiderstand ist

$$R_{\text{L max}} = (U_{\text{un min}} - U_{\text{io min}} - U_{\text{ref}})/I_{\text{L}} = (30 \text{ V} - 2 \text{ V} - 1{,}2 \text{ V})/(100 \text{ mA}) = 268 \ \Omega$$

Ähnlich wie mit dem Drei-Klemmen-Spannungsregler lassen sich Konstantstromquellen mit Sperrschicht-Feldeffekttransistoren aufbauen (s. Abschn. 2.4.3.4 und Band III, Teil 2). Auf die Vielzahl der Schaltungsmöglichkeiten, mit Operationsverstärkern Konstantstromquellen oder spannungs- sowie stromgesteuerte Stromquellen zu realisieren, wird hier nicht näher eingegangen.

8 Großsignalverstärker

Wird bei einem Verstärker die Kleinsignalbedingung (s. Abschn. 1) nicht eingehalten, so wird dieser Verstärker als Großsignalverstärker bezeichnet. Beispielsweise ist eine große Leistungsverstärkung nur dann möglich, wenn der Verstärker großsignalmäßig ausgesteuert wird. Eine Großsignalaussteuerung kann aber auch bei Kleinleistungsverstärkern vorliegen.

Kennzeichen des Großsignalverstärkers ist, daß bei sinusförmigem Eingangssignal aufgrund des nichtlinearen Übertragungsverhaltens des Verstärkers im Ausgangssignal nicht zu vernachlässigende zusätzliche Frequenzanteile auftreten. Eine Trennung von Gleich- und Wechselaussteuerung ist nicht ohne Berücksichtigung der Amplitude des Eingangssignals (s. Abschn. 2.7) durchzuführen. Somit werden sich auch die Gleichgrößen mit größer werdender Amplitude und abhängig vom Schaltungsaufbau verschieben. Dies ist besonders beim Auftreten von Begrenzungs- und Sättigungseffekten (s. Abschn. 2.3) zu berücksichtigen. Die analytische Behandlung von Großsignalverstärkern ist vorwiegend auf die Leistungs- und Verzerrungsberechnung ohne Berücksichtigung kapazitiver Einflüsse begrenzt. Da bei der Großsignalaussteuerung sowohl beim Bipolartransistor als auch beim Feldeffekttransistor nichtlineare Kapazitäten auftreten, sind solche Berechnungen sehr schwierig.

Zu den Großsignalverstärkern sind alle Leistungsverstärker, wie End- und Senderverstärker, zu rechnen. Hierzu gehört auch der schwingkreisbelastete oder selektive Verstärker, wie er beispielsweise zur Schwingungserzeugung benutzt wird.

8.1 Betriebsarten

Wahl des Arbeitspunkts (s. Abschn. 2.4) und Aussteuerung haben einen entscheidenden Einfluß auf das Leistungs- und Verzerrungsverhalten des Großsignalverstärkers. Anhand einer idealisierten Übertragungskennlinie $I = f(U)$ nach Bild **8.**1 werden neben dem A-Betrieb weitere Betriebsarten behandelt. In dieser Darstellung ist als Eingangsgröße des Verstärkers die Spannung U und als seine Ausgangsgröße der Strom I angenommen.

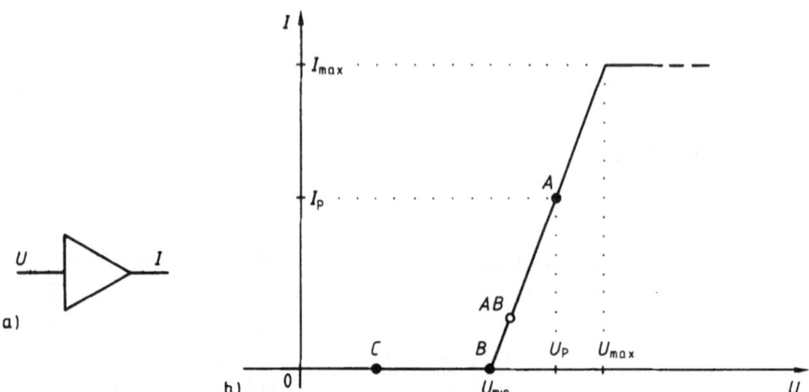

8.1 Verstärker (a) mit Eingangsspannung U und Ausgangsstrom I sowie Übertragungskennlinie (b) $I = f(U)$
A, AB, B, C Arbeitspunkte

Die idealisierte Übertragungskennlinie $I = f(U)$ nach Bild **8.**1 zeichnet sich durch den linearen Bereich $0 \leq I \leq I_{max}$ aus. Zum Ausgangsstrom I_{max} gehört die Eingangsspannung U_{max}. Die Aussteuerung $U > U_{max}$ ist zulässig, bewirkt aber keine Änderung des Ausgangsstroms. Es liegt Sättigung vor. Zum Ausgangsstrom $I = 0$ gehört die Eingangsspannung $U \leq U_{min}$. Den Bereich $U < U_{min}$ nennt man Begrenzung. Je nach Aufbau des Verstärkers wird statt der Sättigung auch dort die Bezeichnung Begrenzung gewählt.

Nach Lage des Arbeitspunkts (U_P, I_P) werden in Bild **8.**1 A-, AB-, B- und C-Betrieb unterschieden. Die Aussteuerung kann dabei auch außerhalb des linearen Bereichs $U_{min} \leq U \leq U_{max}$, auch Analogbereich genannt, liegen.

8.1.1 *A*-Betrieb

Beim A-Betrieb des Verstärkers nach Bild **8.**2 liegt der Arbeitspunkt A im analogen Aussteuerbereich. Damit darf die Eingangsspannung U weder in die Sättigung $U > U_{max}$ noch in die Begrenzung $U < U_{min}$ gesteuert werden. Bei einer sinusförmigen Änderung der Eingangsspannung u ist auch der Ausgangsstrom i sinusförmig, da die Übertragungskennlinie im analogen Bereich als linear angenommen wird. Auch wenn eine nicht ideale Übertragungskennlinie vorliegt, ist das Verzerrungsverhalten (s. Abschn. 2.7) bei Aussteuerung des Verstärkers im A-Betrieb günstig, d. h., bei sinusförmiger Ansteuerung des Verstärkers treten im Frequenzspektrum der Ausgangsgröße neben der Eingangsfrequenz nur verhältnismäßig geringe Störterme auf. Bei nicht zu großen Verzerrungen, was beim vorliegenden Verstärker gegeben ist, können die zum Arbeitspunkt gehörenden Gleichgrößen U_P und I_P getrennt von der Aussteuerung betrachtet werden. In diesem Fall ist weiterhin die Kleinsignaltheorie anwendbar.

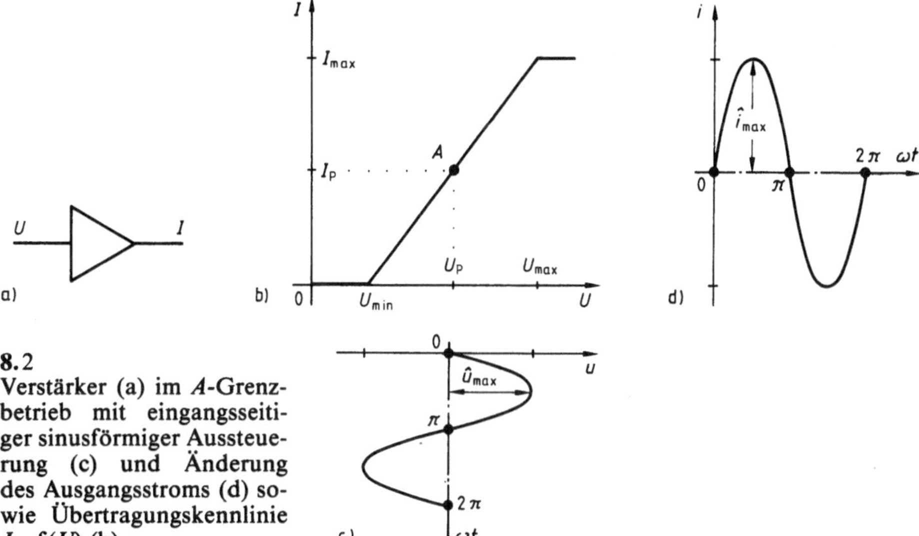

8.2
Verstärker (a) im *A*-Grenzbetrieb mit eingangsseitiger sinusförmiger Aussteuerung (c) und Änderung des Ausgangsstroms (d) sowie Übertragungskennlinie $I = f(U)$ (b)

Neben dem Vorteil der relativ geringen Verzerrungen hat der *A*-Betrieb den Nachteil, daß stets die Ausgangsgröße $I > 0$ ist. Dies bedeutet verhältnismäßig große Verluste im Verstärker, insbesondere wenn der Verstärker nicht ausgesteuert wird.

Um den idealisierten maximalen *A*-Grenzbetrieb nach Bild **8.2** erreichen zu können, sind die Gleichgrößen

$$U_P = U_{min} + \frac{U_{max} - U_{min}}{2} = \frac{U_{max} + U_{min}}{2} \tag{8.1}$$

und

$$I_P = I_{max}/2 \tag{8.2}$$

einzustellen. Als maximale Eingangsamplitude kann

$$\hat{u}_{max} = (U_{max} - U_{min})/2 \tag{8.3}$$

gewählt werden. Hierzu gehört die Ausgangsamplitude

$$\hat{i}_{max} = I_{max}/2 \tag{8.4}$$

Sie läßt sich auch über die Verstärkung

$$V = \Delta I / \Delta U = I_{max}/(U_{max} - U_{min}) = \hat{i}_{max}/\hat{u}_{max} \tag{8.5}$$

zu

$$\hat{i}_{max} = V \hat{u}_{max} \tag{8.6}$$

berechnen.

Beispiel 8.1. Bei einem Großsignalverstärker wird nach Bild **8.**2 A-Betrieb eingestellt. Die Eingangsspannung hat den Analogbereich $1\ \mathrm{V} \leq U \leq 5\ \mathrm{V}$. Der Ausgangsstrom wird bei $I_{max} = 200\ \mathrm{mA}$ begrenzt. Zu berechnen sind die Arbeitspunktkoordinaten U_P und I_P sowie die maximalen Amplituden $\hat{u}_{max}$ und $\hat{i}_{max}$.

Die Arbeitspunktkoordinaten für den A-Grenzbetrieb betragen nach Gl. (8.1) und Gl. (8.2)

$$U_P = (U_{max} + U_{min})/2 = (5\ \mathrm{V} + 1\ \mathrm{V})/2 = 3\ \mathrm{V}$$

und

$$I_P = I_{max}/2 = 200\ \mathrm{mA}/2 = 100\ \mathrm{mA}$$

Nach Gl. (8.3) ist die maximale Amplitude der Eingangsspannung

$$\hat{u}_{max} = (U_{max} - U_{min})/2 = (5\ \mathrm{V} - 1\ \mathrm{V})/2 = 2\ \mathrm{V}$$

Die maximale Ausgangsamplitude

$$\hat{i}_{max} = I_{max}/2 = 200\ \mathrm{mA}/2 = 100\ \mathrm{mA}$$

läßt sich entweder mit Gl. (8.4) ermitteln, oder sie ergibt sich über die Verstärkung Gl. (8.5)

$$V = I_{max}/(U_{max} - U_{min}) = 200\ \mathrm{mA}/(5\ \mathrm{V} - 1\ \mathrm{V}) = 50\ \mathrm{mS}$$

und Gl. (8.6) zu

$$\hat{i}_{max} = \hat{u}_{max}\, V = 2\ \mathrm{V} \cdot 50\ \mathrm{mS} = 100\ \mathrm{mA}$$

8.1.2 *B*-Betrieb

Beim B-Betrieb nach Bild **8.**3 liegen die Arbeitspunktkoordinaten ohne Aussteuerung bei $U_P = U_{min}$ und $I_P = 0$. Die Eingangsamplitude darf im Bereich

$$0 < \hat{u} \leq U_{max} - U_{min}$$

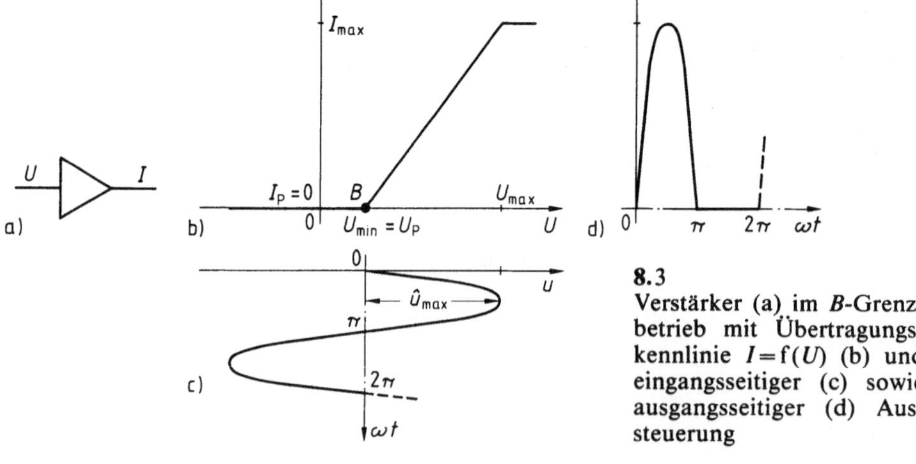

8.3
Verstärker (a) im B-Grenzbetrieb mit Übertragungskennlinie $I = f(U)$ (b) und eingangsseitiger (c) sowie ausgangsseitiger (d) Aussteuerung

eingestellt werden, wobei aber stets der Arbeitspunkt B vorausgesetzt ist. Der Ausgangsstrom $I > 0$ tritt damit nur im Bereich $0 < \omega t < \pi$ und entsprechend $2\pi < \omega t < 3\pi$ usw. auf. Der maximale Ausgangsstrom $I_{\max}$ wird bei der maximalen Eingangsamplitude $\hat{u}_{\max}$ erreicht.

Da nur während einer Halbschwingung der Eingangsspannung der Ausgangsstrom sich ändern kann (Bild **8.**3 d), wird der Verstärker im B-Betrieb gegenüber dem A-Betrieb erheblich größere Verzerrungen aufweisen. Leistungsmäßig und damit auch in bezug auf den Wirkungsgrad ist jedoch der B-Betrieb günstiger, da im Mittel die Verlustleistung im Verstärker kleiner als die des A-Betriebs ist.

Durch Verschieben des Arbeitspunkts B in Richtung A-Betrieb nach Bild **8.**4 läßt sich ein Kompromiß zwischen Leistungs- und Verzerrungsverhalten schließen. Dieser Betrieb wird dann AB-Betrieb genannt, wobei der Arbeitspunkt $(U_\mathrm{P}, I_\mathrm{P})$ wie beim A-Betrieb im Bereich $I > 0$ liegt. Meist wird die Koordinate U_P in der Nähe von $U_{\min}$ gewählt. Der Unterschied zum A-Betrieb liegt in der Aussteuerung. Wie beim B-Betrieb wird auch hier der Bereich der Begrenzung durchfahren.

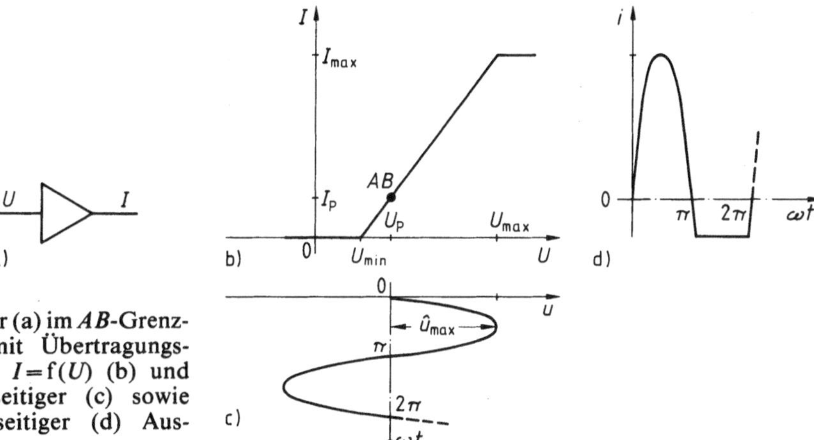

8.4
Verstärker (a) im AB-Grenzbetrieb mit Übertragungskennlinie $I = \mathrm{f}(U)$ (b) und eingangsseitiger (c) sowie ausgangsseitiger (d) Aussteuerung

8.1.3 *C*-Betrieb

Beim C-Betrieb nach Bild **8.**5 liegt der Arbeitspunkt C im Begrenzungsbereich, d. h., neben $I_\mathrm{P} = 0$ gilt $U_\mathrm{P} < U_{\min}$. Die maximale Eingangsamplitude $\hat{u}_{\max}$ tritt gerade bei Sättigung $I = I_{\max}$ auf. Der Ausgangsstrom i ändert sich impulsförmig.

Der C-Betrieb ist hinsichtlich des Verzerrungsverhaltens sehr ungünstig, zeigt aber im Vergleich zum A- oder B-Betrieb einen verhältnismäßig geringen Leistungsverlust. Ein solcher Verstärker erfordert zum Aufbau einer sinusförmig

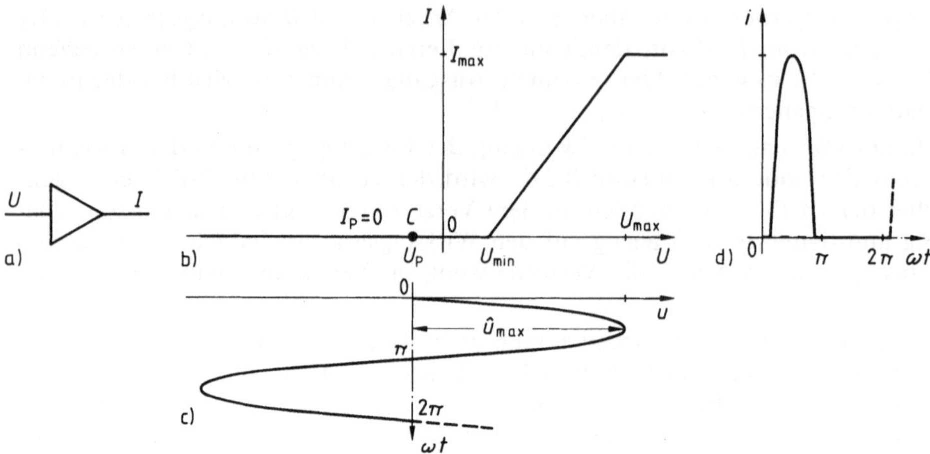

8.5 Verstärker (a) im C-Grenzbetrieb mit Übertragungskennlinie $I = f(U)$ (b) und eingangsseitiger (c) sowie ausgangsseitiger (d) Aussteuerung

verlaufenden Ausgangsgröße einen ausgangsseitigen Schwingkreis, der aus dem Frequenzspektrum der Ausgangsgröße die gewünschte Frequenz herausfiltert. Der Schwingkreis kann dabei auf die Eingangsfrequenz oder auf eine der Oberschwingungen abgestimmt sein, so daß der Verstärker auch zur Frequenzvervielfachung eingesetzt werden kann.

8.2 Leistungsbilanz des Sourceverstärkers mit Schwingkreislast

Um einen kurzen Einblick in die Leistungsverhältnisse bei den verschiedenen Betriebsarten zu erhalten, wird die Leistungsbilanz in stark vereinfachter Form für einen Sourceverstärker mit Schwingkreislast nach Bild **8.**6 im A- und B-Betrieb aufgestellt. Obwohl für den Feldeffekttransistor stark vereinfachte Kennlinien angenommen werden, gilt die Darstellung prinzipiell auch für andere Transistoren.

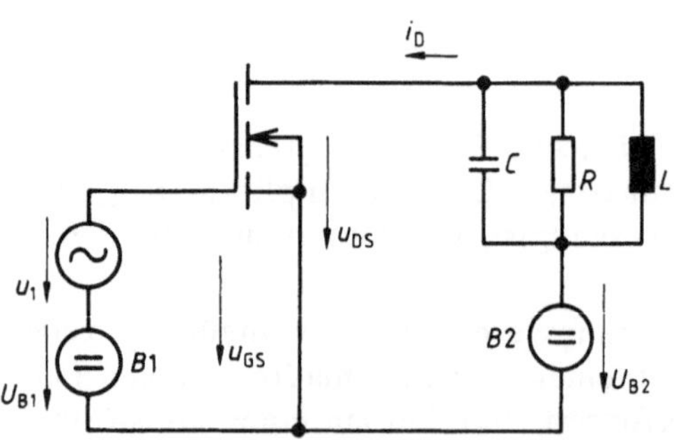

8.6
Selbstsperrender   Feldeffekttransistor mit isoliertem Gate als Sourceverstärker mit Parallelschwingkreis als Last

Der Verstärker wird mit der Resonanzfrequenz

$$f = f_\varrho = 1/(2\pi\sqrt{LC})$$

und der Eingangssinusspannung

$$u_1 = \hat{u}_1 \sin(2\pi f t) = \hat{u}_1 \sin(\omega t) \tag{8.7}$$

betrieben. Mit der Gleichspannung U_{B1} wird der Arbeitspunkt eingangsseitig und mit der Gleichspannung U_{B2} ausgangsseitig eingestellt.

Bei der Leistungsbetrachtung dieses Verstärkers kann die im Eingang verbrauchte Verlustleistung gegenüber der im Ausgang auftretenden vernachlässigt bleiben. Zur Berechnung der Leistung im Ausgangskreis des Verstärkers sind die Aussteuerungsverhältnisse, d. h. die Spannungen und Ströme bei Aussteuerung, zu ermitteln. Als zugeführte Leistung P_q ist die von der Versorgungsgleichspannungsquelle *B2* gelieferte Leistung anzusehen. Die bei Resonanz vom Verstärker abgegebene Leistung P_{ab} ist gleich der Leistung P_R, die der Widerstand R aufnimmt. Die Differenz dieser beiden Leistungen ist die im Feldeffekttransistor umgesetzte Verlustleistung P_V.

8.2.1 *A*-Betrieb

Zunächst werden die Aussteuerungsverhältnisse nach Bild **8.**7 des Sourceverstärkers im *A*-Betrieb ermittelt. In der Übertragungskennlinie werden Arbeitspunkt *A* und Amplitude der Eingangsspannung $\hat{u} = \hat{u}_{gs}$ festgelegt. Die Aussteuerung erfolgt hier bis zur Drainstrom-Begrenzung. Bei Berücksichti-

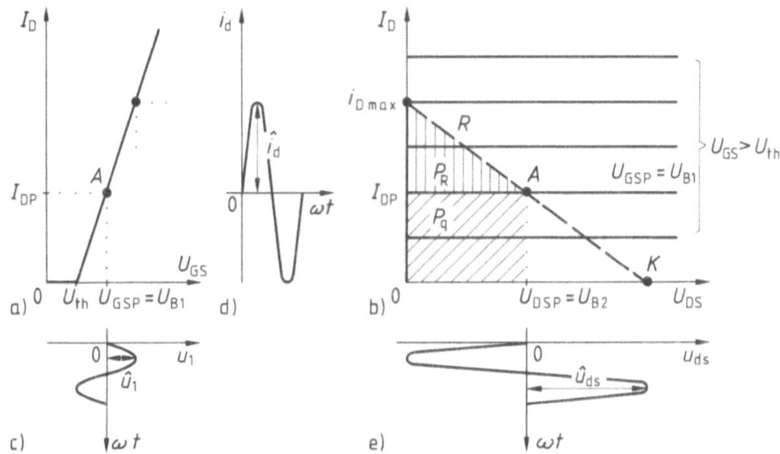

8.7 Aussteuerungsverhältnisse des schwingkreisbelasteten Sourceverstärkers nach Bild **8.**6 im *A*-Betrieb bei Resonanz mit Übertragungskennlinienfeld (a), Ausgangskennlinienfeld (b) und Aussteuerungen (c), (d), (e)

gung des gewählten Arbeitspunkts liegt damit der A-Grenzbetrieb vor. Für eine größere Aussteuerung und Einhaltung des A-Betriebs ist der Arbeitspunkt A bei entsprechend größeren Draingleichströmen I_{DP} zu wählen.

Das hier angenommene idealisierte Verhalten des Feldeffekttransistors zeigt in der Übertragungskennlinie zu großen Drainströmen hin kein Sättigungsverhalten, wodurch die maximale Amplitude der Gate-Source-Spannung bzw. der Eingangsspannung $\hat{u}_{gs} = \hat{u}_1$ durch die Wahl des Arbeitspunkts vorgegeben ist. Wegen des linearen Übertragungsbereichs, bei dem im A-Betrieb ausgesteuert wird, ist auch die Änderung des Drainstroms und die der Drain-Source-Spannung unverzerrt sinusförmig. Der Gleichterm des Drainstroms ist nicht aussteuerungsabhängig. Im Ausgangskennlinienfeld ist neben dem Arbeitspunkt A die Arbeitskennlinie bei Resonanz eingetragen. Sie wird hier nur durch den Widerstand R beeinflußt.

Durch die Spule des Parallelschwingkreises wird die Arbeitspunktgleichspannung

$$U_{DSP} = U_{B2} \tag{8.8}$$

des Arbeitspunkts A festgelegt. Mit dem Arbeitspunkt-Drainstrom I_{DP} erhält man die von der Versorgungsquelle $B2$ gelieferte Leistung

$$P_q = \frac{U_{B2}}{2\pi} \int_0^{2\pi} [I_{DP} + \hat{i}_d \sin(\omega t)]\, d(\omega t) = I_{DP}\, U_{B2} \tag{8.9}$$

An den Widerstand R wird bei Resonanz die Leistung

$$P_R = \frac{1}{2\pi} \int_0^{2\pi} \hat{i}_d \hat{u}_{ds} \sin^2(\omega t)\, d(\omega t) = \hat{i}_d \hat{u}_{ds}/2 \tag{8.10}$$

abgegeben, wobei die Sinusspannung über dem Widerstand R gleich der Drain-Source-Sinusspannung ist. Wird bis zur Drainstrom-Begrenzung (Bild **8.**7) ausgesteuert, so gilt für die Amplitude der Drain-Source-Spannung

$$\hat{u}_{ds} = U_{B2} \tag{8.11}$$

Die Aussteuerung dieses Verstärkers erfolgt bei Resonanz entlang einer durch den Widerstand R bestimmten Geraden, der Arbeitskennlinie, die in diesem Fall auch Arbeitsgerade genannt wird. Die Arbeitsgerade kann durch Verbinden der Punkte $A(I_{DP}, U_{B2})$ und $K(I_D = 0, U_{DS} = 2\,U_{B2})$ gefunden werden. Durch Verlängerung der Arbeitsgeraden bis zur Drain-Source-Spannung $U_{DS} = 0$ folgt bei dieser Grenzaussteuerung der maximale Drainstrom

$$i_{D\,max} = 2\,I_{DP} \tag{8.12}$$

Hiermit ergibt sich die Amplitude des Drainstroms

$$\hat{i}_d = I_{DP} \tag{8.13}$$

Der Wirkungsgrad η kann nach der Betrachtung der Aussteuerungsverhältnisse in Bild **8.**7 abgeleitet werden. Er folgt aus der Versorgungsleistung

P_q und aus der an den Widerstand R abgegebenen Leistung P_R zu

$$\eta = P_R/P_q = \hat{i}_d \hat{u}_{ds}/(2 I_{DP} U_{B2}) \tag{8.14}$$

Mit den Amplituden $\hat{i}_d$ nach Gl. (8.13) und $\hat{u}_{ds}$ nach Gl. (8.11) gilt für den Wirkungsgrad

$$\eta = I_{DP} U_{B2}/(2 I_{DP} U_{B2}) = 0{,}5 = 50\% \tag{8.15}$$

Im *A*-Betrieb tritt also ein Wirkungsgrad $\eta \leq 50\%$ auf. Ist die Aussteuerung kleiner als die Grenzaussteuerung, so wird auch der Wirkungsgrad kleiner. Die Verlustleistung P_V im Feldeffekttransistor steigt dann an, da stets die Leistungsbilanz

$$P_V = P_q - P_R \tag{8.16}$$

erfüllt sein muß. Die Verlustleistung P_V wird maximal für die Eingangssinusspannung $\hat{u}_1 = \hat{u}_{gs} = 0$. Dies ist typisch für den Verstärker im *A*-Betrieb (s. Abschn. 8.1.1).

Aufgrund des linearen Bereichs der Übertragungskennlinie treten keine nichtlinearen Verzerrungen im *A*-Betrieb auf, d. h., durch das Bauelement werden im Drainstrom keine zusätzlichen Frequenzkomponenten wie $2f$, $3f$ usw. wirksam. Reale Übertragungskennlinien sind beim Feldeffekttransistor nahezu quadratisch und beim Bipolartransistor exponentiell. Damit werden im Ausgangsstrom auch im *A*-Betrieb mehr oder weniger starke harmonische Verzerrungen (s. Abschn. 2.7.2) auftreten. Durch besondere Schaltungsmaßnahmen, beispielsweise durch einen Source- oder Emitterwiderstand, kann das Übertragungsverhalten und damit das Verzerrungsverhalten beeinflußt werden (s. Abschn. 4.5).

Beispiel 8.2. Ein Sourceverstärker mit Schwingkreislast nach Bild **8**.6 wird gemäß Bild **8**.7 ausgesteuert. Bei der Versorgungsgleichspannung $U_{B2} = 30$ V ist der Draingleichstrom $I_{DP} = 200$ mA eingestellt. Welche Verlustleistung P_V entsteht im Feldeffekttransistor ohne Aussteuerung? Welche Verlustleistung tritt im *A*-Grenzbetrieb, d. h. bei Aussteuerung bis zur Drainstrom-Begrenzung, auf?

Ohne Aussteuerung ist die Verlustleistung des Verstärkers nach Bild **8**.6 im *A*-Betrieb gleich der von der Versorgungsgleichspannungsquelle *B2* gelieferten Leistung P_q. Aus Gl. (8.9) erhält man daher die Verlustleistung

$$P_V|_{u_1=0} = P_q = I_{DP} U_{B2} = 200 \text{ mA} \cdot 30 \text{ V} = 6 \text{ W}$$

Bei der Aussteuerung bis zur Drainstrom-Begrenzung liegt der Wirkungsgrad mit Gl. (8.14) bis Gl. (8.16) bei $\eta = 0{,}5$, d. h., die Verlustleistung beträgt im Feldeffekttransistor beim *A*-Grenzbetrieb

$$P_V = P_q - P_R = (1 - \eta) P_q = 0{,}5 \cdot 6 \text{ W} = 3 \text{ W}$$

8.2.2 *B*-Betrieb

Beim *B*-Betrieb des schwingkreisbelasteten Sourceverstärkers nach Bild **8**.6 ist der Arbeitspunkt so eingestellt (Bild **8**.8), daß nur während einer

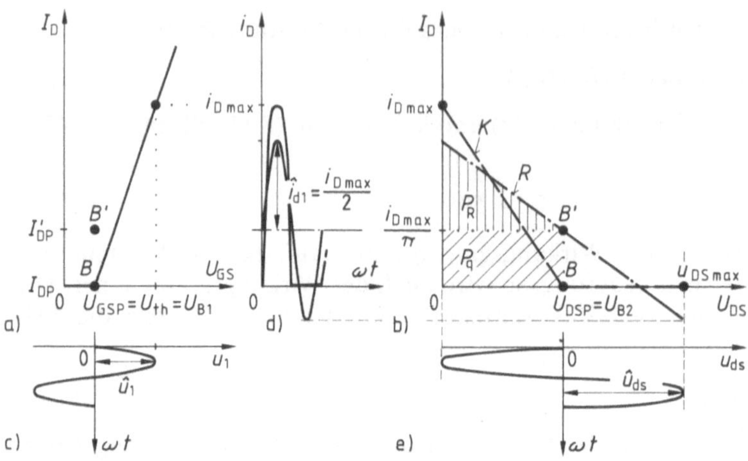

8.8 Aussteuerungsverhältnisse des schwingkreisbelasteten Sourceverstärkers nach Bild **8.**6 im B-Betrieb bei Resonanz mit Übertragungskennlinie (a), Ausgangskennlinienfeld (b) mit Arbeitskennlinien K und R sowie Aussteuerungen (c), (d), (e)

Halbschwingung der Drainstrom fließt. Ohne Aussteuerung läge der Arbeitspunkt B beim Draingleichstrom $I_\mathrm{D}=I_\mathrm{DP}=0$ und der Gate-Source-Gleichspannung $U_\mathrm{GSP}=U_\mathrm{th}=U_\mathrm{B1}$ im Kennlinienknick. Mit zunehmender Eingangs-Sinusspannung entsteht ein zusätzlicher Drain-Gleichstrom I'_DP, da die Gate-Source-Gleichspannung durch Schaltungszwang vorgegeben ist. Nach der Fourierzerlegung (s. Band I, Teil 1 und Band III) des Drainstroms gilt für den Draingleichstrom

$$I'_\mathrm{DP} = \frac{1}{2\pi} \int\limits_0^\pi i_\mathrm{D\,max} \sin(\omega t)\,\mathrm{d}(\omega t) = -\left.\frac{i_\mathrm{D\,max}}{2\pi}\cos(\omega t)\right|_0^\pi = \frac{i_\mathrm{D\,max}}{\pi} \qquad (8.17)$$

in diesem B-Grenzbetrieb. Bei den in Bild **8.**8 dargestellten Aussteuerungsverhältnissen des Sourceverstärkers mit Schwingkreislast stellt sich bei dem Scheitelwert der Eingangsspannung $\hat{u}_1$ der Arbeitspunkt B' mit den Koordinaten I'_DP, $U_\mathrm{GSP}=U_\mathrm{th}=U_\mathrm{B1}$ und $U_\mathrm{DSP}=U_\mathrm{B2}$ ein.

Neben dem aussteuerungsabhängigen Gleichstrom I'_DP liefert die Fourierzerlegung den Scheitelwert des Drainsinusstroms mit der Eingangsfrequenz f (1. Harmonische)

$$\hat{i}_\mathrm{d1} = \frac{1}{\pi} \int\limits_0^\pi i_\mathrm{D\,max} \sin(\omega t)\sin(\omega t)\,\mathrm{d}(\omega t) = \frac{i_\mathrm{D\,max}}{\pi} \int\limits_0^\pi \sin^2(\omega t)\,\mathrm{d}(\omega t)$$

$$= \frac{i_\mathrm{D\,max}}{\pi}\left[\frac{\omega t}{2} - \frac{\sin(2\omega t)}{4}\right]_0^\pi = \frac{i_\mathrm{D\,max}}{2} \qquad (8.18)$$

Weitere Anteile des Drainstroms mit den Frequenzen $2f$, $3f$ usw. sollen unberücksichtigt bleiben, um eine übersichtliche Leistungsberechnung durchführen zu können.

Wegen des Parallelschwingkreises ist nur der Drainstrom bei *B*-Betrieb verzerrt. Die Drain-Source-Wechselspannung ist durch die Filterwirkung des Schwingkreises nahezu unverzerrt sinusförmig. Diese Verhältnisse lassen sich auch im Bild **8.**8 zeigen. Die Eingangssinusspannung u_1 ergibt durch Spiegelung an der Übertragungskennlinie $I_D = \mathrm{f}(U_{GS})$ wie diese eine knickförmige Arbeitskennlinie. Charakterisiert ist sie durch den maximalen Drainstrom $i_{D\,max}$, die Drain-Source-Gleichspannung $U_{DSP} = U_{B2}$ und die maximale Drain-Source-Spannung

$$u_{DS\,max} = U_{B2} + \hat{u}_{ds} = 2\,U_{B2} \tag{8.19}$$

Die Fourierzerlegung des Drainstroms

$$i_D = I'_{DP} + \hat{i}_{d1} \sin(\omega t) \tag{8.20}$$

läßt sich ebenfalls anschaulich in Bild **8.**8 angeben. Da nur die 1. Harmonische in dieser Darstellung berücksichtigt und Resonanz vorausgesetzt ist, bestimmt der Widerstand R die Ausgangssinusspannung

$$u_{ds} = -R\,i_{d1} \tag{8.21}$$

Das Minuszeichen in Gl. (8.21) ist durch den Sourceverstärker schaltungsbedingt. Damit läßt sich für die erste Harmonische die Arbeitskennlinie zeichnen, deren Steigung durch den Widerstand R vorgegeben ist. Gemäß Gl. (8.20) verläuft die Arbeitsgerade durch den Arbeitspunkt B'.

Nach Klärung der Aussteuerungsverhältnisse des *B*-Betriebs kann die Leistung betrachtet werden. Die von der Versorgungsquelle *B2* gelieferte Gleichleistung P_q ist über den Arbeitspunktstrom I'_{DP} aussteuerungsabhängig. Im dargestellten Betrieb (Bild **8.**8) gilt für die Gleichleistung

$$P_q = I'_{DP}\,U_{B2} \tag{8.22}$$

Ohne Aussteuerung ($u_1 = 0$) wird dagegen wegen des Arbeitspunkt-Drainstroms $I_{DP} = 0$ der Versorgungsquelle *B2* auch keine Leistung entnommen. Dies ist ein gravierender Unterschied zum *A*-Betrieb. Den Wirkungsgrad η des *B*-Betriebs findet man mit Gl. (8.22) und der an den Widerstand R abgegebenen Leistung

$$P_R = \hat{i}_{d1}\,\hat{u}_{ds}/2 = i_{D\,max}\,\hat{u}_{ds}/4 \tag{8.23}$$

Es gilt mit Gl. (8.17) und (8.19)

$$\eta = \frac{P_R}{P_q} = \frac{i_{D\,max}\,\hat{u}_{ds}}{4\,I'_{DP}\,U_{B2}} = \frac{\pi}{4} \approx 0{,}785 = 78{,}5\,\% \tag{8.24}$$

Mit dem maximalen Wirkungsgrad von etwa 78 % ist der des *B*-Betriebs um 28 % besser als der des *A*-Betriebs.

Beispiel 8.3. Der Sourceverstärker mit Schwingkreislast nach Bild **8.**6 arbeitet entsprechend Bild **8.**8 im B-Betrieb und entnimmt der Versorgungsquelle $B2$ die Leistung $P_q = 6$ W. Wie groß ist die an den Widerstand R abgegebene Leistung P_R, wenn bei der Rechnung nur die 1. Harmonische berücksichtigt wird?

Die an den Widerstand R abgegebene Leistung beträgt nach Gl. (8.24) im Resonanzbetrieb

$$P_R = \eta\, P_q = (\pi/4)\, P_q = (\pi/4)\; 6\;\text{W} = 4{,}71\;\text{W}$$

8.3 Leistungsverstärker

Da bei Leistungsverstärkern wegen des erwünschten niederohmigen Ausgangs meist Kollektor- oder Drainschaltungen benutzt werden, haben Leistungsstufen eine Spannungsverstärkung von kleiner als eins. Die für den Gesamtverstärker notwendige Spannungsverstärkung wird durch kleinsignalmäßig arbeitende Vorverstärker erreicht.

Bei Leistungsverstärkern oder Leistungsstufen sind verschiedene Konstruktionsmerkmale zu erkennen hinsichtlich der Versorgungsgleichspannungen, der Schaltungsart, der Betriebsart, der Technologie und des Betriebsfrequenzbereichs. Nachfolgend werden grundlegende Aspekte von Leistungsverstärkern behandelt. Es kann hier nur auf die eigentliche Leistungsstufe einfachster Ausführungen eingegangen werden.

8.3.1 Komplementäre Gegentakt-Leistungsstufe

Die Vorteile des B-Betriebs können bei der Gegentakt-Leistungsstufe nach Bild **8.**9 genutzt werden. Sie besteht aus zwei Kollektorschaltungen, die von der gemeinsamen Eingangsspannung u_1 angesteuert werden und den gemeinsamen Lastwiderstand R_L haben. Bei der Eingangsspannung $u_1 = 0$ ist auch die Aus-

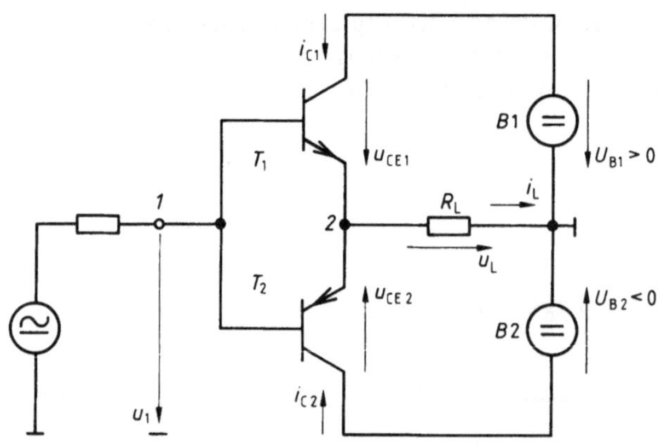

8.9
Komplementäre Gegentakt-Leistungsstufe im B-Betrieb mit NPN-Transistor T_1 und PNP-Transistor T_2
1 Eingang, *2* Ausgang

gangsspannung $u_L = 0$, wenn der NPN-Transistor T_1 bis auf die Vorzeichen gleiche Kennlinien wie der PNP-Transistor T_2 hat (komplementäre Bipolartransistoren). Der Transistor T_1 ist bei Eingangsspannungen $u_1 > 0$ leitend, und der Transistor T_2 ist gesperrt. Bei Eingangsspannungen $u_1 < 0$ übernimmt der Transistor T_2 den Strom, und der Transistor T_1 ist stromlos. Diese Leistungsstufe wird daher Gegentakt-B-Stufe genannt. Sie nutzt den hohen Wirkungsgrad des B-Betriebs in Verbindung mit den wesentlich geringeren Verzerrungen gegenüber dem einfachen B-Betrieb.

Für die Gegentakt-B-Stufe nach Bild **8.**9 soll die Leistungsbilanz aufgestellt werden. Dabei gilt für den Transistor T_1 im Bereich $0 \leq u_{CE1} \leq U_{B1}$ seiner Kollektor-Emitter-Spannung für seinen Kollektorstrom $i_{C1} \geq 0$ und für den Transistor T_2 entsprechend $i_{C2} \leq 0$ im Bereich $U_{B2} \leq u_{CE2} \leq 0$. Damit kann sich die Ausgangsspannung u_L des Verstärkers im Bereich

$$U_{B2} \leq u_L \leq U_{B1} \tag{8.25}$$

ändern. Wegen der Symmetrie der Schaltung wird mit den Versorgungsgleichspannungen

$$U_B = U_{B1} = -U_{B2} \tag{8.26}$$

gearbeitet. Vereinfachend wird wieder angenommen, daß sich die Ausgangsspannung

$$u_L = \hat{u}_L \sin(\omega t) \tag{8.27}$$

sinusförmig ändert. Dabei führt jeder Transistor nur während einer Halbschwingung der Eingangsspannung u_1 Strom. Bei der Eingangsspannung $u_1 > 0$ gilt für die Kollektorströme

$$i_{C1} = i_L; \qquad i_{C2} = 0 \tag{8.28}$$

und bei der Eingangsspannung $u_1 < 0$

$$i_{C1} = 0; \qquad i_{C2} = i_L \tag{8.29}$$

Bei der Eingangsspannung $u_1 = 0$ sperren beide Transistoren, was besonders dann kritisch ist, wenn kapazitive Einflüsse wirksam werden, so daß unter Umständen kurzfristig beide Transistoren leitend sein können. Hierdurch besteht Zerstörungsgefahr für beide Transistoren.

Für die Leistung der Leistungsstufe nach Bild **8.**9 sind die an den Lastwiderstand R_L abgegebene Signalleistung P_{ab}, die in den Transistoren T_1 und T_2 auftretenden Verlustleistungen P_{VT1} und P_{VT2} sowie die der Schaltung zugeführte Leistung P_{zu}, d.h. die von den Versorgungsquellen $B1$ und $B2$ gelieferten Leistungen, zu berücksichtigen.

Die an den Lastwiderstand R_L abgegebene Leistung ergibt sich unter Berücksichtigung von Gl. (8.27)

$$P_{ab} = \hat{u}_L^2 / (2 R_L) \tag{8.30}$$

Da in einem Transistor nur während einer Halbschwingung der Kollektor-strom fließt, erfolgt die Berechnung der Verlustleistung P_{VT1} des Transistors T_1 in den Grenzen von 0 bis π zu

$$P_{\mathrm{VT1}} = \frac{1}{2\pi} \int_0^\pi u_{\mathrm{CE1}}\, i_{\mathrm{C1}}\, \mathrm{d}(\omega t) \tag{8.31}$$

Wegen der Kollektor-Emitter-Spannung

$$u_{\mathrm{CE1}} = U_{\mathrm{B1}} - u_{\mathrm{L}} \tag{8.32}$$

und des Kollektorstroms

$$i_{\mathrm{C1}} = i_{\mathrm{L}} = u_{\mathrm{L}}/R_{\mathrm{L}} \tag{8.33}$$

ergibt sich die Augenblicksleistung des Transistors T_1

$$u_{\mathrm{CE1}}\, i_{\mathrm{C1}} = (U_{\mathrm{B1}}\,\hat{u}_{\mathrm{L}}/R_{\mathrm{L}}) \sin(\omega t) - (\hat{u}_{\mathrm{L}}^2/R_{\mathrm{L}}) \sin^2(\omega t) \tag{8.34}$$

Mit den Integralen

$$\int_0^\pi \sin(\omega t)\, \mathrm{d}(\omega t) = -\cos(\omega t)\Big|_0^\pi = 2$$

und

$$\int_0^\pi \sin^2(\omega t)\, \mathrm{d}(\omega t) = \left[\frac{\omega t}{2} - \frac{1}{4}\sin(2\omega t)\right]_0^\pi = \frac{\pi}{2}$$

erhält man über Gl. (8.31) und Gl. (8.34) die Verlustleistung

$$P_{\mathrm{VT1}} = \frac{2}{2\pi}\cdot\frac{U_{\mathrm{B1}}\,\hat{u}_{\mathrm{L}}}{R_{\mathrm{L}}} - \frac{\pi}{4\pi}\cdot\frac{\hat{u}_{\mathrm{L}}^2}{R_{\mathrm{L}}} = \frac{U_{\mathrm{B1}}\,\hat{u}_{\mathrm{L}}}{\pi R_{\mathrm{L}}} - \frac{\hat{u}_{\mathrm{L}}^2}{4R_{\mathrm{L}}} \tag{8.35}$$

Die im Transistor T_2 entstehende Verlustleistung ist entsprechend

$$P_{\mathrm{VT2}} = \frac{-U_{\mathrm{B2}}\,\hat{u}_{\mathrm{L}}}{\pi R_{\mathrm{L}}} - \frac{\hat{u}_{\mathrm{L}}^2}{4R_{\mathrm{L}}} \tag{8.36}$$

Der maximale Scheitelwert der Ausgangsspannung folgt mit Gl. (8.25) und Gl. (8.26) zu

$$\hat{u}_{\mathrm{L\,max}} = U_{\mathrm{B}} \tag{8.37}$$

Bei dieser Aussteuerung ist die abgegebene Leistung nach Gl. (8.30)

$$P_{\mathrm{ab}} = U_{\mathrm{B}}^2/(2R_{\mathrm{L}}) \tag{8.38}$$

am größten, die Verlustleistungen nach Gl. (8.35) und Gl. (8.36)

$$P_{\mathrm{VT1}} = P_{\mathrm{VT2}} = (U_{\mathrm{B}}^2/R_{\mathrm{L}})[(1/\pi) - 1/4] = 0{,}0683\, U_{\mathrm{B}}^2/R_{\mathrm{L}} \tag{8.39}$$

sind aber nicht maximal. Durch Differentiation von Gl. (8.35) kann über

$$dP_{VT1}/d\hat{u}_L = 0 = U_{B1}/(\pi R_L) - \hat{u}_L/(2 R_L)$$

und $\quad \hat{u}_L = 2 U_{B1}/\pi = 2 U_B/\pi$ $\qquad\qquad$ (8.40)

das Maximum der Verlustleistungen

$$P_{VT1\,max} = U_B^2/(\pi^2 R_L) = P_{VT2\,max} \qquad\qquad (8.41)$$

gefunden werden.

Die von den beiden Versorgungsgleichspannungsquellen *B1* und *B2* gelieferte Leistung P_{zu} ergibt sich aus der Summe der abgegebenen Leistung P_{ab} nach Gl. (8.30) und den Verlustleistungen P_{VT1} nach Gl. (8.35) und P_{VT2} nach Gl. (8.36)

$$\begin{aligned}
P_{zu} &= P_{ab} + P_{VT1} + P_{VT2} \\
&= \frac{\hat{u}_L^2}{2 R_L} + \frac{\hat{u}_L}{R_L}\left(\frac{U_{B1}}{\pi} - \frac{\hat{u}_L}{4}\right) + \frac{\hat{u}_L}{R_L}\left(\frac{-U_{B2}}{\pi} - \frac{\hat{u}_L}{4}\right) \\
&= u_L(U_{B1} - U_{B2})/(\pi R_L)
\end{aligned} \qquad (8.42)$$

Wird für die Versorgungsgleichspannungen Gl. (8.26) vorausgesetzt, so ergibt sich für die Leistung P_{zu} nach Gl. (8.42)

$$P_{zu} = 2 \hat{u}_L U_B/(\pi R_L) \qquad\qquad (8.43)$$

Bei dem maximalen Scheitelwert $\hat{u}_{L\,max}$ der Ausgangsspannung nach Gl. (8.37) ist die zugeführte Leistung

$$P_{zu} = 2 U_B^2/(\pi R_L) \qquad\qquad (8.44)$$

Der Wirkungsgrad η dieser komplementären Gegentaktstufe im *B*-Betrieb nach Bild **8.**9 läßt sich mit Gl. (8.30) und Gl. (8.43)

$$\eta = \frac{P_{ab}}{P_{zu}} = \frac{\pi}{4} \cdot \frac{\hat{u}_L}{U_B} \qquad\qquad (8.45)$$

angeben. Der erreichbare Wirkungsgrad bei der Grenzaussteuerung nach Gl. (8.37) ist somit

$$\eta_{max} = \pi/4 = 0{,}785 = 78{,}5\,\% \qquad\qquad (8.46)$$

Beispiel 8.4. Die komplementäre Gegentakt-Leistungsstufe im *B*-Betrieb von Bild **8.**9 wird mit den Versorgungsgleichspannungen $U_{B1} = -U_{B2} = U_B = 15$ V betrieben. Für den größtmöglichen Scheitelwert $\hat{u}_L$ der Ausgangsspannung sind die an den Lastwiderstand $R_L = 10\ \Omega$ abgegebene Leistung P_{ab} und die in den beiden Transistoren auftretenden Verlustleistungen P_{VT1} und P_{VT2} zu ermitteln. Mit diesen errechneten Leistungen ist der Wirkungsgrad η anzugeben.

Die an den Lastwiderstand R_L abgegebene Signalleistung P_{ab} ergibt sich mit Gl. (8.38) zu

$$P_{ab} = U_B^2/(2 R_L) = (15\text{ V})^2/(2\cdot 10\ \Omega) = 11{,}25\text{ W}$$

Bei diesem Betrieb folgen die an die Transistoren T_1 und T_2 abgegebenen Verlustleistungen mit Gl. (8.39) zu

$$P_{\mathrm{VT1}} = P_{\mathrm{VT2}} = 0{,}0683\ U_\mathrm{B}^2/R_\mathrm{L} = 0{,}0683\ (15\ \mathrm{V})^2/(10\ \Omega) = 1{,}537\ \mathrm{W}$$

Der Wirkungsgrad η ist dann

$$\eta = P_{\mathrm{ab}}/P_{\mathrm{zu}} = P_{\mathrm{ab}}/(P_{\mathrm{ab}} + P_{\mathrm{VT1}} + P_{\mathrm{VT2}})$$
$$= 11{,}25\ \mathrm{W}/(11{,}25\ \mathrm{W} + 1{,}537\ \mathrm{W} + 1{,}537\ \mathrm{W}) = 0{,}785 = 78{,}5\,\%$$

Dieses Ergebnis entspricht $\pi/4$.

8.3.2 Zusätzliche Schaltungsmaßnahmen bei Gegentakt-Leistungsstufen (*AB*-Betrieb)

Bei der Gegentakt-*B*-Stufe (Bild **8**.9) werden bedingt durch den *B*-Betrieb bei der Eingangsspannung $u_1 = 0$ auch die Kollektorströme $i_{\mathrm{C1}} = i_{\mathrm{C2}} = 0$ sein. Somit kann auch kein Strom durch den Lastwiderstand R_L fließen, so daß die Ausgangsspannung u_L ebenfalls Null ist. Das Verhalten der Schaltung im Bereich der Eingangsspannung $u_1 = 0$ ist besonders im Hinblick auf das Verzerrungsverhalten der Stufe zu betrachten.

Das bislang (s. Abschn. 8.3.1) angenommene stark vereinfachte Kennlinienfeld des Bipolartransistors ist besonders in der Nähe der Eingangsspannung $u_1 = 0$ nicht mehr brauchbar. In Bild **8**.10 ist dies anhand der Übertragungskennlinie der Gegentakt-*B*-Stufe nach Bild **8**.9 bei großer Leistungsabgabe an den Lastwiderstand R_L deutlich erkennbar. Da die Übertragungskennlinie nichtlinear

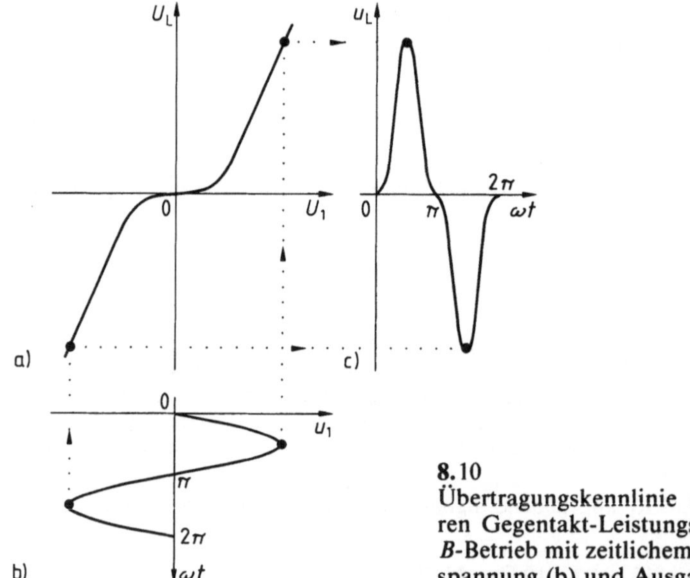

8.10
Übertragungskennlinie (a) der komplementären Gegentakt-Leistungsstufe von Bild **8**.9 im *B*-Betrieb mit zeitlichem Verlauf von Eingangsspannung (b) und Ausgangsspannung (c)

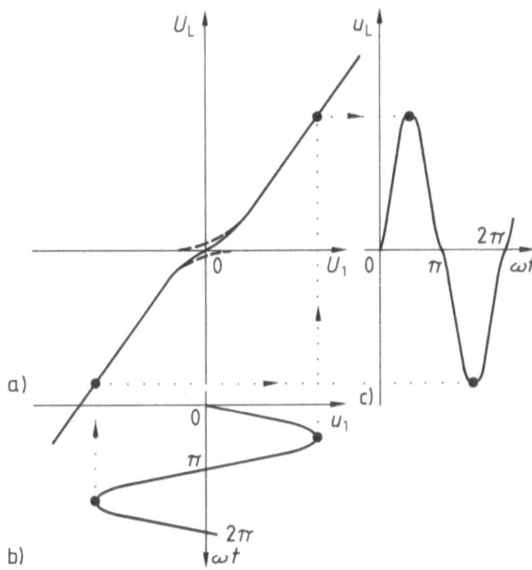

8.11
Übertragungskennlinie (a) einer komplementären Gegentakt-Leistungsstufe im AB-Betrieb mit zeitlichem Verlauf von Eingangsspannung (b) und Ausgangsspannung (c)

ist, ist bei sinusförmiger Eingangsspannung u_1 die Ausgangsspannung u_L nicht mehr sinusförmig. Es treten Verzerrungen auf, die mit **Übernahmeverzerrungen** bezeichnet werden.

Übernahmeverzerrungen lassen sich erheblich verringern, wenn beide Transistoren bei der Eingangsspannung $u_1 = 0$ einen kleinen Strom, auch Ruhestrom genannt, führen. Die **resultierende Übertragungskennlinie** nach Bild **8**.11 zeigt dann einen begradigten Verlauf, was auch an der Kurvenform der Ausgangsspannung u_L erkennbar ist. Diese Arbeitsweise der Schaltung heißt AB-**Betrieb** (s. Abschn. 8.1.2).

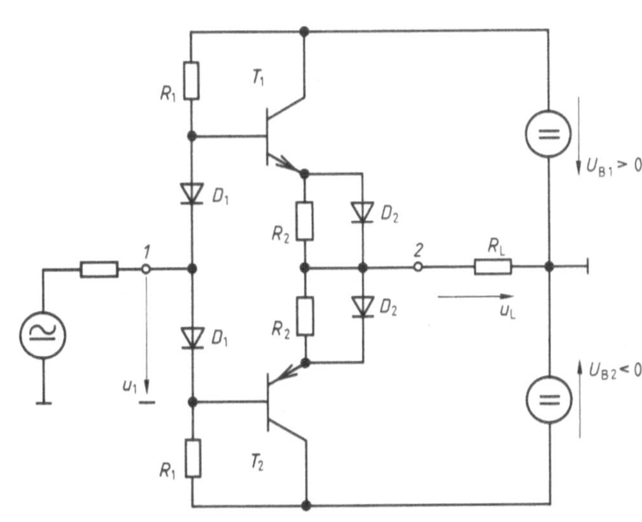

8.12
Komplementäre Gegentakt-Leistungsstufe im AB-Betrieb mit Ruhestromeinstellung (Dioden D_1 und Widerstände R_1) sowie Schutzschaltung (Dioden D_2 und Widerstände R_2)
1 Eingang, *2* Ausgang

Die Ruheströme der beiden Transistoren werden über die Dioden D_1 und die Vorwiderstände R_1 eingestellt (Bild **8**.12). Die zusätzlich eingebrachten Widerstände R_2 bewirken durch Gegenkopplung (s. Abschn. 4) eine Temperaturstabilisierung der Schaltung. Zur Begrenzung der Verlustleistungen in den Widerständen R_2 sind die Dioden D_2 parallel zu diesen Widerständen gelegt. Bei niederohmigen Lastwiderständen R_L werden die Dioden D_2 leitend, wobei die Spannungen über den Widerständen R_2 auf etwa 0,6 V begrenzt werden.

Zunehmend werden auch Leistungsstufen nicht mehr aus einzelnen Bauteilen erstellt; vielmehr stehen im Frequenzbereich unterhalb von 50 kHz integrierte Leistungsstufen bis etwa 100 W abgebbarer Leistung zur Verfügung. Solche Gegentaktstufen enthalten Bipolartransistoren in Darlington-Schaltung (s. Abschn. 5.1).

9 Oszillatoren

Als Oszillatoren werden Verstärker bezeichnet, die durch Rückkopplung
(s. Abschn. 4) zur gezielten Schwingungsanfachung veranlaßt werden. Neben
Kippschwingungen (s. Band XIII), die hier nicht behandelt werden, sind sinusförmige Schwingungen in der Nachrichtentechnik von großer Bedeutung. Oszillatoren mit sinusförmiger Ausgangsgröße nennt man harmonische oder lineare Oszillatoren. Wichtige Forderungen an die Ausgangsgröße sind Frequenzkonstanz, Amplitudenkonstanz und Spektralreinheit. Da das Ausgangssignal durch Frequenz und Amplitude bestimmt ist, besteht ein Oszillator aus einer frequenzbestimmenden Funktionseinheit, einem Verstärker, der die stets
auftretenden Verluste ausgleicht und einer amplitudenbestimmenden Funktionseinheit. Letztere kann entfallen, wenn der Verstärker selbst eine amplitu-
denbegrenzende Charakteristik, also ein nichtlineares Verhalten, aufweist.

9.1 Rückgekoppelter Verstärker als Oszillatormodell

Ein rückgekoppelter Verstärker kann als Oszillatormodell dienen. In Bild **9.**1
ist ein solches System dargestellt, wobei der Verstärker die komplexe Verstärkung $\underline{V}$ und die Rückkopplung den komplexen Rückkopplungsfaktor $\underline{k}$ hat.

Diese Schaltung ist schwingungsfähig, wenn Verstärker oder Rückkopplung
ein frequenzbestimmendes Glied, beispielsweise einen LC-Schwingkreis, enthalten. Zur Schwingungsanfachung muß der Verstärker mitgekoppelt (s. Ab-

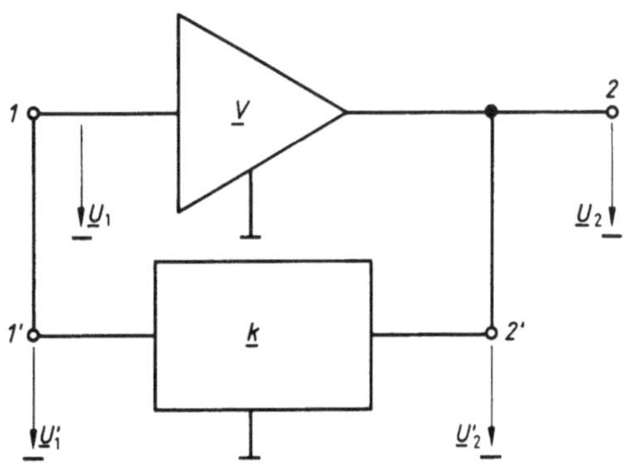

9.1
Rückgekoppelter Spannungsverstärker als Oszillatormodell mit
komplexer Verstärkung $\underline{V}$ und komplexem Rückkopplungsfaktor $\underline{k}$
1 Eingang, *2* Ausgang des Verstärkers, *2'* Eingang, *1'* Ausgang der
Rückkopplung

schn. 4) sein, denn hierdurch werden die im System stets auftretenden Verluste ausgeglichen. Die Schwingungsfähigkeit der Schaltung läßt sich mit der komplexen Ringverstärkung (s. Abschn. 4)

$$\underline{V}_R = \underline{U}_1' / \underline{U}_1 = \underline{k}\,\underline{V} \tag{9.1}$$

diskutieren. Sie ergibt sich, wenn in Bild **9.**1 die Klemmen *1 − 1'* aufgetrennt werden. Dabei sind die komplexe Verstärkung

$$\underline{V} = \underline{U}_2 / \underline{U}_1 \tag{9.2}$$

und die komplexe Ringverstärkung

$$\underline{k} = \underline{U}_1' / \underline{U}_2' = \underline{U}_1' / \underline{U}_2 \tag{9.3}$$

zu berücksichtigen. Schwingungsfähig ist die Schaltung, wenn für die Ringverstärkung $\underline{V}_R \geq 1$ erfüllt ist.

Mit dieser Bedingung ist nur ausgesagt, daß eine Schwingung möglich ist. Bei gegebener Ersatzschaltung des Verstärkers einschließlich Rückkopplung ist auch mit der Kleinsignaltheorie bei Vorgabe der Ringverstärkung $\underline{V}_R = 1$ die Schwingfrequenz f_{sch} ermittelbar.

Um eine stabile Amplitude erreichen zu können, muß die Verstärkung mit größer werdender Amplitude verringert werden. Eine stationäre Schwingung tritt auf, wenn die Verstärkung gerade die Dämpfung der Anordnung bei der Schwingfrequenz aufhebt. Es kann eine Stabilisierung oder eine Regelung der Amplitude angewandt werden. In diesem Abschnitt wird nur auf die Amplitudenstabilisierung eingegangen.

Die Amplitude kann durch eine nichtlineare Übertragungskennlinie $\hat{u}_2 = \mathrm{f}(\hat{u}_1)$ des Verstärkers stabilisiert werden. Die Verstärkung, die aus dieser Übertragungskennlinie resultiert, ist aussteuerungsabhängig und zeigt Sättigungsverhalten. Solche Übertragungskennlinien werden auch Schwingkennlinien genannt, da aus ihnen zusammen mit der Rückkopplungskennlinie $\hat{u}_1' = \mathrm{f}(\hat{u}_2')$ die zu erwartenden Amplituden $\hat{u}_1$ und $\hat{u}_2$ abgeschätzt werden können. Bei geschlossenem Signalring (s. Abschn. 4.1) des Oszillators nach Bild **9.**1 gilt für die Spannungen

$$\underline{U}_1 = \underline{U}_1' \quad \text{bzw.} \quad \hat{u}_1 = \hat{u}_1' \tag{9.4}$$

und

$$\underline{U}_2 = \underline{U}_2' \quad \text{bzw.} \quad \hat{u}_2 = \hat{u}_2' \tag{9.5}$$

In Bild **9.**2 sind Schwingkennlinien $\hat{u}_2 = \mathrm{f}(\hat{u}_1)$, die nur für die Schwingfrequenz f_{sch} Gültigkeit haben, qualitativ dargestellt. Hierbei sind P_1 und P_2 verschiedene Arbeitspunkte des Verstärkers. Kleinsignalaussteuerung liegt in der Nähe des Nullpunkts vor. Bei größer werdender Spannung $\hat{u}_1$ ändert sich die Verstärkung; sie wird kleiner. Wird nun die Rückkopplungskennlinie $\hat{u}_1' = \mathrm{f}(\hat{u}_2')$ für den geschlossenen Signalring unter Berücksichtigung von Gl. (9.4) und Gl. (9.5) mit $\hat{u}_1 = \mathrm{f}(\hat{u}_2')$ als Gerade angenommen und in Bild **9.**2 eingesetzt, so sind die

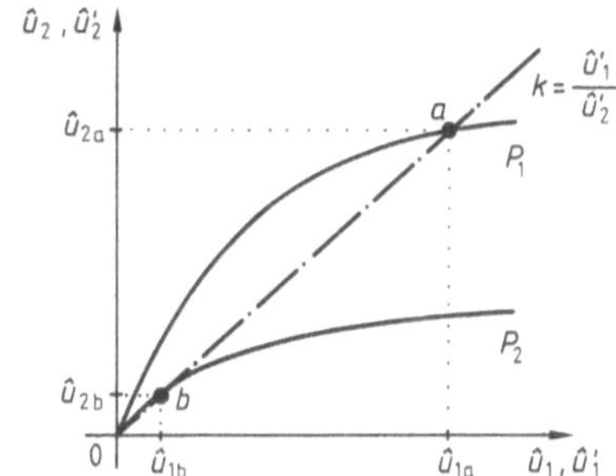

9.2
Schwingkennlinien $\hat{u}_2 = f(\hat{u}_1)$ für die Schwingfrequenz f_{sch} mit den Arbeitspunkt-Parametern P_1 und P_2 des Oszillators von Bild **9.**1 mit Rückkopplungsgerade k
a, b Schnittpunkte stabiler Amplituden

Amplituden $\hat{u}_1$ und $\hat{u}_2$ des Oszillators bestimmbar. Beim Arbeitspunkt P_1 ergibt sich der Schnittpunkt a und beim Arbeitspunkt P_2 der Schnittpunkt b. Im Prinzip liegt die graphische Lösung von zwei Gleichungen mit zwei Unbekannten vor. Die beiden Gleichungen sind durch die Schwingkennlinie und durch die Rückkopplungskennlinie ersetzt, während im Arbeitspunkt P_1 die beiden Unbekannten, die Amplituden $\hat{u}_{1a}$ und $\hat{u}_{2a}$, vorliegen.

Schwing- und Rückkopplungskennlinien können sowohl analytisch als auch experimentell bestimmt werden. Wegen der im Oszillatorbetrieb vorliegenden Großsignalaussteuerung ist in den meisten Fällen eine Berechnung der Schwingkennlinien sehr schwierig. Zur experimentellen Bestimmung ist die Schaltung in Bild **9.**1 an zwei Stellen, etwa an den Klemmen $1-1'$ und $2-2'$, aufzutrennen. Die beiden Schaltungsteile können dann für sich unter Betriebsbedingungen durchgemessen werden. Betriebsbedingungen sind die Schwingfrequenz f_{sch}, der Arbeitspunkt und gegebenenfalls die Abschluß- und Lastwiderstände der Klemmen $1-1'$ und $2-2'$, die bei der Auftrennung nachgebildet werden müssen.

Nach Bild **9.**3 schwingt der Oszillator in Punkt a mit den Amplituden $\hat{u}_1$ und $\hat{u}_2$. Wird angenommen, daß sich die Amplitude $\hat{u}_1$ und $\hat{u}_{11}$ verändert, so liegt bezüglich der Amplitude kein stabiler Zustand vor. Da durch Schaltungszwang $\hat{u}_1 = \hat{u}_1'$ und $\hat{u}_2 = \hat{u}_2'$ ist, kann die Amplitude $\hat{u}_{11}$ nicht bestehen bleiben, sondern wandert in der in Bild **9.**3 angedeuteten Weise in den stabilen Punkt a zurück. Dies gilt analog auch für Amplituden, die größer als $\hat{u}_1$ sind.

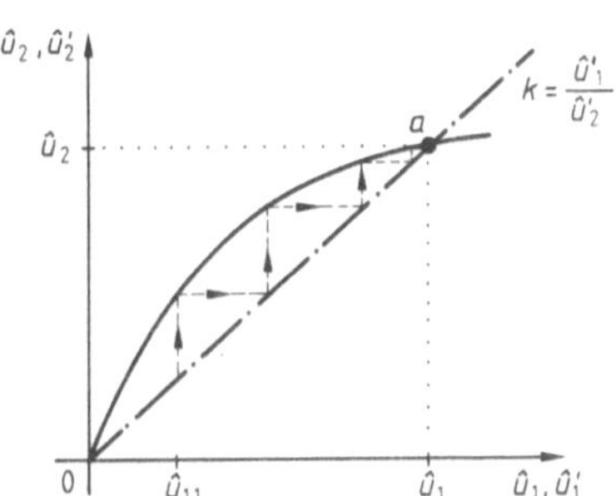

9.3
Schwingkennlinien nach Bild **9.**2 mit stabilem Punkt a und Weg (gestrichelt) der gestörten Amplitude $\hat{u}_{11}$ nach $\hat{u}_1$

Häufig schaltet man zur Amplitudenstabilisierung von Oszillatoren, d. h. zum Erreichen der Sättigung der Schwingkennlinien, einen gleichstrommäßig wirkenden Emitter- oder Sourcewiderstand nach Bild **9.4** hinzu. Durch diesen Widerstand wird mit größer werdendem Emitter- oder Sourcestrom die Basis-Emitter- bzw. die Gate-Source-Spannung verkleinert, wodurch dann auch mit steigender Amplitude die Steilheit und damit die Spannungsverstärkung erniedrigt wird (s. Abschn. 4). Da diese Gegenkopplung mit größer werdendem Widerstand R wirksamer wird, kann statt des Widerstands mit Vorteil auch eine Konstantstromquelle eingesetzt werden.

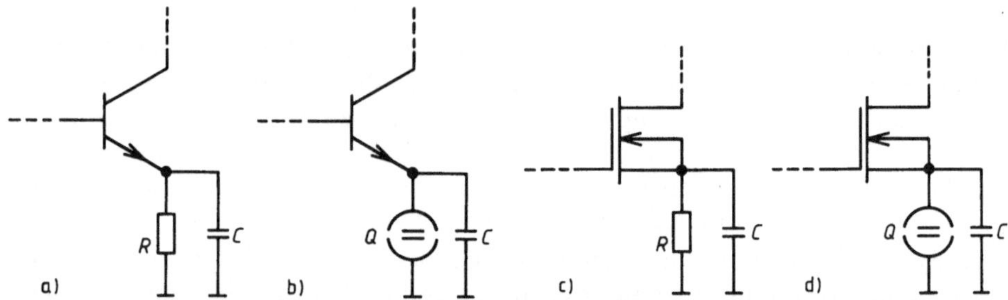

9.4 Gleichstrom-Gegenkopplung durch Widerstand R oder Stromquelle Q beim Emitterverstärker (a), (b) und beim Sourceverstärker (c), (d)

Ein zur Schwingungserzeugung eingesetzter Verstärker ist in Bild **9.5** dargestellt. Es ist ein Sourceverstärker mit Schwingkreislast, auch selektiver Verstärker genannt. Die Resonanzfrequenz f_ϱ des Parallelschwingkreises ist dann gleichzeitig die Schwingfrequenz f_sch, wenn dieser in einem Oszillator mit frequenzunabhängiger Rückkopplung eingesetzt wird. Der Arbeitspunkt des selbstleitenden N-Kanal-Feldeffekttransistors mit isoliertem Gate wird bei Vorgabe des Stromes I über die beiden Versorgungsgleichspannungen U_{B1} und U_{B2} eingestellt, wobei die Konstantstromquelle Q die Sättigung der Schwingkennlinien bewirkt. Die Kondensatoren C_1, C_2 und C_3 sind Koppelkondensatoren und können bei der Schwingfrequenz als Kurzschlüsse für die Wechselströme angesehen werden. Der Widerstand R_V verhindert, daß die über den Kondensator C_1 eingekoppelte Wechselspannung u_1 durch die Versorgungsgleichspannungsquelle *B1* kurzgeschlossen wird.

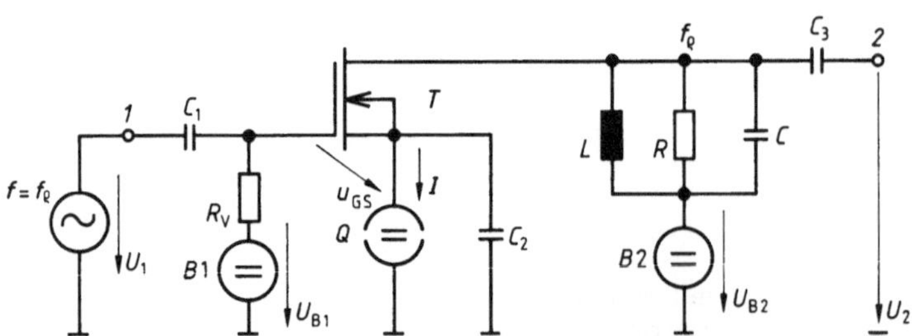

9.5 Sourceverstärker mit Schwingkreislast (selektiver Verstärker)

Die Schwingkennlinien $\hat{u}_2 = f(\hat{u}_1)$ dieses Verstärkers lassen sich experimentell ermitteln, wenn an den Eingang die Sinusspannung u_1 mit der Resonanzfrequenz f_ϱ des Parallelschwingkreises gelegt wird. In Bild **9.**6 sind experimentell ermittelte Schwingkennlinien dargestellt, wobei die Parameter P_1, P_2 und P_3 unterschiedliche Arbeitspunkteinstellungen sind, die bei der Eingangsspannung $u_1 = 0$ im A-Betrieb liegen. Mit größer werdenden Spannungen wird in Richtung B-Betrieb gesteuert. Die Stellen auf den Schwingkennlinien, bei denen gerade B-Betrieb ($U_{GS} = U_{th}$ nach Abschn. 8.1.2) vorliegt, sind gesondert markiert. Diese Schwingkennlinien lassen erkennen, daß bei ausreichender Sättigung mindestens AB-Betrieb vorliegt.

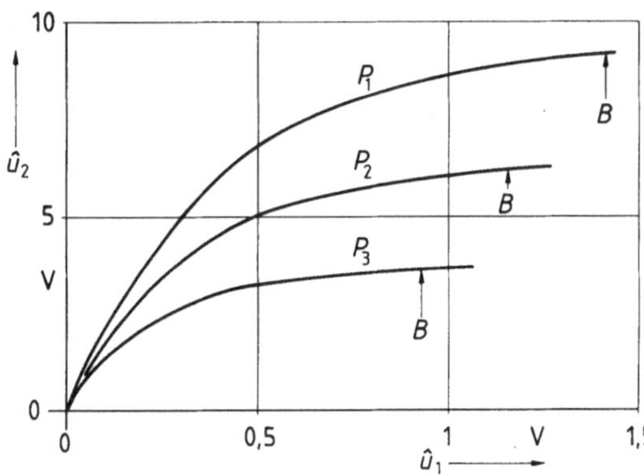

9.6
Experimentell ermittelte Schwingkennlinien $\hat{u}_2 = f(\hat{u}_1)$ des selektiven Sourceverstärkers von Bild **9.**5 bei Resonanz mit den Arbeitspunkt-Parametern P_1, P_2 und P_3 B-Betrieb ($U_{GS} = U_{th}$)

Beim Sperrschicht-Feldeffekttransistor ist eine andere einfache Amplitudenstabilisierung nach Bild **9.**7 möglich. Hierbei wird die Sinusspannung u über die Gate-Source-Diode gleichgerichtet und mit dem RC-Tiefpaß gefiltert. Mit größer werdender Amplitude der Gate-Source-Spannung wird die Gate-Source-Gleichspannung beim N-Kanal-Sperrschicht-Feldeffekttransistor kleiner. Dadurch verringern sich Steilheit und Spannungsverstärkung, d. h., es tritt Begrenzung auf (Audionstabilisierung). Eine Steilheitsreduzierung und damit die gewünschte Amplitudenstabilisierung kann auch erreicht werden, wenn ins Anlaufgebiet des Feldeffekttransistors hineingesteuert wird.

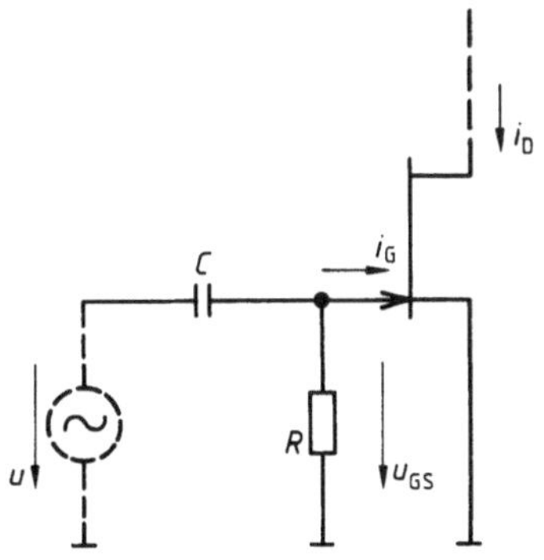

9.7
Audionstabilisierung beim Sperrschicht-Feldeffekttransistor

Beispiel 9.1. Die Schwingkennlinien nach Bild **9.**6 hat der Oszillator von Bild **9.**1. Wie groß ist der Rückkopplungsfaktor k zu wählen, wenn die Rückkopplungskennlinie eine Gerade ist und B-Betrieb mit dem Parameter P_1 eingestellt werden soll? Welche Oszillatoramplitude $\hat{u}_2$ stellt sich ein?

Von den Schwingkennlinien in Bild **9.**6 wird die Kennlinie mit dem Parameter P_1 herausgesucht, und es werden für B-Betrieb die Amplituden $\hat{u}_1 = 1{,}41$ V und $\hat{u}_2 = 9{,}17$ V abgelesen. Der Rückkopplungsfaktor beträgt dann

$$|k| = \hat{u}_1/\hat{u}_2 = 1{,}41 \text{ V}/(9{,}17 \text{ V}) = 0{,}154$$

Da den Schwingkennlinien nach Bild **9.**6 die Meßschaltung nach Bild **9.**5 zugrunde liegt, ist wegen der Spannungsverstärkung $V < 0$ des selektiven Sourceverstärkers der Rückkopplungsfaktor $k < 0$ schaltungstechnisch, beispielsweise mit einem Übertrager, zu realisieren.

9.2 Dreipunkt-Oszillator

In Bild **9.**8 ist die sinusstrommäßige Grundersatzschaltung des harmonischen Oszillators ohne Gleichstrombeschaltung dargestellt. Ihn nennt man wegen der drei Klemmen *1, 2* und Masse Dreipunkt-Oszillator. Der Verstärker ist in Bild **9.**8 allgemein dargestellt; die komplexen Leitwerte $\underline{Y}_1$, $\underline{Y}_2$ und $\underline{Y}_3$ können als Kondensatoren, Spulen oder Schwingkreise ausgeführt werden.

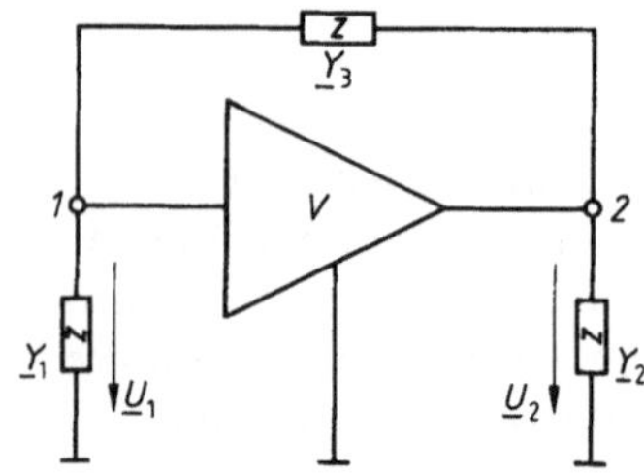

9.8
Sinusstrom-Prinzipschaltung des harmonischen Dreipunkt-Oszillators mit Verstärker V, Rückkopplungsleitwert $\underline{Y}_3$, Leitwert $\underline{Y}_1$ zwischen Eingang *1* und Masse und Leitwert $\underline{Y}_2$ zwischen Ausgang *2* und Masse

9.2.1 Grundschaltung

Der Dreipunkt-Oszillator nach Bild **9.**8 ist als Grundschaltung des harmonischen Oszillators anzusehen. Der in Bild **9.**9 dargestellte Dreipunkt-Oszillator mit einem Feldeffekttransistor soll untersucht werden. Es ist zu klären, wie die komplexen Leitwerte $\underline{Y}_1$, $\underline{Y}_2$ und $\underline{Y}_3$ beschaffen sein müssen, damit ein Oszillatorbetrieb möglich werden kann. Es gilt für den Sperrschicht-Feldeffekttransistor die Kleinsignalersatzschaltung mit der Steilheit S, dem differentiellen Kanalleitwert g_{ds} und den Kleinsignal-Interelektrodenkapazitäten C_{gs}, C_{gd} und C_{ds}. Die komplexen Leitwerte der Schaltung lassen sich zusammenfassen zu

$$\underline{Y}_\mathrm{I} = \underline{Y}_1 + \mathrm{j}\omega\, C_{gs} \tag{9.6}$$

$$\underline{Y}_\mathrm{II} = \underline{Y}_2 + g_{ds} + \mathrm{j}\omega\, C_{ds} \tag{9.7}$$

und $\quad \underline{Y}_\mathrm{III} = \underline{Y}_3 + \mathrm{j}\omega\, C_{gd} \tag{9.8}$

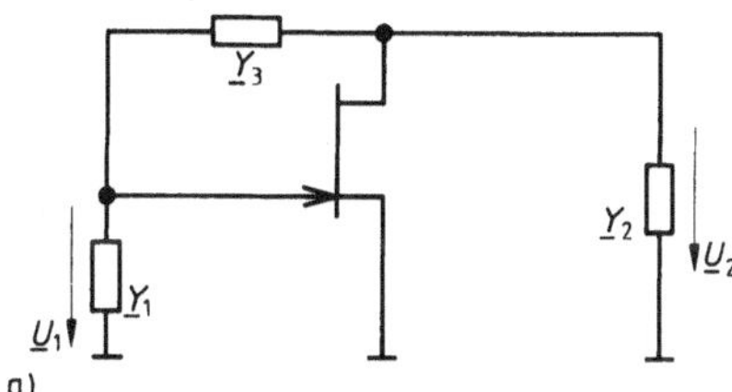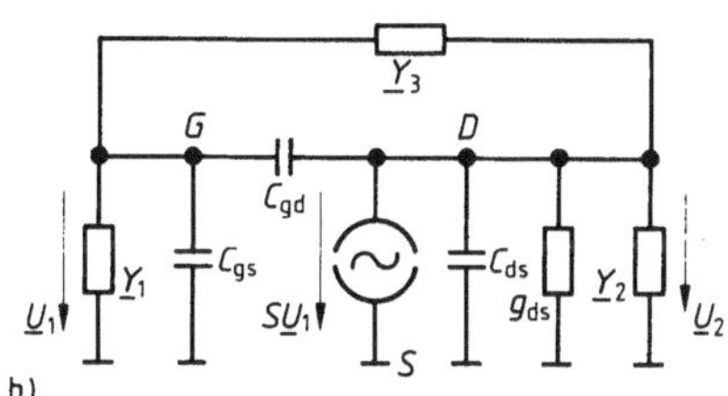

a)   b)

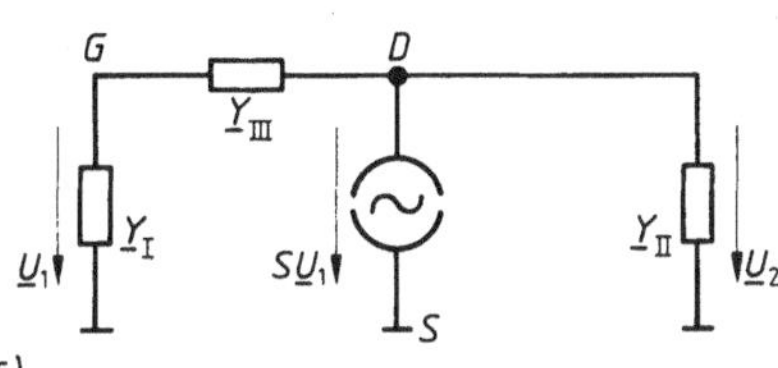

9.9
Sinusstrom-Grundschaltung des Drei-
punkt-Oszillators (a) mit N-Kanal-
Sperrschicht-Feldeffekttransistor und
Kleinsignal-Ersatzschaltung (b) mit re-
duzierter Ersatzschaltung (c)   c)

Mit ihnen ergibt sich die reduzierte Ersatzschaltung von Bild **9.9** c, mit der
übersichtlich gerechnet werden kann. Aus der Ringverstärkung $\underline{V}_R = 1$ lassen
sich dann Aussagen über die Leitwerte $\underline{Y}_I$, $\underline{Y}_{II}$ und $\underline{Y}_{III}$ machen.

Zur Bestimmung der komplexen Ringverstärkung $\underline{V}_R$ gemäß Gl. (9.1) wird der
Rückkopplungsfaktor $\underline{k}$ und die Spannungsverstärkung $\underline{V}$ von Bild **9.9** c analog
zu Bild **9.1** unter Berücksichtigung von Gl. (9.2) und Gl. (9.3) berechnet.

Aus dem Spannungsteiler, bestehend aus den Leitwerten $\underline{Y}_I$ und $\underline{Y}_{III}$, folgt der
komplexe Rückkopplungsfaktor

$$\underline{k} = \underline{U}_1' / \underline{U}_2' = \underline{Y}_{III} / (\underline{Y}_I + \underline{Y}_{III}) \tag{9.9}$$

Aus der Knotengleichung

$$S\,\underline{U}_1 + \underline{Y}_{II}\,\underline{U}_2 + \frac{\underline{Y}_I\,\underline{Y}_{III}}{\underline{Y}_I + \underline{Y}_{III}}\,\underline{U}_2 = 0 \tag{9.10}$$

des Punktes D erhält man die komplexe Spannungsverstärkung

$$\underline{V} = \frac{\underline{U}_2}{\underline{U}_1} = \frac{-S}{\underline{Y}_{II} + [\underline{Y}_I\,\underline{Y}_{III} / (\underline{Y}_I + \underline{Y}_{III})]} \tag{9.11}$$

Daraus findet man die komplexe Ringverstärkung

$$\underline{V}_R = \underline{k}\,\underline{V} = \frac{-S}{\underline{Y}_I + \underline{Y}_{II} + (\underline{Y}_I\,\underline{Y}_{II} / \underline{Y}_{III})} = 1 \tag{9.12}$$

Da die komplexen Leitwerte $\underline{Y}_1$ bis $\underline{Y}_3$ nur Elemente wie Kondensatoren, Spulen oder Schwingkreise sind, gilt in Gl. (9.12) für den Realteil

$$\mathrm{Re}\{\underline{Y}_I + \underline{Y}_{II}\} > 0 \tag{9.13}$$

Gl. (9.12) kann aber nur erfüllt sein, wenn

$$\mathrm{Re}\{\underline{Y}_\mathrm{I}\underline{Y}_\mathrm{II}/\underline{Y}_\mathrm{III}\} = {} < 0 \tag{9.14}$$

eingehalten wird. Nur unter dieser Bedingung ist ein stationärer Schwingbetrieb möglich.

Zwei Beschaltungsarten können Gl. (9.14) befriedigen:

a) Mit den komplexen Leitwerten $\underline{Y}_1$ und $\underline{Y}_2$ als Kondensatoren sowie dem komplexen Leitwert $\underline{Y}_3$ als Spule ist die als Colpitts-Oszillator bezeichnete Dreipunkt-Schaltung realisierbar.

b) Mit den komplexen Leitwerten $\underline{Y}_1$ und $\underline{Y}_2$ als Spulen sowie dem komplexen Leitwert $\underline{Y}_3$ als Kondensator entsteht der Hartley-Oszillator.

Für die Schaltung nach Bild **9**.9 sollen nun für diese beiden Dreipunkt-Oszillator-Grundschaltungen die Schwingfrequenz f_sch und die minimale Steilheit S_min berechnet werden, bei der der Oszillatorbetrieb gerade möglich ist. Schwingfrequenz f_sch und Steilheit S_min werden mit Gl. (9.12) ermittelt. Aus dem Imaginärteil folgt die Schwingfrequenz und aus dem Realteil die Steilheit.

9.2.2 Colpitts-Oszillator

Beim Colpitts-Oszillator nach Bild **9**.10 liegt die Beschaltungsart a) von Abschn. 9.2.1 mit den komplexen Leitwerten

$$\underline{Y}_\mathrm{I} = \mathrm{j}\omega(C_1 + C_\mathrm{gs}) \tag{9.15}$$

$$\underline{Y}_\mathrm{II} = g_\mathrm{ds} + \mathrm{j}\omega(C_2 + C_\mathrm{ds}) \tag{9.16}$$

und $\quad \underline{Y}_\mathrm{III} = \dfrac{1 - \omega^2 L_3 C_\mathrm{gd}}{\mathrm{j}\omega L_3} \tag{9.17}$

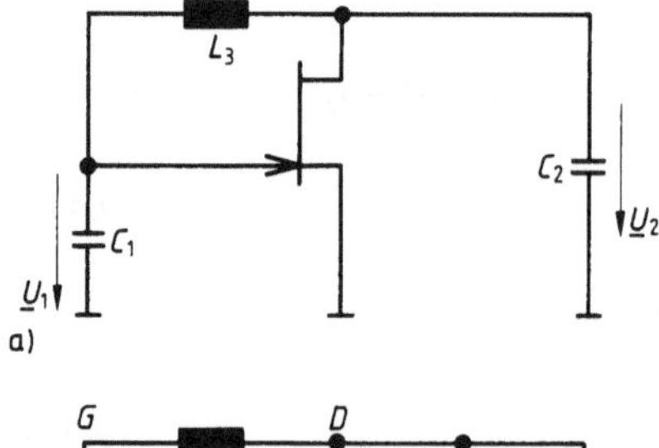

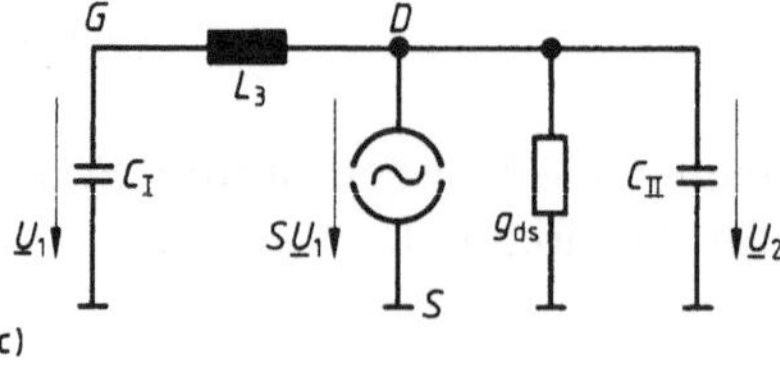

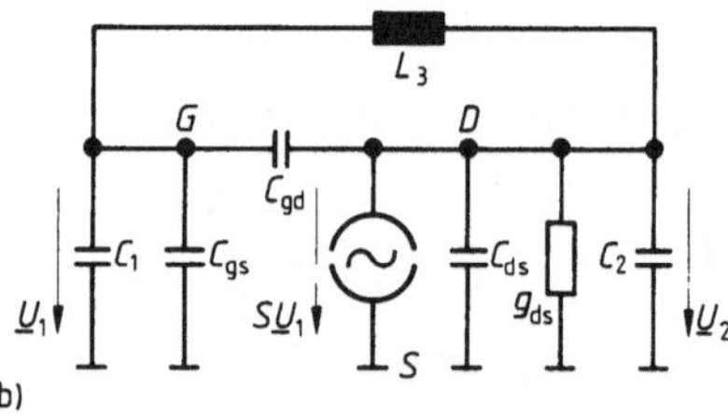

9.10
Sinusstrom-Ersatzschaltung des Colpitts-Oszillators (a) mit N-Kanal-Sperrschicht-Feldeffekttransistor und Kleinsignal-Ersatzschaltung (b) mit reduzierter Ersatzschaltung (c)

vor. Hierbei kann man die Ersatzkapazitäten

$$C_I = C_1 + C_{gs} \tag{9.18}$$

und

$$C_{II} = C_2 + C_{ds} \tag{9.19}$$

einführen, so daß für Gl. (9.15) und Gl. (9.16) vereinfachend

$$\underline{Y}_I = j\omega\, C_I \tag{9.20}$$

und

$$\underline{Y}_{II} = g_{ds} + j\omega\, C_{II} \tag{9.21}$$

geschrieben werden kann. Wird in Gl. (9.17) für die Induktivität $L_3 \ll 1/(\omega^2 C_{gd})$ angenommen, ergibt sich angenähert der komplexe Leitwert

$$\underline{Y}_{III} \approx 1/(j\omega\, L_3) \tag{9.22}$$

Zunächst sollen die Voraussetzungen nach Gl. (9.13) und Gl. (9.14) für den Schwingbetrieb des Colpitts-Oszillators überprüft werden. Bei diesem Oszillator ist

$$\mathrm{Re}\{\underline{Y}_I + \underline{Y}_{II}\} = g_{ds} > 0$$

und

$$\mathrm{Re}\{\underline{Y}_I \underline{Y}_{II} / \underline{Y}_{III}\} = -\omega^2 L_3 C_I g_{ds} < 0$$

nach der Voraussetzung erfüllt.

Zur Berechnung der Schwingfrequenz f_{sch} und der Steilheit S_{min} wird von Gl. (9.12), Gl. (9.20) bis Gl. (9.22) ausgegangen. Daraus folgt die Beziehung

$$-S = g_{ds}(1 - \omega^2 L_3 C_I) + j\omega\,(C_I + C_{II} - \omega^2 L_3 C_I C_{II}) \tag{9.23}$$

Durch Nullsetzen des Imaginärteils findet man die Schwingfrequenz

$$f_{sch} = \frac{1}{2\pi}\sqrt{\frac{C_I + C_{II}}{C_I C_{II}}\,\frac{1}{L_3}} \tag{9.24}$$

Daher ist die Schwingfrequenz f_{sch} des Colpitts-Oszillators gleich der Resonanzfrequenz des Parallelschwingkreises, der aus der Induktivität L_3 und den beiden in Reihe geschalteten Kapazitäten C_I und C_{II} besteht.

Der Realteil von Gl. (9.23) führt zur minimalen Steilheit

$$S_{min} = g_{ds}(\omega_{sch}^2 L_3 C_I - 1) = g_{ds}\,\frac{C_I}{C_{II}} \tag{9.25}$$

Sie gewährleistet den stationären Betrieb des Colpitts-Oszillators und ist bei den getroffenen Annahmen nur abhängig vom differentiellen Kanalleitwert g_{ds} des Feldeffekttransistors und dem Verhältnis der Kapazitäten C_I und C_{II}.

Beispiel 9.2. Ein Colpitts-Oszillator hat die Kleinsignal-Ersatzschaltung von Bild **9**.10. Im Schwingbetrieb hat der Feldeffekttransistor die Steilheit $S = 8$ mS und den Kanalleitwert $g_{ds} = 20$ µS. Die Elemente C_1, C_2 und L_3 sind ideal, wobei die kapazitiven Einflüsse des Feldeffekttransistors vernachlässigt bleiben können. Wie groß sind die Elemente C_2 und L_3 zu wählen, wenn sich bei der Kapazität $C_1 = 40$ nF die Schwingfrequenz $f_{sch} = 10$ MHz einstellen soll?

Nach Gl. (9.25) beträgt die Kapazität

$$C_2 = g_{ds} C_1 / S = 20 \text{ µS} \cdot 40 \text{ nF}/(8 \text{ mS}) = 100 \text{ pF}$$

Mit Gl. (9.25) ergibt sich die Induktivität

$$L_3 = \frac{C_1 + C_2}{(2\pi f_{sch})^2 C_1 C_2} = \frac{40 \text{ nF} + 100 \text{ pF}}{(2\pi \cdot 10^7/\text{s})^2 \, 40 \text{ nF} \cdot 100 \text{ pF}} = 2{,}54 \text{ µH}$$

9.2.3 Hartley-Oszillator

Beim Hartley-Oszillator nach Bild **9**.11 liegt die Beschaltung b) von Abschn. 9.2.1 mit den komplexen Leitwerten

$$\underline{Y}_{\text{I}} = \frac{1 - \omega^2 L_1 C_{gs}}{j\omega L_1} \tag{9.26}$$

$$\underline{Y}_{\text{II}} = g_{ds} + \frac{1 - \omega^2 L_2 C_{ds}}{j\omega L_2} \tag{9.27}$$

und $\quad \underline{Y}_{\text{III}} = j\omega(C_3 + C_{gd}) \tag{9.28}$

vor. Diese Leitwerte lassen sich noch vereinfachen. In (Gl. (9.26) kann unter der Voraussetzung $L_1 \ll 1/(\omega^2 C_{gs})$ die Gate-Source-Kapazität vernachlässigt bleiben, wodurch für den komplexen Leitwert

$$\underline{Y}_{\text{I}} \approx 1/(j\omega L_1) \tag{9.29}$$

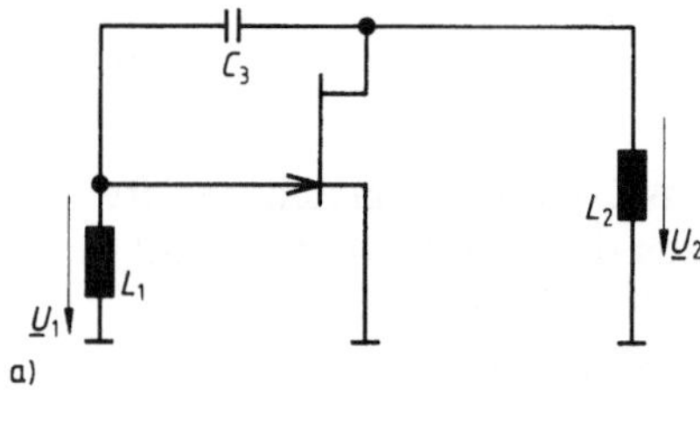

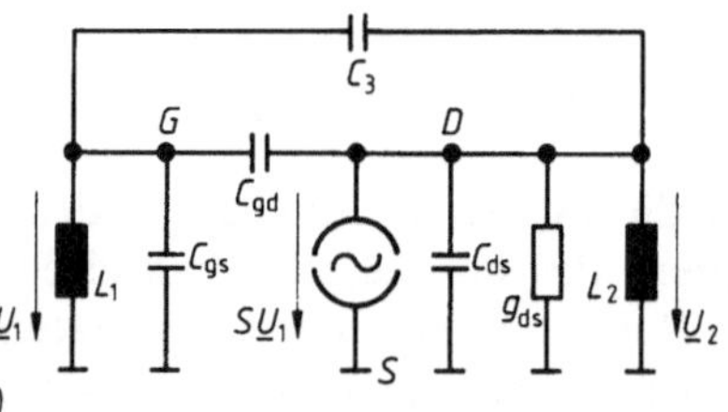

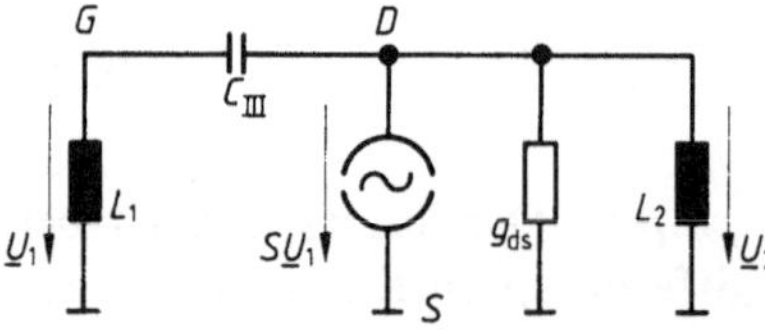

9.11
Sinusstrom-Ersatzschaltung des Hartley-Oszillators (a) mit N-Kanal-Sperrschicht-Feldeffekttransistor und Kleinsignal-Ersatzschaltung (b) mit reduzierter Ersatzschaltung (c)

angegeben werden kann. Entsprechend kann in Gl. (9.27) mit der Wahl der Induktivität $L_2 \ll 1/(\omega^2 C_{ds})$ die Drain-Source-Kapazität vernachlässigt bleiben. Damit gilt anstelle von Gl. (9.27)

$$\underline{Y}_{II} \approx g_{ds} + 1/(j\omega L_2) \tag{9.30}$$

Beim komplexen Leitwert $\underline{Y}_{III}$ nach Gl. (9.28) lassen sich die Kapazitäten C_3 und C_{gd} zur Kapazität

$$C_{III} = C_3 + C_{gd} \tag{9.31}$$

zusammenfassen. Für Gl. (9.28) kann dann vereinfachend

$$\underline{Y}_{III} = j\omega C_{III} \tag{9.32}$$

geschrieben werden.

Mit Gl. (9.13) und Gl. (9.14) soll überprüft werden, ob dieser Oszillator nach Abschn. 9.2.1 schwingungsfähig ist. Es folgt

$$\mathrm{Re}\{\underline{Y}_I + \underline{Y}_{II}\} = g_{ds} > 0$$

und

$$\mathrm{Re}\{\underline{Y}_I \underline{Y}_{II}/\underline{Y}_{III}\} = -g_{ds}/(\omega^2 L_1 C_{III}) < 0$$

Somit sind die Voraussetzungen erfüllt.

Die Schwingfrequenz f_{sch} und die Steilheit S_{min} werden mit der Ringverstärkung Gl. (9.12) berechnet. Werden die Leitwerte des Oszillators von Gl. (9.29), Gl. (9.30) und Gl. (9.32) benutzt, so folgt für die Steilheit

$$-S = g_{ds}\left(1 - \frac{1}{\omega^2 L_1 C_{III}}\right) - \frac{j}{\omega}\left(\frac{1}{L_1} + \frac{1}{L_2} - \frac{1}{\omega^2 L_1 L_2 C_{III}}\right) \tag{9.33}$$

Durch Nullsetzen des Imaginärteils findet man die Schwingfrequenz

$$f_{sch} = \frac{1}{2\pi\sqrt{(L_1 + L_2)C_{III}}} \tag{9.34}$$

Die Schwingfrequenz des Hartley-Oszillators ist gleich der Resonanzfrequenz des Parallelschwingkreises, der aus der Kapazität C_{III} und der Reihenschaltung der Induktivitäten L_1 und L_2 besteht.

Aus dem Realteil von Gl. (9.33) ergibt sich die minimale Steilheit

$$S_{min} = g_{ds}\frac{L_2}{L_1} \tag{9.35}$$

Die minimale Steilheit S_{min}, die für den Betrieb des Hartley-Oszillators notwendig ist, hängt vom differentiellen Kanalleitwert g_{ds} des Feldeffekttransistors und vom Verhältnis der Induktivitäten L_2 und L_1 ab.

Beispiel 9.3. Ein Hartley-Oszillator mit der Kleinsignal-Ersatzschaltung von Bild **9.**11 schwingt mit der Frequenz $f_{sch} = 1\,\mathrm{MHz}$. Die Elemente L_1, L_2 und C_3 können als ideal angesehen werden. Der Feldeffekttransistor hat im Schwingbetrieb die Steilheit $S = 5$ mS und den Kanalleitwert $g_{ds} = 10$ µS. Für die Kapazität $C_3 = 100$ pF sind die Induktivitäten L_1 und L_3 zu berechnen, wobei kapazitive Einflüsse des Feldeffekttransistors vernachlässigt bleiben können.

Mit Gl. (9.34) und Gl. (9.35) ergeben sich durch Einsetzen die Induktivitäten

$$L_1 = \frac{1}{[1 + (S/g_{ds})]\, C_3 (2\pi f_{sch})^2} = \frac{1}{[1 + 5\ \mathrm{mS}/(10\ \mu\mathrm{S})]\, 100\ \mathrm{pF}\,(2\pi \cdot 1\ \mathrm{MHz})^2} = 506\ \mathrm{nH}$$

und

$$L_2 = S L_1 / g_{ds} = 5\ \mathrm{mS} \cdot 506\ \mathrm{nH}/(10\ \mu\mathrm{S}) = 253\ \mu\mathrm{H}$$

9.3 Dreipunkt-Oszillator-Schaltungen

Die in Abschn. 9.2 dargestellten Oszillatoren werden dort nur sinusstrommäßig behandelt. Ein realer Oszillator benötigt aber noch die Versorgungsgleichspannung und die Amplitudenstabilisierung.

9.3.1 Colpitts-Oszillator

In Bild **9.**12 a ist dargestellt, wie die Gesamtschaltung eines Colpitts-Oszillators aussehen kann. Der Oszillator wird mit der Gleichspannung $U_B > 0$ versorgt. Der Sourcewiderstand R_S dient zur Arbeitspunkteinstellung (s. Abschn. 2.4.3.3) und zur Amplitudenstabilisierung (s. Abschn. 9.1). Die Induktivität L_S ist im Schwingbetrieb eine Sperre für den Wechselstrom. Der Bulkanschluß des Feldeffekttransistors liegt hier nicht auf Source, sondern auf Masse. Dadurch wird eine Bulksteuerung (s. Band III, Teil 2) erreicht, die verzerrungsmindernd wirken kann.

Die Sinusstrom-Ersatzschaltung in Bild **9.**12 b zeigt, daß in der Tat der Colpitts-Oszillator nach Abschn. 9.2.2 vorliegt. Typisch bei dieser Schaltung ist nur die Verbindung der Induktivität L_3, der Kapazität C_2 und des Drainanschlusses über die Versorgungsgleichspannung mit Masse.

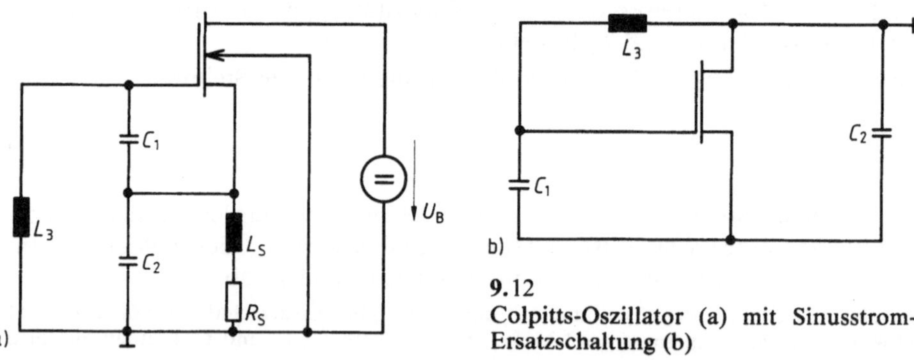

9.12
Colpitts-Oszillator (a) mit Sinusstrom-Ersatzschaltung (b)

9.3.2 Hartley-Oszillator

Der Hartley-Oszillator von Bild **9**.13 a mit dem selbstleitenden N-Kanal-MOS-Feldeffekttransistor liegt an der Versorgungsgleichspannung $U_B > 0$. Der Parallel-Schwingkreis, bestehend aus der Kapazität C_3 und der Reihenschaltung der beiden Induktivitäten L_1 und L_2, liegt zwischen Gate und Masse. Nach der Sinusstrom-Ersatzschaltung in Bild **9**.13 b stellt der Kondensator C_3 die Rück-

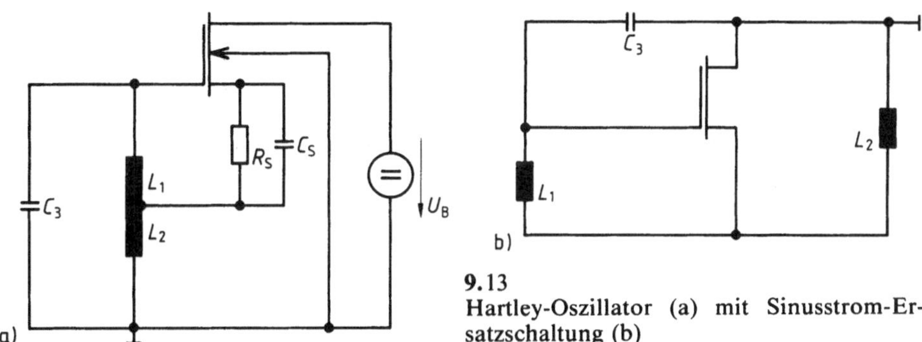

9.13
Hartley-Oszillator (a) mit Sinusstrom-Ersatzschaltung (b)

kopplung zwischen dem Ausgang und dem Eingang des Feldeffekttransistors in Sourceschaltung her. Dabei liegt die Drain-Elektrode über der Versorgungsgleichspannung auf Masse. Arbeitspunkteinstellung und Amplitudenstabilisierung werden durch den Sourcewiderstand R_S erreicht. Damit dieser Widerstand nur gleichstrommäßig wirksam ist, liegt parallel zu ihm der Kondensator C_S, der im Betriebsfrequenzbereich des Oszillators als wechselstrommäßiger Kurzschluß anzusehen ist. Ein verzerrungsmindernder Effekt kann erreicht werden, wenn die Bulkelektrode nicht wie üblich auf Source, sondern auf Masse gelegt wird. Da die Induktivität L_2 für Gleichstrom einen Kurzschluß darstellt, läßt sich der Sourcewiderstand R_S nach Abschn. 2.4.3.3 berechnen.

9.4 Varianten des Dreipunkt-Oszillators

In der Praxis sind abgewandelte Schaltungen der Dreipunkt-Oszillator-Grundschaltung zu finden. Die Unterschiede bestehen vorwiegend in der Rückkopplung.

9.4.1 Huth-Kühn-Oszillator

Der Huth-Kühn-Oszillator ist verwandt mit dem Hartley-Oszillator nach Abschn. 9.2.3. Als Rückkopplungsleitwert wird beim Huth-Kühn-Oszillator die Elektrodenkapazität zwischen Ausgang und Eingang des Verstärkers genutzt.

In Bild **9**.14 ist die Sinusstrom-Ersatzschaltung des Huth-Kühn-Oszillators dargestellt. Der komplexe Rückkopplungsleitwert $\underline{Y}_3$ wird von der Elektrodenkapazität C_{gd} gebildet. Zum Frequenzabgleich kann zwischen Drain und Gate ein zusätzlicher Kondensator gelegt werden. Im Gegensatz zum Hartley-Oszillator nach Bild **9**.11 sind die komplexen Leitwerte $\underline{Y}_2$ und $\underline{Y}_3$ Parallelschwingkreise statt Spulen. Die Schwingkreise arbeiten dabei unterhalb ihrer Resonanzfrequenz. Der Huth-Kühn-Oszillator ist aufgrund seines Aufbaus für Betriebsfrequenzen im MHz-Bereich geeignet.

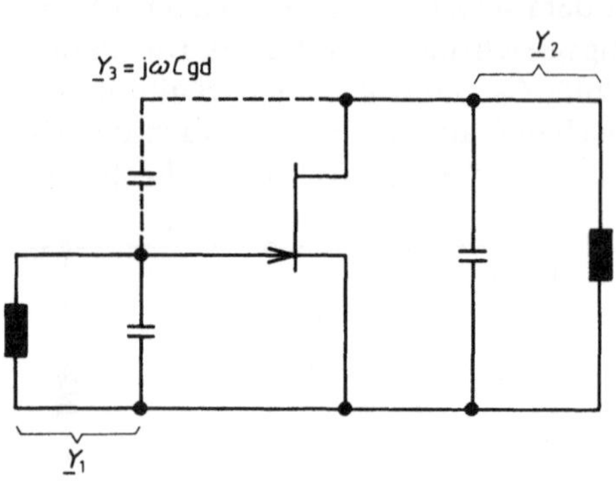

9.14 Sinusstrom-Ersatzschaltung des Huth-Kühn-Oszillators

9.4.2 Meißner-Oszillator

Im Frequenzbereich unterhalb von 10 MHz läßt sich die für den Oszillatorbetrieb erforderliche Phasenlage der rückgekoppelten Spannung transformatorisch erreichen. Ein solcher Oszillator wird Meißner-Oszillator genannt. Seine Wirkungsweise läßt sich seiner Sinusstrom-Ersatzschaltung nach Bild **9**.15 entnehmen. Der die Schwingfrequenz des Oszillators bestimmende Parallelschwingkreis LC liegt zwischen Drain und Source des N-Kanal-Sperrschicht-Feldeffekttransistors. Aus ihm wird transformatorisch die Gate-Source-Wechselspannung als Mitkopplungsspannung gewonnen.

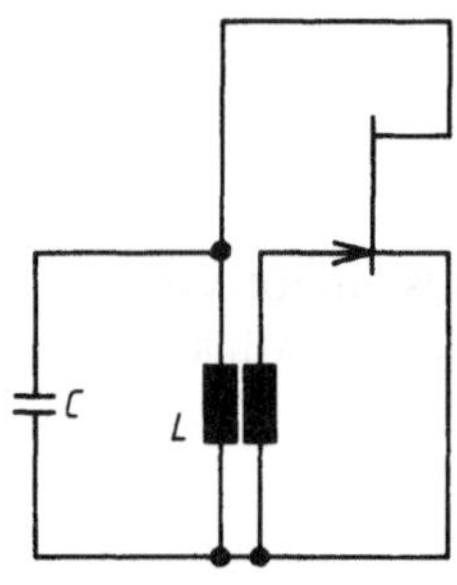

9.15 Sinusstrom-Ersatzschaltung des Meißner-Oszillators

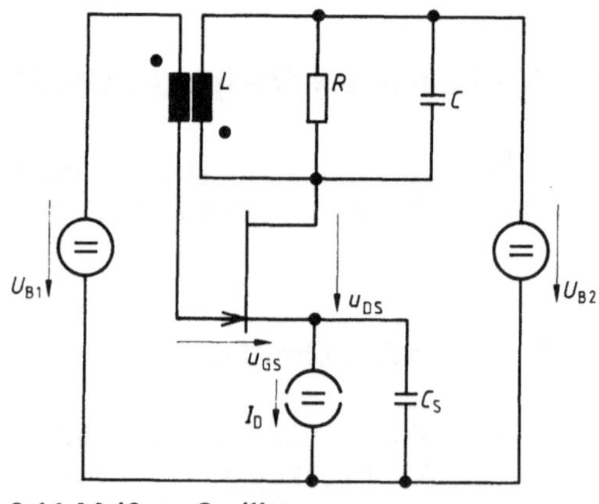

9.16 Meißner-Oszillator

In Bild **9**.16 ist ein Meißner-Oszillator angegeben, der aus einem selektiven Sourceverstärker besteht. Die beiden Versorgungsgleichspannungen U_{B1} und U_{B2} dienen der Arbeitspunkteinstellung, wobei die Spannungsquelle mit der Spannung U_{B1} durch einen Spannungsteiler, der an der Spannung U_{B2} liegt, ersetzt werden kann. Die Rückkopplung wird transformatorisch erreicht. Durch den entgegengesetzten Wickelsinn der Spulen, der durch Punkte in Bild **9**.16 gekennzeichnet ist, erreicht man die für die Mitkopplung notwendige Phasendrehung der Rückkopplungsspannung. Die Amplitude des Oszillators wird über die Konstantstromquelle stabilisiert, wobei der Kondensator C_S als wechselstrommäßiger Kurzschluß betrachtet werden kann. Als Schwingfrequenz wird beim Meißner-Oszillator in erster Näherung die Resonanzfrequenz

$$f_{sch} = \frac{1}{2\pi\sqrt{LC}}$$

des Parallelschwingkreises angenommen.

9.5 Quarzoszillator

Bei hohen Ansprüchen an die Frequenzstabilität von Oszillatoren genügen einfache Oszillatorschaltungen nicht mehr. Die Frequenzkonstanz kann mit Schwingquarzen wesentlich verbessert werden. Frequenzgenauigkeiten im Bereich $10^{-5} > \Delta f/f > 10^{-10}$ sind möglich. Ein Schwingquarz ist ein mechanisch-elektrisches Schwingsystem, das als frequenzbestimmendes Glied in Oszillatoren anstelle von Reaktanzschaltungen eingesetzt wird. Je nach Betriebsfrequenzen kann er induktiv oder kapazitiv wirken.

Beim Colpitts-Oszillator (s. Abschn. 9.2.2) kann der Schwingquarz die Induktivität ersetzen. In Bild **9**.17 ist ein Beispiel dargestellt. Mit den Widerständen R_1 und R_2 wird dem Gate eine bestimmte Gleichspannung vorgegeben. Der

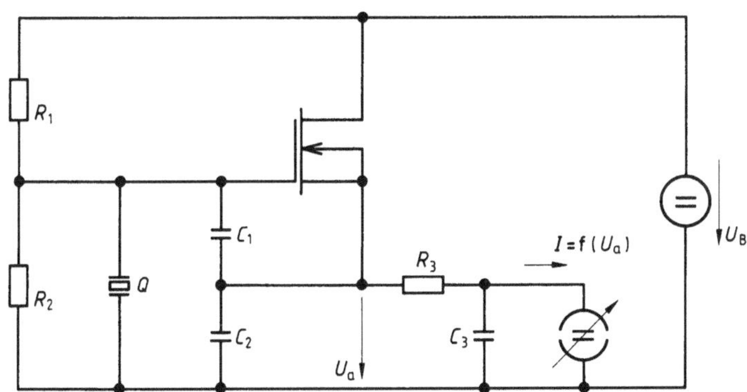

9.17 Pierce-Oszillator als Colpitts-Oszillator mit induktiv wirkendem Schwingquarz Q

Widerstand R_3 wirkt als Arbeitswiderstand, der wechselstrommäßig über dem Kondensator C_3 auf Masse liegt. Die Konstantstromquelle dient zur Amplitudenregelung. Der Strom I ist vom Scheitelwert der Ausgangsspannung $\hat{u}_a$ über einen Regler – hier nicht dargestellt – abhängig.

Bei diesem Oszillator liegt der als Induktivität wirkende Quarz Q parallel zur Reihenschaltung der Kapazitäten C_1 und C_2 und bildet damit einen Parallelschwingkreis. Hierbei wird die Parallelresonanzfrequenz des Schwingquarzes in Richtung Serienresonanzfrequenz beeinflußt. Da hierdurch die Änderung der Reaktanz mit der Frequenz (Reaktanzsteilheit) recht groß ist, erreicht man mit dieser Schaltung eine hohe Frequenzstabilität. Oszillatoren, die nach diesem Prinzip aufgebaut sind, nennt man Pierce-Oszillatoren.

Bei der Dimensionierung der Kapazitäten C_1 und C_2 wird von der vorgegebenen Parallelresonanzfrequenz des Schwingquarzes ausgegangen. Zum Verständnis des Oszillators können seine Ersatzschaltungen von Bild **9.**18 dienen. Dabei ist die Ersatzschaltung des Schwingquarzes die Reihenschaltung L, C mit der Parallelkapazität C_o. Für den Feldeffekttransistor wird eine vereinfachte Hochfrequenzersatzschaltung angesetzt. Durch Zusammenfassung der Elemente in

$$C_{\mathrm{I}} = C_1 + C_{\mathrm{gs}} \tag{9.36}$$

$$C_{\mathrm{II}} = C_2 + C_{\mathrm{ds}} \tag{9.37}$$

$$C_{\mathrm{III}} = C_o + C_{\mathrm{gd}} \tag{9.38}$$

$$G_{\mathrm{II}} = (1/R_3) + g_{\mathrm{ds}} \tag{9.39}$$

und

$$G_{\mathrm{III}} = (1/R_1) + (1/R_2) \tag{9.40}$$

ergibt sich eine wesentlich vereinfachte Darstellung. Werden diese Elemente zu den komplexen Leitwerten

$$\underline{Y}_{\mathrm{I}} = \mathrm{j}\omega C_{\mathrm{I}} \tag{9.41}$$

$$\underline{Y}_{\mathrm{II}} = G_{\mathrm{II}} + \mathrm{j}\omega C_{\mathrm{II}} \tag{9.42}$$

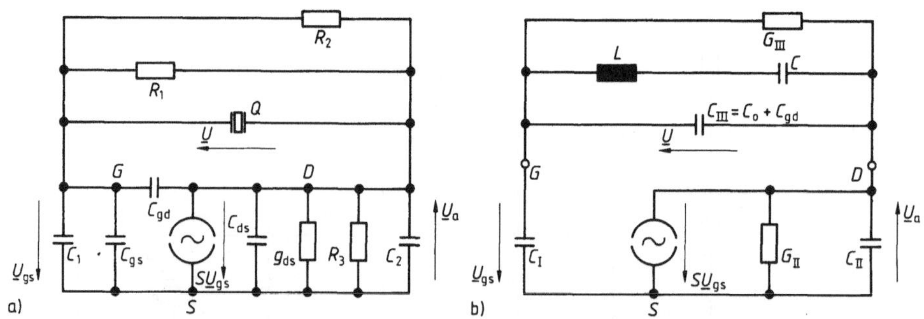

9.18 Kleinsignal-Ersatzschaltung (a) des Pierce-Oszillators nach Bild **9.**17 mit reduzierter Ersatzschaltung (b)

$$\text{und} \qquad \underline{Y}_{\text{III}} = G_{\text{III}} + j\omega\,C_{\text{III}}\left[1 - \frac{1}{\omega^2 L\,C_{\text{III}}\left(1 - \dfrac{1}{\omega^2 L\,C}\right)}\right] \tag{9.43}$$

zusammengefaßt, so folgt für Bild **9.**18 b die Ersatzschaltung von Bild **9.**9 c. Damit kann auch hier Gl. (9.12) übernommen werden. Wie in Abschn. 9.2.1 dargestellt, sind aus der komplexen Ringverstärkung $\underline{V}_{\text{R}} = \underline{k}\,\underline{V} = 1$ zwei Gleichungen, nämlich $\mathrm{Re}\{\underline{V}_{\text{R}}\} = 1$ und $\mathrm{Im}\{\underline{V}_{\text{R}}\} = 0$, zu entnehmen. Bei vorgegebener Schwingfrequenz f_{sch} lassen sich dann die Kapazitäten C_1 und C_2 aus diesen beiden Gleichungen berechnen. Da der hierzu erforderliche Aufwand die Grundlagendarstellung übersteigt, wird auf die weitere Ausführung verzichtet.

9.6 RC-Oszillatoren

Bei den in Abschn. 9.1 bis 9.5 besprochenen Oszillatoren sorgen LC-Schaltungen für die richtige Phasenlage des rückgekoppelten Signals, die zur Selbsterregung für eine bestimmte Frequenz des Verstärkers führt. Sie können auch durch andere phasendrehende Elemente ersetzt werden. Bei Frequenzen unterhalb 1 MHz sind RC-Schaltungen weit verbreitet. RC-Netzwerke sind besonders bei tiefen Frequenzen aus Herstellungsgründen den Schaltungen mit Spulen vorzuziehen.

Ein typisches RC-Rückkopplungs-Netzwerk ist in Bild **9.**19 dargestellt. Es enthält gleiche Elemente R und C. Das Verhalten dieser Schaltung wird anhand des komplexen Rückkopplungsfaktors $\underline{k} = \underline{U}_1/\underline{U}_2$ diskutiert. Er folgt aus dem komplexen Strom

$$\underline{I} = \frac{\underline{U}_2}{\underline{Z}_1 + (1/\underline{Y}_2)} = \underline{Y}_2\underline{U}_1 \tag{9.44}$$

zu

$$\underline{k} = \underline{U}_1/\underline{U}_2 = 1/(1 + \underline{Z}_1\underline{Y}_2) \tag{9.45}$$

mit dem komplexen Widerstand

$$\underline{Z}_1 = R + [1/(j\omega\,C)] \tag{9.46}$$

und dem komplexen Leitwert

$$\underline{Y}_2 = (1/R) + j\omega\,C \tag{9.47}$$

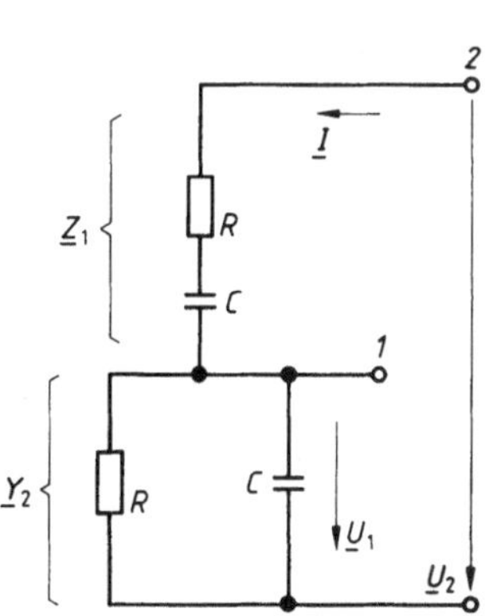

9.19
RC-Netzwerk als Rückkopplungselement eines RC-Oszillators mit Eingang *2* und Ausgang *1*

Da für das Produkt

$$\underline{Z}_1\underline{Y}_2 = 2 + j\left(\omega R C - \frac{1}{\omega R C}\right) \tag{9.48}$$

geschrieben werden kann, läßt sich der Einfluß der Kreisfrequenz ω und der Zeitkonstanten $\tau = R C$ auf den Rückkopplungsfaktor übersichtlicher diskutieren, wenn die normierte Kreisfrequenz

$$\Omega = \omega \tau = \omega R C \tag{9.49}$$

verwendet wird. Bei der weiteren Behandlung des Rückkopplungsfaktors wird seine Exponentialform

$$\underline{k} = \frac{1}{3 + j[\Omega - (1/\Omega)]} = |\underline{k}|\, e^{j\varphi} \tag{9.50}$$

mit dem Betrag

$$|\underline{k}| = 1/\sqrt{9 + [\Omega - (1/\Omega)]^2} \tag{9.51}$$

und dem Phasenwinkel

$$\varphi = \arctan\left[-\frac{\Omega - (1/\Omega)}{3}\right] \tag{9.52}$$

benutzt. Damit läßt sich die in Bild **9.**20 dargestellte Ortskurve des komplexen Rückkopplungsfaktors $\underline{k}$ mit der normierten Kreisfrequenz Ω als Parameter zeichnen. Diese Ortskurve hat die gleiche Form wie die eines LC-Schwingkreises (s. Abschn. 7.7.3, Bild 7.26). Bei der normierten Kreisfrequenz $\Omega = 1$ ist der Phasenwinkel $\varphi = 0$ und der Rückkopplungsfaktor $\underline{k} = 1/3$. Für $\Omega \gtrless 1$ wird der Betrag $|\underline{k}| < 1/3$.

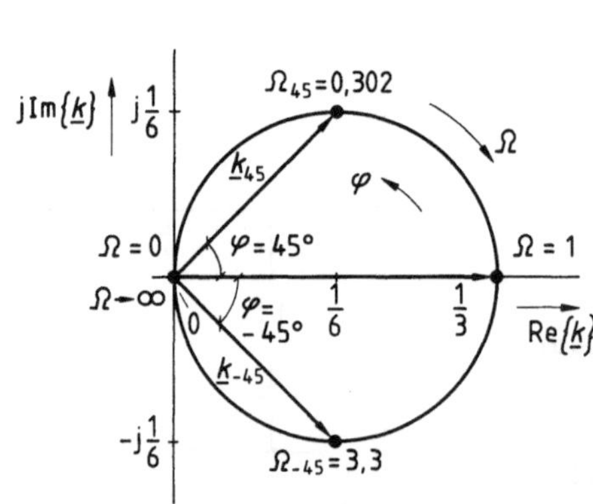

9.20 Ortskurve des komplexen Rückkopplungsfaktors $\underline{k}$ nach Gl. (9.50) mit normierter Kreisfrequenz Ω als Parameter

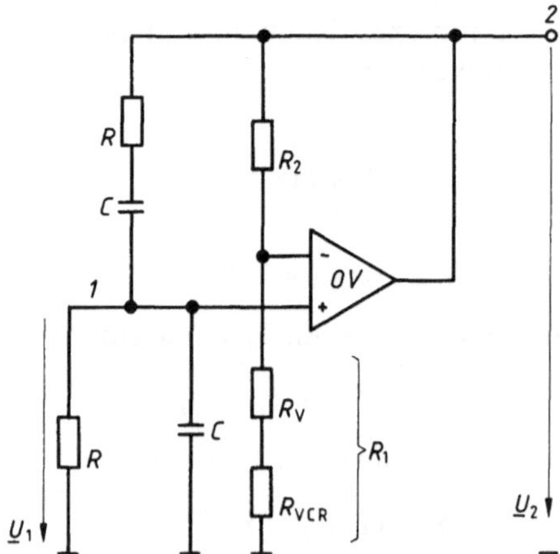

9.21 RC-Oszillator mit Operationsverstärker OV mit spannungsgesteuertem Widerstand R_{VCR} zur Amplitudenstabilisierung

Will man mit dem RC-Rückkopplungs-Netzwerk von Bild **9.**19 einen Oszillator aufbauen, so muß die Instabilitätsbedingung (s. Abschn. 4), die komplexe Ringverstärkung $\underline{V}_R = \underline{k}\,\underline{V} = 1$, beobachtet werden. Wird von einer reellen Verstärkung $\underline{V}$ ausgegangen, so ist im Schwingbetrieb $\underline{k} = 1/3$. Wegen der Ringverstärkung $\underline{V}_R = 1$ ist dann die Spannungsverstärkung $\underline{V} = \underline{U}_2/\underline{U}_1 = 3$ zu wählen. Die Schwingfrequenz ergibt sich dann über $\Omega = 2\pi f_{sch} R C = 1$ zu

$$f_{sch} = 1/(2\pi R C) \tag{9.53}$$

Für diese Frequenz ist nach Gl. (9.52) der Phasenwinkel $\varphi = 0$.

Bei der Schaltungsrealisierung ist also ein nichtinvertierender Verstärker mit der Spannungsverstärkung $V = 3$ an das Rückkopplungsnetzwerk von Bild **9.**19 zu schalten. In Bild **9.**21 ist ein solcher RC-Oszillator mit einem Operationsverstärker (s. Abschn. 4.4.3) angegeben. Der nichtinvertierende Verstärker hat die Verstärkung

$$V = 1 + (R_2/R_1) \tag{9.54}$$

Da die Verstärkung $V = 3$ gefordert ist, gilt für das Widerstandsverhältnis $R_2/R_1 = 2$.

Im Prinzip könnte ein solcher Oszillator funktionieren. Aber bereits geringste Abweichungen von der Verstärkung $V = 3$ würden die Schwingung, wenn sie überhaupt zustande kommt, abreißen lassen. Es muß somit noch für eine Amplitudenstabilisierung bzw. -regelung gesorgt werden.

Eine Amplitudenstabilisierung wird beim RC-Oszillator nach Bild **9.**21 erreicht, indem der Teilwiderstand R_{VCR} des Widerstands R_1 von der Ausgangsspannung U_2 gesteuert wird. Je nach Ausgangsspannung U_2 ist die Verstärkung V dann größer oder kleiner als 3.

Der spannungsgesteuerte Widerstand R_{VCR} ist in Bild **9.**22 mit einem Feldeffekttransistor realisiert. Die Ausgangsspannung U_2 des RC-Oszillators wird

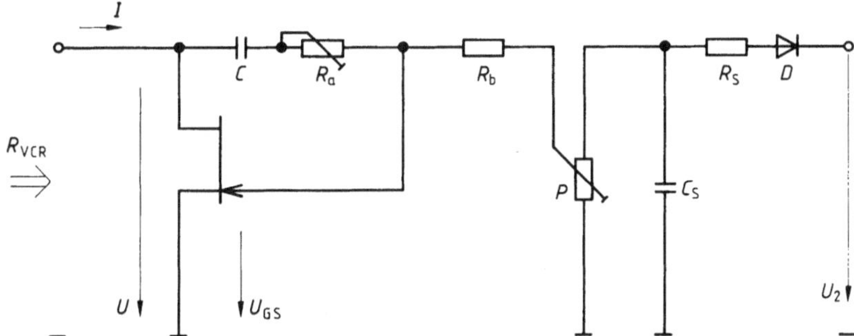

9.22 Schaltung des spannungsgesteuerten Widerstands R_{VCR} des RC-Oszillators von Bild **9.**21
U_2 Oszillatorspannung mit der Frequenz f_{sch}, D Gleichrichterdiode, R_S, C_S Siebtiefpaß, P Trimmwiderstand zur Einstellung der Gate-Source-Spannung U_{GS}, R_a, R_b Linearisierungswiderstände, C Koppelkondensator

gleichgerichtet, geglättet und dem Feldeffekttransistor als Gate-Source-Gleichspannung U_{GS} zugeführt. Abhängig von der Spannung U_2 wird der Widerstand zwischen Drain und Source verändert (s. Band III, Teil 2) und damit die Amplitude der Oszillatorspannung stabilisiert.

Die Elemente in Bild **9.**22 haben folgende Funktionen: Die Diode D wirkt als Gleichrichter derart, daß die Gate-Source-Gleichspannung $U_{GS} < 0$ ist. Das $R_S C_S$-Glied dient zur Glättung der gleichgerichteten Spannung. Über den Trimmwiderstand P kann die gewünschte Gleichspannung zur Steuerung des Feldeffekttransistors abgegriffen werden. Mit ihm wird daher die Amplitude des Oszillators eingestellt. Die Widerstände R_a und R_b reduzieren die Verzerrungen, die der Feldeffekttransistor aufgrund seiner Kennlinie liefert. Mit dem Widerstand R_a kann ein Verzerrungsminimum eingestellt werden. Um vom Ausgangskreis dieser Schaltung Gleichspannungen fernzuhalten, ist der Kondensator C zwischengeschaltet, der bei der Schwingfrequenz als wechselstrommäßiger Kurzschluß aufgefaßt werden kann.

Beispiel 9.4. Der RC-Oszillator nach Bild **9.**21 soll mit der Frequenz $f = 1$ kHz schwingen, wobei die Kapazitäten $C = 3{,}3$ nF betragen. Weiterhin sind die Widerstände $R_2 = 4{,}7$ kΩ und $R_{VCR} = 150$ Ω bekannt. Zu berechnen sind die Widerstände R des RC-Netzwerks und der Vorwiderstand R_V.

Nach Gl. (9.53) betragen die Widerstände

$$R = \frac{1}{2\pi f C} = \frac{1}{2\pi \cdot 1\,\text{kHz} \cdot 3{,}3\,\text{nF}} = 48{,}23 \text{ kΩ}$$

Wegen $R_2 / R_1 = 2$ und $R_1 = R_V + R_{VCR}$ folgt der Vorwiderstand

$$R_V = (R_2/2) - R_{VCR} = (4{,}7\ \text{kΩ}/2) - 150\ \Omega = 2{,}2\ \text{kΩ}$$

10 Mischer

Mischer sind Verstärker, die zwei unmodulierte oder modulierte Eingangsspannungen gleicher oder unterschiedlicher Frequenz so mischen, daß am
Ausgang eine Spannung mit der Summen- oder Differenzfrequenz entsteht.
Diese Mischverstärker oder auch Mischstufen genannt, die beispielsweise
mit Spannungen gleicher Frequenz betrieben werden, dienen zum Phasenver-
gleich. Mischstufen, die mit Spannungen unterschiedlicher Frequenz arbeiten,
sind Modulatoren und Frequenzumsetzer (s. Band XI). Das Prinzip der Fre-
quenzumsetzung wird beispielsweise bei Rundfunkempfängern angewendet.
Die Eingangsfrequenz wird in eine Zwischenfrequenz f_z bzw. eine Zwischen-
Kreisfrequenz ω_z umgesetzt. In diesem engeren Sinn wird im Sprachgebrauch
der Mischer verstanden.

Bei Eingangssignalen mit den Kreisfrequenzen ω_1 und $\omega_2 > \omega_1$ gilt für den Abwärtsmischer $\omega_z = \omega_2 - \omega_1$ und für den Aufwärtsmischer $\omega_z = \omega_2 + \omega_1$. Die
Standard-Mischprinzipien sind die additive und die multiplikative Mi-
schung.

10.1 Additiver Mischer

Bei der additiven Mischung werden am Verstärkereingang zwei Signale,
etwa die Nutzspannung

$$u_N = \hat{u}_N \cos(\omega_N t) \tag{10.1}$$

und die Oszillatorspannung

$$u_O = \hat{u}_O \cos(\omega_O t) \tag{10.2}$$

additiv überlagert. Wird ein Verstärker mit nichtlinearer Übertragungskennlinie gewählt, so enthält seine Ausgangsgröße ein Frequenzgemisch (s. Abschn.
2.7.2). Von diesem Frequenzgemisch wird dann nur eine bestimmte spektrale
Komponente herausgefiltert, beispielsweise mit einem Parallelschwingkreis
beim Abwärtsmischer die spektrale Komponente mit der Kreisfrequenz

$$\omega_z = \omega_O - \omega_N$$

In Bild **10.**1 sind Prinzipschaltungen von additiven Mischern mit Bipolar-
und Feldeffekttransistor dargestellt. Auf Schaltungsmaßnahmen, wie Arbeitspunkteinstellung sowie Signalein- und Signalauskopplung, wird der Über-
sichtlichkeit wegen verzichtet. Der Unterschied zwischen diesen beiden Mi-
scherschaltungen läßt sich aus den Ersatzschaltungen erkennen: Beim Bipolartransistor wirkt die Diode zwischen Basis und Emitter stark nichtlinear; denn
zwischen der Basis-Emitter-Spannung und dem Kollektorstrom besteht ein exponentieller Zusammenhang. Durch einen gegenkoppelnden Emitterwiderstand kann die Übertragungskennlinie verändert werden. Hier wird auf diese
Schaltungsmaßnahmen aber nicht eingegangen. Beim Feldeffekttransistor
hängt der Drainstrom nahezu quadratisch von der Gate-Source-Spannung ab.
Daraus ist zu entnehmen, daß beim Bipolartransistor ein wesentlich stärkeres
Frequenzgemisch als beim Feldeffekttransistor entsteht. Da aber nur die Zwischenfrequenz f_z erwünscht ist, sind die anderen Spektralanteile störend. Deshalb wird der Feldeffekttransistor in Mischstufen dem Bipolartransistor vorge-
zogen.

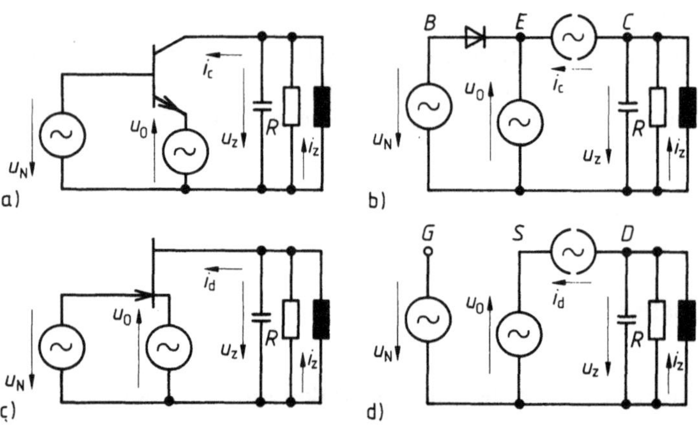

10.1 Sinusstrom-Prinzipschaltungen additiver Mischstufen mit
     Bipolartransistor (a) und Ersatzschaltung (b) und mit
     Sperrschicht-Feldeffekttransistor (c) und Ersatzschaltung (d)
     u_N Nutzeingangsspannung, u_O Oszillatorspannung, u_z Mischspannung

Zur mathematischen Beschreibung des Mischers wird von der Mischer-Ersatz-
schaltung in Bild **10.**1 d ausgegangen. Die Ausgangsgrößen sind der Mischstrom

$$i_z = \hat{\imath}_z \cos\left[(\omega_O - \omega_N)\,t\right] = \hat{\imath}_z \cos(\omega_z t) \tag{10.3}$$

und die Mischspannung

$$u_z = -R\,i_z \tag{10.4}$$

dabei wird angenommen, daß der Parallelschwingkreis auf die Zwischenfrequenz f_z abgestimmt ist und alle anderen Spektralanteile des Drainstroms dadurch am Ausgang kurzgeschlossen werden.

Die weitere Betrachtung kann analog zu Abschn. 2.7.2.3 durchgeführt werden, denn wie bei der Intermodulation steuert die Summe der Eingangsspannungen den Feldeffekttransistor. Damit wird zur Ermittlung des Mischstroms i_z von der Taylorentwicklung im Arbeitspunkt nach Gl. (2.222) ausgegangen. Von Abschn. 2.7.2.3 ist bekannt, daß nur $(u_O + u_N)^2$ die Differenz-Kreisfrequenz $\omega_O - \omega_N$ erzeugt. Damit folgt aus Gl. (2.242) der Mischstrom

$$i_z = \frac{a_2}{2}\,\hat{u}_O\,\hat{u}_N \cos\left[(\omega_O - \omega_N)\,t\right] \tag{10.5}$$

wenn $\hat{u}_b \triangleq \hat{u}_N$, $\hat{u}_a \triangleq \hat{u}_O$, $\omega_b \triangleq \omega_N$ und $\omega_a \triangleq \omega_O$ berücksichtigt werden. a_2 ist nach Abschn. 2.7.2.1 die zweite Ableitung der Übertragungskennlinie.

Als Mischerkenngröße benutzt man die Mischsteilheit

$$S_M = \left.\frac{\hat{i}_z}{\hat{u}_N}\right|_{u_z = 0} = \frac{a_2}{2}\,\hat{u}_O \tag{10.6}$$

Sie ist abhängig von der Oszillatoramplitude $\hat{u}_O$ und von der zweiten Ableitung a_2 der Übertragungskennlinie, d.h. der ersten Ableitung der Steilheit S. Die Mischspannung u_z hat bei diesem einfachen Ansatz keinen Einfluß auf die Mischsteilheit. Beim Feldeffekttransistor erhält man über die Kennliniengleichung (s. Abschn. 2.2.3.1)

$$I_D = \frac{\beta}{2}\,(U_{GS} - U_{th})^2$$

mit der zweiten Ableitung

$$a_2 = \mathrm{d}^2 I_D / \mathrm{d} U_{GS}^2 = \beta$$

die Mischsteilheit

$$S_M = \frac{\beta}{2}\,\hat{u}_O \tag{10.7}$$

In dieser stark vereinfachten Darstellung ist die Mischsteilheit S_M keine Funktion des Arbeitspunkts, wenn innerhalb der zulässigen Grenzen des Sättigungsgebiets (s. Abschn. 2.3.3) ausgesteuert wird.

Analog zum Sourceverstärker wird für den Mischer eine Spannungsverstärkung, die Mischverstärkung

$$V_M = u_z / u_N = - S_M R \tag{10.8}$$

angegeben.

Bei der Dimensionierung einer additiven Mischstufe mit Feldeffekttransistoren ist von folgender Überlegung auszugehen: Die Drain-Source-Spannung soll genügend weit im Sättigungsgebiet liegen. Die Gate-Source-Spannung des Arbeitspunkts ist so zu wählen, daß die Oszillatoramplitude $\hat{u}_O$ möglichst groß werden kann. Bei einer fehlerfreien Funktion des Mischers darf bei der Aussteuerung weder eine Drainstrom-Begrenzung auftreten, noch darf irgendeine Diode in Durchlaßrichtung gepolt werden. Meist ist die Amplitude der Eingangs-Nutzspannung $\hat{u}_N < \hat{u}_O$ gewählt.

Beispiel 10.1. Von einem Feldeffekttransistor, der als additiver Mischer nach Bild 10.1 c arbeitet, ist der Parameter $\beta = 3$ mA/V^2 bekannt. Zu bestimmen ist die Mischsteilheit S_M für die Oszillatoramplitude $\hat{u}_O = 0{,}4$ V. Die Mischsteilheit beträgt nach Gl. (10.7)

$$S_M = \frac{\beta}{2}\,\hat{u}_O = \frac{3\ \text{mA/V}^2}{2}\,0{,}4\ \text{V} = 0{,}6\ \text{mS}$$

10.2 Multiplikativer Mischer

Der Sourceverstärker hat bei der Kleinsignal-Eingangsspannung u_1 durch die Steilheit S den Ausgangsstrom

$$i = S u_1 \tag{10.9}$$

Wird der Verstärker so verändert, daß die Steilheit S durch eine weitere Eingangsspannung u_2 gesteuert werden kann, so gilt für den Ausgangsstrom

$$i \sim u_1 u_2 \tag{10.10}$$

Es liegt eine Multiplikation der Eingangsspannungen vor. Mit den sinusförmigen Eingangsspannungen, der Nutzeingangsspannung $u_N \triangleq u_1$ nach Gl. (10.1) und der Oszillatorspannung $u_O \triangleq u_2$ nach Gl. (10.2), entsteht im Frequenzspektrum des Ausgangsstroms wie beim additiven Mischer durch Multiplikation ein Mischstrom der Zwischenfrequenz f_z. Mischer dieser Art nennt man multiplikative Mischer.

Multiplikative Mischer benötigen zwei Eingänge. Sie lassen sich beispielsweise mit dem steilheitsgesteuerten Differenzverstärker von Abschn. 6.4 realisieren. Im Bereich der Rundfunktechnik ist der Dual-Gate-MOS-Feldeffekttransistor als multiplikativer Mischer zu finden.

In Bild 10.2 ist die Sinusstrom-Prinzipschaltung des multiplikativen Mischers mit dem selbstleitenden N-Kanal-Dual-Gate-MOS-Feldeffekttransistor dargestellt. An Gate 1 liegt das Nutzsignal u_N der Frequenz f_N und an Gate 2 die beim Abwärtsmischer erforderliche Oszillatorspannung u_O der Frequenz $f_O > f_N$. Der am Ausgang liegende Parallelschwingkreis ist wie beim additiven Mischer auf die Zwischenfrequenz $f_z = f_O - f_N$ abgestimmt.

Bei diesem Mischer wird analog zu Gl. (10.6) die Mischsteilheit

$$S_M = \left.\frac{\hat{i}_z}{\hat{u}_N}\right|_{u_z = 0}$$

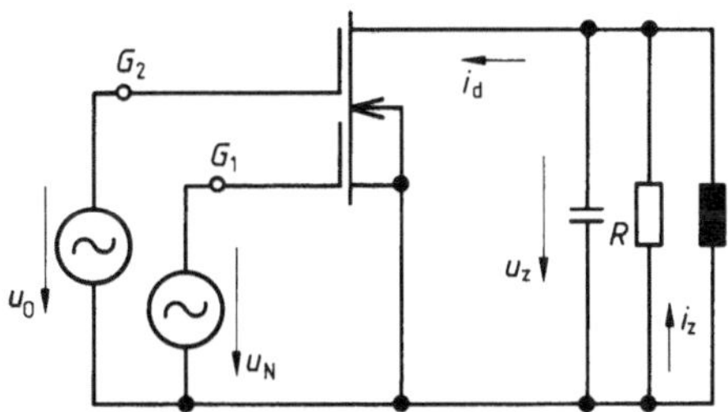

10.2 Dual-Gate-MOS-Feldeffekttransistor
    als multiplikativer Mischer

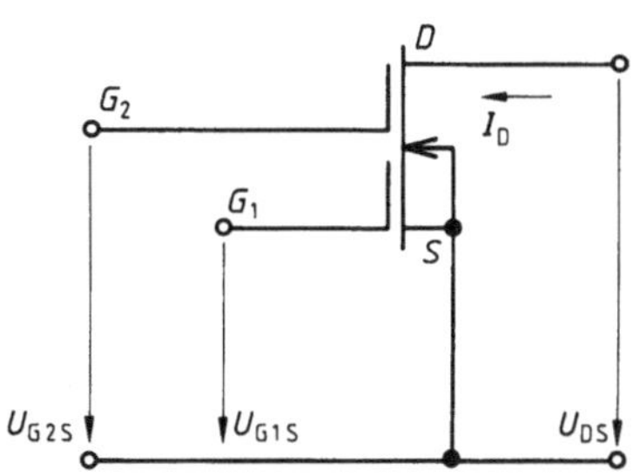

10.3
Dual-Gate-MOS-Feldeffekttransistor

definiert. Sie unterscheidet sich aber von der des additiven Mischers und wird noch berechnet. Die Mischverstärkung $V_M = -S_M R$ entspricht damit Gl. (10.8).

Die Bestimmung der Mischsteilheit S_M geht von der Kennliniengleichung $I_D = f(U_{G1S}, U_{G2S}, U_{DS})$ des Dual-Gate-MOS-Feldeffekttransistors (Bild **10.3**) aus. Da die analytische Kennlinienbeschreibung dieses Bauelements (s. Band III, Teil 2) recht umfangreich ist, werden die Taylorentwicklung im Arbeitspunkt $A (I_{DA}, U_{G1SA}, U_{G2SA}, U_{DSA})$ und die zu messenden Steilheitskennlinien nach Bild **10.4** des Gates _1_ $S_1 = \partial I / \partial U_{G1S} = f(U_{G2S}, U_{G1SA}, U_{DSA})$ und des Gates _2_ $S_2 = \partial I / \partial U_{G2S} = f(U_{G1S}, U_{G2SA}, U_{DSA})$ benutzt.

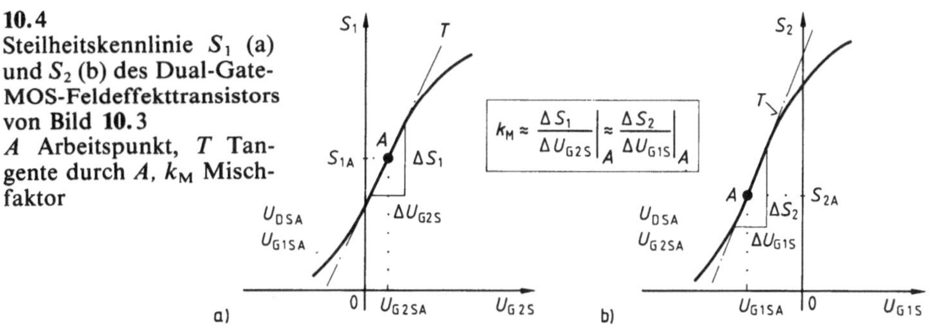

10.4
Steilheitskennlinie S_1 (a) und S_2 (b) des Dual-Gate-MOS-Feldeffekttransistors von Bild **10.3**
A Arbeitspunkt, T Tangente durch A, k_M Mischfaktor

Die Taylorreihe der Übertragungskennlinie $I_D = f(U_{G1S}, U_{G2S}, U_{DS} = \text{const})$ des Dual-Gate-MOS-Feldeffekttransistors im Arbeitspunkt A ist für die beiden Veränderlichen U_{G1S} und U_{G2S} aufzustellen. Sie lautet für die ersten Glieder

$$I_D = I_{DA} + \frac{1}{1!} \cdot \left. \frac{\partial I_D}{\partial U_{G1S}} \right|_A \Delta U_{G1S} + \frac{1}{1!} \cdot \left. \frac{\partial I_D}{\partial U_{G2S}} \right|_A \Delta U_{G2S}$$

$$+ \frac{2}{2!} \cdot \left. \frac{\partial^2 I_D}{\partial U_{G1S} \partial U_{G2S}} \right|_A \Delta U_{G1S} \Delta U_{G2S} + \cdots \tag{10.11}$$

Die Terme der Taylorentwicklung lassen sich durch die Steilheiten und deren Änderung der beiden Gates deuten: Die Steilheit des Gate *1* im Arbeitspunkt *A*

$$S_{1A} = \frac{\partial I_D}{\partial U_{G1S}}\bigg|_A \tag{10.12}$$

die Steilheit des Gate *2* im Arbeitspunkt *A*

$$S_{2A} = \frac{\partial I_D}{\partial U_{G2S}}\bigg|_A \tag{10.13}$$

und die Änderungen der Steilheiten S_1 und S_2

$$k_M = \frac{\partial^2 I_D}{\partial U_{G1S}\,\partial U_{G2S}}\bigg|_A \approx \frac{\Delta S_1}{\Delta U_{G2S}}\bigg|_A \approx \frac{\Delta S_2}{\Delta U_{G1S}}\bigg|_A \tag{10.14}$$

im Arbeitspunkt *A*. In Bild **10.**4 sind solche Steilheitskennlinien dargestellt, aus denen der für die Mischung wichtige Mischfaktor k_M bestimmt werden kann. Der Arbeitspunkt *A* des Mischers sollte dabei so gelegt werden, daß die Steilheitskennlinien in einem weiten Bereich jeweils durch die Tangente *T* beschrieben werden können. In diesem Bereich ist der Mischfaktor k_M konstant. Nach der Festlegung von Bild **10.**2 gilt für die Eingangsspannungen $\Delta U_{G1S} = u_N$ und $\Delta U_{G2S} = u_O$ nach Gl. (10.1) und Gl. (10.2). Damit läßt sich für den Drainstrom mit k_M als Mischfaktor des Dual-Gate-MOSFET

$$i_D = I_{DA} + S_{1A} u_N + S_{2A} u_O + k_M u_N u_O + \cdots \tag{10.15}$$

anstelle von Gl. (10.11) schreiben. Aus dem Term $k_M u_N u_O$ folgt analog zum additiven Mischer (s. Abschn. 10.1) der **Mischstrom**

$$i_z = \frac{k_M}{2}\,\hat{u}_O \hat{u}_N \cos(\omega_z t) \tag{10.16}$$

Daraus ergibt sich mit Gl. (10.3) die Mischsteilheit

$$S_M = \frac{\hat{i}_z}{\hat{u}_N}\bigg|_{u_z=0} = \frac{\hat{u}_O}{2}\,k_M \approx \frac{\hat{u}_O}{2}\,\frac{\Delta S_1}{\Delta U_{G2S}}\bigg|_A \approx \frac{\hat{u}_O}{2}\,\frac{\Delta S_2}{\Delta U_{G1S}}\bigg|_A \tag{10.17}$$

des multiplikativen Mischers.

Ein Vergleich von Gl. (10.17) mit Gl. (10.6) zeigt, daß die Mischsteilheit S_M beim multiplikativen wie auch beim additiven Mischer von der Steilheitsänderung im Arbeitspunkt *A* abhängt. Beim additiven Mischer ist es die Änderung, die durch die Krümmung der Steilheitskennlinie $S = f(U_{GS}, U_{DSA})$ im Arbeitspunkt *A* hervorgerufen wird; beim multiplikativen Mischer dagegen ist es der gegenseitige Einfluß der beiden Gates auf die Steilheitskennlinien.

Als besonderen Vorteil des Dual-Gate-MOSFET gegenüber dem Einzel-Feldeffekttransistor als Mischer sind die Entkopplung der Nutzeingangsspannung u_N von der Oszillatorspannung u_O und sein großer Aussteuerbereich zu nennen.

Beispiel 10.2. Ein Dual-Gate-MOS-Feldeffekttransistor wird nach Bild **10.**2 als multiplikativer Mischer betrieben. Im Arbeitspunkt A beträgt der Mischfaktor $k_M = 6$ mS/V, der nach Bild **10.**4 aus Messungen bestimmt wurde. Zu berechnen ist die Mischsteilheit S_M für die Oszillatorspannungsamplitude $\hat{u}_O = 500$ mV. Welche Mischverstärkung V_M ergibt sich für den Ersatzwiderstand $R = 20$ kΩ des Parallelschwingkreises?

Die Mischsteilheit beträgt nach Gl. (10.17)

$$S_M = \frac{k_M}{2}\,\hat{u}_O = \frac{6\text{ mS/V}}{2}\,500\text{ mV} = 1{,}5\text{ mS}$$

Aus Gl. (10.8) ergibt sich die Mischspannungsverstärkung

$$V_M = -S_M R = -1{,}5\text{ mS} \cdot 20\text{ k}\Omega = -30$$

Die Mischspannung u_z ist also gegenphasig zur Nutzeingangsspannung u_N und um den Faktor 30 größer als die Nutzeingangsspannung.

11 Empfangsverstärker

In der drahtlosen Nachrichtenübertragungstechnik (s. Band XI) wird das Signal von einer Antenne empfangen, verstärkt und so verarbeitet, daß ihm eine Nachricht entnommen werden kann. Solche Empfangsanlagen bestehen aus Verstärkern unterschiedlicher Eigenschaften. Empfangsverstärker sind beispielsweise gekennzeichnet durch den Betriebsfrequenzbereich, die Grenzempfindlichkeit – ausgedrückt durch das Signal-Rausch-Verhältnis (s. Abschn. 2.6) – und den störungsfreien Großsignalempfang (s. Abschn. 2.7). Nachfolgend ist ein globaler Einblick in die Empfangstechnik gegeben.

11.1 Empfänger

11.1.1 Rundfunkempfänger

In Bild **11.**1 ist die Blockschaltung eines Rundfunkempfängers dargestellt. Bei ihm wird die Frequenz des empfangenen Senders in eine andere, für vorgesehene Wellenbereiche konstante Zwischenfrequenz umgesetzt. Diesen Empfän-

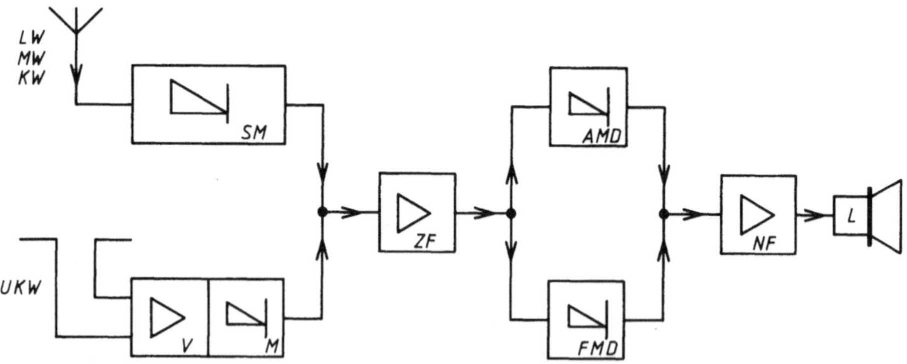

11.1 Blockschaltung des Überlagerungs-Rundfunkempfängers
LW, MW, KW Antenne für Lang-, Mittel- und Kurzwelle, *UKW* Antenne für Ultrakurzwelle, *SM* Selektionsfilter und Mischer, *V* UKW-Vorverstärker, *M* UKW-Mischer, *ZF* Zwischenfrequenzverstärker, *AMD* Amplitudendemodulator, *FMD* Frequenzdemodulator, *NF* Niederfrequenzverstärker, *L* Lautsprecher

ger nennt man deswegen Überlagerungsempfänger. Die umgesetzte Frequenz wird nach Abschn. 10 als Zwischenfrequenz bezeichnet. Hier werden zwei Zwischenfrequenzen benutzt, die zwei Frequenzbereichen zugeordnet sind. Der erste Bereich besteht aus den Langwellen (LW) mit den Frequenzen 150 kHz bis 435 kHz, den Mittelwellen (MW) mit den Frequenzen 510 kHz bis 1600 kHz und den Kurzwellen (KW) mit den Frequenzen 5,95 MHz bis 17,9 MHz. Der zweite Bereich umfaßt die Ultrakurzwellen (UKW) mit den Frequenzen 87,5 MHz bis 100 MHz. Die allgemeine Einteilung technischer Wellenbereiche ist Band XI zu entnehmen.

Im ersten Frequenzbereich ist meist keine besondere Vorverstärkung notwendig. Das empfangene Signal durchläuft, von der Antenne kommend, ein Selektionsfilter und wird dann im Mischer (s. Abschn. 10) in die Zwischenfrequenz umgesetzt. Die Zwischenfrequenz beträgt meistens für die Frequenzbereiche LW, MW und KW konstant 460 kHz, so daß die nachfolgenden Empfängerelemente und Filter einheitlich erstellt werden können. Auf eine bestimmte Empfangsfrequenz wird dieser Überlagerungsempfänger abgestimmt, indem die Oszillatorfrequenz, die über den Mischer die konstante Zwischenfrequenz erzeugt, verändert wird. Zudem muß das Eingangs-Selektionsfilter umgeschaltet werden.

Im zweiten Frequenzbereich, dem UKW-Bereich, ist meist zwischen Empfangsantenne und Mischer ein Vorverstärker notwendig. Die Zwischenfrequenz beträgt hier konstant 10,7 MHz. Der UKW-Empfang wird ebenfalls mit der Oszillatorfrequenz des UKW-Mischers abgestimmt.

Wie Bild **11.**1 zu entnehmen ist, werden beide Zwischenfrequenzsignale in einem Zwischenfrequenzverstärker ZF verstärkt, getrennt demoduliert und über den Niederfrequenzverstärker NF dem Lautsprecher L zugeführt.

11.1.2 Fernsehempfänger

Beim Fernsehempfänger von Bild **11.**2 liegen die Empfangsfrequenzen zwischen 47 MHz und 790 MHz, die nach Tafel **11.**1 in Kanäle aufgeteilt sind. Im Eingangsverstärker, dem Tuner, erfolgt die Kanalwahl. Dieser Verstärker wird daher auch Kanalwähler genannt.

Der Fernsehempfänger arbeitet ebenfalls wie der Rundfunkempfänger nach dem Überlagerungsprinzip. Bild- und Tonträger durchlaufen nach Bild **11.**2 den Tuner mit Vorverstärker und Mischer sowie den Zwischenfrequenzverstärker, wobei als Bild-Träger-Zwischenfrequenz $f_{zBT} = 38,9$ MHz und als Ton-Träger-Zwischenfrequenz $f_{zTT} = 33,4$ MHz benutzt werden. Aus Bild- und Ton-Träger-Zwischenfrequenz entsteht die Ton-Zwischenfrequenz $f_{zT} = 5,5$ MHz, die wie beim UKW-Empfänger (s. Abschn. 11.1.1) weiterverarbeitet wird. Der Bild- oder Video-Verstärker der Bandbreite $b_B = 5$ MHz steuert die Helligkeit der Bildpunkte der Bildröhre. Bild-Punkt-Ablenkung und -Synchronisation erfolgen über ein Impulsteil.

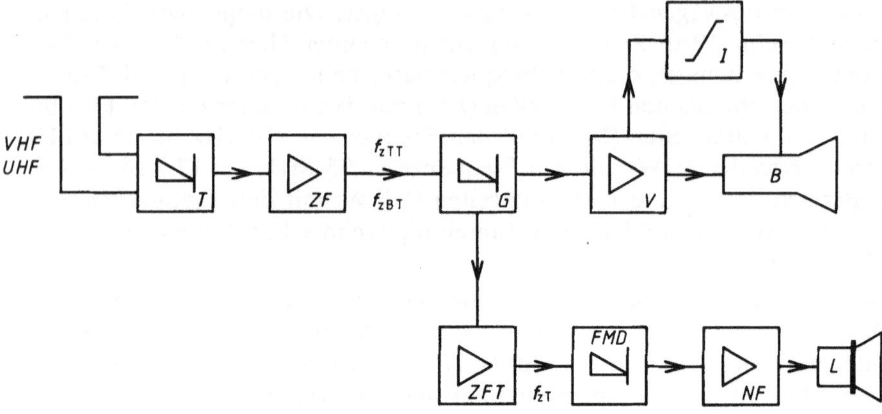

11.2 Blockschaltung des Fernsehempfängers
T Tuner mit Vorverstärker und Mischer, ZF Zwischenfrequenzverstärker, f_{zBT} Bild-Träger-Zwischenfrequenz, f_{zTT} Ton-Träger-Zwischenfrequenz, G Video-Gleichrichter, f_{zT} Tonzwischenfrequenz, V Bildverstärker der Bildbandbreite b_B, I Impulsteil (Bildsynchronisation), B Bildröhre, ZFT Tonzwischenfrequenz-Verstärker, FMD FM-Ton-Demodulator, NF Niederfrequenzverstärker, L Lautsprecher

Tafel **11.1** Fernsehkanäle

	Kanal	f_1 bis f_2 in MHz	f_{TB} in MHz	f_{TT} in MHz
I UKW	2	47 ... 54	48,25	53,75
	3	54 ... 61	55,25	60,75
	4	61 ... 68	62,25	67,75
III VHF	5	174 ... 181	175,25	180,75
	6	181 ... 188	182,25	187,75
	7	188 ... 195	189,25	194,75
	8	195 ... 202	196,25	201,75
	9	202 ... 209	203,25	208,75
	10	209 ... 216	210,25	215,75
	11	216 ... 223	217,25	222,75
IV UHF	21	470 ... 478	471,25	476,75
	22	478 ... 486	479,25	484,75
	.	. ... .	.	.
	37	598 ... 606	599,25	604,75
V UHF	38	606 ... 614	607,25	612,75
	39	614 ... 622	615,25	620,75
	.	. ... .	.	.
	60	782 ... 790	783,25	788,75

f_1 bis f_2 Frequenzbereich des Kanals, f_{TB} Frequenz des amplitudenmodulierten Bildträgers, f_{TT} Frequenz des frequenzmodulierten Tonträgers

11.2 Antennenankopplung

Beim Rundfunkempfang wird die Antenne über einen schmalbandigen Selektionskreis an den Vorverstärker oder direkt an die Mischstufe angekoppelt. Beim Fernsehempfang muß der Eingangsselektionskreis Bandpaßcharakter haben, da je Kanal zwischen 7 MHz und 8 MHz Kanalbreite (s. Tafel **11.**1) vorliegt. Abhängig von der Wellenlänge und der Antennenart sind angepaßte und nichtangepaßte Empfangsantennen zu unterscheiden (s. Band XI). Wird eine nicht abgestimmte Antenne benutzt – dies ist beispielsweise bei den im Mittel- und Langwellenbereich gebräuchlichen Antennen (s. Band XI) der Fall –, so ist die Antennenimpedanz $\underline{Z}_A$ vorwiegend kapazitiv. Um den Einfluß einer solchen Antenne auf den Vorselektionskreis gering zu halten, d. h., eine Verstimmung des Vorselektionskreises zu vermeiden, wird sie lose an den Empfangskreis angekoppelt.

11.2.1 Ersatzschaltung der Empfangsantenne

Als Ersatzschaltung für eine Empfangsantenne (s. Band XI) kann die Quellenersatzschaltung nach Bild **11.**3 benutzt werden. Die komplexe Antennenquellenspannung $\underline{U}_q$ ergibt sich aus der empfangenen elektrischen Feldstärke der Antenne und kann einige μV bis V je nach Empfangslage, Frequenz und Geometrie der Antenne betragen. Der komplexe Antennenwiderstand, die Antennenimpedanz

$$\underline{Z}_A = R_A + \frac{1}{j\omega\,C_A} + j\omega\,L_A \tag{11.1}$$

läßt sich als Reihenschaltung des Wirkwiderstands R_A der abgestimmten Antenne, der Antennenkapazität C_A und der Antenneninduktivität L_A deuten.

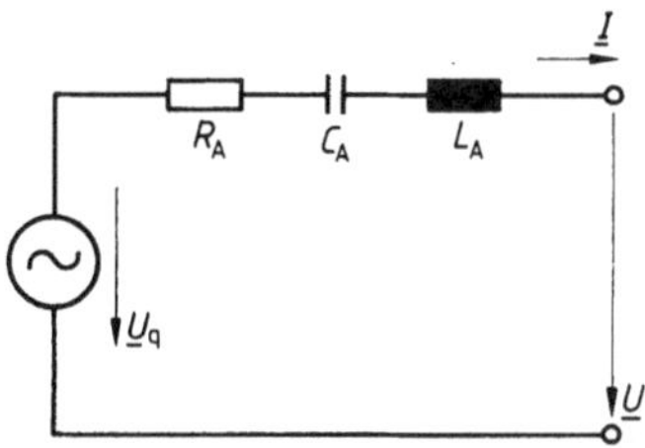

11.3
Ersatzschaltung einer Empfangsantenne

11.2.2 Nichtangepaßte Empfangsantenne

Zu unterscheiden sind kapazitive und induktive Ankopplungen der Empfangsantenne an den Empfänger. In Bild **11.**4 sind zwei mögliche kapazitive Ankopplungen dargestellt, die sich nach Kopf- und Fußpunktkopplung unter-

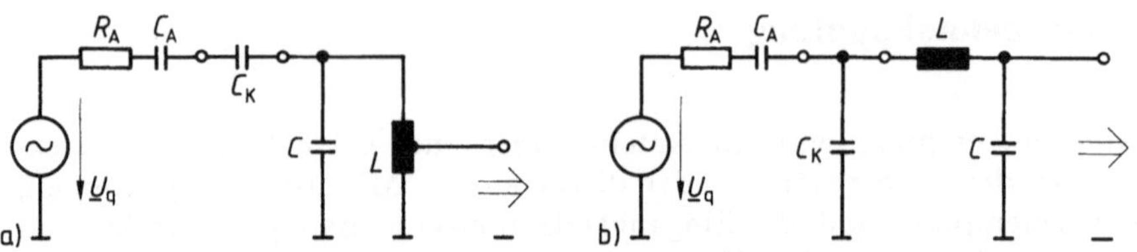

11.4 Kapazitive, nicht leistungsangepaßte Ankopplung einer Antenne an einen Empfänger mit Kopfpunktschaltung (a) und Fußpunktschaltung (b)
C_K Koppelkondensator, LC Eingangsselektionskreis

scheiden. Der LC-Parallelschwingkreis ist der Eingangsselektionskreis und wird auf die zu empfangende Frequenz abgestimmt.

Bei der kapazitiven Kopfpunktkopplung nach Bild **11.4**a wird die Empfangsantenne über den kleinen Koppelkondensator lose an den LC-Schwingkreis angekoppelt. Der LC-Parallelschwingkreis wird dadurch im Betriebsfrequenzbereich nur unwesentlich durch die Antenne verstimmt. Die kapazitive Kopfpunktkopplung hat den Nachteil, daß bei höheren Frequenzen über den Koppelkondensator C_K die Ankopplung der Antenne an den LC-Kreis fester wird, so daß es durch Verstimmung des Selektionskreises zum störenden Empfang anderer Sender kommen kann.

Bei der kapazitiven Fußpunktkopplung nach Bild **11.4**b bildet die Antennenimpedanz mit dem Koppelkondensator C_K einen Spannungsteiler, an den die Induktivität L des Parallelschwingkreises angekoppelt ist. Der Koppelkondensator C_K wird so groß gewählt, daß parasitäre Kapazitäten, wie Kabelkapazitäten, sich nicht schädlich auswirken können.

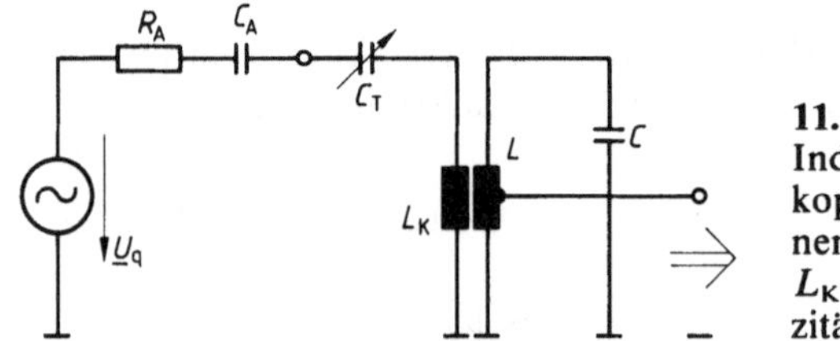

11.5
Induktive, nicht leistungsangepaßte Ankopplung einer Empfangsantenne an einen Empfänger
L_K Koppelinduktivität, C_T Trimm-Kapazität, LC Eingangsselektionskreis

Bei induktiver Antennenankopplung nach Bild **11.5** wird die Empfangsantenne über einen Trimm-Kondensator C_T an die Koppelspule L_K des Eingangs-LC-Kreises angeschlossen. Mit dem Trimmkondensator C_T kann die Antenne auf die Empfangsfrequenz abgestimmt werden, wodurch die Empfindlichkeit wesentlich gesteigert wird. Dies ist beim Schmalbandempfang möglich. Beim breitbandigen Empfang, wie er beim Rundfunkempfänger gegeben ist, liegt der Empfangsbereich ober- oder unterhalb der Resonanzfrequenz des Antennenkreises, da dann in einem breiten Frequenzbereich gleichmäßig empfangen werden kann (aperiodische Ankopplung).

11.2.3 Angepaßte Empfangsantenne

Um der Empfangsantenne die maximale Leistung entnehmen zu können, ist der Eingangskreis des Empfängers an die Antenne anzupassen. Bei höheren Frequenzen werden Empfangsantennen gewählt, die auf die Wellenlänge λ der Empfangsantenne abgestimmt sind, etwa der $(\lambda/2)$-Dipol oder die $(\lambda/4)$-Stabantenne (s. Band XI). Beide Antennen haben einen reellen Antennenwiderstand, der an die Empfangsstufe leistungsmäßig angepaßt werden kann. In der Bandmitte der Empfangsantenne gilt für den Eingangswiderstand des Empfängers $R = R_A$. Der Antennenwiderstand ist beim $(\lambda/2)$-Dipol $R_A \approx 65\ \Omega$ und bei der $(\lambda/4)$-Stabantenne $R_A \approx 40\ \Omega$.

12 Verstärker mit Laufzeitröhren

Mit zunehmender Leistung und höherer Frequenz können Halbleiter-Bauelemente infolge ihrer kleinen Abmessungen die in Verstärkern als Wärme auftretende Verlustleistung nicht mehr hinreichend gut abführen. Oft kann bei hohen Frequenzen auch die in einem großen Aussteuerungsbereich geforderte Linearität von Verstärkern nicht mehr mit Halbleiter-Bauelementen verwirklicht werden. In diesen Fällen müssen Verstärker mit Laufzeitröhren eingesetzt werden. In Laufzeitröhren werden Laufzeiterscheinungen ausgenutzt, die auftreten, wenn die Elektronenlaufzeit τ zwischen zwei Elektroden nicht mehr vernachlässigbar klein gegenüber der Periodendauer T der zwischen den Elektroden liegenden Spannung ist. Da in diesem Fall die Elektronen während ihres Fluges je nach dem Zeitwert der elektrischen Feldstärke in ihrer Bewegung abwechselnd beschleunigt oder verzögert werden, treten Wechselwirkungen zwischen Elektronen und elektromagnetischem Feld auf, die das betriebliche Verhalten der Laufzeitröhren bestimmen. Ausgehend von den Kenngrößen der Laufzeitröhren soll die Arbeitsweise von Verstärkern ohne und mit Rückkopplung abgeleitet werden.

12.1 Kenngrößen von Laufzeitröhren

Das betriebliche Verhalten aller Laufzeitröhren ist abhängig von Elektronenlaufzeit, Laufzeitwinkel, komplexer Steilheit, und ist in besonders anschaulicher Form aus dem elektronischen komplexen Leitwert abzuleiten. Es sollen daher zunächst die durch Laufzeiterscheinungen gegebenen Kenngrößen der in Verstärkern eingesetzten Laufzeitröhren angegeben werden.

12.1.1 Elektronenlaufzeit

Die zwischen zwei ebenen Elektroden 1 und 2 mit dem Abstand d in der Anordnung nach Bild 12.1a auftretende Elektronenlaufzeit τ wird aus dem Bewegungsvorgang $x = f(t)$ berechnet. Zwischen den im Abstand d angeordneten Elektroden tritt entsprechend der in Bild 12.1b angegebenen Potentialverteilung ein homogenes elektrisches Feld mit der elektrischen Feldstärke $\vec{E} = U_{21}/d$

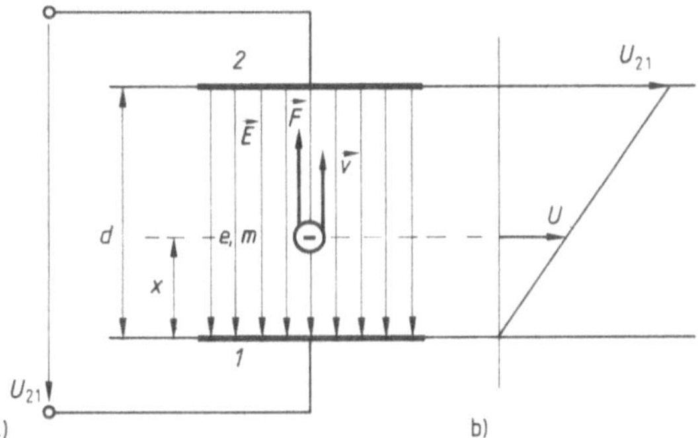

12.1 Zur Berechnung der Elektronenlaufzeit zwischen ebenen Elektroden *1* und *2* (a) bei gegebener Potentialverteilung (b)

auf, durch das ein im Raum zwischen den Elektroden im Abstand x von der Elektrode *1* befindliches einzelnes Elektron entsprechend seiner negativen Elementarladung $-e$ durch die Kraft $\vec{F} = -e\,\vec{E} = -e\,U_{21}/d$ zur positiven Elektrode *2* hin bewegt wird. Dabei erhält das Elektron mit der von der Geschwindigkeit abhängigen Masse m die Beschleunigung

$$a = \frac{\mathrm{d}^2 x}{\mathrm{d}t^2} = \frac{F}{m} = \frac{-e}{m} \cdot \frac{U_{21}}{d} \tag{12.1}$$

Durch Integration der Beschleunigungs-Gleichung (12.1) ergibt sich für die Geschwindigkeit des Elektrons

$$v = \frac{\mathrm{d}x}{\mathrm{d}t} = \frac{-e}{m} \cdot \frac{U_{21}}{d}\,(t - t_1) \tag{12.2}$$

Dabei ist t die jeweilige Beobachtungszeit, und t_1 ist die die Integrationskonstante festlegende Startzeit des Elektrons. Wird an der Elektrode *1*, also für den Ort $x = 0$, die Anfangsgeschwindigkeit des Elektrons $v = 0$ angenommen, ergibt die Integration der Geschwindigkeits-Gleichung (12.2) den Weg des Elektrons

$$x = \frac{-e}{m} \cdot \frac{U_{21}}{d} \cdot \frac{(t - t_1)^2}{2} \tag{12.3}$$

Für den Weg $x = d$ erreicht das Elektron in der Zeit $t - t_1 = \tau$ die Elektrode *2*. Es gilt dann für die Elektronenlaufzeit

$$\tau = d\sqrt{2m/(e\,U_{21})} \tag{12.4}$$

Sie liegt größenordnungsmäßig im ns-Bereich, beträgt beispielsweise $\tau = 1{,}07$ ns bei der Spannung $U_{21} = 250$ V und dem Elektrodenabstand $d = 0{,}5$ cm.

12.1.2 Laufzeitwinkel

Zur Kennzeichnung des Betriebszustands einer Laufzeitröhre wird im Winkelmaß das Verhältnis der Laufzeit τ zur Periodendauer T der an den Elektroden liegenden Hochfrequenzspannung angegeben und als Laufzeitwinkel

$$\Theta = 2\pi\,\frac{\tau}{T} = 2\pi f\tau = \omega\,\tau \tag{12.5}$$

bezeichnet. Der Laufzeitwinkel $\Theta = 180°$ bedeutet z. B., daß sich das Elektron eine halbe Periodendauer lang zwischen den betrachteten Elektroden bewegt. Die für Laufzeitwinkel $\Theta > 0°$ auftretende Wechselwirkung zwischen Elektronen und elektromagnetischem Feld führt in der Laufzeitröhre zu einem Energieaustausch mit dem durch ein den Elektroden *1* und *2* parallelgeschalteten, in Bild **12.**1 nicht eingezeichneten äußeren, meist als Schwingkreis ausgebildeten Netzwerk, da zum Beschleunigen des Elektrons Energie von außen zugeführt werden muß, während beim Verzögern (Abbremsen) des Elektrons Energie an den äußeren Schwingkreis abgegeben wird. Die Auswirkung dieses Energieaustauschs kann erfaßt werden durch Berechnen des zwischen den Elektroden (zusätzlich zum Verschiebungsstrom) fließenden Elektronenleitungsstroms und des im äußeren Kreis (zusätzlich zum Kapazitätsstrom) fließenden Elektroneninfluenzstroms. Mit Hilfe dieser Ströme werden die charakteristischen Kenngrößen der Laufzeitröhren, nämlich komplexe Steilheit $\underline{S}$ und elektronischer komplexer Leitwert $\underline{Y}$, angegeben.

12.1.3 Komplexe Steilheit

Die komplexe Steilheit

$$\underline{S} = \underline{I}_\mathrm{l}/\underline{U} \tag{12.6}$$

ist das Verhältnis der komplexen Sinusstromkomponente $\underline{I}_\mathrm{l}$ des Elektronenleitungsstroms zur steuernden komplexen Sinusspannung $\underline{U}$.

Der gesamte Elektronenleitungsstrom $i_\mathrm{lg} = I_{\mathrm{l}-} + i_{\mathrm{l}\sim}$, der allgemein aus Gleich- und Wechselkomponente besteht, ist durch die Summe der Ladungen aller je Zeitintervall durch den betrachteten Querschnitt tretenden Elektronen gegeben. Da die bei Laufzeiterscheinungen in den meisten Fällen auftretenden Oberschwingungen beim Einsatz in Verstärkern durch Schwingkreise unterdrückt werden, ist von der Wechselkomponente des Elektronenleitungsstroms nur die Grundschwingung $i_{\mathrm{l}\sim} = \hat{i}_\mathrm{l}\sin(\omega t + \varphi)$ mit dem in Gl. (12.6) angegebenen komplexen Effektivwert $\underline{I}_\mathrm{l} = I_{\mathrm{lw}} + jI_{\mathrm{lb}}$ zu berücksichtigen. Um den Elektronenleitungsstrom für beliebig aufgebaute Verstärkeranordnungen berechnen zu können, werden, wie Bild **12.**2 zeigt, elektronendurchlässige Elektroden *1* und *2* angenommen; mit ihnen können auch Vorgänge in hintereinandergeschalte-

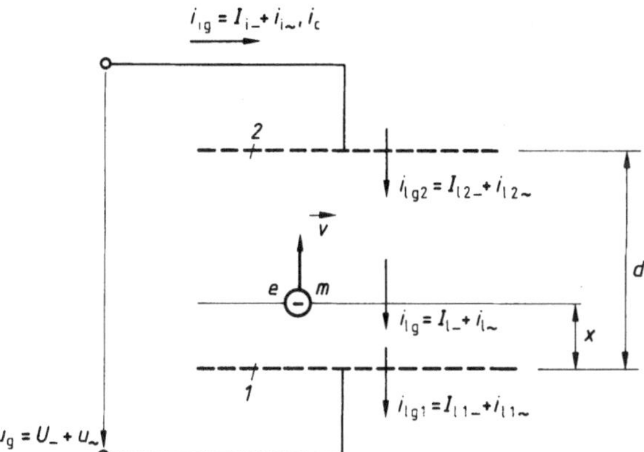

12.2
Elektronenleitungsstrom i_{lg} und Elektroneninfluenzstrom i_{ig} zwischen ebenen elektronendurchlässigen Elektroden *1* und *2* (Verschiebungsstrom zwischen den Elektroden vernachlässigt)

ten Elektrodenstrecken berechnet werden, in die dann der jeweils an der Elektrode berechnete Elektronenleitungsstrom eintritt.

Im Abstand x von der Elektrode *1* gilt für den Elektronenleitungsstrom der Ansatz

$$i_{lg} = i_{l1}(t_1) \left| \frac{\partial t_1}{\partial t} \right|_{x = \text{const}} \tag{12.7}$$

Hier sind $i_{l1}(t_1)$ der an der Elektrode *1* im Zeitintervall ∂t_1 eintretende Leitungsstrom, $i_{l1}(t_1)\,\partial t_1$ die im Intervall ∂t_1 eintretende Ladung und t die Beobachtungszeit.

Durch Bilden des vollständigen Differentials

$$\mathrm{d}x = \left(\frac{\partial x}{\partial t} \right)_{t_1 = \text{const}} \mathrm{d}t + \left(\frac{\partial x}{\partial t_1} \right)_{t = \text{const}} \mathrm{d}t_1$$

läßt sich für $x = \text{const}$, also $\mathrm{d}x = 0$, Gl. (12.7) in die folgende Form bringen

$$i_{lg} = i_{l1}(t_1) \frac{\left(\dfrac{\partial x}{\partial t} \right)_{t_1 = \text{const}}}{\left| \dfrac{\partial x}{\partial t_1} \right|_{t = \text{const}}} \tag{12.8}$$

Zähler und Nenner des Quotienten lassen sich aus Gl. (12.1) durch mehrfaches Integrieren und Differenzieren ermitteln. Aus dem durch Gl. (12.8) gegebenen zeitlichen Verlauf des gesamten Elektronenleitungsstroms $i_{lg} = I_{l-} + i_{l\sim}$ ist die zur Steilheitsberechnung nach Gl. (12.6) erforderliche, durch Schwingkreise herausgesiebte komplexe Sinuskomponente des Elektronenleitungsstroms $\underline{I}_l$ festgelegt.

Die in Bild **12.2** in der Entfernung $x = d$ an der Elektrode *2* vorhandene komplexe Steilheit $\underline{S}_2 = \underline{I}_{l2}/\underline{U}_{21}$ der Elektronenströmung ist ein Maß für den durch die Elektrode *2* hindurchtretenden Elektronenleitungsstrom $\underline{I}_{l2}$. Da für die

Eindringtiefe $x = d$ die Beobachtungszeit t der Differenz von Ankunftszeit t_2 und Startzeit t_1 entspricht, also $t = t_2 - t_1 = \tau$ ist, gibt man die Steilheit gewöhnlich als Funktion des Laufzeitwinkels $\Theta = \omega\tau$ an. Die im allgemeinen in der komplexen Ebene dargestellte Kurve $\underline{S}_2 = f(\Theta)$ beschreibt die Abhängigkeit von allen Größen, durch die der Laufzeitwinkel Θ geändert werden kann: Betriebsspannungen, Frequenz, Abmessungen. Eine Ortskurve der komplexen Steilheit einer Laufzeitröhre ist in Bild **12.5** angegeben.

12.1.4 Elektronischer komplexer Leitwert

Der zwischen den Anschlußklemmen der Elektroden *1* und *2* auftretende elektronische komplexe Leitwert

$$\underline{Y} = \underline{I}_\mathrm{i} / \underline{U} \tag{12.9}$$

auch **elektronischer komplexer Spaltleitwert** genannt, ist das Verhältnis der komplexen Sinuskomponente des Elektroneninfluenzstroms $\underline{I}_\mathrm{i}$ zur anliegenden komplexen Sinusspannung $\underline{U}$.

Der allgemein ebenfalls aus Gleich- und Wechselstromkomponente bestehende gesamte Elektroneninfluenzstrom $i_\mathrm{ig} = I_{\mathrm{i}-} + i_{\mathrm{i}\sim}$ entsteht durch die Elektronenbewegung und ist gegeben durch die zeitliche Änderung der auf den Elektroden influenzierten Ladungen. Das in Bild **12.2** eingezeichnete Elektron mit der Elementarladung e und der Masse m influenziert auf der Elektrode *1* die Ladung $q_1 = e[1 - (x/d)]$, auf der Elektrode *2* die Ladung $q_2 = e x/d$. Somit gilt bei Bewegung des Elektrons mit der Geschwindigkeit v für den durch die Ladungsänderung $\mathrm{d}q_2$ im Zeitintervall $\mathrm{d}t$ gegebenen Elektroneninfluenzstrom

$$i_\mathrm{ig} = \frac{\mathrm{d}q_2}{\mathrm{d}t} = -\frac{\mathrm{d}q_1}{\mathrm{d}t} = \frac{e}{d} \cdot \frac{\mathrm{d}x}{\mathrm{d}t} = e\,\frac{v}{d}$$

Der Elektroneninfluenzstrom ist der Geschwindigkeit des Elektrons $v = \mathrm{d}x/\mathrm{d}t$ direkt proportional. Bei kontinuierlicher Aufeinanderfolge der Elektronen liefert jedes Elektron einen Anteil zum Gesamtstrom

$$i_\mathrm{ig} = \frac{e}{d} \sum \frac{\mathrm{d}x}{\mathrm{d}t}$$

Folgen die Elektronen unendlich dicht aufeinander, so wird der Elektroneninfluenzstrom, wenn an der Elektrode *1* im Startzeitintervall $\mathrm{d}t_1$ die Ladung $i_{\mathrm{l}1}(t_1)\,\mathrm{d}t_1$, eintritt,

$$i_\mathrm{ig} = \frac{1}{d} \int\limits_{-\tau}^{t} i_{\mathrm{l}1}(t_1) \left(\frac{\partial x}{\partial t}\right)_{t_1 = \mathrm{const}} \mathrm{d}t_1 \tag{12.10}$$

Aus den Bewegungsgleichungen der Elektronen, die nach Gl. (12.1) bis (12.3) durch die an den Elektroden anliegende Spannung $u_\mathrm{g} = U_- + u_\sim$ gegeben sind, lassen sich somit auch komplexe Sinuskomponente des Elektroneninfluenzstroms $\underline{I}_i$ und elektronischer komplexer Leitwert $\underline{Y} = \underline{I}_i / \underline{U}$ in Abhängigkeit vom Laufzeitwinkel Θ bestimmen. Da die im allgemeinen in der komplexen Ebene dargestellte Kurve $\underline{Y} = f(\Theta)$ die Abhängigkeit des komplexen elektronischen Leitwerts von Betriebsspannung, Frequenz und Abmessungen angibt, läßt sich das betriebliche Verhalten einer Laufzeitröhre und damit auch das des Verstärkers in Zusammenwirken mit dem äußeren meist als Schwingkreis ausgeführten Netzwerk festlegen. Die Ortskurve des elektronischen komplexen Leitwerts einer Laufzeitröhre ist in Bild **12.**15 angegeben.

Eine nach diesem Ansatz durchgeführte, hier aber nicht wiedergegebene Berechnung des elektronischen komplexen Leitwerts $\underline{Y}$ einer Diodenstrecke ergibt, daß mit wachsendem Laufzeitwinkel stets gleichzeitig sich ändernde Wirk- und Blindkomponenten (induktiv) auftreten, wobei der Wirkleitwert abwechselnd positive und negative Werte durchläuft. Ein positiver Wirkleitwert tritt in den Laufzeitgebieten auf, in denen innerhalb einer Periode im Mittel mehr Elektronen beschleunigt als abgebremst werden; eine leistungslose Aussteuerung ist hier nicht mehr möglich. Ein negativer Wirkleitwert ergibt sich, wenn mehr Elektronen Energie abgeben als aufnehmen; dann kann ein äußerer Kreis zu Schwingungen angeregt werden.

Dem zur Kennzeichnung des Betriebsverhaltens der Laufzeitröhre angegebenen elektronischen komplexen Leitwert liegt immer ein kapazitiver Blindleitwert parallel. In den Zuleitungen zu den Elektroden fließt nämlich außer dem Influenzstrom i_{ig} auch der durch die geometrische Anordnung der Elektroden gegebene kapazitive Strom i_C.

12.2 Verstärker ohne Rückkopplung

Um bei der für Laufzeiten charakteristischen Wechselwirkung zwischen Elektronenströmung und elektromagnetischem Feld Energie zum Verstärken (oder durch Rückkopplung zum Erzeugen) von Schwingungen gewinnen zu können, müssen mit Hilfe der Laufzeiterscheinungen zwei als Arbeitsbedingungen aller Laufzeitröhren anzusehende Forderungen erfüllt werden:

1. Die von der Kathode gleichmäßig emittierten Elektronen müssen zu Elektronenpaketen einsortiert werden; es muß also eine Strömung mit abwechselnder Folge von Elektronenverdichtungen und -verdünnungen erzeugt werden. Dies nennt man Phaseneinsortierung der Elektronen.

2. Den Elektronenpaketen muß die ihnen aus der Gleichspannungsquelle zugeführte Energie entzogen und an einen Verbraucher abgegeben werden.

Je nach dem Aufbau der Laufzeitröhre werden diese beiden Forderungen auf verschiedenem Wege mehr oder weniger gut erfüllt; daher ist auch der Wirkungsgrad der Laufzeitröhren für die einzelnen Typen sehr verschieden.

Für Verstärker mit Laufzeitröhren sind das Klystron und die Wanderfeldröhre von besonderer Bedeutung. Charakteristisch für diese Verstärker ist, daß Laufzeitröhre und Ein- und Auskoppelelemente konstruktiv eine Einheit bilden. Die einfachste Form eines Klystron-Verstärkers ist das Zweikreisklystron, auch Zweikammerklystron genannt.

12.2.1 Zweikreisklystron

Das in Bild **12.**3 schematisch dargestellte, meist als Verstärker mit abgestimmten Schwingkreisen arbeitende Zweikreisklystron erzeugt die erforderlichen Elektronenpakete durch Steuerung der Elektronengeschwindigkeit. Die Elektronen verlassen die Kathode K mit der durch die Gleichspannung U_- gegebenen Geschwindigkeit

$$v_- = \sqrt{U_- \cdot 2e/m}$$

In der Steuerstrecke I werden sie beim Hindurchtreten durch die Elektroden 1 und 2 – je nach dem Zeitwert der an diesen Elektroden liegenden Sinusspannung $\underline{U}_1$ des Eingangsschwingkreises – gegenüber ihrer Geschwindigkeit v_- zusätzlich beschleunigt oder verzögert. Sie verlassen daher die Steuerstrecke I

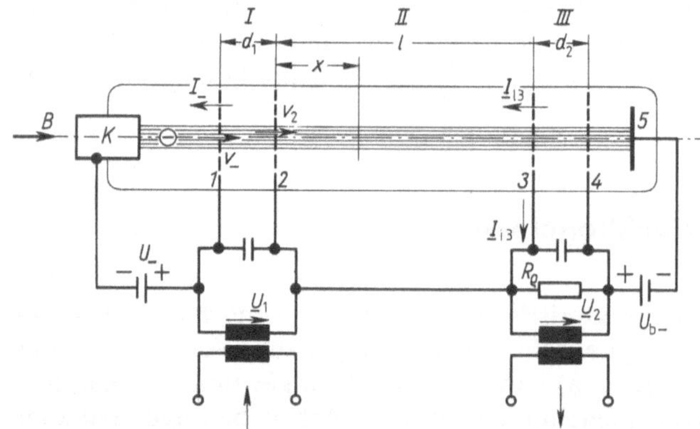

12.3
Zweikreisklystron, als Verstärker arbeitend
I Steuerstrecke,
II feldfreier Laufraum,
III Arbeitsstrecke

mit der von der Startzeit t_1 abhängigen Geschwindigkeit v_2. Wegen dieser Geschwindigkeitssteuerung der Elektronen bezeichnet man das Klystron auch als Triftröhre. Ist der Abstand d_1 der Elektroden 1 und 2 so klein, daß innerhalb der Steuerstrecke I der Laufzeitwinkel praktisch Null ist, wird die Elektronenströmung leistungslos gesteuert, ein besonderer Vorteil des Klystron-Verstärkers. Die leistungslose Steuerung kommt dadurch zustande, daß einem vom Sinusfeld der Steuerstrecke in der einen Halbperiode beschleunigten Elektron ein in der anderen Halbperiode um denselben Betrag abgebremstes Elektron entspricht, so daß im Mittel keine Energie zugeführt werden muß.

In dem zwischen den Elektroden *2* und *3* liegenden feldfreien Laufraum *II* mit der verhältnismäßig großen Länge *l* bilden sich infolge der gesteuerten Eintrittsgeschwindigkeit v_2 der Elektronen durch Ein- und Überholung einzelner Elektronen die gewünschten Elektronenpakete. Diese Elektronenpakete treten in die Arbeitsstrecke *III* ein, befinden sich also zwischen den im Abstand d_2 angeordneten Elektroden *3* und *4*. Zwischen diesen Elektroden liegt im eingeschwungenen Zustand die Sinusspannung $\underline{U}_2$ des Ausgangsschwingkreises. Das hierdurch in der Arbeitsstrecke *III* auftretende elektrische Feld beeinflußt die Elektronenbewegung. Den Elektronenpaketen wird dabei durch Abbremsen ein Teil ihrer kinetischen Energie entzogen und über die Influenzwirkung an den äußeren Schwingkreis abgegeben. Die restliche kinetische Energie der Elektronenpakete ist für den Verstärkungsvorgang bedeutungslos; sie wird beim Auftreffen der Elektronen auf der meist mit U_{b-} negativ vorgespannten Auffangelektrode *5*, auch Kollektor genannt, vernichtet.

Bild **12.4** zeigt in einem auch Elektronen-Fahrplan genannten Weg-Zeit-Diagramm $x = f(t)$ die Paketbildung in einer geschwindigkeitsgesteuerten Elektronenströmung im feldfreien Laufraum. Weil in ihm keine Kräfte auf die Elektronen einwirken, sind die zu verschiedenen Startzeiten t_1 eingezeichneten Elektronenbahnen als gerade Linien darzustellen, deren Neigung jeweils durch die Eintrittsgeschwindigkeit v_2 gegeben ist. Mit wachsender Eindringtiefe in

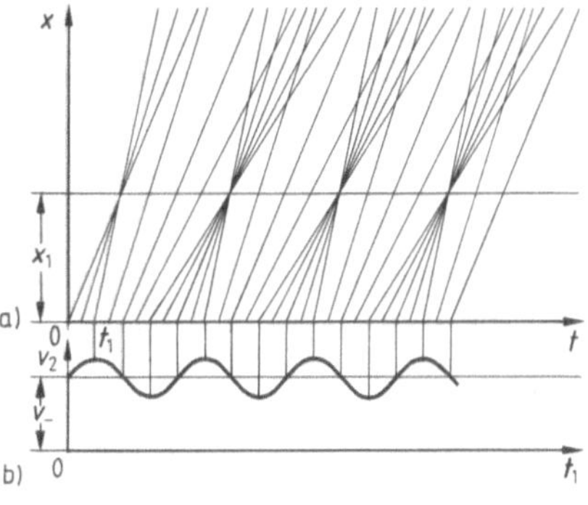

12.4
Elektronenbewegung einer geschwindigkeitsgesteuerten Elektronenströmung im feldfreien Laufraum, dargestellt im Weg-Zeit-Diagramm (Elektronen-Fahrplan) mit Eindringtiefe *x* in den Laufraum (a) und zugehöriger Geschwindigkeitssteuerung (b)

den Laufraum treten in der Elektronenströmung Verdichtungen und Verdünnungen auf, und nach einem Weg x_1 treffen sich im Laufraum Elektronen, die zu verschiedenen Zeiten in diesen Raum eingetreten sind; dies ist der Phasenbrennpunkt. Infolge der unterschiedlichen Elektronenverteilung enthält der Elektronenleitungsstrom außerordentlich viele Oberschwingungen. Die günstigsten Verstärkungsverhältnisse ergeben sich an der Stelle im Laufraum, an der der Scheitelwert der Grundschwingung dieses Stromes am größten wird; sie liegt bei etwa $2x_1$.

Da im Elektronenleitungsstrom auch Oberschwingungen höherer Ordnung mit verhältnismäßig großem Scheitelwert vorhanden sind, kann ein Klystron-Verstärker durch Abstimmen des Ausgangskreises auf eine Oberschwingung auch mit gutem Wirkungsgrad zur Frequenzvervielfachung eingesetzt werden.

In axialer Richtung befindet sich ein Magnetfeld mit der magnetischen Induktion B (Bild **12.**3), das prinzipiell nicht erforderlich ist, jedoch die Aufgabe hat, die Bündelung des Elektronenstrahls auf dem relativ langen Weg durch den Laufraum aufrechtzuerhalten.

Zur Berechnung der Betriebsbedingungen eines Klystrons muß aus Gl. (12.8) der in die Arbeitsstrecke *III* an der Elektrode *3* eintretende komplexe Elektronenleitungsstrom $\underline{I}_{l3}$ (Bild **12.**3) bzw. aus Gl. (12.6) die an dieser Stelle auftretende komplexe Steilheit $\underline{S}$ der geschwindigkeitsgesteuerten Elektronenströmung bestimmt werden. Bei Klystron-Verstärkern darf man immer annehmen, daß der Scheitelwert $\hat{u}_1$ der zwischen den Elektroden *1* und *2* liegenden Sinusspannung $\hat{u}_1 \sin(\omega t)$ klein ist gegenüber der Gleichspannung U_-. Dann ist für die Elektronenströmung die Spannungsaussteuerung $H_1 = \hat{u}_1 / U_- \ll 1$, und man kann die von der Startzeit t_1 abhängige Eintrittsgeschwindigkeit v_2 der Elektronen in den Laufraum in der folgenden Weise durch Reihenentwicklung der Wurzel näherungsweise angeben

$$v_2 = \frac{\mathrm{d}x}{\mathrm{d}t} = \sqrt{\frac{2e}{m}[U_- + \hat{u}_1 \sin(\omega t_1)]} \approx \sqrt{\frac{2e}{m}} U_- \left(1 + \frac{1}{2} \cdot \frac{\hat{u}_1}{U_-} \sin(\omega t_1)\right)$$

$$= v_- \left(1 + \frac{H_1}{2} \sin(\omega t_1)\right)$$

Durch Integrieren erhält man den Weg

$$x = \int v_2 \, \mathrm{d}x = v_- \left(1 + \frac{H_1}{2} \sin(\omega t_1)\right)(t - t_1)$$

wobei für $t = t_1$, d. h. bei Übereinstimmung von Startzeit t_1 und Beobachtungszeit t die Eindringtiefe $x = 0$ ist. Zur Auswertung von Gl. (12.8) bilden wir noch die Ableitung nach t_1

$$\frac{\mathrm{d}x}{\mathrm{d}t_1} = -v_- \left(1 + \frac{H_1}{2} \sin(\omega t_1)\right) + v_- \omega(t - t_1)\frac{H_1}{2}\cos(\omega t_1)$$

und erhalten, wenn wir für den in das Steuerfeld eintretenden Elektronenleitungsstrom $i_{l1}(t_1) = I_-$ setzen, den gesamten Elektronenleitungsstrom

$$i_{lg} = I_- \frac{1 + \dfrac{H_1}{2}\sin(\omega t_1)}{1 + \dfrac{H_1}{2}\sin(\omega t_1) - \dfrac{H_1}{2}\omega(t - t_1)\cos(\omega t_1)} = I_- + i_{l\sim}$$

Da die für das Klystron charakteristischen Einsortierungsvorgänge bereits unmittelbar nach Eintritt der Elektronen in den Laufraum beginnen, können wir uns zur weiteren Vereinfachung der Rechnung auf die Betrachtung der Vorgänge weit vor Erreichen des ersten Phasenbrennpunkts beschränken. Dann gilt

$$\frac{H_1}{2}\,\omega(t-t_1)\ll 1$$

und der gesamte Elektronenleitungsstrom wird

$$i_{\mathrm{lg}}=I_-\left[1+\frac{H_1}{2}\,\omega(t-t_1)\cos(\omega t_1)\right]$$

Nun ersetzen wir für kleine Spannungsaussteuerung der Elektronenströmung, also für $H_1\ll 1$ den Laufzeitwinkel $\omega(t-t_1)$ noch durch den Winkel $\Theta_{\mathrm{l}-}=\omega l/v_-$, der allein durch das Gleichfeld gegeben und dem Ende des Laufraums, also der Stelle $x=l$, zuzuordnen ist. Dann ist mit $\omega t-\omega t_1=\Theta_{\mathrm{l}-}$ der gesamte Elektronenleitungsstrom an der Elektrode 3

$$i_{\mathrm{lg}3}=I_-\left[1+\frac{H_1}{2}\,\Theta_{\mathrm{l}-}\cos[(\omega t)-\Theta_{\mathrm{l}-}]\right]$$

$$=I_-+\frac{I_-H_1}{2}\,\Theta_{\mathrm{l}-}[\sin\Theta_{\mathrm{l}-}\sin(\omega t)+\cos\Theta_{\mathrm{l}-}\cos(\omega t)]$$

$$=I_-+i_{\mathrm{l}3\sim} \tag{12.11}$$

Der den Verstärkungsvorgang bestimmende Sinusstromanteil $\underline{I}_{\mathrm{l}3}$ des Elektronenleitungsstroms besteht aus zwei Komponenten: Aus einer durch das Glied mit $\sin(\omega t)$ gegebenen, zur steuernden Sinusspannung $\hat{u}_1\sin(\omega t)$ gleichphasigen Wirkkomponente und aus einer durch das Glied mit $\cos(\omega t)$ gegebenen phasenverschobenen Blindkomponente.

Mit der Spannungsaussteuerung der Elektronenströmung $H_1=\hat{u}_1/U_-$ gilt nach Gl. (12.6) bei Bezug auf die steuernde Sinusspannung $\underline{U}_1$ für die komplexe Steilheit der geschwindigkeitsgesteuerten Elektronenströmung

$$\underline{S}=\frac{\underline{I}_{\mathrm{l}3}}{\underline{U}_1}=\frac{I_-}{U_-}\,\frac{\Theta_{\mathrm{l}-}}{2}\,(\sin\Theta_{\mathrm{l}-}+\mathrm{j}\cos\Theta_{\mathrm{l}-})=G_-\,\frac{\Theta_{\mathrm{l}-}}{2}\,\mathrm{j}\,e^{-\mathrm{j}\Theta_{\mathrm{l}-}} \tag{12.12}$$

wenn zur Normierung der Gleichstromleitwert $G_-=I_-/U_-$ eingeführt wird. Als auf G_- bezogene Ortskurve $\underline{S}/G_-=S_\mathrm{w}/G_-+\mathrm{j}(S_\mathrm{b}/G_-)=f(\Theta_{\mathrm{l}-})$ ergibt sich in der komplexen Ebene die in Bild **12.5**

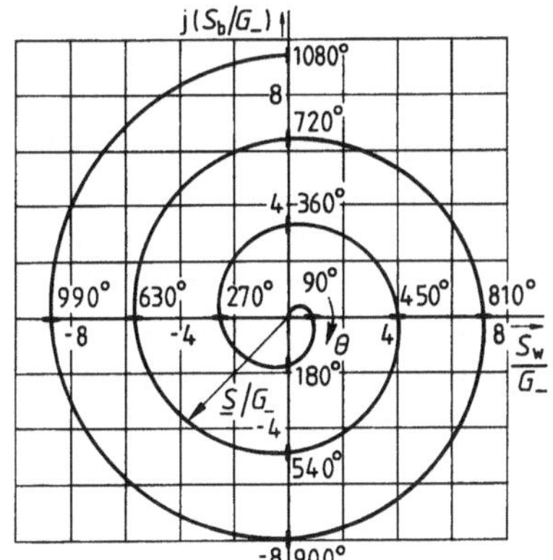

12.5
Ortskurve der komplexen Steilheit $\underline{S}/G_-=f(\Theta_{1-})$ einer geschwindigkeitsgesteuerten Elektronenströmung in der komplexen Ebene

dargestellte archimedische Spirale. Die zur Verstärkerwirkung notwendige Energieabgabe der Elektronenströmung ist in Laufzeitwinkel-Bereichen mit negativer Wirkkomponente, also für $180° < \Theta_{1-} < 360°$, $540° < \Theta_{1-} < 720°$, … möglich. Nach Bild **12.**5 lassen sich mit wachsendem Laufzeitwinkel beliebig große Steilheiten erreichen; praktisch tritt beim Überschreiten des Phasenbrennpunkts jedoch noch ein bei kleiner Spannungsaussteuerung, also bei kleinen H_1-Werten, zunächst vernachlässigbares Korrekturglied auf.

Der durch die Steilheit $\underline{S}$ gegebene komplexe Elektronenleitungsstrom $\underline{I}_{l3}$ ruft bei Durchtritt durch die Arbeitsstrecke *III* den Elektroneninfluenzstrom $\underline{I}_{l3}$ (Bild **12.**3) hervor, der den Ausgangskreis mit dem Resonanzwiderstand R_ρ auf die Sinusspannung $\underline{U}_2$ anfacht. Ist der Laufzeitwinkel in der Arbeitsstrecke $\Theta_{34} = 0$, stimmt der Elektroneninfluenzstrom mit dem Elektronenleitungsstrom überein, es wird also $\underline{I}_{i3} = \underline{I}_{l3}$; für den Klystron-Verstärker gilt dann

$$
\begin{array}{ll}
\text{Ausgangsspannung} & \underline{U}_2 = \underline{I}_{i3}\, R_\rho \\[4pt]
\text{Ausgangswirkleistung} & P = I_{i3}^2\, R_\rho \\[4pt]
\text{Gleichstromleistung} & P_- = U_-\, I_- \\[4pt]
\text{Verlustleistung} & P_V = P_- - P
\end{array}
$$

Bei der Dimensionierung des Ausgangskreises ist zu beachten, daß der Scheitelwert $\hat{u}_2$ der Ausgangssinusspannung keinesfalls größer als die Gleichspannung U_- werden darf; im gegenteiligen Fall werden die Elektronen im Arbeitsfeld nicht nur abgebremst, sondern für $\hat{u}_2 > U_-$ sogar in den Laufraum reflektiert. Da beim Klystron-Verstärker in den meisten Fällen die Spannungsaussteuerung der Elektronenströmung $H_1 \leqq 0,1$ ist, also nur verhältnismäßig geringe Geschwindigkeitsunterschiede in der Elektronenströmung auftreten, läßt man noch den Scheitelwert $\hat{u}_2 = 0,9\, U_-$ zu. Der bei vernachlässigbarer kleiner Spannungsaussteuerung H_1 maximal mögliche Wirkungsgrad beträgt infolge der nicht optimalen Einsortierung der Elektronen innerhalb der geschwindigkeitsgesteuerten Elektronenströmung nur 0,582; er wird in der Praxis infolge der Begrenzung des Scheitelwerts der Ausgangssinusspannung auf $\hat{u}_2 = 0,9\, U_-$ nicht ganz erreicht, zumal auch noch Elektronen am Gitter absorbiert und die Elektronenbahnen unerwünscht durch abstoßende elektrostatische Kräfte zwischen den einzelnen Elektronen beeinflußt werden.

Spannungs- und Leistungsverstärkung lassen sich wesentlich steigern, wenn zwischen Steuerstrecke am Eingang und Arbeitsstrecke am Ausgang des Verstärkers weitere über jeweils zwei elektronendurchlässige Elektroden angeschlossene Schwingkreise angeordnet werden. Sie wirken auf die jeweils ankommende geschwindigkeitsgesteuerte Elektronenströmung als Auskopplungskreis und bilden gleichzeitig einen Steuerkreis für die weiterlaufende Elektronenströmung. Zur Vergrößerung der Bandbreite bis auf maximal 10% werden alle Schwingkreise durch einen Parallelwiderstand bedämpft oder gegeneinander geringfügig verstimmt. Klystron-Verstärker mit mehreren hintereinander angeordneten Schwingkreisen nennt man **M e h r k r e i s k l y s t r o n**. Sie werden in der Endstufe von UHF-Fernsehsendern oberhalb 300 MHz für Ausgangswirkleistungen von 20 kW bis 40 kW eingesetzt. Bild **12.**6 zeigt eine schematische Darstellung des Mehrkreisklystrons, in der die durch Dämpfungswiderstände belasteten Schwingkreise als Hohlraumresonatoren (s. Band XI) ausgeführt sind und mit Steuerstrecke, Laufraum und Arbeitsstrecke konstruktiv eine Einheit bilden.

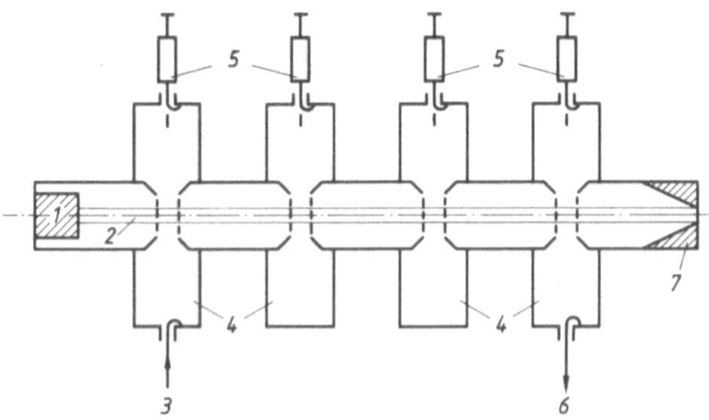

12.6 Schematische Darstellung eines als Verstärker arbeitenden Mehrkreisklystrons
1 Kathode, *2* Elektronenströmung, *3* Eingang des Verstärkers (zur Steuerstrecke), *4* Hohlraumresonatoren, *5* Dämpfungswiderstände, *6* Ausgang des Verstärkers (von der Arbeitsstrecke), *7* Auffangelektrode (Kollektor)

12.2.2 Wanderfeldröhre

Zum Aufbau breitbandiger Verstärker mit Laufzeitröhren müssen die Schwingkreise des Klystrons ersetzt werden durch eine kontinuierliche Verzögerungsleitung ohne Resonanzeigenschaften. Die über diese aperiodische Verzögerungsleitung laufende Welle tritt mit ihrem fortschreitenden elektromagnetischem Feld in Wechselwirkung mit einer parallelgeführten Elektronenströmung, wenn durch die Verzögerungsleitung die Geschwindigkeit des auf ihr fortschreitenden elektromagnetischen Feldes von der Lichtgeschwindigkeit im freien Raum herabgesetzt wird in den Bereich der Elektronengeschwindigkeit. Wegen der dann im Gegensatz zum Klystron-Verstärker vorhandenen kontinuierlichen Wechselwirkung zwischen der Elektronenströmung und dem fortschreitenden elektromagnetischen Feld wird diese Verstärkerröhre Wanderfeldröhre genannt; ihr wichtigstes Bauelement ist die Verzögerungsleitung. Die Wanderfeldröhre kann im Dauerstrichbetrieb mehrere 100 kW abgeben und wird für Frequenzen von 300 MHz bis 300 GHz gebaut; sie verstärkt Frequenzbänder bis zu 1 Oktave Bandbreite.

12.2.2.1 Verzögerungsleitung. Diese muß so aufgebaut sein, daß sie nicht nur die Phasengeschwindigkeit der elektromagnetischen Welle herabsetzt, sondern auch die bei allen Laufzeitröhren erforderliche Einsortierung der Elektronen

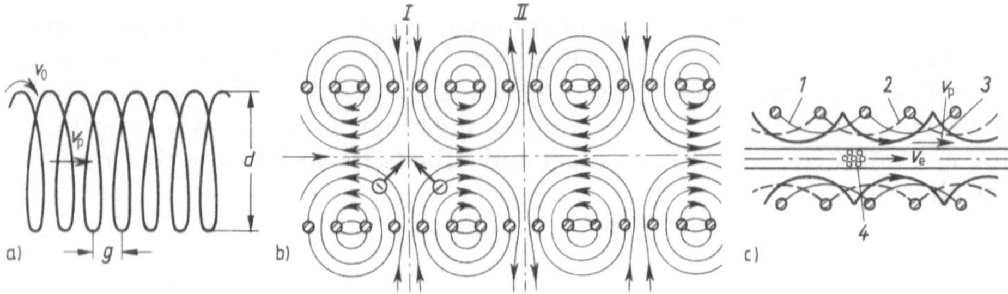

12.7 Wendelleitung
   a) Aufbau, b) Feldverteilung und Einsortierung der Elektronen, c) Energieaustausch zwischen Elektronenströmung *4* und erzwungener Welle *3*

zu Paketen ermöglicht. Wichtigste Ausführungsform ist die in Bild **12.**7 a dargestellte Wendelleitung. Unter der Annahme, daß das elektromagnetische Feld längs des Wendeldrahts ungefähr mit der Lichtgeschwindigkeit fortschreitet, ist mit Durchmesser *d*, Ganghöhe *g* der Wendel und Lichtgeschwindigkeit v_0 die Ausbreitungsgeschwindigkeit in Achsrichtung nur

$$v_\mathrm{p} = v_0 \frac{g}{\sqrt{(\pi d)^2 + g^2}} \approx v_0 \frac{g}{\pi d}$$

Die Einsortierung der Elektronen zu Elektronenpaketen erkennt man aus der auf der Wendelleitung entstehenden Feldverteilung des axialsymmetrisch verlaufenden elektromagnetischen Feldes, die in Bild **12.**7 b für einen bestimmten Zeitaugenblick dargestellt ist. In der Achse der Wendelleitung tritt eine Feldverteilung mit Tangentialfeldern wechselnder Richtung auf. Wird in die Wendelleitung in Ausbreitungsrichtung der Welle ein Elektronenstrahl mit annähernd gleicher Geschwindigkeit eingeführt, werden Elektronen infolge der unterschiedlichen Richtung der elektrischen Feldstärke entweder beschleunigt oder verzögert. Da sich Elektronen jeweils entgegengesetzt zur Richtung des elektrischen Feldes bewegen, bleibt die gleichmäßige Elektronenverteilung innerhalb des Elektronenstrahls bei Eintritt in die Wendelleitung nicht bestehen; es kommt an den Stellen *I* zu einer Verdichtung und an den Stellen *II* zu Verdünnungen in der Elektronenströmung.

Die so entstandenen Elektronenpakete erzeugen nun, wie Bild **12.**7 c zeigt, ihrerseits eine längs der Wendelleitung fortschreitende Welle *2*. Diese überlagert sich mit der der Wendelleitung zugeführten Welle *1* zu der resultierenden erzwungenen Welle *3*. Ist die Ausbreitungsgeschwindigkeit v_e der Elektronenpakete *4* etwas größer als die Phasengeschwindigkeit v_p der resultierenden Welle *3*, laufen die Elektronen in die bremsende Phase des elektrischen Feldes ein, geben also Energie an die fortschreitende Welle ab. Der Energiebetrag entspricht der Verminderung der kinetischen Energie beim Abbremsen der Elektronenpakete. Längs der Wendelleitung kommt es solange zu einer exponentiell ansteigenden Verstärkung der fortschreitenden Welle, bis kein Unterschied mehr vorhanden ist zwischen der Ausbreitungsgeschwindigkeit v_e der Elektronenpakete und der Phasengeschwindigkeit v_p der elektromagnetischen Welle. Da dann von den Elektronen jedoch keine Energie mehr abgegeben wird, sinkt die Verstärkung zum Röhrenende hin ab; die Wanderfeldröhre zeigt daher bei Erreichen dieses Sättigungszustands ein nichtlineares Verhalten. Im Sättigungszustand tritt die Sättigungsleistung, die maximal abgebbare Leistung der Wanderfeldröhre, auf.

Verzögerungsleitungen für Verlustleistungen von einigen kW werden nicht als Wendelleitung, sondern durch Aneinanderreihen von etwa 40 Scheiben und Abstandsringen aus massiven Metallteilen aufgebaut. Die meist aus Kupferringen und Kupferscheiben bestehenden Resonatoren gleicher Eigenresonanz sind über Schlitze in den Scheiben miteinander verkoppelt.

12.2.2.2 Aufbau. Auf der Eingangsseite des Verstärkers in Bild **12.**8 wird die Wendelleitung *1* meist über einen Hohlraumresonator *2* erregt. Die elektrische Länge der Verzögerungsleitung beträgt etwa 20 bis 30 Wellenlängen. Von der auch als Elektronenkanone bezeichneten Kathodenanordnung K wird ein Elektronenstrahl *3* großer Strahldichte (Perveanz) erzeugt. Er tritt durch eine auf dem Potential U_- der Wendelleitung liegende durchbohrte Anode A in axialer Richtung in die Wendelleitung ein und durchläuft – unterstützt durch das zwischen den Magneten NS auftretende, ebenfalls in axialer Richtung angeordnete magnetische Hilfsfeld mit der magnetischen Induktion B – die Wendelleitung als homogenes Bündel. Das Magnetfeld mit der magnetischen Induktion B wird so eingestellt, daß die beim Eintritt der Elektronen in das Magnetfeld entstehende Drehbewegung und die hierdurch bedingte Zentripetalkraft die Zentrifugal- und Raumladungskraft der Elektronen gerade aufhebt.

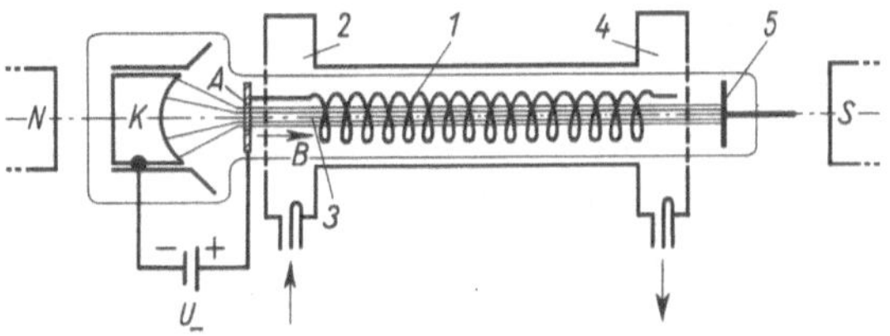

12.8
Aufbau einer Wanderfeldröhre
1 Wendelleitung,
2, 4 Hohlraumresonator,
3 Elektronenstrahl,
5 Auffangelektrode

Die bei der Wechselwirkung zwischen Elektronenströmung und Welle längs der Wendelleitung *1* abgegebene Hochfrequenzenergie kann am Ende der Wendelleitung über einen Hohlraumresonator *4* ausgekoppelt werden. Der Elektronenstrahl endet nach Durchlaufen der Wendelleitung auf der luft- oder wassergekühlten Auffangelektrode *5*. Zur Strahlfokussierung längs der Wendelachse wird heute meist ein durch periodisch angeordnete Permanentmagnete aus Samarium-Kobalt erzeugtes Magnetfeld eingesetzt.

Da die Wendelleitung aperiodisch ist, hat die Wanderfeldröhre bei Verzicht auf Eingangs- und Ausgangsresonatoren eine extrem große Breitbandigkeit, die praktisch nur durch eventuelle Fehlanpassungen bei der Ein- und Auskopplung begrenzt ist. (Wanderfeldröhren im 4-GHz-Bereich haben Bandbreiten von 30 MHz bis 40 MHz). Um die bei Fehlanpassung des Verbrauchers mögliche Selbsterregung zu verhindern, darf die Eigendämpfung der Wendelleitung nicht zu klein werden; dies kann durch Aufbau der Wendel aus Eisendraht oder durch Anbringen eines zusätzlichen Dämpfungsbelags erreicht werden.

Die Wanderfeldröhre arbeitet infolge des verhältnismäßig kleinen Geschwindigkeitsüberschusses der Elektronenströmung gegenüber dem fortschreitenden Feld nur mit Wirkungsgraden $\eta = 0{,}2$ bis 0,35. Eine Verbesserung des Wirkungsgrads durch Erhöhen des Geschwindigkeitsunterschieds zwischen Elektronenstrahl und Feld ist nicht möglich: Die Elektronenpakete würden dann während ihres Fluges in der Wendelleitung auch in Gebiete gelangen können, in denen sie nicht abgebremst, sondern beschleunigt werden. Hierdurch würde aber die Energieabgabe absinken.

Wanderfeldröhren werden bis zu Dauerstrichleistungen von einigen kW gebaut. Man setzt sie als breitbandige Endverstärker in Richtfunkstrecken, in Fernsehsendern, in Antennenverstärkern usw. bis in das Gebiet der Millimeterwellen ein. Für Fernsehrundfunkbetrieb ist ein bei der Frequenz 12 GHz arbeitender Satellitensender für 1000 W Dauerstrichleistung entwickelt. Zukünftige Generationen von Satelliten-Funk-Systemen arbeiten mit Hochleistungs-Wanderfeldröhren bei 1 kW Ausgangsleistung im 14-GHz-Bereich und im 30-GHz-Bereich.

Bei Impulsbetrieb ist es mit gittergetasteten als Hochleistungs-Sendeverstärker (100 kW bei 1% Tastverhältnis) arbeitenden Wanderfeldröhren möglich geworden, den aus taktischen Gründen erforderlichen extrem schnellen Frequenzwechsel von Puls-RADAR-Geräten (5,25 GHz bis 5,75 GHz) zu erreichen; die in Metall-Keramik-Technik ausgeführte Wanderfeldröhre arbeitet bei etwa 25% Wirkungsgrad mit einer Verzögerungsleitung aus gekoppelten Hohlraumresonatoren mit konzentrischer kapazitiver Belastung in Strahlnähe (Bandpaßverhalten von 5,15 GHz bis 6,25 GHz).

12.2.2.3 Vorwärts- und Rückwärtswellen. Die in Wanderfeldröhren eingesetzte Verzögerungsleitung entspricht in ihrem Übertragungsverhalten einer in Bild 12.9 schematisch dargestellten Kette von Elementarzweitoren, bei der jedes Zweitor (s. Band XI) die endliche axiale Länge l_a hat; bei der Wendelleitung

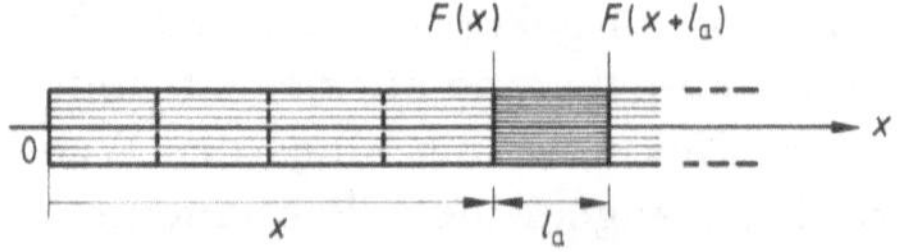

12.9 Schema einer aus Elementarzweitoren der axialen Länge l_a als Kettenschaltung aufgebauten inhomogenen Verzögerungsleitung
  $F(x)$, $F(x+l_a)$ Feldgrößen am Eingang und Ausgang eines Zweitors der Kette

(Bild **12.**7) ist die axiale Länge durch die Ganghöhe g festgelegt. Die Übertragungseigenschaften dieser inhomogenen Verzögerungsleitung sind bei der Kreisfrequenz ω gegeben durch den komplexen Ausbreitungskoeffizienten $\underline{\gamma} = \alpha + \mathrm{j}\beta$ mit dem Dämpfungskoeffizienten α und dem Phasenkoeffizienten β (s. Band XI) sowie durch die Phasengeschwindigkeit

$$v_{\mathrm{p}} = \omega/\beta \tag{12.13}$$

und durch die der Geschwindigkeit der Energiefortpflanzung entsprechende Gruppengeschwindigkeit

$$v_{\mathrm{g}} = \mathrm{d}\omega/\mathrm{d}\beta \tag{12.14}$$

Bei konstanter Frequenz gilt nach den Gesetzen der Wellenausbreitung auf Leitungen (s. Band XI) für den Zusammenhang zwischen der Feldgröße $F(x)$ am Eingang eines Zweitors der Kette in der Entfernung x vom Anfang der Verzögerungsleitung (Bild **12.**9) und der Feldgröße $F(x+l_{\mathrm{a}})$ am Ausgang dieses als verlustfrei angenommenen Zweitors

$$F(x+l_{\mathrm{a}}) = F(x)\,\mathrm{e}^{-\mathrm{j}\psi} \tag{12.15}$$

Die Feldgrößen sind also um den Phasenwinkel ψ verschoben.

Nach der Filtertheorie (s. Band XI) muß im Durchlaßbereich die Bedingung erfüllt sein

$$0 < |\psi| < \pi \tag{12.16}$$

Diese zwischen Eingang und Ausgang eines Zweitors der axialen Länge l_{a} zu erfüllende Phasenbedingung ist um den Faktor 2π mehrdeutig, da an den Orten x und $x+l_{\mathrm{a}}$ nicht zu erkennen ist, ob und gegebenenfalls wie oft längs der Strecke l_{a} eine Drehung der Welle um $360°$ stattgefunden hat. Es gibt also, da $\mathrm{e}^{-\mathrm{j}2\pi n} = 1$ ist, mit der Ordnungszahl

$$n = \pm(1, 2, 3 \ldots \infty) \tag{12.17}$$

unendlich viele Phasenverschiebungen

$$\psi_{\mathrm{n}} = \psi_0 + 2\pi n \tag{12.18}$$

die die Bedingung von Gl. (12.16) erfüllen. In Gl. (12.18) ist ψ_0 die bei $n=0$ auftretende kleinstmögliche Phasenverschiebung der Feldgrößen zwischen Eingang und Ausgang des Zweitors. Für den Phasenkoeffizienten eines Elementarzweitors gilt dann

$$\beta_{\mathrm{n}} = \psi_{\mathrm{n}}/l_{\mathrm{a}} = (\psi_0 + 2\pi n)/l_{\mathrm{a}} \tag{12.19}$$

so daß nach Gl. (12.13) bei Auswerten von Gl. (12.18) und (12.19) die von der Ordnungszahl n abhängigen Phasengeschwindigkeiten

$$v_{\mathrm{pn}} = \omega/\beta_{\mathrm{n}} = \omega\,l_{\mathrm{a}}/\psi_{\mathrm{n}} = \omega\,l_{\mathrm{a}}/(\psi_0 + 2\pi n) \tag{12.20}$$

auftreten. Daher erfüllen unendlich viele Wellen unterschiedlicher Phasengeschwindigkeit v_p die Durchlaßbedingung und weisen somit auch eine axiale Periodizität auf. Die Teilwelle mit der Ordnungszahl $n = 0$ wird **Fundamentale** genannt; sie hat die größte Phasengeschwindigkeit und damit die günstigste Wechselwirkung mit der Elektronenströmung. In der Praxis wird daher bevorzugt mit der Fundamentalen gearbeitet. Voraussetzung für das Zustandekommen der Wechselwirkung mit der Elektronenströmung ist das Auftreten einer zur Elektroneneinsortierung erforderlichen axialen Feldkomponente. Die Teilwellen höherer Ordnung mit $n > 0$ haben eine kleinere Phasengeschwindigkeit als die Fundamentale; nicht bei allen tritt die zur Elektroneneinsortierung erforderliche axiale Feldkomponente auf.

Die Gruppengeschwindigkeit

$$v_g = d\omega/d\beta_0 = d\omega/d\beta_1 = \cdots = d\omega/d\beta_n \tag{12.21}$$

ist unabhängig von der Ordnungszahl n. Bei konstanter Frequenz haben also die auftretenden Teilwellen unterschiedlicher Phasengeschwindigkeit v_{pn} die gleiche Gruppengeschwindigkeit v_g.

Da nach Gl. (12.17) und (12.18) die Phasenverschiebung ψ_n positive und negative Werte annehmen kann, treten unterschiedliche Ausbreitungsrichtungen der Welle auf. Wellen mit $\psi_n > 0$ sind **Vorwärtswellen** (in Bild **12**.9 Ausbreitung in positiver x-Richtung), Wellen mit $\psi_n < 0$ sind **Rückwärtswellen** (in Bild **12**.9 Ausbreitung in negativer x-Richtung).

Um sowohl bei Vorwärts- als auch bei Rückwärtswellen die maximale Wechselwirkung mit der Elektronenströmung zu erreichen, muß die Verzögerungsleitung so aufgebaut sein, daß in beiden Fällen **bereits jeweils die Fundamentale eine Vorwärts- oder Rückwärtswelle ist**. Nach den Ersatzschaltungen in Bild **12**.10 a, d wird dieses Ziel durch dualen Aufbau der Verzögerungsleitungen erreicht. Bei Vorwärtswellen ($\psi_0 > 0$) entspricht die Verzögerungsleitung der verlustfreien Leitung mit Längsinduktivität und Querkapazität (Bild **12**.10 a), so daß der Phasenkoeffizient β dem Aufbau des Zweitors entsprechend mit der Frequenz wächst und die Phasengeschwindigkeit v_p frequenzunabhängig ist (Bild **12**.10 b); dieses Verhalten liegt vor mit der Fundamentalen als Vorwärtswelle bei der schon in Abschn. 12.2.2.2 beschriebenen, zum Aufbau von Breitbandverstärkern entwickelten Wanderfeldröhre mit Wendelleitung als Verzögerungsleitung (Bild **12**.10 c). Bei Rückwärtswellen ($\psi_0 < 0$) kann nur dann eine Fundamentale auftreten, wenn die Verzögerungsleitung einer verlustfreien Leitung mit Längskapazität und Querinduktivität (Bild **12**.10 d) entspricht, so daß die Phasendrehung der Welle der Drehrichtung einer Welle im freien Raum entgegengesetzt gerichtet ist. Der Phasenkoeffizient β nimmt dem Aufbau des Zweitors entsprechend mit der Frequenz ab, und die Phasengeschwindigkeit v_p wächst mit der Frequenz an (Bild **12**.10 e). Verzögerungsleitungen mit der Fundamentalen als Rückwärtswelle, auch als anomale Verzögerungsleitungen bezeichnet, werden im Höchstfrequenzgebiet

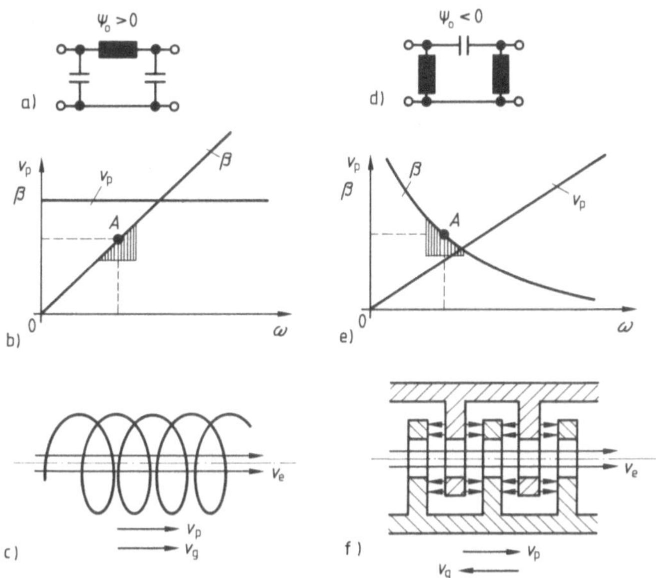

12.10 Verzögerungsleitungen mit periodischer Struktur, bei denen bereits jeweils die Fundamentale Vorwärtswelle ($\Psi_\mathrm{o} > 0$) oder Rückwärtswelle ($\Psi_\mathrm{o} < 0$) ist
a), d) Ersatzschaltung, b), e) Frequenzabhängigkeit von Phasenkoeffizient β und Phasengeschwindigkeit v_p. Aufbau für Vorwärtswellen (Wanderfeldröhre, Breitbandverstärker) als Wendelleitung (c) mit Elektronengeschwindigkeit v_e und gleichem Vorzeichen von Phasengeschwindigkeit v_p und Gruppengeschwindigkeit v_g und für Rückwärtswellen (Carcinotron, Oszillator) als Interdigital-Leitung (f) mit entgegengesetztem Vorzeichen von Phasengeschwindigkeit v_p und Gruppengeschwindigkeit v_g

als Interdigital-Leitung (Finger-Leitung) aufgebaut, bei der durch die ineinandergreifenden Finger die Kapazität im Längszweig verwirklicht wird und die zur Elektroneneinsortierung erforderlichen axialen Feldkomponenten (in Bild **12.**10f dünn eingezeichnet) erzeugt werden. Der Elektronenstrahl wird durch die Bohrung im Innern der Leitung hindurchgeführt.

Bild **12.**11 zeigt als zusammenfassende Auswertung der Gl. (12.17) und (12.18) die auf Verzögerungsleitungen möglichen Bereiche der Teilwellen unterschiedlicher Phasengeschwindigkeit und gleicher Gruppengeschwindigkeit. In der rechten Hälfte der Darstellung mit $\psi > 0$ treten Vorwärtswellen VW auf, in der linken Hälfte mit $\psi < 0$ Rückwärtswellen RW. Nach oben aufgetragen sind die Teilwellen der Wendelleitung für $-\infty < n < +\infty$ mit der durch gekreuzte Schraffur gekennzeichneten Fundamentalen ($n = 0$) bei $0 < \psi < \pi$ als Vorwärtswelle. Neben weiteren Vorwärtswellen ($n > 0$) für $2\pi < \psi < 3\pi$, $4\pi < \psi < 5\pi$ usw. treten auch bei der Wendelleitung Rückwärtswellen ($n < 0$) für $-2\pi < \psi < -\pi$, $-4\pi < \psi < -3\pi$ usw. auf, jedoch erstmalig bei der Ordnungszahl $n = -1$, d.h. nicht als Fundamentale. Nach unten aufgetragen sind

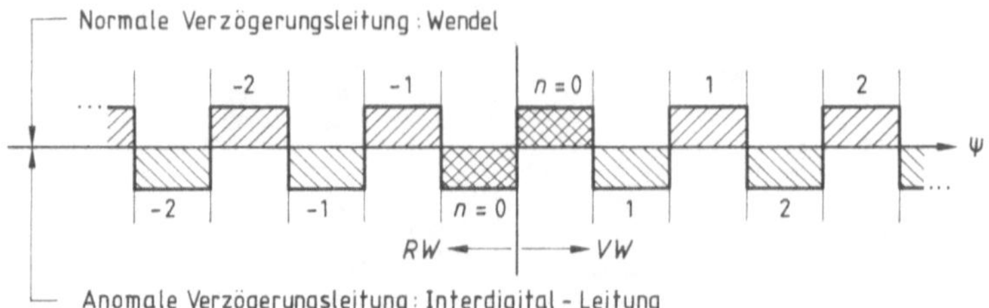

12.11 Bereiche der Teilwellen unterschiedlicher Phasengeschwindigkeit und gleicher Gruppengeschwindigkeit von Vorwärtswellen und Rückwärtswellen
Ψ Phasenverschiebung längs des die axiale Periodizität bestimmenden Elementarzweitors, n Ordnungszahl der Teilwelle, $n = 0$ Fundamentale, gekennzeichnet durch gekreuzte Schraffur, VW Vorwärtswelle, RW Rückwärtswelle

die Teilwellenbereiche der Interdigital-Leitung für $-\infty < n < +\infty$ mit der Fundamentalen ($n = 0$) bei $-\pi < \psi < 0$ als Rückwärtswelle (gekreuzte Schraffur) sowie weiteren Rückwärtswellen ($n < 0$) für $-3\pi < \psi < -2\pi$, $-5\pi < \psi < -4\pi$ usw. und Vorwärtswellen ($n > 0$) für $\pi < \psi < 2\pi$, $3\pi < \psi < 4\pi$ usw.

Kennzeichen der Vorwärtswellen ist das gleiche Vorzeichen von Phasengeschwindigkeit v_{pn} (zu bestimmen aus den Koordinaten des Punktes A in Bild **12.**10b,e) und Gruppengeschwindigkeit v_g (zu bestimmen aus der Steigung der Kurve $\beta = f(\omega)$ im Punkt A der Bilder **12.**10b,e). Kennzeichen der Rückwärtswellen ist das entgegengesetzte Vorzeichen von Phasengeschwindigkeit v_{pn} und Gruppengeschwindigkeit v_g. Während daher beim Arbeiten mit Vorwärtswellen, wie in der in Abschn. 12.2.2.2 beschriebenen in Breitbandverstärkern eingesetzten Wanderfeldröhre, Elektronenströmung mit der Geschwindigkeit v_e, Phasengeschwindigkeit v_p und Gruppengeschwindigkeit v_g die gleiche Richtung haben (Bild **12.**10c) und damit die Energie an dem der Einkopplung entgegengesetzten Ende der Verzögerungsleitung ausgekoppelt wird, tritt beim Arbeiten mit Rückwärtswellen infolge des entgegengesetzten Vorzeichens von Phasengeschwindigkeit v_p und Gruppengeschwindigkeit v_g (Bild **12.**10f) die Energie am Ort der Einkopplung, also am Anfang der Verzögerungsleitung aus. Es handelt sich hierbei um eine innere Rückkopplung, so daß die Anordnung nicht mehr als Verstärker, sondern als Oszillator wirkt und die Hochfrequenzleistung an dem der Kathode zugekehrtem Ende der Verzögerungsleitung abgenommen wird. Die mit Rückwärtswellen arbeitenden Röhren werden als Carcinotron (Krebsröhre) bezeichnet.

Da, wie Bild **12.**10e zeigt, die Phasengeschwindigkeit von Rückwärtswellen stark frequenzabhängig ist, wird das vorwiegend mit der Interdigital-Leitung aufgebaute Carcinotron als Oszillator mit großem Durchstimmbereich eingesetzt. Durch Verändern der Gleichspannung U_- der Verzögerungsleitung kann die Geschwindigkeit v_e der Elektronenpakete der Phasengeschwindigkeit v_p der Welle gewünschter Frequenz angepaßt werden, so daß sich die in Bild **12.**12

dargestellte Abstimmkurve für die Abhängigkeit der Wellenlänge λ von der Gleichspannung U_- ergibt. Heute lassen sich bereits Frequenzbereiche von 4 GHz bis 120 GHz durchstimmen.

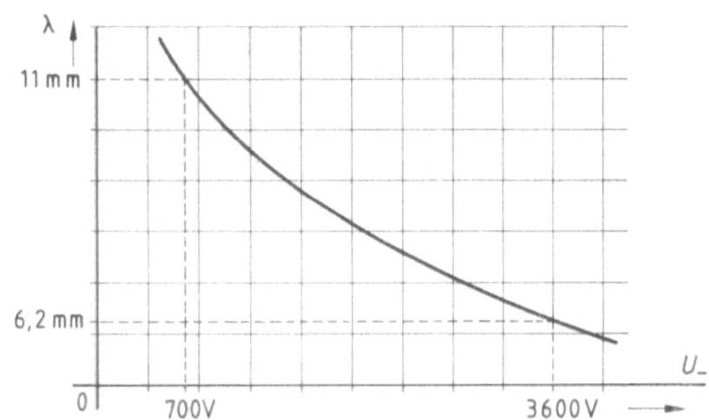

12.12 Abstimmkurve $\lambda = f(U_-)$ einer als Oszillatorröhre arbeitenden Rückwärtswellenröhre als Beispiel möglicher Durchstimmbereiche

12.2.2.4 Wanderfeld-Klystron. Das in der Fernsehtechnik im UHF-Gebiet (Fernsehband IV/V, 400 MHz bis 900 MHz) z. B. für den 20-kW-Bildsender eingesetzte Leistungsklystron wird anstelle der in Abschn. 12.2.1 beschriebenen, als Spalt ausgeführten Steuerstrecken mit kurzen, als Verzögerungsleitung wirkenden Wendeln gesteuert. Der Elektronenstrahl wird daher nicht nur innerhalb der kurzen Steuerstrecke eines Spaltes, sondern über die ganze Länge der Verzögerungsleitung phasenrichtig beeinflußt, so daß W a n d e r f e l d - u n d K l y s t r o n v e r s t ä r k u n g s e f f e k t   z u s a m m e n w i r k e n   und damit ein guter Wirkungsgrad erreicht wird.

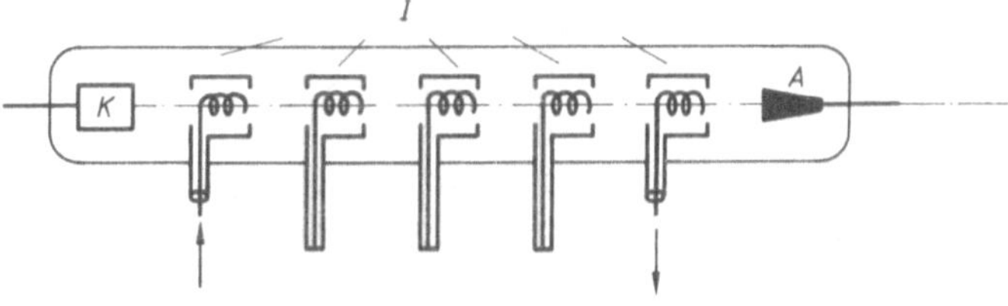

12.13 Schematische Darstellung des Aufbaus eines Wanderfeld-Klystrons
    K Kathode, A Auffangelektrode, I als Steuerstrecke wirkende Wanderfeldresonatoren mit Wendel als Verzögerungsleitung

Zum wiederholten Ausnutzen der Wechselwirkung zwischen Elektronenströmung und Feld ist, wie Bild **12.**13 zeigt, das Wanderfeld-Klystron als Mehrkreisklystron mit fünf nacheinander von der Elektronenströmung durchlaufenen Resonatoren I aufgebaut, die zum Erzielen der erforderlichen Bandbreite bei hoher Verstärkung gegeneinander versetzt abgestimmt werden.

12.3 Verstärker mit Rückkopplung

Da bei Laufzeitröhren, bedingt durch die hohe Betriebsfrequenz, in den meisten Fällen Röhre und äußerer Kreis konstruktiv eine Einheit bilden, können zur Schwingungserzeugung eingesetzte Verstärker bereits ohne äußere Rückkopplungsschaltung durch entsprechenden Aufbau der Laufzeitröhre als Oszillator wirken. Wichtigste Ausführungsformen dieser Verstärker mit Rückkopplung sind Reflexklystron und Magnetron.

12.3.1 Reflexklystron

Kennzeichnend für das Reflexklystron ist der Richtungswechsel der Elektronenströmung im feldfreien Laufraum. Er ermöglicht den in Bild **12.**14 angegebenen Aufbau eines Klystrons mit dem Rückkopplungsfaktor Eins, bei dem Steuer- und Arbeitsstrecke identisch sind und auf einen gemeinsamen Schwingkreis arbeiten.

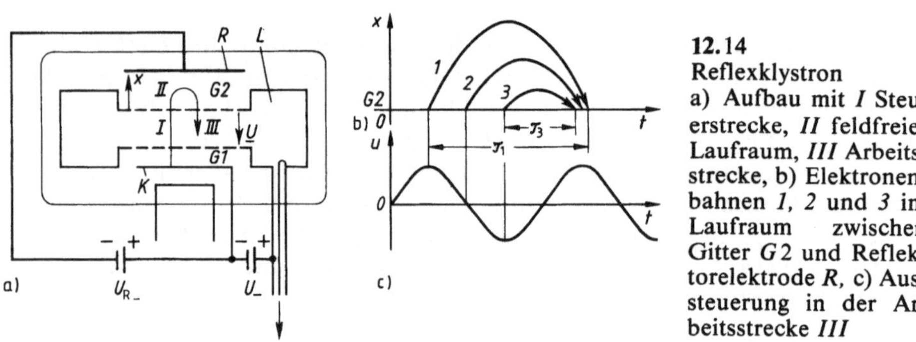

12.14
Reflexklystron
a) Aufbau mit I Steuerstrecke, II feldfreier Laufraum, III Arbeitsstrecke, b) Elektronenbahnen I, 2 und 3 im Laufraum zwischen Gitter $G2$ und Reflektorelektrode R, c) Aussteuerung in der Arbeitsstrecke III

Die Wirkungsweise des Reflexklystrons soll im eingeschwungenen Zustand betrachtet werden. Die von der Kathode K emittierten Elektronen werden von der am Gitter $G1$ liegenden Spannung U_- beschleunigt. In der Steuerstrecke I erhalten sie je nach dem Zeitwert der anliegenden Sinusspannung $\underline{U}$ des gleichzeitig als Steuer- und Lastkreis dienenden Hohlraumresonators L verschiedene Geschwindigkeiten. Sie werden daher, wie in Bild **12.**14b dargestellt, im feldfreien Laufraum II zwischen Gitter $G2$ und Reflektorelektrode R durch die negative Reflektorspannung U_{R-} bei verschiedenen Eindringtiefen x zur Umkehr gezwungen. Die Elektronen I mit der größeren Geschwindigkeit dringen tiefer in den Laufraum II ein. Sie benötigen also bis zur Rückkehr zum Arbeitsfeld III eine längere Laufzeit τ_1 als die mit kleinerer Geschwindigkeit in den Laufraum eindringenden Elektronen 2 und 3; die letzteren holen infolge ihrer kleineren Laufzeit τ_3 früher gestartete schnellere Elektronen ein. Auch hier führt also die Geschwindigkeitssteuerung zur Bildung der Elektronenpakete.

Da an Arbeitsstrecke *III* und Steuerstrecke *I* die gleiche Spannung $\underline{U}$ liegt, die Sinusspannung an der Steuerstrecke also nicht mehr – wie beim Zweikreisklystron – klein gegenüber der Gleichspannung ist, treten in der Elektronenströmung verhältnismäßig große Geschwindigkeitsunterschiede auf. Zur Vermeidung von Elektronenreflexion beim Eintritt in die Arbeitsstrecke *III* darf daher die Spannungssteuerung der Elektronenströmung nur etwa $H = 0{,}5$ betragen. Der Wirkungsgrad des Reflexklystrons wird daher nur etwa 0,25 und weniger.

Das Betriebsverhalten des Reflexklystrons kann aus dem in Bild **12.**15 a dargestellten Zusammenwirken des elektronischen komplexen Leitwerts $\underline{Y}$ mit dem komplexen Leitwert $\underline{Y}_\mathrm{L}$ des äußeren Parallelschwingkreises erläutert werden. Der Verlauf der Ortskurve für den elektronischen komplexen Leitwert $\underline{Y}$ stimmt mit der Ortskurve für die komplexe Steilheit $\underline{S}$ überein, wenn Elektroneninfluenzstrom und Elektronenleitungsstrom übereinstimmen, also $\underline{I}_\mathrm{i} = \underline{I}_\mathrm{l}$ ist; die Ortskurve für den komplexen Leitwert $\underline{Y}_\mathrm{L}$ des äußeren Parallelschwingkreises ist eine Gerade parallel zur Ordinatenachse. Da eine Anfachung nur möglich ist, wenn die negative Wirkkomponente des elektronischen komplexen Leitwerts $\underline{Y}$ größer ist als die positive Wirkkomponente $1/R_\rho$ des Lastkreises, kann man durch Einzeichnen der gestrichelt dargestellten Ortskurve (Abstand von der Ordinatenachse $-1/R_\rho$) die durch Schraffur gekennzeichneten Schwingbereiche *1, 2* und *3* sofort angeben. Die Frequenz der Schwingung stellt sich auf einen solchen Wert ein, daß die Summe der Blindkomponenten aus den komplexen Leitwerten $\underline{Y}$ und $\underline{Y}_\mathrm{L}$ Null wird. Die Frequenz läßt sich daher durch Änderung des Laufzeitwinkels Θ_l beeinflussen, so daß das Reflexklystron sehr gut als **Frequenzmodulator** eingesetzt werden kann. Die Am-

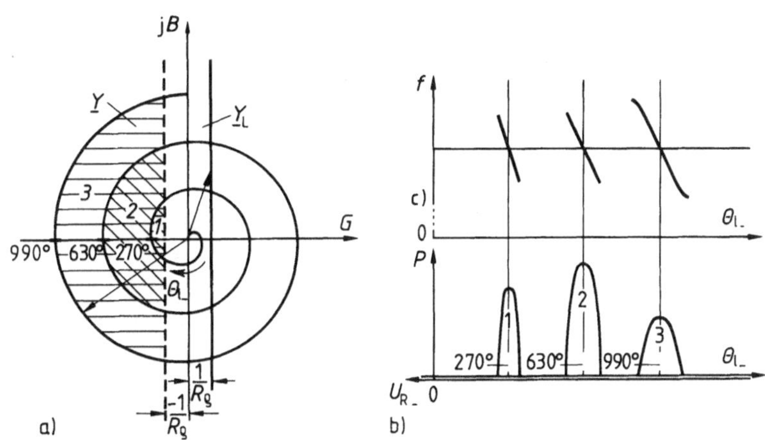

12.15 Betriebsverhalten eines Reflexklystrons
a) Zusammenwirken zwischen elektronischem komplexen Leitwerk $\underline{Y}$ und komplexem Leitwert $\underline{Y}_\mathrm{L}$ des äußeren Parallelschwingkreises, b) Wirkleistung P, c) Frequenz f in den Schwingbereichen *1, 2* und *3*

plitude der Schwingung erfüllt immer die Bedingung, daß die dem äußeren Kreis von der Röhre zugeführte Leistung gleich der im Schwingkreis verbrauchten Leistung ist. Die zur Amplitudenbegrenzung der Schwingung notwendige Nichtlinearität im Rückkopplungssystem liegt in der Laufzeitröhre selbst, da bei größeren Spannungsaussteuerungen die Ortskurve des elektronischen komplexen Leitwerts zusammenschrumpft.

Bild **12.**15b zeigt Wirkleistung P und Frequenz f in Abhängigkeit von dem durch die Reflektorspannung U_{R-} veränderbaren Laufzeitwinkel Θ_{l-} für die Schwingbereiche *1, 2* und *3*. Schwingbereiche höherer Ordnung schwingen zwar wegen der größeren negativen Wirkkomponente des elektronischen komplexen Leitwerts $\underline{Y}$ leichter an, jedoch sinkt die abgegebene Wirkleistung, da höhere Laufzeitwinkel kleineren Gleichspannungen entsprechen und damit auch eine kleinere Gleichstromleistung aufgenommen wird. Der Leistungsbereich, der durch den Leistungsabfall auf -3 dB gegeben ist, wird e l e k t r o n i s c h e B a n d b r e i t e genannt.

Da die Elektronen nach dem Verlassen des Arbeitsfelds wieder auf die Kathode treffen und dort ihre restliche kinetische Energie als Wärme abgeben, können aus konstruktiven Gründen Reflexklystrons nur für relativ geringe Leistungen bis zu einigen Watt gebaut werden. Sie werden bevorzugt als Oszillatorröhre in Überlagerungsempfängern und als Generator für Millimeterwellen bis zu Frequenzen von 300 GHz eingesetzt.

12.3.2 Magnetron

Das im Aufbau einer Diode entsprechende Magnetron ist eine mit großem Wirkungsgrad arbeitende Oszillatorröhre, bei der zwischen Anode und Kathode zusätzlich zum elektrischen Feld ein zu ihm senkrecht verlaufendes magnetisches Feld vorhanden ist. Zur Erklärung der Arbeitsweise des Magnetrons muß zunächst die Elektronenbewegung in gekreuzten elektrischen und magnetischen Feldern untersucht werden.

12.3.2.1 Elektronenbahn. Zur Aufstellung der Bewegungsgleichungen eines Elektrons in gekreuzten elektrischen und magnetischen Feldern muß man von der auf das Elektron wirkenden resultierenden Kraft $\vec{F}$ ausgehen, die sich zusammensetzt aus einem vom elektrischen Feld und einem vom magnetischen Feld bedingten Anteil. Während auf das Elektron mit der Elementarladung e in einem elektrischen Feld mit der Feldstärke $\vec{E}$ die Kraft $\vec{F}_E = c\vec{E}$ ausgeübt wird, tritt im magnetischen Feld mit der magnetischen Induktion $\vec{B}$ bei Bewegung der Elektronen (s. Band I) mit der Geschwindigkeit $\vec{v}$ die Kraft $\vec{F}_B = e(\vec{v} \times \vec{B})$ auf. Sie ist also gegeben durch das vektorielle Produkt aus $\vec{v}$ und $\vec{B}$. Es besagt, daß die durch das magnetische Feld auf das Elektron wirkende Kraft senkrecht auf der Ebene $(\vec{v}, \vec{B})$, somit senkrecht auf $\vec{v}$ steht. Dies bedeutet, daß diese Kraft dem Elektron keine Beschleunigung in Richtung der Geschwindigkeit $\vec{v}$ erteilt, sondern ohne Energiezufuhr aus dem Feld nur eine Krümmung der Bahn verursacht. Für die resultierende Kraft gilt

$$\vec{F} = e\vec{E} + e(\vec{v} \times \vec{B}) \tag{12.22}$$

Da beim Magnetron elektrisches und magnetisches Feld senkrecht zueinander stehen ($\alpha = 90°$), und damit der Betrag $eBv\sin\alpha$ des vektoriellen Produkts einer konstanten Zentralkraft entspricht, bewegt sich das Elektron durch Einwirkung des magnetischen Feldes auf einem Kreis, dessen Ebene senkrecht zur Richtung des magnetischen Feldes liegt.

Im Magnetron tritt das elektrische Feld nur als Radialfeld zwischen Anode und Kathode auf, es ist also $E_x = 0$. Somit gilt in bezug auf das in Bild **12**.16 a angegebene Koordinatensystem für die die Elektronenbewegung verursachende Kraft in x- und y-Richtung zwischen den ebenen Elektroden A und K

$$F_x = m\,\frac{\mathrm{d}v_x}{\mathrm{d}t} = e\,v_y B \qquad\qquad F_y = m\,\frac{\mathrm{d}v_y}{\mathrm{d}t} = e\,E - e\,v_x B \tag{12.23}$$

Während für die Kraft F_x in x-Richtung die Geschwindigkeit v_y in y-Richtung maßgebend ist, hängt die Kraft F_y in y-Richtung von der Geschwindigkeit v_x in x-Richtung und der Feldstärke E in y-Richtung ab. Die Lösung der vorstehenden beiden Differentialgleichungen ergibt die Geschwindigkeitskomponenten

$$v_x = a\sin\left[\frac{eB}{m}(t-t_1)\right] + \frac{E}{B} \qquad\qquad v_y = a\cos\left[\frac{eB}{m}(t-t_1)\right] \tag{12.24}$$

aus denen bereits auf die auftretende Elektronenbahn geschlossen werden kann. Da sowohl bei der Geschwindigkeit v_x in x-Richtung als auch bei der Geschwindigkeit v_y in y-Richtung die gleichen Integrationskonstanten a und t_1 und bei gleichem Argument einmal die Sinusfunktion, das andere Mal die Cosinusfunktion auftritt, durchläuft (Bild **12**.16 b) das Elektron mit der als Lar-

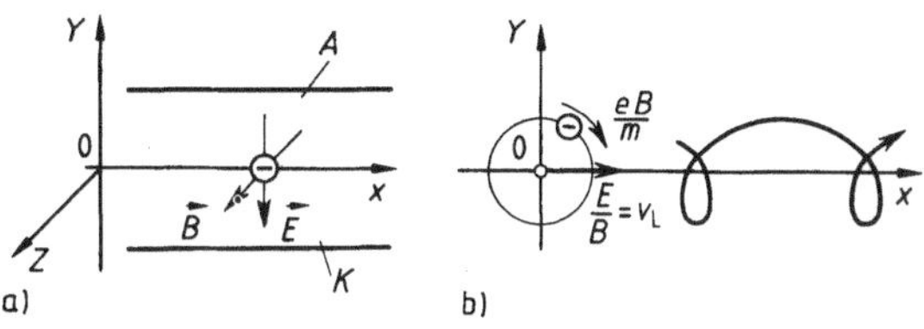

12.16 Zur Berechnung der Elektronenbahnen in gekreuzten elektrischen und magnetischen Feldern $\vec{E}$ und $\vec{B}$ zwischen ebenen Elektroden A und K
  a) elektrisches Feld $\vec{E}$ in y-Richtung und magnetisches Feld mit der magnetischen Induktion $\vec{B}$ in z-Richtung, b) Zykloide als Bahnkurve eines Elektrons in der (x, y)-Ebene (Leitbahngeschwindigkeit $v_L = E/B$ in z-Richtung)

mor- oder Zyklotronfrequenz bezeichneten Winkelgeschwindigkeit eB/m eine Kreisbahn (Rollkreis), deren Mittelpunkt sich in x-Richtung mit der Leitbahngeschwindigkeit

$$v_L = E/B \tag{12.25}$$

bewegt. Durch Überlagerung von Rollkreisbewegung und Leitbahnbewegung ergibt sich als Bahnkurve des Elektrons eine Zykloide.

Die Zykloidenbahn kann sich nur ausbilden, wenn die Elektronen nicht auf die Elektroden A und K auftreffen; daher muß der die Bahnkrümmung bestimmende, von der magnetische Induktion B abhängige Rollkreisdurchmesser kleiner als der Anoden-Kathoden-Abstand sein. Dies bedeutet, daß beim Magnetron für die magnetische Induktion B ein als **kritische Induktion** B_k bezeichneter Mindestwert nicht unterschritten werden darf.

Die der Berechnung zugrundegelegte Annahme ebener Elektroden ist in den meisten Fällen berechtigt, da das mit zylindrischen Elektroden aufgebaute Magnetron im Hinblick auf hohe Stromdichten eine verhältnismäßig dicke Kathode hat und hierdurch das Feld praktisch homogen bleibt. Bei sehr dünner Kathode geht die Bahnkurve in eine Kardioide über.

12.3.2.2 Aufbau und Arbeitsweise.

Die für das Höchstfrequenzgebiet wichtigste Ausführungsform ist das Vielschlitzmagnetron. In Bild **12**.17 ist z. B. ein 8-Schlitz-Magnetron dargestellt. Zwischen der verhältnismäßig dicken zylindrischen Kathode K und dem Anodenblock A liegt in radialer Richtung das elektrische Feld E_-, herrührend von der Gleichspannung U_-; das magnetische Feld mit der magnetischen Induktion B verläuft in axialer Richtung. Bei jedem Schlitz der in einzelne Segmente aufgeteilten Anode A ist ein als Hohlraumresonator HR ausgebildeter Schwingkreis angeschlossen. Aus dem Anodenblock,

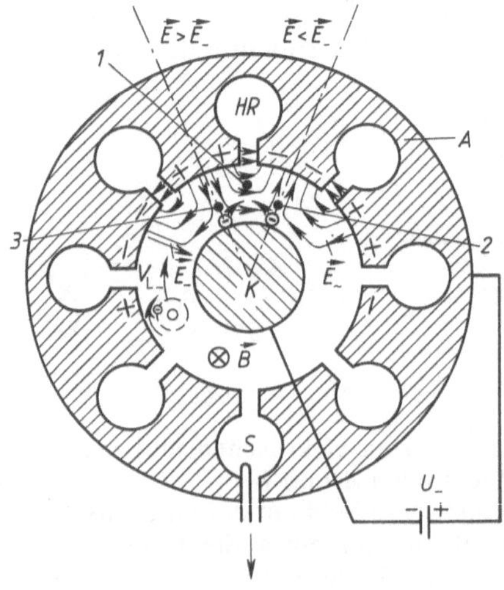

12.17
Schematische Darstellung des Querschnitts eines Vielschlitzmagnetrons am Beispiel eines 8-Schlitz-Magnetrons

der eine in sich ringförmig geschlossene Leitung bildet, wird in einem der Resonatoren die Hochfrequenzleistung über die Schleife S ausgekoppelt.

Zur Erklärung der Arbeitsweise gehen wir wieder vom eingeschwungenen Zustand aus. Entsprechend der jeweils wechselnden Polarität der an den Schlitzen liegenden Spannung bildet sich zu dem Radialfeld mit der elektrischen Feldstärke E_- zusätzlich das für einen bestimmten Zeitaugenblick in Bild **12.**17 eingezeichnete, diesem überlagerte Sinusfeld mit der elektrischen Feldstärke $E_\sim$ aus. Dieses Sinusfeld $E_\sim$ verläuft im Raum *1* vor den Schlitzen praktisch nur tangential, in den Bereichen *2* und *3* zwischen zwei Schlitzen dagegen im wesentlichen radial.

Entscheidend für die Schwingungsanfachung im Höchstfrequenzgebiet ist das vor den Schlitzen auftretende Tangentialfeld, dessen Richtung mit der ebenfalls tangential gerichteten Leitbahnbewegung der Elektronen (Leitbahngeschwindigkeit v_L) übereinstimmt. Die infolge der Wechselwirkung zwischen Elektronen und Feld auftretenden Schwingungen werden daher **Leitbahnschwingungen** genannt. Der Einfluß der durch Wechselwirkung zwischen der Rollkreisbewegung der Elektronen und dem Radialfeld entstehenden **Rollkreisschwingungen** kann im Höchstfrequenzgebiet praktisch vernachlässigt werden.

Voraussetzung für das Zustandekommen der Leitbahnschwingungen ist die Einsortierung der Elektronen zu Paketen, die folgendermaßen erreicht wird: Durch die Überlagerung des Sinusfelds $E_\sim$ mit dem Gleichfeld E_- befindet sich das von der Kathode K emittierte Elektron in einem resultierenden elektrischen Feld $E = E_- + E_\sim$. Dieses Feld ist – je nach seiner Lage im Raum *2* oder *3*, also je nach der Richtung des radialen Sinusfelds – größer oder kleiner als das Gleichfeld E_-. Entsprechend der allgemein geltenden Gl. (12.25) $v_\mathrm{L} = E/B$ treten gegenüber der durch die Gleichspannung U_1 bestimmten konstanten Leitbahngeschwindigkeit $v_{\mathrm{L}-}$ also größere oder kleinere Geschwindigkeiten auf. An der Stelle *2* ist beispielsweise die resultierende elektrische Feldstärke $E < E_-$ und damit die Leitbahngeschwindigkeit $v_\mathrm{L} < v_{\mathrm{L}-}$, so daß ein hier von der Kathode emittiertes Elektron ebenso in den der Schlitzzone zugeordneten Raum *1* gedrängt wird wie ein an der Stelle *3* emittiertes Elektron, das ein Feld mit der resultierenden elektrischen Feldstärke $E > E_-$ vorfindet, für das somit beim Austritt die Leitbahngeschwindigkeit $v_\mathrm{L} > v_{\mathrm{L}-}$ ist. Alle Elektronen gelangen auf diese Weise in das Schlitzfeld *1* und laufen als Elektronenpaket mit der allein durch das Gleichfeld E_- gegebenen Leitbahngeschwindigkeit $v_{\mathrm{L}-} = E_-/B$ um.

Eine Schwingungsanfachung ist dann möglich, wenn das mit der Leitbahngeschwindigkeit $v_{\mathrm{L}-}$ umlaufende Elektronenpaket in jeder Schlitzzone durch Wechselwirkung mit dem Tangentialfeld einen Teil der von der Gleichspannungsquelle erhaltenen Energie abgibt. Eine von Schlitzzone zu Schlitzzone sich wiederholende Energieabgabe tritt auf, wenn die Frequenz $1/T$ der erregten Schwingung so groß ist, daß sich während der Flugzeit τ des Elektronenpakets von Schlitzzone zu Schlitzzone die Richtung des tangentialen Schlitzfelds gerade umpolt, wenn also die Laufzeit $\tau = T/2$ ist. Vom Elektronenpaket aus gesehen, herrscht dann Synchronismus zwischen der Elektronenströmung und einem fortschreitenden elektromagnetischen Feld; es besteht also kein Geschwindigkeitsunterschied zwischen der Elektronenströmung und der zwischen Anode und Kathode fortschreitenden Welle. Da eine Periode T der Laufzeit 2τ zwischen zwei Schlitzzonen entspricht, gilt für die Frequenz der Leitbahnschwingungen

$$f_{\mathrm{L}} = \frac{v_{\mathrm{L}-}}{2s} = \frac{U_-}{2Bds} \qquad (12.26)$$

wenn s der Abstand von Schlitzzone zu Schlitzzone und d der Abstand zwischen Anode und Kathode ist.

Charakteristisch für die Energieabgabe im Schlitzfeld ist, daß infolge des axialen Magnetfelds mit der magnetischen Induktion B die Elektronenpakete im tangentialen Schlitzfeld nicht abgebremst, sondern bei konstanter Leitbahngeschwindigkeit $v_{\mathrm{L}-}$ in Richtung auf die Anode angehoben werden. Die jedem Schlitz beim Anheben des Elektronenpakets zuzuordnende Potentialdifferenz Δu entspricht der abgegebenen Elektronenenergie. Es entsteht also die in Bild **12.**18 für eine abgewickelte Magnetron-Anordnung skizzierte Leitbahnbewegung der Elektronenpakete. Die Elektronen landen mit der Geschwindigkeit $v_{\mathrm{L}-}$, die sie bereits bei der ersten Energieabgabe haben, schließlich auf der Anode A, die sie entsprechend der dort liegenden hohen Spannung U_- mit einer sehr viel größeren Geschwindigkeit erreichen müßten. Der durch den Geschwindigkeitsunterschied gegebene Energiebetrag, der sich aus $\sum \Delta u$ berechnen läßt, ist an den Außenkreis abgegeben. Er wird um so größer, je kleiner das dem ersten Energieaustausch zuzuordnende Potential u_1 ist. Um u_1 klein zu halten, muß der Rollkreisdurchmesser klein sein. Man arbeitet daher mit hohen magnetischen Induktionen $B \gg B_{\mathrm{k}}$.

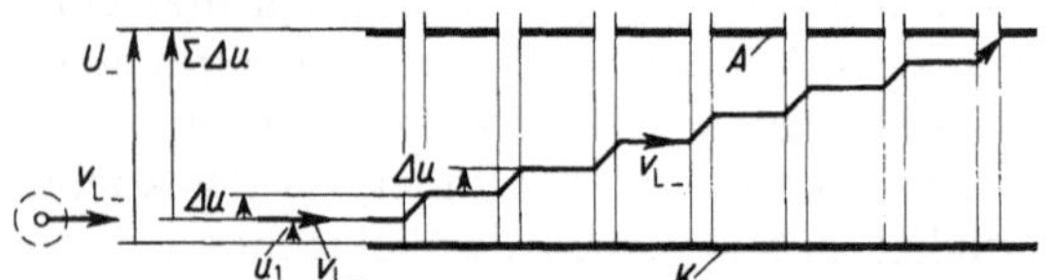

12.18 Leitbahnbewegung der Elektronenpakete im Magnetron beim Energieaustausch in den Schlitzzonen für die magnetische Induktion $B \gg B_{\mathrm{k}}$ (Anordnung abgewikkelt)

Da die infolge der Wechselwirkung mit dem Magnetfeld Energie aufnehmenden Elektronen zur Kathode hin abgelenkt werden, die Kathode also praktisch gar nicht verlassen können, sind beim Magnetron nur Energie abgebende Elektronen vorhanden; für die magnetische Induktion $B \gg B_{\mathrm{k}}$ wird daher fast die gesamte Gleichspannungsenergie in Hochfrequenzenergie umgewandelt. Das

Magnetron arbeitet dann bei der Wechselwirkung zwischen Elektronenströmung und elektrischem Feld mit elektronischen Wirkungsgraden $\eta = 0,8$ bis 0,9. Dies ergibt sich leicht aus der Energiebilanz. Die abgegebene Energie ΔW ist die Differenz zwischen potentieller Gleichspannungsenergie $W_- = e\,U_-$ und kinetischer Energie W_k der Leitbahnbewegung mit der Leitbahngeschwindigkeit v_{L-}, so daß mit Gl. (12.25) die kinetische Energie

$$W_k = \frac{m}{2}\, v_L^2 = \frac{m}{2}\left(\frac{E_-}{B}\right)^2$$

ist und somit die abgegebene Energie

$$\Delta W = e\,U_- - \frac{m}{2}\left(\frac{E_-}{B}\right)^2$$

beträgt. Der Wirkungsgrad wird dann

$$\eta = \frac{\Delta W}{W_-} = 1 - \frac{\dfrac{m}{2}\left(\dfrac{E_-}{B}\right)^2}{e\,U_-} \tag{12.27}$$

Für $E_-/B \ll (2\,e\,U_-/m)^{1/2}$ wird der Wirkungsgrad des Magnetrons $\eta \approx 1$. Dieser hohe Wirkungsgrad wird von keiner anderen Laufzeitröhre erreicht.

Seine Hauptanwendung findet das Magnetron in der Impulstechnik, vor allem in der RADAR-Technik zur Erzeugung von Impulsleistungen von einigen Megawatt. Mit wassergekühlten Magnetrons lassen sich Dauerleistungen von mehreren MW erzeugen.

Anhang

1 Schreibweisen

Die Schaltungen sind vorwiegend so gezeichnet, daß der Signalfluß von links nach rechts erfolgt.

Kleinsignal-Änderungen von Größen werden durch ein vorgestelltes Δ gekennzeichnet.

Misch- und Wechselgrößen sind als kleine Buchstaben angegeben, z. B. i, u. Falls möglich, sind Mischgrößen mit großen Buchstaben indiziert, z. B. i_D.

Scheitelwerte bzw Amplituden sind durch ein Dach gekennzeichnet, z. B. $\hat{\imath}$, $\hat{u}$.

Gleichgrößen und Effektivwerte von Wechselgrößen sind als große Buchstaben angegeben, z. B. I, U. Bei der Indizierung mit Buchstaben haben Gleichgrößen vorzugsweise große und Wechselgrößen kleine Buchstaben, z. B. I_D (Draingleichstrom), I_d (Drainwechselstrom).

Komplexe Größen sind gekennzeichnet durch unterstrichene Buchstaben, z. B. $\underline{I}$, $\underline{U}$, $\underline{Z}$, $\underline{k}$. Der Betrag einer komplexen Größe wird durch zwei senkrechte Striche gekennzeichnet, z. B. $|\underline{I}|$, $|\underline{U}|$, $|\underline{Z}|$, $|\underline{k}|$.

Formelzeichen für Vektoren sind überpfeilt, z. B. $\vec{E}$.

2 Formelzeichen (Auswahl)

Indizes und Abkürzungen

A	Betriebsart		C	Betriebsart
A	Arbeitspunkt		C, c	Kollektor
AB	Betriebsart		c	Kollektorschaltung
AGC	Verstärkungsregelung		CB, cb	Kollektor-Basis
äqu	äquivalent		CE, ce	Kollektor-Emitter
B, b	Basis		cl	Konstantstrom
B	Versorgungsquelle		cor	Korrelation
B	Betriebsart		D, d	Drain
B	Bulk		DS, ds	Drain-Source
b	Basisschaltung		E, e	Emitter
BE, be	Basis-Emitter		e	Emitterschaltung
BS	Bulk-Source		EC, ec	Emitter-Kollektor

eff	effektiv	p	Leistung
ers	Ersatz	p	parallel
FET	Feldeffekttransistor	PNFET	Sperrschicht-Feldeffekttransistor
G, g	Gate	Q	Quarz
G	Gehäuse	Q	quer
g	Gateschaltung	q	Quelle
g	Grenze	R	Ring
HF	Hochfrequenz	R	Widerstand
I, i	Strom	r	Rauschen
IC	integrierte Schaltung	r	reflektiert
K, k	Kompensation	ref	Referenz
K	Kopplung	S, s	Source
K	Kühlkörper	S	Rest, Sättigung
k	Kreuzmodulation	S	Sperrung
k	Kurzschluß	s	Sourceschaltung
KW	Kurzwelle	s	Summe
L	Last	SD, sd	Source-Drain
LW	Langwelle	St	Steuerung
M	Miller	T	Temperatur
M	Mischer	T	Transistor
m	Mitte	th	thermisch
m	Modulation	U, u	Spannung
max	maximal	u	unten
min	minimal	UHF	ultra hohe Frequenz
MOSFET	Feldeffekttransistor mit isoliertem Gate	un	unstabilisiert
MW	Mittelwelle	V	Verlust
NF	Niederfrequenz	VHF	sehr hohe Frequenz
O	Offset (Fehlgröße)	zu	zugeführt
o	oben	ρ	Resonanz
OTA	Operationsverstärker, steilheitsgesteuert	1	Eingang
		2	Ausgang
opt	optimal	1, 2 …	Harmonische, Aufzählung
P	Potentiometer		

Formelzeichen

(In Klammern Abschnittsnummern der erstmaligen Einführung der Zeichen)

A	Stromverteilungsfaktor für Gleichstrom (2.2.2.1)	C_S	Sperrschichtkapazität (2.2.1.3)
a_n	n-te Ableitung (2.7.2.1)	C_{bc}	Basis-Kollektor-Kapazität (2.5.2.1)
B	magnetische Induktion (12.3.2)	C_{be}	Basis-Emitter-Kapazität (2.5.2.1)
B	Gleichstromverstärkung (2.2.2)		
B	Blindleitwert (7.7.3)	C_{ers}	Ersatzkapazität (7.6.4.1)
b	Bandbreite (7.7.3)	C_{gd}	Gate-Drain-Kapazität (2.5.2.2)
C	Kapazität	C_{gs}	Gate-Source-Kapazität (2.5.2.2)
C	Konstante (6.4)	d_m	Intermodulationsfaktor (2.7.2.3)
C_A	Antennenkapazität (11.2.1)	d_T	Temperaturdurchgriff (2.2.1.2)
C_K	Koppelkondensator (2.5.1.1)	E	elektrische Feldstärke (12.1.1)

e	Elementarladung (2.2.1)
F	Kraft auf Elektron (12.1.1)
$\underline{F}$	Frequenzgang
F	Rauschzahl (2.6.4)
f	Frequenz
f_E	Eckfrequenz (2.5.2.3)
f_L	Frequenz der Leitbahnschwingung (12.3.2)
f_g	Grenzfrequenz (7.7.1)
f_o	obere Grenzfrequenz (2.5)
f_{sch}	Schwingfrequenz (9.1)
f_T	Transitfrequenz (2.5.2.1)
f_u	untere Grenzfrequenz (2.5)
f_z	Zwischenfrequenz (10)
f_α	α-Grenzfrequenz (2.5.2.1)
f_β	β-Grenzfrequenz (2.5.2.1)
f_ϱ	Resonanzfrequenz (7.7.3)
G	Gleichtaktunterdrückung (6.2.2)
G	Gyrationsleitwert (7.6.4.2)
G	Wirkleitwert
G_{th}	Wärmeleitwert (2.3.1)
g	Gleichtaktunterdrückung in dB (6.2.2)
g_{ds}	Kanalleitwert (2.5.2.2)
H	Determinante der Hybridmatrix (1.4.2.1)
H_{11}	Kurzschlußeingangswiderstand (1.2)
H_{12}	Leerlaufspannungsverstärkung in Rückwärtsrichtung (1.4.2)
H_{21}	Kurzschlußstromverstärkung (1.2)
H_{22}	Leerlaufausgangsleitwert (1.4.2)
I	Strom
I_B	Mittelwert der Eingangsströme des Operationsverstärkers (7.1)
I_B	Basisstrom (2.1.1)
I_B	Bulkstrom (2.1.2)
I_C	Kollektorstrom (2.1.1)
I_D	Drainstrom (2.1.2)
I_{DS}	Drain-Sättigungsstrom (2.2.3)
I_{DS0}	Kurzschluß-Drain-Sättigungsstrom (2.2.3)
I_E	Emitterstrom (2.1.1)
I_{CE0}	Reststrom zwischen Kollektor und Emitter bei leerlaufender Basis (2.2.2.2)
I_{Ek}	Reststrom zwischen Basis und Emitter bei Kurzschluß zwischen Kollektor und Basis (2.2.2.1)
I_G	Gatestrom (2.1.2)
I_O	Eingangs-Offsetstrom (7.1)
I_{O1}	Senkenstrom des invertierenden Eingangs des Operationsverstärkers (7.1)
I_{O2}	Senkenstrom des nichtinvertierenden Eingangs des Operationsverstärkers (7.1)
I_Q	Spannungsteilerquerstrom (2.4.2.2)
I_r	Rauschstrom (2.6.1)
$I_{r\ddot{a}q}$	äquivalenter Rauschstrom (2.6.2)
$\underline{I}_{rv}$	voll mit der Rauschspannung korrelierter, komplexer Rauschstrom (2.6.2)
I_S	Rest- oder Sättigungsstrom (2.2.1)
I_S	Sourcestrom (2.1.2)
i_{dn}	n-te Harmonische des Drainstroms (2.7.2)
i_{lg}	Elektronenleitungsstrom (12.1.3)
i_{ig}	Elektroneninfluenzstrom (12.1.4)
i_z	Mischstrom (10.1)
j	$=\sqrt{-1}$
k	Boltzmannkonstante (2.2.1)
k	Klirrfaktor (2.7.2.2)
k	Rückkopplungsfaktor (4.1)
k	Schaltungskonstante (6.4)
k	Wandlerkonstante (1.1)
k_2	quadratischer Klirrfaktor (2.7.2.2)
k_3	kubischer Klirrfaktor (2.7.2.2)
k_K	Konversionsfaktor (7.6.3)
k_M	Mischfaktor des Dual-Gate-MOSFET (10.2)
L	Induktivität
L_K	Koppelinduktivität (11.2.2)
m	Modulationsgrad (2.7.2.4)
m_k	Kreuzmodulationsgrad (2.7.2.4)
P	Wirkleistung
P_r	Rauschleistung (2.6.1)
P_s	Signalleistung (2.6.4)
P_{th}	an die Umgebung abgeführte Leistung (2.3.1.2)
P_V	Verlustleistung (1.1)
Q	Gütefaktor (7.7.3)
R	Wirkwiderstand
R_A	Antennenwiderstand (11.2.1)
$R_{\ddot{a}q}$	äquivalenter Rauschwiderstand (2.6.1)
R_b	Bahnwiderstand (2.2.1.3)
R_E	Emitterwiderstand (2.4.2.3)
R_G	Gatewiderstand (2.4.3.1)
R_i	Innenwiderstand (1.2)
R_L	Lastwiderstand (1.2)
R_S	Sourcewiderstand (2.4.3.3)
R_{th}	Wärmewiderstand (2.3.1)
S	Steilheit (1.2)
S_M	Mischsteilheit (10.1)
T	absolute Temperatur (2.2.1)
T	Periodendauer (12.1.1)

T	komplexer Übertragungsfaktor (2.5)
$T_{\text{äq}}$	äquivalente Rauschtemperatur (2.6.1)
T_G	Gehäusetemperatur (2.3.1.1)
T_i	innere Temperatur (2.3.1)
T_K	Kühlkörpertemperatur (2.3.1.1)
T_0	Bezugstemperatur (2.3.1.1)
T_u	Umgebungstemperatur (2.3.1)
t	Zeit
t_1	Startzeit (12.1.1)
U	Spannung
U_B	Versorgungsgleichspannung (2.2.4)
U_{BC}	Basis-Kollektor-Spannung (2.1.1)
U_{BE}	Basis-Emitter-Spannung (2.1.1)
U_{BS}	Bulk-Source-Spannung (2.1.2)
U_{CE}	Kollektor-Emitter-Spannung (2.1.1)
U_{DS}	Drain-Source-Spannung (2.1.2)
U_{GD}	Gate-Drain-Spannung (2.1.2)
U_{GS}	Gate-Source-Spannung (2.1.2)
U_{io}	Spannung über Drei-Klemmen-Spannungsregler (7.9.2)
U_O	Eingangs-Offsetspannung (7.1)
U_q	Quellenspannung (1.4.2.2)
U_r	Rauschspannung (2.6.1)
U_s	Summen- oder Gleichtaktspannung (7.4)
U_T	Temperaturspannung (2.2.1)
U_{th}	Schwellspannung (2.2.3.1)
U_{12}	Differenzeingangsspannung (2.1.3)
U_{34}	Differenzausgangsspannung (6.2)
u_z	Mischspannung (10.1)
V	Verstärkung (1.1)
V_B	Betriebsverstärkung (4.1)
V_i	Stromverstärkung (1.1)
V_M	Mischverstärkung (10.1)
V_p	Leistungsverstärkung (1.1)
V_{pa}	Leistungsverstärkung bei ausgangsseitiger Zweitoranpassung (1.4.2.1)
V_{pao}	Leistungsverstärkung bei ausgangsseitiger Zweitoranpassung ohne Rückwirkung (1.4.2.1)
V_R	Ringverstärkung (4.1)
V_T	Übertragungsgewinn (1.4.2.2)
V_{Topt}	Übertragungsgewinn bei ein- und ausgangsseitiger Anpassung (1.4.2.2)
V_u	Spannungsverstärkung (1.1)
V_{ul}	Leerlaufspannungsverstärkung (2.1.3)
v	Elektronengeschwindigkeit (12.1.1)
v_L	Leitbahngeschwindigkeit (12.3.2)
v_g	Gruppengeschwindigkeit (12.2.2)
v_p	Phasengeschwindigkeit (12.2.2)
Y	Scheinleitwert
Y_{11}	Kurzschlußeingangsleitwert (1.2)
Y_{12}	Kurzschlußsteilheit in Rückwärtsrichtung (2.1.2.2)
Y_{21}	Kurzschlußsteilheit (1.2)
Y_{22}	Kurzschlußausgangsleitwert (2.1.2.2)
Z	Scheinwiderstand
Z_A	Antennenscheinwiderstand (11.2.1)
α	Kurzschlußstromverteilungsfaktor (2.1.1.2)
α	Dämpfungskoeffizient (12.2.2)
α_1	eingangsseitiger Anpassungsfaktor eines Zweitors (1.4.2.2)
α_2	ausgangsseitiger Anpassungsfaktor eines Zweitors (1.4.2.1)
β	Kurzschlußstromverstärkung (1.2)
β	Parameter des Feldeffekttransistors (2.2.3.1)
β	Phasenkoeffizient (12.2.2)
β_i	innere Kurzschlußstromverstärkung (2.5.2.1)
γ	komplexer Ausbreitungskoeffizient (12.2.2)
η	Wirkungsgrad (8.2.1)
Θ	Laufzeitwinkel (12.1.2)
λ	Temperaturbeiwert (2.2.1.2)
λ	Wellenlänge (12.2.2)
ρ	Rückwirkungsfaktor (1.4.2.1)
σ	Schaltungsparameter (2.3.1.2)
τ	Zeitkonstante (9.6)
τ	Laufzeit (12.1.1)
φ	Phasenwinkel
Ω	normierte Kreisfrequenz (9.6)
ω	Kreisfrequenz

3 Schaltzeichen (Auswahl)

=   Gleichstrom, Gleichspannung

~   Wechselstrom, Wechselspannung

≃   Mischstrom, Mischspannung

≈   Rauschstrom, Rauschspannung

nichtlinear

⊥   Masse

Verzweigungspunkt

Summenpunkt

Spannungsquelle

Stromquelle

Widerstand, Leitwert

Widerstand, einstellbar

Induktivität

Kapazität

Kapazität, stetig einstellbar

Schwingquarz

Diode

Z-Diode

Kapazitätsdiode

Bipolartransistor, NPN-Transistor

Bipolartransistor, PNP-Transistor

N-Kanal-Sperrschicht-Feldeffekttransistor, N-Kanal-PNFET

P-Kanal-Sperrschicht-Feldeffekttransistor, P-Kanal-PNFET

Feldeffekttransistor, allgemein

selbstleitender N-Kanal-Feldeffekttransistor mit isoliertem Gate, on-N-Kanal-MOSFET

selbstsperrender P-Kanal-Feldeffekttransistor mit isoliertem Gate, off-P-Kanal-MOSFET

selbstsperrender N-Kanal-Feldeffekttransistor mit isoliertem Gate, off-N-Kanal-MOSFET

selbstsperrender N-Kanal-Dual-Gate-MOSFET

Verstärker, allgemein

Schaltung, allgemein

Operationsverstärker

Operationsverstärker, steilheitsgesteuert

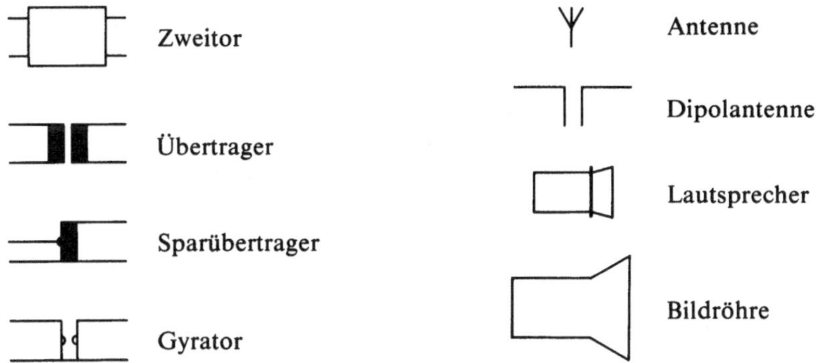

4 Schrifttum

[1] Beneking, H.: Praxis des elektronischen Rauschens. Mannheim 1971
[2] Bronstein, I. N., Semendjajew: Taschenbuch der Mathematik. Zürich-Frankfurt/Main-Thun 1977
[3] Brunk, M.: Verstärkertechnik. Darmstadt 1973
[4] Bystron, K.: Technische Elektronik. Bd. 1. München 1974
[5] Feldtkeller, R.: Einführung in die Vierpoltheorie der elektrischen Nachrichtentechnik. Stuttgart 1962
[6] Fliege, N.: Lineare Schaltungen mit Operationsverstärkern. Berlin-Heidelberg-New York 1979
[7] Gad, H.: Feldeffektelektronik. Stuttgart 1976 (Teubner Studienskripten)
[8] Gundlach, F. W.: Grundlagen der Höchstfrequenztechnik. Berlin-Göttingen-Heidelberg 1950
[9] Hillebrand, F.; Heierling, H.: Feldeffekttransistoren in analogen und digitalen Schaltungen. München 1972
[10] Kirschbaum, H.-D.: Transistorverstärker. 3 Bde. Stuttgart 1975 bis 1977 (Teubner Studienskripten)
[11] Kleen, W.; Pöschl, K.: Einführung in die Mikrowellen-Elektronik. Teil II (Laufeldröhren). Stuttgart 1958
[12] Koch, H.: Transistorempfänger. München 1972
[13] Lehmann, J.: Dioden und Transistoren. Würzburg 1977
[14] Marko, H.: Theorie linearer Zweipole, Vierpole und Mehrpole. Stuttgart 1971
[15] Meinke, H. H.: Einführung in die Elektrotechnik höherer Frequenzen. Bd. I. Berlin 1965
[16] Meinke, H. H.; Gundlach, F. W.: Taschenbuch der Hochfrequenztechnik. Berlin-Göttingen-Heidelberg 1962
[17] Möschwitzer, A.; Diener, H.-H.; Landgraf-Dietz, D.; Köhler, E.: Halbleiterelektronik-Arbeitsbuch. Heidelberg 1974
[18] Oberg, H. J.: Berechnung nichtlinearer Schaltungen für die Nachrichtenübertragung. Stuttgart 1973 (Teubner Studienskripten)
[19] Paul, R.: Halbleiterdioden. Heidelberg 1976
[20] Paul, R.: Transistoren. Heidelberg 1969
[21] Rint, C.: Handbuch für Hochfrequenz- und Elektro-Techniker. 3 Bde. München-Heidelberg 1978
[22] Römisch, H.: Berechnung von Verstärkerschaltungen. Stuttgart 1974 (Teubner Studienskripten)

[23] S t a d l e r, E.: Hochfrequenztechnik. Würzburg 1973
[24] S t i e f k e n, H.: Stromversorgungen für die Elektronik. Berlin 1979
[25] S t i r n e r, E.: Antennen. Bd. 1. Heidelberg 1977
[26] S t o c k m a n n, H. E.: Transistoren- und Dioden-Netzwerke. Stuttgart 1974
[27] T i e t z e, U.; S c h e n k, Ch.: Halbleiter-Schaltungstechnik. Berlin-Heidelberg-New York 1974
[28] U n b e h a u e n, R.: Elektrische Netzwerke. Berlin-Heidelberg-New York 1981
[29] U n b e h a u e n, R.; H o h n e k e r, W.: Elektrische Netzwerke. Berlin-Heidelberg-New York 1981
[30] U n g e r, H.-G.; S c h u l t z, W.: Elektronische Bauelemente und Netzwerke. 3 Bde. Braunschweig 1971 bis 1973
[31] U n g e r, H.-G.; H a r t h, W.: Hochfrequenz-Halbleiterelektronik. Stuttgart 1972
[32] V a s k e, P.: Übertragungsverhalten elektrischer Netzwerke. Stuttgart 1982 (Teubner Studienskripten)
[33] W o l f, H.: Nachrichtenübertragung. Berlin-Heidelberg-New York 1974
[34] W u n s c h, G.: Theorie und Anwendung linearer Netzwerke. 2 Bde. Leipzig 1961, 1964
[35] Z i n k e, O.; B r u n s w i g, H.: Lehrbuch der Hochfrequenztechnik. 2 Bde. Berlin-Heidelberg-New York 1973, 1974

5 DIN-Normen (Auswahl)

DIN 1301   Einheiten, Kurzzeichen
DIN 1302   Mathematische Zeichen
DIN 1304   Allgemeine Formelzeichen
DIN 1311   Schwingungslehre
DIN 1313   Schreibweise physikalischer Gleichungen
DIN 1319   Grundbegriffe der Meßtechnik
DIN 1323   Elektrische Spannung, Potential, Eintorquelle, elektromotorische Kraft
DIN 1324   Elektrisches Feld
DIN 1325   Magnetisches Feld
DIN 1344   Formelzeichen der Elektrischen Nachrichtentechnik
DIN 1357   Einheiten elektrischer Größen
DIN 5475   Komplexe Größen
DIN 5483   Formelzeichen für zeitabhängige Größen
DIN 5488   Zeitabhängige Größen
DIN 5489   Vorzeichen- und Richtungsregeln für elektrische Netze
DIN 5493   Logarithmische Verhältnisgrößen
DIN 5494   Größen- und Einheitensysteme
DIN 40108   Gleich- und Wechselstromsysteme
DIN 40110   Wechselstromgrößen
DIN 40146   Begriffe der Nachrichtenübertragung
DIN 40148   Übertragungssysteme und Zweitore
DIN 40700   Schaltzeichen (Halbleiterbauelemente)
DIN 40712   Schaltzeichen (Widerstände, Kondensatoren, Induktivitäten)
DIN 41785   Halbleiterbauelemente
DIN 41791   Halbleiterbauelemente für die Nachrichtentechnik
DIN 41854   Transistoren
DIN 41855   Halbleiterbauelemente und integrierte Schaltungen; Arten und allgemeine Begriffe
DIN 41858   Feldeffekttransistoren
DIN 44400   Elektronenröhren

Moeller, Leitfaden der Elektrotechnik

Herausgegeben von Prof. Dr.-Ing. **H. Fricke**, Braunschweig, Prof. Dr.-Ing. **H. Frohne**, Hannover, und Prof. Dr.-Ing. **P. Vaske**, Hamburg

Band I

Grundlagen der Elektrotechnik

Teil 1: Elektrische Netzwerke

Von Prof. Dr.-Ing. **H. Fricke**, Braunschweig, und Prof. Dr.-Ing. **P. Vaske**, Hamburg

17., neubearbeitete und erweiterte Auflage. XVIII, 733 Seiten mit 567 teils mehrfarbigen Bildern, 34 Tafeln und 553 Beispielen. Geb. DM 59,– ISBN 3-519-06403-0

Teil 2: Elektrische und magnetische Felder

Von Prof. Dr.-Ing. **H. Frohne**, Hannover

In Vorbereitung   ISBN 3-519-06404-9

Band II

Elektrische Maschinen und Umformer

Teil 1: Aufbau, Wirkungsweise und Betriebsverhalten

Von Prof. Dr.-Ing. **P. Vaske**, Hamburg

12., neubearbeitete und erweiterte Auflage. XII, 289 Seiten mit 248 teils zweifarbigen Bildern, 12 Tafeln und 61 Beispielen. Kart. DM 38,– ISBN 3-519-16401-9

Teil 2: Berechnung elektrischer Maschinen

Von Prof. Dr.-Ing. **P. Vaske**, Hamburg, und Dipl.-Ing. **J. H. Riggert** †, Köln

8., überarbeitete Auflage. X, 178 Seiten mit 108 Bildern und 17 Beispielen. Kart. DM 34,–
ISBN 3-519-16402-7

Band III

Bauelemente der Halbleiterelektronik

Von Prof. Dr. rer. nat. **H. Tholl**, Hamburg

Teil 1: Grundlagen, Dioden und Transistoren
XII, 236 Seiten mit 203 Bildern, 18 Tafeln und 60 Beispielen. Kart. DM 38,– ISBN 3-519-06418-9

Teil 2: Feldeffekt-Transistoren, Thyristoren und Optoelektronik
XII, 323 Seiten mit 309 Bildern, 32 Tafeln und 77 Beispielen. Kart. DM 42,– ISBN 3-519-06419-7

Band IV

Grundlagen der elektrischen Meßtechnik

Von Prof. Dr.-Ing. **H. Frohne**, Hannover, und Prof. Dr.-Ing. **E. Ueckert**, Hannover

ca. 450 Seiten. Geb. ca. DM 58,– ISBN 3-519-06406-5

Band V

Grundlagen der Regelungstechnik

Von Prof. Dr.-Ing. **F. Dörrscheidt**, Paderborn, und Prof. Dr.-Ing. **W. Latzel**, Paderborn

In Vorbereitung   ISBN 3-519-06421-9

Fortsetzung nächste Seite

B. G. Teubner Stuttgart

Moeller, Leitfaden der Elektrotechnik (Fortsetzung)

Band VI

Hochspannungstechnik

Von Prof. Dr.-Ing. **G. Hilgarth**, Braunschweig/Wolfenbüttel
X, 162 Seiten mit 138 Bildern, 13 Tafeln und 35 Beispielen. Kart. DM 34,–   ISBN 3-519-06422-7

Band VII

Programmierbare Taschenrechner in der Elektrotechnik
Anwendung der TI 58 und TI 59

Von Prof. Dr.-Ing. **P. Vaske**, Hamburg, Prof. Dr.-Ing. **F. Dörrscheidt**, Paderborn, und Prof. Dr.-Ing.
D. Selle, Braunschweig/Wolfenbüttel
unter Mitwirkung von Prof. Dipl.-Ing. **R. Flosdorff**, Aachen, und Prof. Dr.-Ing. **G. Hilgarth**, Braun-
schweig/Wolfenbüttel
XII, 425 Seiten mit 143 Bildern, 32 Tafeln, 129 Beispielen und 40 Programmen. Kart. DM 42,–
ISBN 3-519-06420-0

Band IX

Elektrische Energieverteilung

Von Prof. Dipl.-Ing. **R. Flosdorff**, Aachen, und Prof. Dr.-Ing. **G. Hilgarth**, Braunschweig/Wolfenbüttel
4., neubearbeitete und erweiterte Auflage. XIV, 350 Seiten mit 274 Bildern, 46 Tafeln und 72 Beispielen. Kart. DM 42,–   ISBN 3-519-36411-5

Band X

Grundlagen der Digitaltechnik

Von Prof. Dipl.-Ing. **L. Borucki**, Krefeld
XII, 238 Seiten mit 262 Bildern, 74 Tafeln und 51 Beispielen. Kart. DM 38,–   ISBN 3-519-06415-4

Band XI

Grundlagen der elektrischen Nachrichtenübertragung

Von Prof. Dr.-Ing. **H. Fricke**, Braunschweig, Prof. Dr.-Ing. habil. **K. Lamberts**, Clausthal, und Prof.
Dipl.-Ing. **E. Patzelt**, Braunschweig/Wolfenbüttel
XV, 375 Seiten mit 302 Bildern, 15 Tafeln und 39 Beispielen. Geb. DM 48,–   ISBN 3-519-06416-2

Band XII

Grundlagen der Verstärker

Von Prof. Dr.-Ing. **H. Gad**, Lemgo, und Prof. Dr.-Ing. **H. Fricke**, Braunschweig
XII, 306 Seiten mit 202 Bildern, 1 Tafel und 90 Beispielen. Kart. DM 48,–   ISBN 3-519-06417-0

Preisänderungen vorbehalten

 **B. G. Teubner Stuttgart**